>>> 王江柱　徐扩　齐明星　编著

U0265573

果树病虫草害管控
优质农药158种

化学工业出版社

·北京·

根据我国果树生产中主要病虫草害的发生与防控情况，参考农业部农药产品登记公告，结合果树病虫草害防控的实际用药需求，本书缜密选择了适用于果树病虫草害防控的 158 种优质农药进行阐述，其中杀菌剂 90 种、杀虫杀螨剂 63 种、除草剂 5 种。每种农药均分别阐述了其商品名称、主要含量与剂型、产品特点、适用果树、防控（除）对象、使用技术、注意事项等内容（混配制剂还阐明了有效成分），特别是"防控（除）对象和使用技术"部分，尽可能地归纳了产品登记范围、实际应用范围和试验示范推广范围，以方便查阅参考。

本书适用于广大果农、果树种植专业合作社、果树技术人员、农资销售人员、农药生产企业及农业院校的广大师生参考使用。

图书在版编目（CIP）数据

果树病虫草害管控优质农药 158 种/王江柱，徐扩，
齐明星编著 . —北京：化学工业出版社，2016.1（2024.6 重印）
ISBN 978-7-122-25700-0

Ⅰ.①果… Ⅱ.①王…②徐…③齐… Ⅲ.①果树-
病虫害防治②果树-农药施用 Ⅳ.①S436.6

中国版本图书馆 CIP 数据核字（2015）第 282283 号

责任编辑：刘　军　　　　　　　文字编辑：谢蓉蓉
责任校对：宋　玮　　　　　　　装帧设计：刘丽华

出版发行：化学工业出版社（北京市东城区青年湖南街 13 号　邮政编码 100011）
印　　装：北京科印技术咨询服务有限公司数码印刷分部
880mm×1230mm　1/32　印张 9½　字数 331 千字
2024 年 6 月北京第 1 版第 6 次印刷

购书咨询：010-64518888
售后服务：010-64518899
网　　址：http://www.cip.com.cn
凡购买本书，如有缺损质量问题，本社销售中心负责调换。

定　　价：38.00 元　　　　　　　　　　　　版权所有　违者必究

    "果树"是一类重要农业经济作物，分为落叶果树（苹果、梨、葡萄、桃、杏、李、樱桃、核桃、板栗、柿、枣、石榴、猕猴桃等）和常绿果树（柑橘、香蕉、芒果、荔枝、龙眼等）两大类别，广泛种植于我国各省区，许多区域是广大农民发家致富奔向小康的重要经济来源，在我国农村经济发展中占有举足轻重的支柱地位。其中有些树种（核桃、板栗、山楂、杏等）还兼有经济林和生态林的双重作用，在退耕还林和农业可持续发展中兼有重要的维护生态平衡的社会和生态效益。特别是随着种植专业合作社、家庭农场及专业种植大户的发展和土地流转的兴起，在许多区域果树已经成为重要选择之一，使我国果树市场的发展进入了一个崭新阶段。但是，我国虽然为果树种植大国（如苹果、柑橘、梨树等均为全球种植面积最大），而并非种植强国，我国的果品产量和果品质量与世界先进国家相比还有很大差距。为了尽快促使我国从果树种植大国向果树生产强国的转变和迈进，提高果品生产质量，化学工业出版社根据果树市场的现状与发展需求，在2013年组织编辑了"果树病虫害诊断与防治原色图鉴丛书"六本分册，并于2014年1月出版发行，经过一年多的市场销售与反馈，广大读者除对该丛书给予充分认可与肯定外，还纷纷建议出版社组织编写一本以农药品种为主线的果树病虫草害防控所用优质农药方面的书籍。为此，编辑同志与我们协商沟通，建议最好能够满足广大读者的需求。于是，在市场调研总结、查阅有关资料，并结合大量生产实践经验的基础上，我们编写了这本用于果树病虫草害防控的优质农药的科技图书。

    在众多农药品种中，我们根据农业部发布的农药产品登记公告和果树生产中病虫害发生与防控需要，参考不同农药品种的产品特性、作用特点及使用效果，再结合农药产品的生命周期特性，缜密选择了158种进行阐述。其中杀菌剂90种（单剂47种、混配制剂43种）、杀虫杀螨剂63种（单剂45种、混配制剂18种）、除草剂5种。每种农药的阐述内容均分为有效成分、常见商品名称、主要含量与剂型、产品特点、适用果树及防控（除）对象、使用技术、注意事项七个部分。其中，"常见商品名称"部分，包含了产品中文通用名称和不同企业产品的注册商标名称；"防控（除）对象和使用技术"部分，是根据产品登记情况、生产中实际应用情况和试验示范推广情况综合归纳的。

另外，本书改变了以往常用的"防治"一词，而引入了"防控"的概念，目的是遵循农业生态平衡和果树可持续发展的原则，将病虫草害控制在最低损害水平，进而减少用药次数及用药量，降低农药残留和可能的环境污染。在"使用技术"部分，我们尽最大可能阐述了该药的关键用药时期、使用方法等，以充分发挥施药效果，这也是许多改进之处。

书中所叙述农药的使用浓度（剂量）及使用技术（方法），可能会因果树品种、栽培方式、生育期、地域生态环境条件及不同生产企业的生产工艺等不同而有一定的差异。因此，实际使用过程中，请以所购买产品的使用说明书为准，或在当地技术人员指导下进行使用。

本书适用于广大果农、果树种植专业合作社、果树技术人员、农资销售人员、农药生产企业及农业院校的广大师生参考使用。

在本书编写过程中，得到了河北农业大学科教兴农中心、江苏龙灯化学有限公司等单位的大力支持与指导，在此表示诚挚的感谢！

由于作者的研究工作范围、农技指导区域、生产实践经验及所收录和积累的技术资料还相当有限，书中不足之处在所难免，恳请各位同仁及广大读者予以批评指正，以便今后进一步修改、完善，在此深致谢意！

编著者
2015 年 11 月

目录

>>> 第二章 杀虫、杀螨剂

>>> 第三章 除草剂

>>> 参考文献

>>> 索引   农药中文名称索引

第一章

杀菌剂

第一节 单剂

硫黄 sulfur ·······························

常见商品名称 成标、胜标、园标、双吉、荣邦、蓝丰、丰叶、兴农、东泰、清润、金浪、绿士、清佳、虎头、川安、双吉胜、百益宝、大光明等。

主要含量与剂型 45％、50％悬浮剂，80％水分散粒剂，91％粉剂，10％脂膏。

产品特点 硫黄是一种矿物源无机硫保护性低毒杀菌剂，兼有一定的杀螨作用。其作用机理是作用于氧化还原过程中细胞色素 b 和 c 之间的电子传递过程，夺取电子，干扰正常的氧化-还原反应，而导致病菌或害螨死亡。硫黄的杀菌及杀螨活性因温度升高而逐渐增强，但安全性却逐渐降低，用药时应特别注意气温变化。另外，硫黄燃烧时产生有刺激性臭味的二氧化硫气体，多用于密闭空间消毒。硫黄对眼结膜和皮肤有一定刺激作用，对水生生物低毒，对蜜蜂几乎无毒。其水悬浮液呈微酸性，与碱性物质反应生成多硫化物。

硫黄常用于熬制石硫合剂，也常用于与多菌灵、甲基硫菌灵、三唑酮、三环唑、福美双、代森锰锌、百菌清、苦参碱、敌磺钠、稻瘟灵、春雷霉素等药剂混配，生产复配杀菌剂。

适用果树及防控对象 硫黄适用于多种果树，对许多种高等真菌性病害均具有较好的防控效果。目前果树生产中常用于防控：苹果和梨树的腐烂病、苹果白粉病、梨白粉病、桃缩叶病、桃瘿螨畸果病、桃褐腐病、桃炭疽病、桃李杏的褐斑病、葡萄白粉病、葡萄毛毡病、山楂白粉病、柑橘疮痂病、柑橘炭疽病、柑橘白粉病、柑橘锈蜘蛛、枸杞锈蜘蛛及果窖消毒等。

使用技术 硫黄主要通过喷雾方式进行用药，也可用于喷粉、涂抹等。喷雾或喷粉用药时，随温度升高应逐渐降低用药量，并注意观察对果树的安全性。

（1）苹果、梨的腐烂病 刮治病斑后在伤口上涂药，以保护伤口。一般使用 45％悬浮剂或 50％悬浮剂 20～30 倍液，或 80％水分散粒剂 30～50 倍液涂抹伤口，或使用10％脂膏直接涂抹伤口。

（2）苹果白粉病　花芽露红期喷第1次药，落花后立即喷第2次药，往年病害严重果园落花后15天左右再喷药1次，即可基本控制白粉病的发生为害。一般使用45％悬浮剂或50％悬浮剂400～500倍液，或80％水分散粒剂600～1000倍液均匀喷雾。

（3）梨白粉病　从初见病斑时开始喷药，10天左右1次，连喷3次左右，注意喷洒叶片背面。一般使用45％悬浮剂或50％悬浮剂500～600倍液，或80％水分散粒剂800～1000倍液喷雾。

（4）桃缩叶病、瘿螨畸果病　在花芽露红期喷第1次药，落花后立即喷第2次药，7～10天后再喷药1次，即可有效防治缩叶病及瘿螨畸果病。一般使用45％悬浮剂或50％悬浮剂300～500倍液，或80％水分散粒剂500～800倍液均匀喷雾。

（5）桃褐腐病　从果实采收前1.5个月开始喷药，10天左右1次，连喷3次左右。一般使用45％悬浮剂或50％悬浮剂500～600倍液，或80％水分散粒剂800～1000倍液均匀喷雾。

（6）桃炭疽病　从桃果硬核期前开始喷药，7～10天1次，连喷3～4次。一般使用45％悬浮剂或50％悬浮剂500～600倍液，或80％水分散粒剂800～1000倍液均匀喷雾。

（7）桃、杏、李的褐斑病　从病害发生前或初见病斑时立即开始喷药预防，10天左右1次，连喷2～4次。药剂使用倍数同"桃炭疽病"。

（8）葡萄白粉病　从初见病斑时开始喷药，10天左右1次，连喷2～3次。一般使用45％悬浮剂或50％悬浮剂500～600倍液，或80％水分散粒剂800～1000倍液喷雾，重点喷洒叶片正面。

（9）葡萄毛毡病　从新梢长至10～15厘米左右时开始喷药，10天左右1次，连喷2～3次。一般使用45％悬浮剂或50％悬浮剂400～500倍液、或80％水分散粒剂600～800倍液均匀喷雾。

（10）山楂白粉病　在山楂现蕾期和落花后各喷药1次，即可有效控制白粉病的发生为害。一般使用45％悬浮剂或50％悬浮剂500～600倍液，或80％水分散粒剂800～1000倍液均匀喷雾。

（11）柑橘疮痂病　在春梢萌发期、夏梢萌发期及秋梢萌发期及时进行喷药，每期喷药1～2次，间隔期7～10天，重点喷洒嫩梢及幼果。用药后遇雨注意及时补喷。春梢期一般使用45％悬浮剂或50％悬浮剂300～400倍液，或80％水分散粒剂500～600倍液均匀喷雾；夏梢期和秋梢期一般使用45％悬浮剂或50％悬浮剂500～600倍液，或80％水分散粒剂800～1000倍液均匀喷雾。

（12）柑橘炭疽病、白粉病　从病害发生初期开始喷药，7～10天1次，连喷2～3次。一般使用45％悬浮剂或50％悬浮剂400～600倍液，或80％水分散粒剂600～1000倍液均匀喷雾。

（13）柑橘锈蜘蛛　当个别枝有少数锈蜘蛛为害状出现时开始喷药（一般果区为7月上旬），7～10天1次，连喷2～3次。一般使用45％悬浮剂或50％悬浮剂400～500倍液，或80％水分散粒剂800～1000倍液均匀喷雾。

（14）枸杞锈蜘蛛　从害螨发生为害初期开始喷药，10～15天1次，全生长季节需喷药4～6次。一般使用45％悬浮剂或50％悬浮剂300～500倍液，或80％水分散粒剂600～800倍液均匀喷雾。

（15）果窖熏蒸消毒　在果窖贮放果品前进行。一般每立方米空间使用硫黄块或硫黄粉20～25克，分几点均匀放置，点燃（硫黄粉先伴少量锯末或木屑）后封闭熏蒸一昼夜，经通风后再行进入作业。

注意事项　硫黄的药效及造成药害的可能性均与环境温度成正相关，气温较高的季节应在早、晚施药，避免中午用药，并适当降低用药浓度，以免发生药害。硫黄不宜与硫酸铜等金属盐类药剂混用，以防降低药效。本剂对桃、李、梨、葡萄等较敏感，使用时应适当降低浓度及使用次数。保护性药剂在病害发生前或发生初期开始使用效果较好，当病害已普遍发生时用药防效较差，且喷药应均匀周到。悬浮剂型可能会有一些沉淀，摇匀后使用不影响药效。施药后各种工具要认真清洗，污水和剩余药液要妥善处理或保存，不得任意倾倒，以防污染。用药时注意安全保护，如万一误食应立即催吐、洗胃、导泻，并送医院对症治疗。

百菌清　chlorothalonil

常见商品名称　达科宁、达双宁、达和柠、达粒宁、安百宁、皇百宁、每达宁、康正屏、思维普、多清、殷实、松鹿、艾高、泛泰、诺致、耐尔、悦露等。

主要含量与剂型　75％可湿性粉剂，720克/升、40％悬浮剂，83％水分散粒剂，10％、20％、30％、40％、45％烟剂。

产品特点　百菌清是一种有机氯类极广谱保护性低毒杀菌剂，没有内吸传导作用，喷施到植物表面后黏着性能良好，不易被雨水冲刷，药剂持效期较长。其杀菌机理是与真菌细胞中3-磷酸甘油醛脱氢酶的半胱氨酸结合，破坏细胞的新陈代谢而使其丧失生命力。百菌清主要是保护植物免受病菌侵染，对已经侵入植物体内的病菌基本无效。必须在病菌侵染寄主植物前用药才能获得理想的防病效果，连续使用病菌不易产生耐药性。

百菌清常与甲霜灵、精甲霜灵、霜脲氰、三乙膦酸铝、代森锰锌、硫黄、甲基硫菌灵、多菌灵、福美双、腐霉利、异菌脲、嘧霉胺、乙霉威、嘧菌酯、戊唑醇、咪鲜胺、烯酰吗啉、双炔酰菌胺、琥胶肥酸铜等杀菌成分混配，生产复配杀菌剂。

适用果树及防控对象　百菌清广泛适用于多种落叶及常绿果树，对许多种真菌性病害均具有较好的预防效果。目前果树生产中主要用于防控：苹果的早期落叶病、黑星病、炭疽病、轮纹病，梨树的黑斑病、褐斑病、白粉病，葡萄的黑痘病、穗轴褐枯病、霜霉病、褐斑病、炭疽病、白粉病，桃树的黑星病（疮痂病）、褐腐病、真菌性穿孔病，草莓的灰霉病、白粉病、褐斑病、炭疽病、叶枯病，柑橘的疮痂病、炭疽病、黄斑病、黑星病、砂皮病（树脂病），香蕉的叶斑病、黑星病，保护地果树（桃、杏、葡萄、草莓等）的灰霉病、花腐病等。

使用技术　百菌清在果树上主要应用于喷雾，保护地内也常通过熏烟用药。具体用药时应注意与相应内吸治疗性杀菌剂交替使用或混合使用。

（1）苹果的早期落叶病、黑星病、炭疽病、轮纹病　从苹果落花后10天左右开始喷药，与戊唑·多菌灵、甲基硫菌灵、苯醚甲环唑等治疗性药剂交替使用，10～15天1次，连续喷施。百菌清一般使用75%可湿性粉剂800～1000倍液，或720克/升悬浮剂1000～1200倍液，或83%水分散粒剂1000～1200倍液，或40%悬浮剂600～800倍液均匀喷雾。

（2）梨树的黑斑病、白粉病、褐斑病　从病害发生初期或初见病斑时开始均匀喷药，10～15天1次，连喷2～3次。药剂使用倍数同"苹果病害"。

（3）葡萄病害　开花前、后各喷药1次，防治黑痘病、穗轴褐枯病，兼防霜霉病；防治霜霉病时，从初见病斑时开始喷药，10天左右1次，连喷5～7次（注意与治疗性药剂交替使用），兼防炭疽病、褐斑病、白粉病；在果粒将要着色时，开始喷药防治炭疽病，10天左右1次，连喷3～4次（注意与治疗性药剂交替使用），兼防霜霉病、褐斑病、白粉病。一般使用75%可湿性粉剂600～800倍液，或720克/升悬浮剂600～800倍液，或83%水分散粒剂700～900倍液，或40%悬浮剂400～500倍液均匀喷雾。应当指出，红提葡萄果粒对百菌清较敏感，仅适合在果穗全部套袋后喷施。

（4）桃树病害　防治黑星病（疮痂病）时，从落花后20～30天开始喷药，10～15天1次，直到果实采收前1个月，兼防真菌性穿孔病；防治褐腐病时，从果实采收前1.5个月开始喷药，10天左右1次，连喷2～4次。一般使用75%可湿性粉剂800～1000倍液，或720克/升悬浮剂1000～1200

倍液，或83％水分散粒剂1000～1200倍液，或40％悬浮剂600～800倍液均匀喷雾。

（5）草莓病害　在开花初期、中期、末期各喷药1次，对白粉病、灰霉病、褐斑病、叶枯病均具有较好的防治效果。一般使用75％可湿性粉剂600～800倍液，或720克/升悬浮剂800～1000倍液，或83％水分散粒剂800～1000倍液，或40％悬浮剂400～500倍液均匀喷雾。

（6）柑橘的疮痂病、砂皮病、炭疽病、黑星病、黄斑病　在春梢生长期、花瓣脱落期、夏梢生长期、秋梢生长期及果实膨大至转色期各喷药1～2次，一般使用75％可湿性粉剂600～800倍液，或720克/升悬浮剂800～1000倍液，或83％水分散粒剂800～1000倍液，或40％悬浮剂600～800倍液均匀喷雾。

（7）香蕉的叶斑病、黑星病　从病害发生初期开始喷药，10天左右1次，连喷2～3次。一般使用75％可湿性粉剂500～700倍液，或720克/升悬浮剂600～800倍液，或83％水分散粒剂600～800倍液，或40％悬浮剂400～500倍液均匀喷雾。

（8）保护地果树的灰霉病、花腐病　除上述喷雾防控外，还可通过熏烟进行用药。熏烟防控病害时，在病害发生前或连续2天阴天时开始用药，一般每亩（1亩＝666.67平方米）使用45％烟剂150～180克，或40％烟剂170～200克，或30％烟剂200～250克，或20％烟剂350～400克，或10％烟剂700～800克，均匀分多点点燃，而后密闭熏烟一夜。棚室熏烟后，第二天通风后才能进棚进行农事操作。

注意事项　百菌清对鱼类有毒，药液不能污染鱼塘、河流、湖泊等水域。不能与石硫合剂、波尔多液等碱性农药混用。在红提葡萄及芒果上可能会出现药害，应当慎用；在梨、柿、桃、梅和苹果树等植物上使用浓度偏高会发生药害；与杀螟松混用，桃树上易发生药害。悬浮剂可能会有一些沉淀，摇匀后使用不影响药效。用药时注意安全保护，如有药液溅到眼睛，立即用大量清水冲洗15分钟，直到疼痛消失。误食后不要进行催吐，立即送医院对症治疗。

克菌丹　captan

常见商品名称　美派安、喜思安、新潮流、美得乐等。
主要含量与剂型　50％可湿性粉剂，80％水分散粒剂。

产品特点 克菌丹是一种有机硫类广谱低毒杀菌剂，以保护作用为主，兼有一定的治疗效果，使用较安全，对多种作物上的许多种真菌性病害均具有良好的预防效果，特别适用于对铜制剂农药敏感的作物。在水果上使用具有美容、去斑、促进果面光洁靓丽的作用。克菌丹可渗透至病菌的细胞膜，既可干扰病菌的呼吸过程，又可干扰其细胞分裂，具有多个杀菌作用位点，连续多次使用极难诱使病菌产生耐药性。连续喷施防病效果更加明显，并可显著提高水果采收后的保水性能。该药对人的皮肤及黏膜有刺激性，对鱼类有毒。

克菌丹常与戊唑醇、多抗霉素、多菌灵、苯醚甲环唑、吡唑醚菌酯、肟菌酯等杀菌剂成分混配，生产复配杀菌剂。

适用果树及防控对象 克菌丹适用于许多种果树，对多种真菌性病害均具有良好的预防效果。目前果树生产中主要用于防控：苹果的轮纹病、炭疽病、褐斑病、斑点落叶病、煤污病、黑星病等，梨树的黑星病、黑斑病、褐斑病、煤污病、轮纹病、炭疽病、白粉病等，葡萄的炭疽病、白腐病、霜霉病、黑痘病、褐斑病、穗轴褐枯病、白粉病等，桃、杏、李的黑星病（疮痂病）、炭疽病、褐腐病、真菌性穿孔病等，枣树的褐斑病、锈病、轮纹病、炭疽病等，石榴的褐斑病、炭疽病等，柑橘的炭疽病、疮痂病、黑星病、树脂病（黑点病、沙皮病）、黄斑病等，芒果的炭疽病、白粉病、煤烟病、叶斑病等，草莓的灰霉病、白粉病、叶斑病等，及多种果树的根部病害（根腐病、紫纹羽病、白纹羽病）。

使用技术 克菌丹主要用于叶面喷雾，亦常用于土壤消毒处理。

（1）苹果病害 从落花后 10 天左右开始喷药，10～15 天 1 次，连续喷施，也可与戊唑·多菌灵、甲基硫菌灵、多菌灵、苯醚甲环唑等内吸治疗性杀菌剂交替使用，对轮纹病、炭疽病、褐斑病、斑点落叶病、煤污病、黑星病等均具有很好的防控效果。特别是在雨季等高湿环境下喷施，对煤污病具有独特防治效果。一般使用 50％可湿性粉剂 600～800 倍液，或 80％水分散粒剂 1000～1200 倍液均匀喷雾。

（2）梨树病害 从落花后 10 天左右开始喷药，10～15 天 1 次，连续喷施，也可与戊唑·多菌灵、甲基硫菌灵、腈菌唑、苯醚甲环唑等内吸治疗性杀菌剂交替使用，对黑星病、黑斑病、褐斑病、煤污病、轮纹病、炭疽病、白粉病等均具有很好的防控效果。特别是在阴雨等高湿环境下喷施，对煤污病防控效果良好，并可提高果面外观质量和采收后的保水性能。一般使用 50％可湿性粉剂 600～800 倍液，或 80％水分散粒剂 1000～1200 倍液均匀喷雾。

（3）葡萄病害 开花前、后各喷药 1 次，防控穗轴褐枯病、黑痘病和霜霉病为害果穗；以后从叶片上初见霜霉病斑时开始继续喷药，10 天左右 1次，连续喷施，对霜霉病、褐斑病、炭疽病、白腐病、白粉病等均具有很好的防控效果。一般使用 50％可湿性粉剂 600～800 倍液，或 80％水分散粒剂1000～1200 倍液均匀喷雾。注意不要在红提和薄皮品种上使用，也不要与有机磷药剂、乳油类药剂及含有金属离子的药剂混用。

（4）桃、杏、李病害　防控炭疽病时，从落花后 15～20 天开始喷药，10～15 天 1 次，连续喷施，兼防黑星病、真菌性穿孔病等；防控黑星病时，从落花后 20～30 天开始喷药，10～15 天 1 次，连喷 3～4 次，兼防炭疽病、真菌性穿孔病；防控褐腐病时，从果实成熟前 1.5 个月开始喷药，10 天左右 1 次，连喷 2～4 次，兼防炭疽病、黑星病、真菌性穿孔病。一般使用50％可湿性粉剂 600～800 倍液，或 80％水分散粒剂 1000～1200 倍液均匀喷雾。

（5）枣树的褐斑病、锈病、轮纹病、炭疽病　枣树开花前喷药 1 次，防控褐斑病发生；以后从坐住果后开始连续喷药，10～15 天 1 次，连喷 4～6次。一般使用 50％可湿性粉剂 600～800 倍液，或 80％水分散粒剂 1000～1200 倍液均匀喷雾。高温干旱季节慎重使用，或提高喷施倍数用药，以防造成果面刺激。

（6）石榴的褐斑病、炭疽病　一般果园从石榴小幼果期开始喷药，10～15 天 1 次，连喷 4～6 次。常使用 50％可湿性粉剂 600～800 倍液，或 80％水分散粒剂 1000～1200 倍液均匀喷雾。

（7）柑橘的炭疽病、疮痂病、黑星病、树脂病、黄斑病　幼果期和果实转色期是病害防控关键期，每期喷药 2～3 次，间隔期 10～15 天。一般使用50％可湿性粉剂 500～700 倍液，或 80％水分散粒剂 800～1000 倍液均匀喷雾。

（8）芒果病害　在花蕾初期、花期及小果期各喷药 1 次，对炭疽病、白粉病具有良好的防控效果；以后从煤烟病或叶斑病发生初期再开始喷药 2 次左右，间隔期 10～15 天。一般使用 50％可湿性粉剂 500～600 倍液，或80％水分散粒剂 800～1000 倍液均匀喷雾。

（9）草莓病害　在花蕾期、初花期、中花期、末花期各喷药 1 次，对灰霉病、白粉病、叶斑病等均具有很好的防控效果。一般使用 50％可湿性粉剂 500～600 倍液，或 80％水分散粒剂 800～1000 倍液均匀喷雾。

（10）果树根部病害　防控苗期病害时，育苗前按照每亩使用 50％可湿性粉剂 1000 克药量，均匀撒施在苗圃地内，浅混土后播种。果园内发现病树后，及时树盘灌药治疗，一般使用 50％可湿性粉剂 500～600 倍液，或80％水分散粒剂 800～1000 倍液浇灌树盘，将病树主要根区范围灌透，紫纹羽病、白纹羽病还要注意病树根颈基部用药。

注意事项　克菌丹不能与石硫合剂等碱性农药混用，也不能与机油混用；与含锌离子的叶面肥混用时有些作物较敏感，应先试验、后使用。红提葡萄果穗及有些薄皮品种葡萄的果穗对克菌丹敏感，不能直接对果穗用药。葡萄上不能与有机磷类杀虫剂混用，也不能与激素及含激素叶面肥混用。喷药时必须及时、均匀、周到，以保证防控效果；并严格按操作规程进行，注意安全保护。连续用药时尽量与治疗性药剂交替使用或混合使用。剩余药液及清洗施药器械的废液，不能随意倾倒，避免污染水源环境。

福美双　thiram

常见商品名称　美尔果、泰乐施、倍彤乐、多重宝、抗春晴、京蓬、渝西、斑王、齐鲁科海、美尔果根宝等。

主要含量与剂型　50％、70％、80％可湿性粉剂，80％水分散粒剂。

产品特点　福美双是一种有机硫类广谱保护性中毒杀菌剂。其杀菌机理是通过抑制病菌一些酶的活性和干扰三羧酸代谢循环而导致病菌死亡。该药有一定渗透性，在土壤中持效期较长，高剂量时对田鼠和野兔有一定驱避作用。对皮肤和黏膜有刺激作用，对鱼类有毒。

福美双常与硫黄、多菌灵、甲基硫菌灵、苯菌灵、异菌脲、腈菌唑、氟环唑、三乙膦酸铝、腐霉利、烯酰吗啉、拌种灵、甲霜灵、三唑酮、嘧霉胺、恶霉灵、戊唑醇、菌核净、萎锈灵、咪鲜胺、苯醚甲环唑等杀菌剂成分混配，用于生产复配杀菌剂。

适用果树及防控对象　福美双适用于多种果树，对许多种真菌性病害均具有很好的防控效果。目前果树生产中主要用于防控：苹果的轮纹病、炭疽病、黑星病、褐斑病、斑点落叶病等，梨树的黑星病、黑斑病、轮纹病、炭疽病、褐斑病、白粉病等，葡萄的白腐病、炭疽病、霜霉病、褐斑病、白粉病等，桃、李、杏的黑星病（疮痂病）、褐腐病等，梅的灰霉病，枣树的锈病、轮纹病、炭疽病、褐斑病、缩果病等，柑橘的炭疽病、黑星病、黄斑病等，香蕉的叶斑病、黑星病等。

使用技术

（1）苹果病害　多从落花后1.5个月后或套袋后开始喷施本剂，10～15天1次，连喷3～4次，对黑星病、褐斑病、斑点落叶病及不套袋果的轮纹病、炭疽病均有很好的防控效果。一般使用50％可湿性粉剂600～800倍液，或 70％可湿性粉剂 800～1000 倍液，或 80％可湿性粉剂或 80％水分散粒剂 1000～1200 倍液均匀喷雾。

（2）梨树病害 多从落花后 1.5 个月或套袋后开始喷施本剂，10～15 天 1 次，与其他治疗性杀菌剂交替使用，需喷药 4～6 次，对黑星病、黑斑病、褐斑病、白粉病及不套袋果的轮纹病、炭疽病均有很好的防控效果。福美双用药量同"苹果病害"。

（3）葡萄病害 防治霜霉病时，从初见病斑时开始喷药，10 天左右 1 次，与其他治疗性药剂交替使用，连续喷药，兼防褐斑病、白粉病、炭疽病；防治白腐病时，从果粒开始转色前或果粒长成大小时开始喷药，7～10 天 1 次，与其他类型杀菌剂交替使用，连续喷施，直到果实采收前一周（鲜食品种），兼防炭疽病、褐斑病、白粉病等。福美双用药量同"苹果病害"。另外，预防白腐病时，也可在葡萄幼果期地面用药，一般使用福美双：硫黄粉：石灰粉＝1：1：2 的混合药粉，按照每亩次 1～2 千克药量，均匀撒施于地面，有效控制地面病菌向上传播。

（4）桃、李、杏病害 防治黑星病（疮痂病）时，从落花后 20～30 天开始喷药，10～15 天 1 次，连喷 2～4 次；防治褐腐病时，从病害发生初期开始喷药，10 天左右 1 次，连喷 2～3 次。药剂使用量同"苹果病害"。

（5）梅灰霉病 在开花初期和落花后 10 天左右各喷药 1 次，可有效防控灰霉病的发生为害。药剂使用量同"苹果病害"。

（6）枣树病害 防治褐斑病时，在开花（一茬花）前、后各喷药 1 次；而后从 6 月中下旬开始继续喷药，10～15 天 1 次，与其他不同类型药剂交替喷施，连喷 5～7 次，对锈病、轮纹病、炭疽病、褐斑病、缩果病等均具有很好的防控效果。福美双用药量同"苹果病害"。

（7）柑橘的炭疽病、黑星病、黄斑病 柑橘幼果期和果实膨大至转色期是病害药剂防控的关键期，幼果期喷药 2 次左右、果实膨大至转色期喷药 3 次左右，间隔期 10～15 天。药剂使用量同"苹果病害"。

（8）香蕉的叶斑病、黑星病 从病害发生初期或初见病斑时立即开始喷药，15 天左右 1 次，连喷 3～4 次。一般使用 50％可湿性粉剂 500～600 倍液，或 70％可湿性粉剂 700～900 倍液，或 80％可湿性粉剂或 80％水分散粒剂 800～1000 倍液均匀喷雾。

（9）涂抹树干 在苹果、梨、桃、柑橘等果树的幼树期，入冬前使用高浓度药剂涂抹树干，可有效驱避野兔和野鼠啃食树皮。一般使用 50％可湿性粉剂 8～10 倍液，或 70％可湿性粉剂 12～15 倍液，或 80％可湿性粉剂或 80％水分散粒剂 15～20 倍液涂抹树干。

注意事项 福美双不能与铜制剂及碱性药剂混用或前后紧接使用；幼

叶、幼果期应当慎重使用，避免发生药害；用药时应及时均匀周到，以保证防治效果；注意与相应治疗性药剂交替使用或混合使用。用药时严格按操作规程操作，并注意安全保护。皮肤沾染药剂后常发生接触性皮炎，出现斑丘疹，甚至有水泡、糜烂等现象；误服后常引起强烈的消化道症状，如恶心、呕吐、腹痛、腹泻等，应迅速催吐、洗胃，并送医院对症治疗。本品对鱼类等水生生物有毒，严禁药剂及废液污染河流、湖泊、池塘等水域。

代森锌 zineb

常见商品名称 蓝宝、惠光、国光、银泰、福达、蓝络、好生灵等。

主要含量与剂型 65%、80%可湿性粉剂。

产品特点 代森锌是一种广谱保护性低毒杀菌剂，对许多种真菌性病害均具有很好的防控效果，并对多种细菌性病害也具有较好的控制作用，且使用安全。其在水中易被氧化释放出异硫氰化合物，该化合物对病原菌体内含有—SH基的酶有强烈的抑制作用，且能直接杀死病菌孢子，并可抑制孢子的萌发、阻止病菌侵入植物体内，但对已侵入植物体内的病菌杀伤作用很小。因此，使用代森锌防控病害时需掌握在病菌侵入前用药，才能获得较好的防控效果。该药在日光照射及吸收空气中的水分后分解较快，持效期较短，约为7天。代森锌对人的皮肤、黏膜有刺激性，对蜜蜂无毒，对植物较安全，一般无药害。

适用果树及防控对象 代森锌适用于多种果树，对许多种真菌性病害均具有很好的预防效果，同时还可兼防一些细菌性病害。目前果树生产中常用于防控：苹果的轮纹病、炭疽病、褐腐病、褐斑病、斑点落叶病、黑星病、花腐病、锈病、黑腐病、果实斑点病，梨树的轮纹病、炭疽病、褐腐病、黑星病、黑斑病、褐斑病、锈病、果实黑点病，葡萄的霜霉病、炭疽病、褐斑病、黑痘病，桃树的炭疽病、黑星病（疮痂病）、褐腐病、缩叶病、锈病、真菌性穿孔病、细菌性穿孔病，杏树和李树的花腐病、炭疽病、褐腐病、黑星病、穿孔病，枣树的轮纹病、炭疽病、锈病、果实斑点病、褐斑病，核桃的炭疽病、黑斑病，板栗的炭疽病、叶斑病，柿树的圆斑病、角斑病、炭疽病，山楂的花腐病、锈病，草莓的灰霉病、叶斑病，石榴的炭疽病、麻皮病、叶斑病，柑橘的疮痂病、炭疽病、黑星病、黄斑病、溃疡病、黑点病，芒果的炭疽病、叶斑病等。

使用技术 代森锌主要通过喷雾防控各种植物病害，只有在病害发生前或发生初期喷药才能获得较好的预防效果。

（1）苹果病害 苹果全生长期均可喷施。从病害发生前或初见病斑时开始喷药，7～10天1次，与戊唑·多菌灵、甲基硫菌灵、多菌灵、戊唑醇、苯醚甲环唑、克菌丹、吡唑醚菌酯等药剂交替使用。代森锌一般使用80%可湿性粉剂600～800倍液，或65%可湿性粉剂500～600倍液均匀喷雾。

（2）梨树病害 从梨树落花后至生长后期的全生长期均可喷施，掌握在病害发生前或初见病斑时立即喷药即可。7～10天1次，与苯醚甲环唑、腈菌唑、戊唑醇、甲基硫菌灵、戊唑·多菌灵、克菌丹、代森锰锌等药剂交替喷洒。代森锌一般使用65%可湿性粉剂500～600倍液，或80%可湿性粉剂600～800倍液均匀喷雾。

（3）葡萄的霜霉病、炭疽病、褐斑病、黑痘病 开花前、落花后各喷药1次，可有效防控幼穗期的黑痘病、霜霉病；以后从田间初见霜霉病病斑时立即开始连续喷药，7天左右1次，与烯酰吗啉、氟吗啉、波尔·甲霜灵、波尔·霜脲氰、霜脲·锰锌等霜霉病专用治疗剂交替使用或混用，兼防炭疽病、褐斑病，直到生长后期。代森锌一般使用65%可湿性粉剂400～600倍液，或80%可湿性粉剂500～700倍液均匀喷雾。

（4）桃树病害 萌芽期喷药1～2次，有效防控缩叶病的发生为害；以后从落花后20～30天开始喷药，7～10天1次，连喷2～4次，有效防控黑星病、炭疽病及穿孔病的发生为害；往年褐腐病发生较重的果园，在果实采收前1～1.5个月喷药预防，7～10天1次，连喷2～3次。代森锌一般使用65%可湿性粉剂500～600倍液，或80%可湿性粉剂600～800倍液均匀喷雾。

（5）杏树和李树病害 花芽露红时和落花后各喷药1次，有效防控花腐病的发生为害；以后从落花后20～30天开始喷药，7～10天1次，连喷2～4次，有效防控黑星病、炭疽病及穿孔病的发生为害；往年褐腐病发生较重的果园，在果实采收前1个月喷药预防，7～10天1次，连喷2～3次。代森锌一般使用65%可湿性粉剂500～600倍液，或80%可湿性粉剂600～800倍液均匀喷雾。

（6）枣树病害 开花前喷药1次，一茬果坐住后再喷药1次，有效防控褐斑病的发生为害；以后从6月中下旬开始连续喷药，7～10天1次，与不同类型药剂交替使用，连喷5～7次，有效防控锈病、轮纹病、炭疽病的发生为害。代森锌一般使用65%可湿性粉剂400～500倍液，或80%可湿性粉剂600～800倍液均匀喷雾。

（7）核桃的炭疽病、黑斑病 防控黑斑病时，从果园内初见病叶时开始喷药，7～10 天 1 次，连喷 2～4 次，最好与不同类型药剂交替使用。防控炭疽病时，从幼果开始快速膨大时开始喷药，7～10 天 1 次，连喷 2～4 次，与不同类型药剂交替使用效果最好。代森锌一般使用 65％可湿性粉剂 400～500 倍液，或 80％可湿性粉剂 600～800 倍液均匀喷雾。

（8）板栗的炭疽病、叶斑病 从病害发生初期开始喷药，7～10 天 1 次，连喷 2 次左右。药剂喷施倍数同"核桃病害"。

（9）柿树的圆斑病、角斑病、炭疽病 防控圆斑病、角斑病时，从落花后半月左右开始喷药，7～10 天 1 次，连喷 2～3 次，并兼防炭疽病早期侵染；防控炭疽病时，从果实膨大期开始喷药，7～10 天 1 次，连喷 2～4 次。连续喷药时，注意与不同类型药剂交替使用或混用。代森锌一般使用 65％可湿性粉剂 400～500 倍液，或 80％可湿性粉剂 600～800 倍液均匀喷雾。

（10）山楂的花腐病、锈病 开花前喷药 1 次，落花后喷药 1～2 次（间隔期 7～10 天），即可有效控制花腐病和锈病的发生为害。一般使用 65％可湿性粉剂 400～500 倍液，或 80％可湿性粉剂 600～800 倍液均匀喷雾。

（11）草莓的灰霉病、叶斑病 防控灰霉病时，从花蕾期开始喷药，7～10 天 1 次，连喷 2～4 次。防控叶斑病时，从病害发生初期开始喷药，7～10 天 1 次，连喷 2～3 次。一般使用 65％可湿性粉剂 400～500 倍液，或 80％可湿性粉剂 600～800 倍液均匀喷雾。

（12）石榴的炭疽病、麻皮病、叶斑病 花蕾期喷药 1 次；以后从小幼果期开始连续喷药，7～10 天 1 次，连喷 4～6 次，并注意与不同类型药剂交替使用。代森锌一般使用 65％可湿性粉剂 400～500 倍液，或 80％可湿性粉剂 600～800 倍液均匀喷雾。

（13）柑橘的疮痂病、炭疽病、黑星病、黄斑病、溃疡病、黑点病 春梢期生长期、幼果期、秋梢生长期、果实转色期各喷药 1～2 次，注意与不同类型药剂交替使用或混用。代森锌一般使用 65％可湿性粉剂 400～500 倍液，或 80％可湿性粉剂 600～800 倍液均匀喷雾。

（14）芒果的炭疽病、叶斑病 从病害发生初期开始喷药，7～10 天 1 次，与不同类型药剂交替使用或混用，连喷 3～5 次。代森锌一般使用 65％可湿性粉剂 400～500 倍液，或 80％可湿性粉剂 600～800 倍液均匀喷雾。

注意事项 不能与铜制剂或碱性药物混用。本品为保护性杀菌剂，最佳用药时期为病害发生前至发病初期，且喷药应均匀周到。连续用药时，注意与不同类型药剂交替使用或混合使用。贮存时宜放在阴凉、干燥、通风处，受潮和雨淋容易分解。

代森锰锌　mancozeb

常见商品名称　大生、太盛、贝生、皇生、共生、冠生、久生、赛生、胜生、诺胜、喷克、必得利、新万生、猛杀生、山德生、猛飞灵、博农、刺霜、翠滴、金络、络典、络克、奥巧、百润、富达、宝泰、好意、佳卡、京品、科锋、蓝卡、蓝丽、胜爽、世品、鑫马、园晶、正艳、卓势、叶隆、保叶生、好太生、新猛生、新玉生、兴农生、兴农富、好利特、邦佳威、允收果、嘉堡玉、蒙特森、猛威灵、金猛络、津绿宝、爱诺爱生、绿润大生、伊诺大生、默赛美生、升联大一生、瑞德丰太生、诺普信络合生等。

主要含量与剂型　80％、70％、50％可湿性粉剂，75％水分散粒剂，48％、30％、430克/升悬浮剂。

产品特点　代森锰锌是一种硫代氨基甲酸酯类广谱保护性低毒杀菌剂，主要通过金属离子杀菌。其杀菌机理是抑制病菌代谢过程中丙酮酸的氧化，而导致病菌死亡，该抑制过程具有六个作用位点，故病菌极难产生耐药性。

目前市场上代森锰锌类产品分为两类，一类为全络合态结构，另一类为不是全络合态结构（又称"普通代森锰锌"）。全络合态产品主要为80％可湿性粉剂和75％水分散粒剂，该类产品使用安全，防病效果稳定，并具有促进果面亮洁、提高果品质量的作用。非全络合态结构的产品，防病效果不稳定，使用不安全，使用不当经常造成不同程度的药害，严重影响果品质量。

代森锰锌常与百菌清、硫黄、多菌灵、甲基硫菌灵、福美双、三乙膦酸铝、甲霜灵、精甲霜灵、霜脲氰、恶霜灵、烯酰吗啉、氟吗啉、恶唑菌酮、腈菌唑、烯唑醇、三唑酮、苯醚甲环唑、异菌脲、戊唑醇、二氰蒽醌、多抗霉素、波尔多液等杀菌成分混配，生产复配杀菌剂。与内吸性杀菌成分混配时，可显著延缓病菌对内吸成分耐药性的产生。

适用果树及防控对象　代森锰锌适用果树种类和防控病害范围极广，对许多种真菌性病害均有很好的预防效果，并对锈螨类也有一定的防控作用。目前果树生产中主要用于防控：苹果的轮纹病、炭疽病、褐斑病、斑点落叶病、霉心病、锈病、花腐病、褐腐病、黑星病、套袋果斑点病、疫腐病等，梨树的黑星病、黑斑病、锈病、轮纹病、炭疽病、套袋果黑点病、褐斑病、白粉病等，葡萄的霜霉病、黑痘病、炭疽病、白腐病、穗轴褐枯病、褐斑病、房枯病、黑腐病等，桃、杏、李的炭疽病、黑星病（疮痂病）、褐腐病、真菌性穿孔病等，樱桃的叶斑病、真菌性穿孔病、早期落叶病等，枣树的锈病、轮纹病、炭疽病、褐斑病、果实斑点病等，柿树的炭疽病、圆斑病、角斑病等，板栗的炭疽病、叶斑病等，核桃的炭疽病、叶斑病等，石榴的麻皮病、炭疽病、褐斑病等，草莓的腐霉果腐病、叶斑病等，柑橘的炭疽病、疮痂病、黑星病、黄斑病、砂皮病、锈壁虱等，香蕉的叶斑病、黑星病、炭疽病等，芒果的炭疽病，荔枝及龙眼的霜疫霉病等。

使用技术　代森锰锌属保护性杀菌剂，对病害没有治疗作用，必须在病菌侵害寄主植物前喷施才能获得理想的防控效果。代森锰锌可以连续多次使用，病菌极难产生耐药性。在果树上喷雾时，全络合态产品80%可湿性粉剂及75%水分散粒剂一般使用600～800倍液喷雾；普通代森锰锌为避免发生药害，一般使用80%可湿性粉剂1200～1500倍液，或70%可湿性粉剂1000～1200倍液，或50%可湿性粉剂800～1000倍液喷雾；使用悬浮剂时，48%悬浮剂及430克/升悬浮剂一般喷施400～500倍液，30%悬浮剂一般喷施300～400倍液。

（1）苹果病害　在花芽露红期和落花后各喷药1次，防控锈病、花腐病。盛花末期喷施1次80%可湿性粉剂或75%水分散粒剂600～800倍液，防控霉心病。从苹果落花后7～10天开始喷施，10天左右1次，连喷3次（而后套袋），防控轮纹病、炭疽病、斑点落叶病、黑星病、套袋果斑点等，兼防褐斑病，套袋苹果第3次药特别重要。套袋后连续喷药3～5次，防控褐斑病、斑点落叶病、黑星病；不套袋苹果还可兼防轮纹病、炭疽病、褐腐病、疫腐病等多种病害，且应增加喷药2次左右，以提高对果实病害的防控效果。落花后1.5个月内以选用全络合态代森锰锌较好，避免对幼果造成药害、后期形成果锈。

（2）梨树病害　从落花后10天左右开始喷药，10～15天1次，连续喷施，直到果实采收。具体喷药间隔期及喷药次数根据降雨情况而定，雨多多喷，雨少少喷。落花后1.5个月内以选用全络合态代森锰锌较好，避免对幼果造成药害、形成果锈。

（3）葡萄病害　开花前、后各喷药1次，防控黑痘病和穗轴褐枯病，兼防霜霉病；以后从落花后10天左右开始继续喷药，10天左右1次，连续喷施，直到果实采收或雨季结束，具体喷药时间及次数根据降雨情况而定，雨多多喷，雨少少喷，多雨潮湿年份果实采收后还需喷药1～2次，以防霜霉病的进一步发生为害。

（4）桃、杏、李病害　防控黑星病时，从落花后20天左右开始喷药，10～15天1次，到果实采收前1个月结束，兼防炭疽病、真菌性穿孔病；

15

防控褐腐病时，从采收前 1.5 个月开始喷药，10～15 天 1 次，直到果实采收前一周，兼防炭疽病、真菌性穿孔病。核果类果树上尽量选用全络合态产品，以免发生药害。

（5）樱桃病害 从病害发生初期开始喷药，10～15 天 1 次，连喷 2～3 次，可有效防控叶斑病、穿孔病、早期落叶病等多种病害。

（6）枣树病害 开花前、后各喷药 1 次，防控褐斑病，兼防果实斑点病；而后从落花后（第一茬花）半月左右开始连续喷药，10～15 天 1 次，连喷 4～7 次，防控锈病及多种果实病害。幼果期尽量选用全络合态产品，以免造成果面果锈。

（7）柿树病害 从落花后 15 天左右开始喷药，15 天左右 1 次，连喷 2～3 次，即可有效防控一般柿树园的圆斑病、角斑病及炭疽病的发生为害；炭疽病发生严重品种或果园，应连续喷药 4～6 次。

（8）板栗病害 从病害发生初期开始喷药，10～15 天 1 次，连喷 2 次左右，即可有效防控炭疽病及叶斑病的发生为害。

（9）核桃病害 从落花后 1 个月左右开始喷药，10～15 天 1 次，连喷 2～3 次，可有效防控炭疽病的发生为害，并可兼防叶斑病。

（10）石榴病害 开花前喷药 1 次，防控褐斑病，兼防炭疽病等；大部分花坐果后开始连续喷药，10～15 天 1 次，连喷 2～4 次，有效防控炭疽病、干腐病、褐斑病、麻皮病等多种病害。

（11）草莓病害 从病害发生初期开始喷药，10 天左右 1 次，连喷 2～3 次，可有效防控腐霉果腐病、叶斑病等多种病害。

（12）柑橘病害 柑橘萌芽 2～3 毫米、谢花 2/3、幼果期各喷药 1 次可有效防控疮痂病、炭疽病、砂皮病（黑点病），兼防蒂腐病、黑星病、黄斑病等；多雨年份或重病果园应适当增加喷药 1～2 次，以保证防控效果。6 月底或 7 月上旬、8 月中旬各喷药 1 次，彻底防控锈壁虱，兼防砂皮病、炭疽病、黑星病、煤烟病等果实病害。椪柑和橙类，9 月上中旬再喷药 1 次，有效防控炭疽病。在柑橘上，一般使用全络合态的 80％可湿性粉剂或 75％水分散粒剂 500～600 倍液均匀喷雾。

（13）香蕉病害 从病害发生初期开始喷药，10 天左右 1 次，连喷 3～4 次，可有效防控叶斑病、黑星病及炭疽病的发生为害。选用全络合态产品时，一般使用 80％可湿性粉剂或 75％水分散粒剂 600～700 倍液均匀喷雾；选用非全络合态产品时，一般使用 80％可湿性粉剂 1000～1200 倍液，或 70％可湿性粉剂 800～1000 倍液，或 50％可湿性粉剂 600～700 倍液均匀喷雾；选用悬浮剂时，一般使用 48％悬浮剂或 430 克/升悬浮剂 300～400 倍液，或 30％悬浮剂 250～300 倍液均匀喷雾。

（14）芒果炭疽病　从落花后开始喷药，7～10 天 1 次，连喷 2 次；而后从采收前 1.5 个月开始继续喷药，10 天左右 1 次，连喷 2～4 次。

（15）荔枝、龙眼的霜疫霉病　从发病初期开始喷药，7 天左右 1 次，连喷 2～3 次。以选用全络合态产品效果较好，一般使用 80％可湿性粉剂或 75％水分散粒剂 600～800 倍液均匀喷雾。

注意事项　幼叶、幼果期应慎重使用普通代森锰锌，以免发生药害，生产优质高档果品需特别注意。不要与铜制剂及碱性药剂混用，喷药时必须均匀周到。连续喷药时，最好与相应治疗性药剂交替使用或混用，以提高防控效果。苹果、梨、葡萄、荔枝上的安全采收间隔期均为 15 天。施药时注意个人保护，避免将药液溅及眼睛和皮肤。如有误食，请立即催吐、洗胃和导泻，并送医院对症诊治。

代森联　metiram

常见商品名称　品润等。

主要含量与剂型　70％水分散粒剂，70％可湿性粉剂。

产品特点　代森联是一种优良的广谱保护性低毒杀菌剂，连续使用病菌不易产生耐药性。由于其对高等真菌性病害的防控效果明显优于其他同类产品，所以是目前发展较快的主要保护性杀菌剂之一。该药对皮肤和眼睛有轻微刺激。

代森联常与吡唑醚菌酯、醚菌酯、戊唑醇、苯醚甲环唑、烯酰吗啉、霜脲氰、恶唑菌酮、肟菌酯、嘧菌酯、啶氧菌酯等杀菌剂成分混配，用于生产复配杀菌剂。

适用果树及防控对象　代森联适用于多种果树，对许多种真菌性病害均具有良好的防控效果。目前果树生产中主要用于防控：苹果的斑点落叶病、褐斑病、轮纹病、炭疽病、黑星病等，梨树的黑星病、轮纹病、炭疽病、黑斑病等，葡萄的霜霉病、炭疽病、褐斑病等，桃树的黑星病、炭疽病、真菌性穿孔病等，柑橘的疮痂病、溃疡病、黑星病、炭疽病等，荔枝霜疫霉病等。

使用技术　代森联主要应用于喷雾，在病菌侵染前或发病初期开始用药防控效果较好。

（1）苹果的斑点落叶病、褐斑病、黑星病、轮纹病、炭疽病　从苹果落花后 10 天左右开始喷药，10～15 天 1 次，连喷 3 次药后套袋；套袋后（或不套袋苹果）继续喷药，15 天左右 1 次，连喷 3～4 次。与治疗性杀菌剂交替使用或混合使用效果更好。一般使用 70％可湿性粉剂或 70％水分散粒剂 600～800 倍液均匀喷雾。

（2）梨树的黑星病、轮纹病、炭疽病、黑斑病　从梨树落花后开始喷药，10～15 天 1 次，连喷 3 次药后套袋；套袋后（或不套袋梨）继续喷药，15 天左右 1 次，连喷 5～7 次。与治疗性杀菌剂交替使用或混合使用效果更好。一般使用 70％水分散粒剂或 70％可湿性粉剂 600～800 倍液均匀喷雾。

（3）葡萄的霜霉病、炭疽病、褐斑病　以防控霜霉病为主导，兼防褐斑病、炭疽病。一般葡萄园多从幼果期开始喷施本剂，10 天左右 1 次，连续喷药，并建议与治疗性杀菌剂交替使用或混合使用，注意喷洒叶片背面。常使用 70％水分散粒剂或 70％可湿性粉剂 600～800 倍液均匀喷雾。

（4）桃树的黑星病、炭疽病、真菌性穿孔病　从桃树落花后 20～30 天开始喷药，10～15 天 1 次，连喷 2～4 次，注意与相应治疗性药剂交替使用或混合使用。代森联一般使用 70％可湿性粉剂或 70％水分散粒剂 600～800 倍液均匀喷雾。

（5）柑橘的疮痂病、溃疡病、黑星病、炭疽病　首先在柑橘春梢萌发期、嫩梢转绿期、开花前及谢花 2/3 时各喷药 1 次，然后在幼果期、果实膨大期及果实转色期再各喷药 1 次。一般使用 70％水分散粒剂或 70％可湿性粉剂 600～800 倍液均匀喷雾。

（6）荔枝霜疫霉病　幼果期、果实膨大期及果实转色期各喷药 1 次，即可有效防控霜疫霉病的发生为害。一般使用 70％水分散粒剂或 70％可湿性粉剂 600～800 倍液均匀喷雾。

注意事项　代森联遇碱性物质或铜制剂时易分解放出二硫化碳而减效，在与其他农药混配使用过程中，不能与碱性农药、肥料及含铜的药剂混用。本剂对光、热、潮湿不稳定，贮藏时应注意防止高温，并保持干燥。对鱼类有毒，剩余药液及洗涤药械的废液严禁污染水源。用药时做好安全防护，避免药液接触皮肤和眼睛，用药后用清水及肥皂彻底清洗脸及其他裸露部位。

丙森锌　propineb

常见商品名称　安泰生、冠林生、好锌泰、替若增、鼎品、永翠、胜邦绿野、信邦泰普生等。

主要含量与剂型　70％、80％可湿性粉剂，70％、80％水分散粒剂，

30％悬浮剂。

产品特点 丙森锌是一种硫代氨基甲酸酯类广谱保护性低毒杀菌剂，具有较好的速效性，其杀菌机理是抑制病菌体内丙酮酸的氧化而导致病菌死亡，属蛋白质合成抑制剂。该药使用安全，并对作物有一定的补锌效果。对蜜蜂无毒，对兔皮肤和眼睛无刺激。

丙森锌常与多菌灵、戊唑醇、己唑醇、苯醚甲环唑、腈菌唑、咪鲜胺锰盐、多抗霉素、醚菌酯、嘧菌酯、缬霉威、烯酰吗啉、霜脲氰、甲霜灵、三乙膦酸铝等杀菌成分混配，用于生产复配杀菌剂。

适用果树及防控对象 丙森锌适用于多种果树，对许多种真菌性病害均具有很好的预防效果。目前果树生产中主要用于防控：苹果的斑点落叶病、褐斑病、轮纹病、炭疽病、锈病、黑星病、花腐病等，梨树的黑星病、黑斑病、轮纹病、炭疽病、锈病、白粉病等，葡萄的霜霉病、黑痘病、穗轴褐枯病、炭疽病、褐斑病等，桃树的黑星病、褐腐病、穿孔病等，柿树的圆斑病、角斑病、炭疽病等，山楂的锈病、白粉病、叶斑病等，芒果的炭疽病、白粉病等，柑橘的炭疽病、黑星病、黄斑病等，荔枝、龙眼的霜疫霉病。

使用技术 丙森锌主要通过喷雾防控各种病害，必须在病害发生前或始发期喷施，且喷药应均匀周到，使叶片正面、背面、果实表面都要着药。

（1）苹果病害 防控锈病、花腐病时，在花序分离期和落花后各喷药1次；防控斑点落叶病时，在春梢生长期和秋梢生长期各喷药2次左右，间隔期7～10天，同时兼防轮纹病、炭疽病、褐斑病、黑星病等；防控轮纹病、炭疽病时，从落花后10天左右开始喷药，10天左右1次，连喷3次后套袋，不套袋果继续喷药4～7次，兼防褐斑病、黑星病、斑点落叶病等；防控褐斑病时，从落花后1个月左右开始喷药，10天左右1次，连喷4～6次，兼防黑星病、斑点落叶病等。一般使用70％可湿性粉剂或70％水分散粒剂500～700倍液，或80％可湿性粉剂或80％水分散粒剂600～800倍液，或30％悬浮剂250～300倍液均匀喷雾。

（2）梨树病害 防控锈病时，在花序分离期和落花后各喷药1次；防控轮纹病、炭疽病时，从落花后10天左右开始喷药，10天左右1次，连喷3次后套袋，不套袋果继续喷药4～6次，兼防黑星病、黑斑病等；防控黑星病时，从初见病梢时开始喷药，10天左右1次，至麦收前后连喷3～4次，采收前1.5个月再连喷3次左右，兼防黑斑病、轮纹病、炭疽病、白粉病等；防控白粉病时，从初见病斑时开始喷药，10天左右1次，连喷2～3次，兼防黑星病等。一般使用70％可湿性粉剂或70％水分散粒剂500～700倍液，或80％可湿性粉剂或80％水分散粒剂600～800倍液，或30％悬浮剂250～300倍液均匀喷雾。

（3）葡萄病害　防控黑痘病、穗轴褐枯病时，在开花前、后各喷药1次，往年黑痘病发生严重的果园，落花后15天左右再喷药1次，兼防霜霉病（为害果穗）；防控霜霉病时，从初见病斑时开始喷药，7～10天1次，连续喷施，直到雨季及雾露等高湿条件结束时，兼防炭疽病、褐斑病等，并注意与治疗性药剂交替使用或混用；防控炭疽病时，从果粒膨大后期开始喷药，7～10天1次，连续喷施，鲜食品种到果实采收前一周结束，兼防褐斑病、霜霉病等；防控褐斑病时，从初见病斑时开始喷药，10天左右1次，连喷3～4次，兼防霜霉病、炭疽病。一般使用70％可湿性粉剂或70％水分散粒剂500～600倍液，或80％可湿性粉剂或80％水分散粒剂600～700倍液，或30％悬浮剂250～300倍液均匀喷雾。

（4）桃树病害　防控黑星病时，从落花后20天左右开始喷药，10～15天1次，连喷3～4次，兼防穿孔病；防控褐腐病时，从果实采收前1.5个月开始喷药，10天左右1次，连喷3次左右，兼防黑星病、穿孔病。一般使用70％可湿性粉剂或70％水分散粒剂500～700倍液，或80％可湿性粉剂或80％水分散粒剂600～800倍液，或30％悬浮剂250～300倍液均匀喷雾。

（5）柿树病害　从柿树落花后半月左右开始喷药，10～15天1次，连喷2～3次，有效防控圆斑病、角斑病及炭疽病的发生为害；南方甜柿产区或往年炭疽病发生严重的果园，中后期还需连续喷药2～3次。一般使用70％可湿性粉剂或70％水分散粒剂500～700倍液，或80％可湿性粉剂或80％水分散粒剂600～800倍液，或30％悬浮剂250～300倍液均匀喷雾。

（6）山楂病害　防控锈病、白粉病时，在山楂开花前、后各喷药1次；防控叶斑病时，从病害发生初期开始喷药，10天左右1次，连喷2～3次。一般使用70％可湿性粉剂或70％水分散粒剂500～600倍液，或80％可湿性粉剂或80％水分散粒剂600～700倍液，或30％悬浮剂250～300倍液均匀喷雾。

（7）芒果病害　在开花前和落花后各喷药1次，防控炭疽病、白粉病；而后在果实采收前1个月内再喷药1～2次，防控炭疽病。一般使用70％可湿性粉剂或70％水分散粒剂500～600倍液，或80％可湿性粉剂或80％水分散粒剂600～700倍液，或30％悬浮剂250～300倍液均匀喷雾。

（8）柑橘病害　幼果期、果实膨大期及果实转色期各连续喷药2～3次，间隔期7～10天，即可有效防控炭疽病、黑星病、黄斑病等病害的发生为害。一般使用70％可湿性粉剂或70％水分散粒剂500～700倍液，或80％可湿性粉剂或80％水分散粒剂600～800倍液，或30％悬浮剂250～300倍液均匀喷雾。

（9）荔枝、龙眼的霜疫霉病　幼果期、果实膨大期、果实转色期各喷药

1次，即可有效防控霜疫霉病的发生为害。一般使用 70％可湿性粉剂或 70％水分散粒剂 500～600 倍液，或 80％可湿性粉剂或 80％水分散粒剂 600～700 倍液，或 30％悬浮剂 250～300 倍液均匀喷雾。

注意事项　不能与碱性农药及含铜的农药混用，且前、后应分别间隔 7 天以上。与其他杀菌剂混用时，应先进行少量混用试验，以避免发生药害或药物分解。用药时注意安全保护，若使用不当引起不适，应立即离开施药现场，脱去被污染的衣服，用肥皂和清水冲洗手、脸和暴露的皮肤，并根据症状就医治疗。丙森锌为保护性杀菌剂，连续喷药时注意与相应治疗性药剂交替使用或混合使用。

波尔多液　bordeaux mixture

常见商品名称　必备、普展等。

主要含量与剂型　80％可湿性粉剂，不同配制比例的悬浮液。

产品特点　波尔多液是一种矿物源广谱保护性低毒杀菌剂，铜离子为主要杀菌成分，具有展着性好、黏着性强、耐雨水冲刷、持效期长、防病范围广等特点，在发病前或发病初期喷施效果最佳。药剂喷施后，在空气、水等作用下，逐渐解离出具有杀菌活性的铜离子，与蛋白质的一些活性基团结合，通过阻碍和抑制病菌的代谢过程，而导致病菌死亡。铜离子对病菌作用位点多，使病菌很难产生耐药性，可以连续多次使用。目前生产中常用的波尔多液分为工业化生产的可湿性粉剂和自己配制的天蓝色黏稠状悬浮液两种。

工业化生产的可湿性粉剂品质稳定，使用方便，颗粒微细，悬浮性好，喷施后植物表面没有明显药斑污染，有利于叶片光合作用。药液多呈微酸性，能与不忌铜的普通非碱性药剂混用。

自己配制的波尔多液（天蓝色液体）是由硫酸铜和生石灰为主料而配制的，液体呈碱性，对金属有腐蚀作用，稳定性差，久置即沉淀，并产生结晶，逐渐变质降效。其中硫酸铜和生石灰的比例不同，配制的波尔多液药效、持效期、耐雨水冲刷能力及安全性均不相同。硫酸铜比例越高、生石灰比例越低，波尔多液药效越高、持效期越短、耐雨水冲刷能力越弱、越容易发生药害；相反，硫酸铜比例越低、生石灰比例越高，波尔多液药效越低、持效期越长、耐雨水冲刷能力越强、安全性越高。另外，生石灰比例越高，对植物表面污染越严重。

不同植物对波尔多液的反应不同，使用时要特别注意硫酸铜和石灰对植物的安全性。对石灰敏感的果树有葡萄、香蕉等，这些果树使用波尔多液后，在高温干燥条件下易发生药害，因此要用石灰少量式或半量式波尔多液。对铜非常敏感的果树有桃、李、杏等，生长期不能使用波尔多液。对铜较敏感的果树有梨、苹果、柿等，这些果树在潮湿多雨条件下易发生药害，应使用石灰倍量式或多量式波尔多液。

工业化生产的波尔多液（可湿性粉剂）有时与代森锰锌、甲霜灵、霜脲氰、烯酰吗啉等杀菌剂成分混配，用于生产复配杀菌剂。

配制方法 自制波尔多液常用的配制比例有石灰少量式：硫酸铜：生石灰：水＝1：（0.3～0.7）：X；石灰半量式：硫酸铜：生石灰：水＝1：0.5：X；石灰等量式：硫酸铜：生石灰：水＝1：1：X；石灰倍量式：硫酸铜：生石灰：水＝1：（2～3）：X；石灰多量式：硫酸铜：生石灰：水＝1：（4～6）：X。

波尔多液常用的配制方法通常有如下两种。

（1）两液对等配制法（两液法） 取优质的硫酸铜晶体和生石灰，分别先用少量水消化生石灰和少量热水溶解硫酸铜，然后分别各加入全水量的一半，制成硫酸铜液和石灰乳，待两种液体的温度相等且不高于环境温度时，将两种液体同时缓缓注入第三个容器内，边注入边搅拌即成。此法配制的波尔多液质量高，防病效果好。

（2）稀硫酸铜液注入浓石灰乳配制法（稀铜浓灰法） 用90％的水溶解硫酸铜、10％的水消化生石灰（搅拌成石灰乳），然后将稀硫酸铜溶液缓慢注入浓石灰乳中（如喷入石灰乳中效果更好），边倒入边搅拌即成。绝不能将石灰乳倒入硫酸铜溶液中，否则会产生大量沉淀，降低药效，造成药害。

适用果树及防控对象 波尔多液适用果树种类较广，对许多种病害均具有良好的预防效果。目前果树生产中主要用于防控：苹果的褐斑病、黑星病、轮纹病、炭疽病、疫腐病、褐腐病，梨树的黑星病、褐斑病、炭疽病、轮纹病、褐腐病，葡萄的霜霉病、褐斑病、炭疽病、房枯病，枣树的锈病、轮纹病、炭疽病、褐斑病，桃、杏、李、樱桃的流胶病（发芽前），柿树的圆斑病、角斑病、炭疽病，核桃的黑斑病、炭疽病，柑橘的溃疡病、疮痂病、炭疽病、黄斑病、黑星病，香蕉的叶斑病、黑星病，荔枝的霜疫霉病，芒果的炭疽病，枇杷的炭疽病、叶斑病，番木瓜的炭疽病等。

使用技术 波尔多液为保护性杀菌剂，只有在病菌侵入前用药才能获得理想防控效果，且喷药必须均匀周到。

（1）苹果病害 从落花后1.5个月开始喷施波尔多液（最好是全套袋

后），15天左右1次，可以连续喷施，能有效防控中后期的褐斑病、黑星病、轮纹病、炭疽病、疫腐病、褐腐病等。幼果期尽量不要喷施，以避免造成果锈。一般使用1：（2～3）：（200～240)倍波尔多液，或80％可湿性粉剂500～600倍液均匀喷雾。

（2）梨树病害　从落花后1.5个月开始喷施波尔多液（最好是全套袋后），15天左右1次，可以连续喷施，能有效防控中后期的黑星病、褐斑病、炭疽病、轮纹病、褐腐病等。幼果期尽量不要喷施，以避免造成果锈。药剂使用倍数同"苹果病害"。

（3）葡萄病害　以防控霜霉病为主，兼防褐斑病、炭疽病、房枯病等。从霜霉病发生初期开始喷药（开花前、后尽量不要喷施），10～15天1次，连续喷施。一般使用1：（0.5～0.7）：（160～240)倍波尔多液，或80％可湿性粉剂400～500倍液均匀喷雾。

（4）枣树病害　从落花后（一茬花）20天左右开始喷药，15天左右1次，连喷5～7次（可以与其他不同类型药剂交替使用），能有效防控锈病、轮纹病、炭疽病及褐斑病的发生为害。一般使用1：2：200倍波尔多液，或80％可湿性粉剂600～800倍液均匀喷雾。高温干旱季节适当降低用药浓度。

（5）桃、杏、李、樱桃的流胶病　在花芽膨大期喷施1次，有效防控流胶病的为害，并具清园杀菌作用，但生长期禁止喷施。一般使用1：1：100倍波尔多液，或80％可湿性粉剂200～300倍液喷洒枝干。

（6）柿树病害　从落花后半月左右开始喷药，10～15天1次，连喷2～3次，能有效防控圆斑病、角斑病及炭疽病的发生为害。一般使用1：（3～5）：（400～600)倍波尔多液，或80％可湿性粉剂1000～1200倍液均匀喷雾。

（7）核桃病害　核桃展叶期、落花后、幼果期及成果期各喷药1次，可有效防控黑斑病及炭疽病的发生为害。一般使用1：1：200倍波尔多液，或80％可湿性粉剂800～1000倍液均匀喷雾。

（8）柑橘病害　春梢抽出1.5～3厘米时喷药1次，10～15天后再喷1次；谢花2/3时喷药1次，谢花后半月喷药1次；夏梢生长初期喷药1次，10～15天后再喷1次；秋梢生长初期喷药1次，10～15天后再喷1次；果实转色前喷药1～2次。能有效防控溃疡病、疮痂病、炭疽病、黄斑病及黑星病的发生为害。一般使用1：1：（150～200）倍波尔多液，或80％可湿性粉剂500～600倍液均匀喷雾。

（9）香蕉叶斑病、黑星病　从病害发生初期开始喷药，10～15天1次，连喷3次左右。一般使用1：0.5：100倍波尔多液，或80％可湿性粉剂400～500倍液均匀喷雾，如加入500倍木薯粉或面粉，能使药液黏着性增加。

（10）荔枝霜疫霉病　花蕾期、幼果期、果实近成熟期各喷药1次即可，一般使用 1：1：200 倍波尔多液，或 80％可湿性粉剂 500～600 倍液均匀喷雾。应当指出，自己配制的波尔多液容易污染果面。

（11）芒果炭疽病　春梢萌动期、花蕾期、落花后及落花后 1 个月各喷药 1 次，一般使用 1：1：（100～200）倍波尔多液，或 80％可湿性粉剂 800～1000 倍液均匀喷雾。

（12）枇杷病害　防控炭疽病时，在果实生长期喷药，10～15 天 1 次，连喷 2 次左右；防控叶斑病时，从春梢新叶长出后开始喷药，10～15 天 1 次，连喷 2～3 次。一般使用 1：1：200 倍波尔多液，或 80％可湿性粉剂 600～800 倍液均匀喷雾。

（13）番木瓜炭疽病　冬季喷洒 1 次 1：1：100 倍波尔多液，或 80％可湿性粉剂 600～800 倍液；8～9 月份喷洒 3～4 次 1：1：200 倍波尔多液，或 80％可湿性粉剂 800～1000 倍液，间隔期 10～15 天。

注意事项　波尔多液尽量不要与其他农药混用，尤其是自己配制的波尔多液。自己配制的波尔多液长时间放置易产生沉淀，影响药效，应现用现配，且不能使用金属容器。果实近成熟期（采收前 30 天左右）不要使用自己配制的波尔多液，以免污染果面。桃、杏、李、樱桃对铜离子非常敏感，生长期使用会引起严重药害，造成大量落叶、落果。阴雨连绵或露水未干时喷施波尔多液易发生药害，有时在高温干燥条件下使用也易产生药害，需要特别注意。

硫 酸 铜 钙　copper calcium …

常见商品名称　多宁、高欣等。

主要含量与剂型　77％可湿性粉剂。

产品特点　硫酸铜钙是一种矿物源广谱保护性低毒杀菌剂，通过释放的铜离子而起杀菌作用，相当于工业化生产的"波尔多粉"，但喷施后对叶面没有药斑污染。其杀菌机理是通过释放的铜离子与病原真菌或细菌体内的多种生物基团结合，形成铜的络合物等物质，使蛋白质变性，进而阻碍和抑制代谢，导致病菌死亡。独特的"铜"、"钙"大分子络合物，遇水或水膜时缓慢释放出杀菌的铜离子，与病菌的萌发、侵染同步，杀菌、防病及时彻底，并对真菌性和细菌性病害同时有效。硫酸铜钙与普通波尔多液不同，药液呈微酸性，可与不含金属离子的非碱性农药混用，使用方便。该药颗粒微细，呈绒毛状结构，喷施后能均匀分布并紧密黏附在作物的叶片表面，耐雨水冲刷能力强。另外，硫酸铜钙富含12％的硫酸钙，在防控病害的同时，还具有一定的补钙功效。

硫酸铜钙可与多菌灵、甲霜灵、霜脲氰、烯酰吗啉等杀菌剂成分混配，用于生产复配杀菌剂。

适用果树及防控对象　硫酸铜钙适用于对铜离子不敏感的多种果树，对许多种真菌性与细菌性病害均具有很好的防控效果。目前果树生产中主要用于防控：苹果、梨、葡萄、桃、杏、李、枣等落叶果树的枝干病害，苹果、梨、葡萄的根部病害，苹果的褐斑病、黑星病，梨的黑星病、炭疽病、褐斑病，柑橘的溃疡病、疮痂病、炭疽病、黄斑病，葡萄的霜霉病、炭疽病、褐斑病、黑痘病，枣树的锈病、轮纹病、炭疽病、褐斑病，香蕉的叶鞘腐败病、叶斑病等。

使用技术　硫酸铜钙主要用于喷雾，必须在病菌侵染前均匀喷药才能获得较好的防控效果。

（1）苹果、梨等落叶果树的枝干病害　果树萌芽期（发芽前），喷施1次77％可湿性粉剂200～400倍液，铲除树体带菌（清园），防控枝干病害。

（2）苹果、梨、葡萄的根部病害　清除病组织后，使用77％可湿性粉剂500～600倍液浇灌病树主要根区范围，杀死残余病菌，促进根系恢复生长。

（3）苹果褐斑病、黑星病　从果实全套袋后开始喷施，10～15天1次，连喷4次左右。一般使用77％可湿性粉剂600～800倍液均匀喷雾，重点喷洒树冠下部及内膛。不是全套袋的苹果树慎重使用，或使用800～1000倍液喷雾。

（4）梨黑星病、炭疽病、褐斑病　从果实套袋后开始喷施，10～15天1次，连喷4～5次。一般使用77％可湿性粉剂600～800倍液均匀喷雾；在酥梨上，建议喷施1000～1200倍液。

（5）柑橘溃疡病、疮痂病、炭疽病、黄斑病　春梢萌生初期、春梢萌生后10～15天、谢花2/3时、夏梢萌生初期、夏梢萌生后10～15天、秋梢萌生初期、秋梢萌生后10～15天各喷药1次。一般使用77％可湿性粉剂400～600倍液均匀喷雾。

（6）葡萄霜霉病、炭疽病、褐斑病、黑痘病　开花前、落花后、落花后10～15天各喷药1次，有效防控黑痘病及果穗霜霉病；以后从初见叶片上的霜霉病斑时开始继续喷药，7～10天1次，连续喷药到采收前半月，对霜霉病、炭疽病、褐斑病均具有很好的防控效果。一般使用77％可湿性粉剂500～700倍液均匀喷雾，已有霜霉病发生时，建议与相应治疗性药剂交替使用或混用。

（7）枣树锈病、轮纹病、炭疽病、褐斑病　从 6 月下旬或落花后（一茬花）20 天左右开始喷药，10～15 天 1 次，连喷 5～7 次。一般使用 77% 可湿性粉剂 600～800 倍液均匀喷雾，高温干旱季节用药适当提高喷施倍数。

（8）香蕉叶鞘腐败病、叶斑病　防控叶鞘腐败病时，在台风发生前、后各喷药 1 次，或 7～10 天 1 次，每期连喷 2 次，重点喷洒叶片基部及叶鞘上部；防控叶斑病时，从病害发生初期开始喷药，10～15 天 1 次，连喷 2～3 次。一般使用 77% 可湿性粉剂 400～600 倍液喷雾。

注意事项　硫酸铜钙可与大多数杀虫剂、杀螨剂混合使用，但不能与含有其他金属离子的药剂和微肥混合使用，也不宜与强碱性或强酸性物质混用。桃、李、梅、杏、柿子等对铜离子敏感，在它们的生长期不宜使用。苹果、梨树的花期、幼果期对铜离子敏感，应慎用。阴雨连绵季节或地区慎用，高温干旱时应适当提高喷施倍数，以免发生药害。连续喷药时，注意与相应治疗性杀菌剂交替使用或混用。剩余药液及清洗药械的废液严禁污染河流、湖泊、池塘等水域。

碱式硫酸铜　copper sulfate ···

常见商品名称　铜高尚、统掌柜、丁锐可、鸿波等。

主要含量与剂型　27.12%、30% 悬浮剂，70% 水分散粒剂。

产品特点　碱式硫酸铜是一种矿物源广谱保护性低毒杀菌剂，药剂喷施后黏附性强，耐雨水冲刷，在植物表面形成致密的保护药膜，有效预防病菌侵染，持效期较长。其杀菌机理是有效成分中逐渐解离出铜离子，该铜离子与病菌体内蛋白质中的—SH、—N₂H、—COOH、—OH 等基团结合，抑制病菌孢子萌发及菌丝生长，进而导致病菌死亡。铜离子杀菌，病菌不易产生耐药性，可以连续多次使用。

碱式硫酸铜可与井冈霉素、硫酸锌、三氮唑核苷等杀菌剂成分混配，用于生产复配杀菌剂。

适用果树及防控对象　碱式硫酸铜适用于多种对铜离子不敏感的果树，对许多种真菌性和细菌性病害均具有很好的防控效果。目前果树生产中主要用于防控：苹果的轮纹病、炭疽病、褐斑病、黑星病等，梨树的黑星病、炭疽病、轮纹病、褐斑病等，葡萄的霜霉病、褐斑病、炭疽病等，枣树的锈病、炭疽病、轮纹病等，柑橘的溃疡病、疮痂病、炭疽病、黑星病、黄斑病等，香蕉的叶斑病、黑星病等，荔枝的霜疫霉病等。

使用技术 碱式硫酸铜主要用于喷雾，必须在病菌侵染前均匀喷药才能获得较好的防控效果。

(1) 苹果轮纹病、炭疽病、褐斑病、黑星病 从苹果落花后1.5个月开始使用本剂，15天左右1次，连喷4～6次，与相应内吸治疗性杀菌剂交替使用效果更好。碱式硫酸铜一般使用27.12%悬浮剂或30%悬浮剂400～500倍液，或70%水分散粒剂700～800倍液均匀喷雾。幼果期不建议使用本剂，以免对幼果表面造成刺激伤害。

(2) 梨树黑星病、炭疽病、轮纹病、褐斑病 从梨树落花后1.5个月开始使用本剂，15天左右1次，连喷4～7次，与相应内吸治疗性杀菌剂交替使用效果更好。碱式硫酸铜一般使用27.12%悬浮剂或30%悬浮剂400～500倍液，或70%水分散粒剂700～800倍液均匀喷雾。幼果期不建议使用本剂，以免对幼果表面造成刺激伤害。

(3) 葡萄霜霉病、褐斑病、炭疽病 一般葡萄园从幼果期或叶片霜霉病发生初期开始喷施本剂，10～15天1次，连续喷药至采收前一周，与相应内吸治疗性杀菌剂交替使用效果更好。碱式硫酸铜一般使用27.12%悬浮剂或30%悬浮剂300～400倍液，或70%水分散粒剂500～600倍液均匀喷雾。

(4) 枣树锈病、炭疽病、轮纹病 从枣树一茬花坐住果后开始使用本剂，15天左右1次，连喷4～6次，与相应内吸治疗性杀菌剂交替使用效果更好。碱式硫酸铜一般使用27.12%悬浮剂或30%悬浮剂400～500倍液，或70%水分散粒剂700～800倍液均匀喷雾。高温干旱季节用药，应适当提高喷施倍数，避免出现铜制剂药害。

(5) 柑橘溃疡病、疮痂病、炭疽病、黑星病、黄斑病 春梢生长期、幼果期、夏梢生长期、秋梢生长期、果实转色期各喷药1～2次，间隔期10～15天，最好与相应内吸治疗性杀菌剂交替使用。碱式硫酸铜一般使用27.12%悬浮剂或30%悬浮剂300～400倍液，或70%水分散粒剂500～600倍液均匀喷雾。

(6) 香蕉叶斑病、黑星病 从病害发生初期或初见病斑时开始喷药，15天左右1次，连喷2～4次，与相应内吸治疗性杀菌剂交替使用效果更好。碱式硫酸铜一般使用27.12%悬浮剂或30%悬浮剂400～500倍液，或70%水分散粒剂700～800倍液均匀喷雾。

(7) 荔枝霜疫霉病 幼果期、果实膨大期、果实转色期各喷药1次，即可有效控制霜疫霉病的发生为害。一般使用27.12%悬浮剂或30%悬浮剂300～400倍液，或70%水分散粒剂500～600倍液均匀喷雾。

注意事项 碱式硫酸铜为保护性杀菌剂，必须在病菌侵染前喷施才能获得较好的防控效果。不能与碱性药剂、强酸性药剂、忌铜药剂及含金属离子的药剂混合使用。喷药时避免药液飘移到对铜敏感的作物上，亦不能在对铜离子敏感的时期用药。本品对鱼类有毒，剩余药液及清洗药械的废液严禁污染河流、湖泊、池塘等水源。

氢 氧 化 铜　　　copper …

常见商品名称　冠菌铜、冠菌乐、冠菌清、可杀得叁仟、可杀得贰仟、可杀得壹零壹、农多福、细尔克、施普乐、巴克丁、秒刺、亿嘉、细攻、蓝丰、天鸟、瑞扑、志信 2000 等。

主要含量与剂型　46％、53.8％、57.6％水分散粒剂，53.8％、77％可湿性粉剂，37.5％悬浮剂。

产品特点　氢氧化铜是一种矿物源类无机铜素广谱保护性低毒杀菌剂，对真菌性和细菌性病害均具有很好的防控效果。其杀菌机理是通过释放的铜离子与病原菌体内或芽管内蛋白质中的—SH、—NH$_2$、—COOH、—OH等基团结合，形成铜的络合物，使蛋白质变性，进而阻碍和抑制病菌代谢，最终导致病菌死亡。该药杀菌防病范围广，渗透性好，但没有内吸作用，且使用不当容易发生药害。喷施在植物表面后没有明显药斑残留。药剂对兔眼睛有较强的刺激作用，对兔皮肤有轻微刺激作用，对鱼类有毒，但对人畜安全，没有残留问题。

氢氧化铜可与多菌灵、霜脲氰、代森锰锌、叶枯唑等杀菌剂成分混配，用于生产复配杀菌剂。

适用果树及防控对象　氢氧化铜适用于多种对铜离子不敏感的果树，既可有效防控多种真菌性病害，又可有效防控细菌性病害。目前果树生产中主要用于防控：柑橘的溃疡病、疮痂病、树脂病，荔枝的霜疫霉病，香蕉的叶斑病、黑星病，葡萄的黑痘病、霜霉病、穗轴褐枯病、褐斑病、炭疽病，苹果、梨、山楂的烂根病、腐烂病、干腐病、枝干轮纹病，桃、杏、李、樱桃的流胶病等。

使用技术　氢氧化铜主要应用于喷雾，有时也可灌根用药、涂抹用药等。喷雾时必须及时均匀周到，但不要在高温、高湿环境下使用。

（1）柑橘溃疡病、疮痂病、树脂病　防控溃疡病、疮痂病时，在春梢生长初期、幼果期、夏梢生长初期、秋梢生长初期各喷药 1 次，一般使用77％可湿性粉剂 1000～1200 倍液，或 53.8％可湿性粉剂或 53.8％水分散粒剂 800～1000 倍液，或 57.6％水分散粒剂 800～1000 倍液，或 46％水分散粒剂 800～1000 倍液，或 37.5％悬浮剂 800～1000 倍液均匀喷雾。防控树脂病时，既可在春梢萌发前清园喷药，也可刮病斑后涂药。清园喷药，一般使用 77％可湿性粉剂 600～800 倍液，或 53.8％可湿性粉剂或 53.8％水分散粒剂 500～600 倍液，或 57.6％水分散粒剂 500～600 倍液，或 46％水分散粒剂 500～600 倍液，或 37.5％悬浮剂 400～500 倍液均匀喷雾；涂抹病斑，一般使用 77％可湿性粉剂 150～200 倍液，或 53.8％可湿性粉剂或 53.8％水分散粒剂 100～150 倍液，或 57.6％水分散粒剂 100～150 倍液，或 46％水分散粒剂 100～150 倍液，或 37.5％悬浮剂 80～100 倍液涂药。

（2）荔枝霜疫霉病　花蕾期、幼果期、成果期各喷药 1 次即可，药剂使用量同"柑橘溃疡病"生长期喷药。

（3）香蕉叶斑病、黑星病　从病害发生初期开始喷药，10～15 天 1 次，连喷 2～4 次。一般使用 77％可湿性粉剂 800～1000 倍液，或 53.8％可湿性粉剂或 53.8％水分散粒剂 600～800 倍液，或 57.6％水分散粒剂 600～800 倍液，或 46％水分散粒剂 600～800 倍液，或 37.5％悬浮剂 500～600 倍液均匀喷雾。

（4）葡萄黑痘病、霜霉病、穗轴褐枯病、褐斑病、炭疽病　开花前、落花后、落花后 15 天左右各喷药 1 次，防控穗轴褐枯病、黑痘病及果穗霜霉病；然后从叶片上初见霜霉病斑时开始继续喷药，10 天左右 1 次，与不同类型药剂交替使用，连喷 5～7 次，有效防控霜霉病、褐斑病、炭疽病。一般使用 77％可湿性粉剂 800～1000 倍液，或 53.8％可湿性粉剂或 53.8％水分散粒剂 800～1000 倍液，或 57.6％水分散粒剂 800～1000 倍液，或 46％水分散粒剂 800～1000 倍液，或 37.5％悬浮剂 700～800 倍液均匀喷雾。

（5）苹果、梨、山楂的烂根病、腐烂病、干腐病、枝干轮纹病　治疗烂根病时，将病残组织清除后直接灌药治疗，灌药液量要求将病树的主要根区渗透，一般使用 77％可湿性粉剂 600～800 倍液，或 53.8％可湿性粉剂或 53.8％水分散粒剂 500～600 倍液，或 57.6％水分散粒剂 500～600 倍液，或 46％水分散粒剂 400～500 倍液，或 37.5％悬浮剂 400～500 倍液浇灌。预防腐烂病等枝干病害时，在发芽前喷药清园，一般使用 77％可湿性粉剂 400～500 倍液，或 53.8％可湿性粉剂或 53.8％水分散粒剂 300～400 倍液，或 57.6％水分散粒剂 300～400 倍液、或 46％水分散粒剂 300～400 倍液，或 37.5％悬浮剂 200～300 倍液喷洒枝干。腐烂病及干腐病病斑刮除后，也可在病斑表面涂抹用药，一般使用 77％可湿性粉剂 150～200 倍液，或 53.8％可湿性粉剂或 53.8％水分散粒剂 100～150 倍液，或 57.6％水分散粒剂 100～150 倍液，或 46％水分散粒剂 100～150 倍液，或 37.5％悬浮剂 80～100 倍液涂药。

(6) 桃、杏、李、樱桃的流胶病　在发芽前对枝干喷药 1 次即可，生长期严禁使用。一般使用 77％可湿性粉剂 400～500 倍液，或 53.8％可湿性粉剂或 53.8％水分散粒剂 300～400 倍液，或 57.6％水分散粒剂 300～400 倍液，或 46％水分散粒剂 300～400 倍液，或 37.5％悬浮剂 250～300 倍液喷洒枝干。

注意事项　氢氧化铜不能与碱性农药、强酸性农药、三乙膦酸铝、多硫化钙及怕铜农药混用。在桃、杏、李、樱桃等核果类果树上仅限于发芽前喷施，发芽后的生长期禁止使用。苹果、梨的花期和幼果期禁用，以免发生药害。严格按使用说明的推荐用药量使用，不要随意加大药量，以免发生药害。远离水产养殖区用药，禁止在河塘等水体中清洗施药器具，避免药液污染水源地。用药时注意安全保护；如误服，立即服用大量牛奶、蛋白液或清水，并送医院对症治疗。

腐植酸铜　HA-Cu

常见商标名称　果腐康、愈合灵、腐剑、843 康复剂等。

主要含量与剂型　2.12％、2.2％水剂。

产品特点　腐植酸铜是一种由腐植酸、硫酸铜及辅助成分组成的有机铜素低毒杀菌剂，属螯合态亲水胶体，在果树表面涂抹后逐渐释放出铜离子而起杀菌作用。该药呈弱碱性，在碱性溶液中化学性质较稳定。其使用安全，无药害，低残留，不污染环境。另外，腐殖酸可以刺激组织生长，促进伤口愈合。

适用果树及防控对象　腐植酸铜主要应用于果树，用于防控枝干病害。如苹果和梨的腐烂病、干腐病，桃、杏、李、樱桃的流胶病，枣树的腐烂病、干腐病，板栗树的干枯病，核桃的腐烂病，山楂的腐烂病，柑橘的树脂病、脚腐病等。

使用技术　腐植酸铜主要用于涂抹果树枝干病斑，有时也用于果树修剪后剪锯口的保护（封口剂），伤口涂抹该药后愈合快，有利于树势恢复。

(1) 苹果、梨、枣、山楂及板栗的枝干病害　首先将病斑刮除干净，刮至病斑边缘光滑无刺，然后用毛刷将药液均匀涂抹在病斑表面，涂药超出病斑边缘 2～4 厘米，用药量一般为每平方米 200 克制剂。

(2) 桃、杏、李、樱桃的流胶病　用刀轻刮流胶部位，然后在病斑表面均匀涂药。涂药方法及用药量同"苹果枝干病害"。

（3）核桃腐烂病　首先用刀在病斑表面均匀划道，刀口间距0.5厘米，深达木质部；然后在病斑表面均匀涂药。涂药方法及用药量同"苹果枝干病害"。

（4）柑橘树脂病、脚腐病　先用刀将病组织全部刮除干净，使病斑周围圆滑无毛刺，然后将药液均匀涂在病斑表面。用药量一般为每平方米300～500克制剂。

注意事项　本药不用稀释，直接涂抹，但使用前应将药剂搅匀。仅适用于树体的枝干部位。

多菌灵　carbendazim

常见商品名称　统旺、旺品、品翠、卓翠、鼎优、蓝靓、美星、亲豆、蕲松、悦联、智领、智海、银多、韦多、农友、明品、良马、青蛙、吴农、皇多灵、农百金、大富生、金三角、贝芬替、保利果、益禾康、诺普信绿颜、华星病克丹等。

主要含量与剂型　25％、40％、50％、80％可湿性粉剂，40％、50％、500克/升悬浮剂，50％、75％、80％、90％水分散粒剂。

产品特点　多菌灵是一种有机杂环类内吸治疗性高效广谱低毒杀菌剂，主要用于防控高等真菌性病害，对低等真菌及细菌无效。其作用机理是干扰真菌细胞有丝分裂中纺锤体的形成，进而影响细胞分裂，导致病菌死亡。药剂通过植物叶片渗入到植物体内，耐雨水冲刷，持效期较长。其在植物体内的传导和分布与植物的蒸腾作用有关，蒸腾作用强，传导分布快；蒸腾作用弱，传导分布慢。在蒸腾作用较强的部位，如叶片上药剂分布量较多；在蒸腾作用较弱的器官，如花、果上药剂分布较少。酸性条件下，可以增加多菌灵的水溶性，提高药剂的渗透和输导能力。多菌灵在酸化后，透过植物表面角质层的移动力比未酸化时增大4倍。

多菌灵常与硫黄、三唑酮、三环唑、丙环唑、代森锰锌、井冈霉素、嘧霉胺、氟硅唑、腐霉利、三乙膦酸铝、乙霉威、异菌脲、溴菌腈、戊唑醇、丙森锌、硫酸铜钙、福美双、咪鲜胺、咪鲜胺锰盐、甲霜灵、烯唑醇、苯醚甲环唑、己唑醇、氟环唑、烯肟菌酯、中生菌素、春雷霉素、五氯硝基苯等杀菌剂成分混配，生产复配杀菌剂。

适用果树及防控对象　多菌灵适用于多种果树，对根部、叶片、花、果实及贮运期的许多种高等真菌性病害均具有良好的治疗和预防效果。目前果树生产中常用于防控：各种果树的根杇病、紫纹羽病、白纹羽病、白绢病，苹果的轮纹烂果病、炭疽病、褐斑病、花腐病、褐腐病、黑星病、锈病、水锈病及采后烂果病，梨树的黑星病、轮纹病、炭疽病、锈病、褐斑病，葡萄的黑痘病、炭疽病、褐斑病、房枯病；桃树的缩叶病、炭疽病、真菌性穿孔病、黑星病、褐腐病，杏、李的炭疽病、黑星病、褐腐病、真菌性穿孔病，樱桃的褐腐病、炭疽病、真菌性穿孔病，核桃的炭疽病、枝枯病、叶斑病，枣树的褐斑病、轮纹病、锈病、炭疽病、果实斑点病，柿树的角斑病、圆斑病、炭疽病，板栗的炭疽病、叶斑病，石榴的炭疽病、麻皮病、叶斑病，山楂的枯梢病、叶斑病、锈病、炭疽病、黑星病，草莓的根腐病、褐斑病，香蕉的黑星病、炭疽病、叶斑病，柑橘的炭疽病、疮痂病、黑星病、黄斑病、树脂病、树干流胶病，忙果的炭疽病、叶斑病，枇杷炭疽病，番木瓜炭疽病等。

使用技术　多菌灵使用方法多样，除常规喷雾用药外，还可用于灌根、涂抹、浸泡、土壤消毒等。

（1）果树根部病害　在清除病根组织的基础上，用药液浇灌果树根部，浇灌药液量因树体大小而异，一般以树体的主要根区土壤湿润为宜。一般使用25%可湿性粉剂300～400倍液，或40%可湿性粉剂或40%悬浮剂500～600倍液，或50%可湿性粉剂或50%水分散粒剂或50%悬浮剂或500克/升悬浮剂600～800倍液，或75%水分散粒剂800～1000倍液，或80%可湿性粉剂或80%水分散粒剂1000～1200倍液，或90%水分散粒剂1200～1500倍液进行浇灌。根部病害防治在早春进行较好，但还要立足于早发现早治疗。

（2）苹果病害　开花前后阴雨湿度大时或在风景绿化区的果园，开花前、后各喷药1次，防控花腐病、锈病，兼防白粉病。从落花后10天左右开始连续喷药，10天左右1次，连喷3次后套袋，与全络合态代森锰锌、克菌丹等药剂交替使用效果较好；不套袋苹果则10～15天喷药1次，落花后1.5个月后可与硫酸铜钙、代森锰锌、戊唑・多菌灵等不同类型药剂交替使用，需连续喷药7～10次，对轮纹烂果病、炭疽病、褐斑病、褐腐病、黑星病、水锈病均具有很好的防控效果，具体喷药时间及次数根据降雨情况灵活掌握，雨多多喷，雨少少喷。一般使用25%可湿性粉剂300～400倍液，或40%可湿性粉剂500～600倍液，或50%可湿性粉剂或50%水分散粒剂或40%悬浮剂600～800倍液，或50%悬浮剂或500克/升悬浮剂800～1000倍液，或75%水分散粒剂1000～1200倍液，或80%可湿性粉剂或80%水分散粒剂1000～1200倍液，或90%水分散粒剂1200～1500倍液均匀喷雾。不套袋苹果采收后，用上述药液浸果20～30秒，捞出晾干后贮运，对采后烂果病具有很好的控制效果。

（3）梨树病害　在风景绿化区的果园，于开花前、后各喷药 1 次，防控锈病的发生为害。以后从落花后 10 天左右开始连续喷药，10～15 天 1 次，与腈菌唑、烯唑醇、苯醚甲环唑、克菌丹、全络合态代森锰锌等药剂交替使用，需连续喷药 7～10 次，可有效控制黑星病、轮纹病、炭疽病、褐斑病的发生为害。具体喷药时间及次数根据降雨情况灵活掌握，雨多多喷，雨少少喷。药剂使用量同"苹果病害"。

（4）葡萄病害　在葡萄开花前、后各喷药 1 次，防控黑痘病；防控褐斑病时，从初见病斑时开始喷药，10 天左右 1 次，连喷 3～4 次，兼防炭疽病；然后从果粒开始着色前继续喷药，7～10 天 1 次，连喷 3～5 次，有效防控炭疽病，兼防房枯病、褐斑病。药剂使用量同"苹果病害"。

（5）桃树病害　花芽露红期，喷施 1 次 25％可湿性粉剂 100～150 倍液，或 40％可湿性粉剂 150～200 倍液，或 50％可湿性粉剂或 50％水分散粒剂或 40％悬浮剂 200～300 倍液，或 75％水分散粒剂或 80％可湿性粉剂或 80％水分散粒剂或 50％悬浮剂或 500 克/升悬浮剂 300～500 倍液，或 90％水分散粒剂 500～600 倍液，有效防控缩叶病。然后从落花后 20 天左右开始继续喷药，10～15 天 1 次，与不同类型药剂交替使用，连喷 3～4 次，有效防控黑星病、炭疽病、真菌性穿孔病的发生为害；往年褐腐病较重果园，从果实采收前 1.5 个月开始喷药防控，10 天左右 1 次，连喷 2～3 次，兼防炭疽病。落花后药剂使用量同"苹果病害"。

（6）杏、李病害　从落花后 20 天左右开始喷药，10～15 天 1 次，与不同类型药剂交替使用，连喷 3～5 次，可有效防控黑星病、炭疽病、真菌性穿孔病及褐腐病的发生为害。药剂使用量同"苹果病害"。

（7）樱桃病害　从落花后 20 天左右开始喷药，10～15 天 1 次，连喷 2～3 次，可有效防控炭疽病、真菌性穿孔病及褐腐病的发生为害。药剂使用量同"苹果病害"。

（8）核桃病害　以防控炭疽病为害为主，兼防枝枯病、叶斑病。从落花后 1 个月左右或病害发生初期开始喷药，10～15 天 1 次，连喷 2～3 次。药剂使用量同"苹果病害"。

（9）枣树病害　开花前、后各喷药 1 次，有效防控褐斑病，兼防果实斑点病；然后从落花后半月左右开始继续喷药，10～15 天 1 次，与不同类型药剂交替使用，连喷 4～7 次，有效防控锈病、炭疽病、轮纹病、果实斑点病及褐斑病的发生为害。药剂使用量同"苹果病害"。

（10）柿树病害　从落花后半月左右开始喷药，10～15 天 1 次，连喷 2～3 次，可有效防控角斑病、圆斑病及炭疽病的发生为害；南方炭疽病发生严重柿区，中后期需增加喷药 2～4 次。药剂使用量同"苹果病害"。

（11）板栗病害　以防控炭疽病、叶斑病为主，从病害发生初期开始喷药，10～15 天 1 次，连喷 2～3 次。药剂使用量同"苹果病害"。

（12）石榴病害　从开花初期开始喷药，10～15 天 1 次，连喷 4～6 次，对炭疽病、麻皮病及叶斑病均具有很好的防控效果。药剂使用量同"苹果病害"。

（13）山楂病害　在山楂展叶期、初花期和落花后 10 天各喷药 1 次，有效防控枯梢病，兼防叶斑病、锈病；防控黑星病时，从初见病斑时开始喷药，10～15 天 1 次，连喷 2～3 次，兼防炭疽病、叶斑病。药剂使用量同"苹果病害"。

（14）草莓病害　从花蕾期开始，使用多菌灵药液灌根，10 天后再浇灌 1 次，对根腐病具有较好的防控效果，药剂灌根浓度同"果树根部病害"。防控褐斑病时，从初见病斑时开始喷药，10～15 天 1 次，连喷 2～3 次，药剂喷施浓度同"苹果病害"。

（15）香蕉病害　从病害发生初期开始喷药，10～15 天 1 次（多雨潮湿时为 7～10 天），连喷 2～4 次，对黑星病、炭疽病及叶斑病均具有较好的防控效果。一般使用 25％可湿性粉剂 200～250 倍液，或 40％可湿性粉剂 300～400 倍液，或 50％可湿性粉剂或 50％水分散粒剂或 40％悬浮剂 400～500 倍液，或 50％悬浮剂或 500 克/升悬浮剂或 75％水分散粒剂 500～600 倍液，或 80％可湿性粉剂或 80％水分散粒剂 700～900 倍液，或 90％水分散粒剂 800～1000 倍液均匀喷雾。

（16）柑橘病害　防控树干流胶病、树脂病时，在 4～7 月份用刀在病部纵向划道切割，深达木质部，然后使用 25％可湿性粉剂 10～20 倍液，或 40％可湿性粉剂 20～40 倍液，或 50％可湿性粉剂或 50％水分散粒剂或 40％悬浮剂 30～50 倍液，或 50％悬浮剂或 500 克/升悬浮剂或 75％水分散粒剂 50～80 倍液，或 80％可湿性粉剂或 80％水分散粒剂 60～90 倍液，或 90％水分散粒剂 80～100 倍液涂抹病部表面。防控炭疽病、疮痂病、黑星病及黄斑病时，在新梢抽发期喷药或从病害发生初期开始喷药，10 天左右 1 次，每期连喷 2～3 次，药剂喷施浓度同"香蕉病害"。

（17）芒果病害　从初花期开始喷药，10 天左右 1 次，连喷 3～4 次，可有效防控炭疽病的发生为害，并兼防叶斑病。药剂使用量同"苹果病害"。

（18）枇杷炭疽病　从病害发生初期开始喷药，10～15 天 1 次，连喷 2～3 次。药剂使用量同"苹果病害"。

（19）番木瓜炭疽病　从落花后开始喷药，10～15 天 1 次，连喷 2～4 次。药剂使用量同"苹果病害"。

注意事项　多菌灵可与非碱性杀虫、杀螨剂桶混使用，但不能与波尔多液、石硫合剂等碱性农药混用。连续多次单一使用，易诱导病菌产生耐药性，最好与不同类型杀菌剂交替使用或混合使用。悬浮剂型有时可能会有一些沉淀，摇匀后使用不影响药效。用药时注意安全保护，工作完毕后及时清洗手脸和可能被污染的部位；误服后尽快服用或注射阿托品，并送医院对症治疗。在苹果、梨上的安全采收间隔期为 7 天，在葡萄上为 25 天，柑橘上为 30 天。

甲基硫菌灵　thiophanate - ⋯⋯

常见商品名称　甲基托布津、杀灭尔、艾普兰、好白津、珍托津、韦尔托、凯丰托、倍倍托、一品托、大丰托、宝托、达托、康托、强托、红托、世托、整托、珍托、雪托、星托、稳托、比露、绿云、美星、佳田、墨翠、翠美、清佳、运精、上格金枝、标正多备、国光松尔、新益甲托、中达甲托、日友甲托、美邦 JIATUO、韦尔奇甲托、标正标托津、燕华托上托、上格纯品甲托、诺普信纯百托等。

主要含量与剂型　50％、70％、80％可湿性粉剂，70％、75％、80％水分散粒剂，36％、50％、500 克/升悬浮剂，3％糊剂。

产品特点　甲基硫菌灵是一种取代苯类内吸治疗性广谱低毒杀菌剂，具有预防、治疗及内吸传到多种作用方式。其杀菌机理有两个，一是在植物体内部分转化为多菌灵，干扰病菌有丝分裂中纺锤体的形成，影响细胞分裂，导致病菌死亡；二是甲基硫菌灵直接作用于病菌，阻碍其呼吸过程，影响病菌孢子的产生、萌发及菌丝体生长，而导致病菌死亡。该药可混用性好，使用方便、安全、低毒、低残留，但连续使用易诱使病菌产生耐药性。对鱼类有毒，对鸟类低毒，对蜜蜂低毒，但对蜜蜂无接触毒性。悬浮剂相对加工颗粒微细、黏着性好、耐雨水冲刷、药效利用率高，使用方便、环保。

甲基硫菌灵常与硫黄、福美双、代森锰锌、百菌清、乙霉威、腈菌唑、氟硅唑、氟环唑、烯唑醇、丙环唑、三唑酮、三唑醇、戊唑醇、己唑醇、异菌脲、苯醚甲环唑、醚菌酯、嘧菌酯、烯唑醇、咪鲜胺锰盐、噻呋酰胺、乙醚酚、甲霜灵、恶霉灵、中生菌素等杀菌剂成分混配，生产复配杀菌剂。

适用果树及防控对象　甲基硫菌灵广泛适用于多种果树，对许多种高等真菌性病害均具有很好的防控效果。目前果树生产中常用于防控：果树的根部病害（根腐病、紫纹羽病、白纹羽病、白绢病），苹果和梨树的腐烂病、轮纹病、炭疽病、褐斑病、花腐病、霉心病、褐腐病、套袋果斑点病、黑星病、白粉病、锈病、霉污病、采后烂果病，葡萄的黑痘病、炭疽病、白粉病、褐斑病、灰霉病、房枯病，桃树的缩叶病、炭疽病、真菌性穿孔病、黑星病、褐腐病、李的炭疽病、真菌性穿孔病、核桃的炭疽病、枝枯病、叶斑病、枣树的褐斑病、锈病、轮纹病、炭疽病、柿树的角斑病、圆斑病、炭疽病、白粉病、板栗的炭疽病、叶斑病，石榴的炭疽病、麻皮病、叶斑病，香蕉的黑星病、叶斑病、炭疽病、柑橘类的炭疽病、疮痂病、黑星病、黄斑病、树脂病、芒果的炭疽病、白粉病、叶斑病等。

使用技术 甲基硫菌灵主要应用于喷雾，亦常用于枝干病斑涂抹及果树灌根。

（1）果树根部病害（根腐病、紫纹羽病、白纹羽病、白绢病） 在清除或刮除病根组织的基础上，于树盘下用土培埂浇灌，每年早春施药效果最好。一般使用70％可湿性粉剂或70％水分散粒剂或75％水分散粒剂或80％可湿性粉剂或80％水分散粒剂800～1000倍液，或50％可湿性粉剂或50％悬浮剂或500克/升悬浮剂500～600倍液，或36％悬浮剂300～400倍液浇灌。浇灌药液量因树体大小而异，以药液将树体大部分根区土壤渗透为宜。

（2）果树枝干腐烂病 在刮除病斑的基础上，使用3％糊剂原液，或36％悬浮剂10～15倍液，或50％可湿性粉剂或50％悬浮剂或500克/升悬浮剂15～20倍液，或70％可湿性粉剂或70％水分散粒剂或75％水分散粒剂或80％可湿性粉剂或80％水分散粒剂30～50倍液在病斑表面涂抹。一个月后再涂药1次效果更好。

（3）苹果和梨的枝干轮纹病 春季轻刮病瘤后涂药。一般使用70％可湿性粉剂与植物油按1:（20～25），或80％可湿性粉剂与植物油按1:（25～30），或50％可湿性粉剂与植物油按1:（15～20）的比例，充分搅拌均匀后涂抹枝干。

（4）苹果和梨的轮纹烂果病、炭疽病 从落花后7～10天开始喷药，10天左右1次，连喷3次药后套袋；不套袋果继续连续喷药，10～15天1次，需再喷药3～5次。具体喷药间隔期根据降雨情况而定，多雨潮湿时间隔期宜短，少雨干旱时间隔期宜长。连续喷药时，注意与其他不同类型药剂交替使用。防控不套袋苹果的轮纹烂果病时，中熟品种一般到8月上中旬结束用药，晚熟品种一般到9月上中旬结束用药；防控不套袋梨的轮纹烂果病时，一般到8月中旬结束用药；防控不套袋苹果或梨的炭疽病时，一般应持续喷药到采收前7～10天。但具体用药结束期，需根据病害防治水平及果实生长后期的降雨情况而灵活掌握。一般使用70％可湿性粉剂或70％水分散粒剂或75％水分散粒剂或80％可湿性粉剂或80％水分散粒剂800～1000倍液，或 50%悬浮剂或 500 克/升悬浮剂 600～800 倍液，或 50%可湿性粉剂 500～600 倍液，或 36%悬浮剂 400～500 倍液均匀喷雾。

（5）苹果和梨的锈病　开花前、落花后各喷药 1 次即可，严重果园落花后 10 天左右需再喷药 1 次。药剂喷施倍数同"苹果轮纹烂果病"。

（6）苹果白粉病　开花前、落花后及落花后 10～15 天为药剂防控关键期，需各喷药 1 次。药剂喷施倍数同"苹果轮纹烂果病"，最好与烯唑醇、腈菌唑、苯醚甲环唑等药剂交替使用。

（7）苹果和梨的花腐病　多雨潮湿地区果园，在花序分离期和落花后各喷药 1 次；一般果园只需在花序分离期至开花前喷药 1 次即可。药剂喷施倍数同"苹果轮纹烂果病"。

（8）苹果和梨的霉心病　盛花末期喷药 1 次即可，落花后用药基本无效。一般使用 70%可湿性粉剂或 70%水分散粒剂或 75%水分散粒剂或 80%可湿性粉剂或 80%水分散粒剂 700～800 倍液，或 50%可湿性粉剂 400～500 倍液，或 50%悬浮剂或 500 克/升悬浮剂 500～600 倍液，或 36%悬浮剂 350～400 倍液均匀喷雾。

（9）苹果和梨的套袋果斑点病　套袋前 5 天内喷药效果最好。一般使用 70%可湿性粉剂或 70%水分散粒剂或 75%水分散粒剂或 80%可湿性粉剂或 80%水分散粒剂 700～800 倍液，或 50%可湿性粉剂 400～500 倍液，或 50%悬浮剂或 500 克/升悬浮剂 500～600 倍液，或 36%悬浮剂 400～500 倍液均匀喷雾，与全络合态代森锰锌或克菌丹混用效果更好。

（10）苹果褐斑病　从历年初见病斑前 10 天左右的降雨后（一般为 6 月初或 6 月上旬）开始喷第 1 次药，以后视降雨情况 10～15 天喷药 1 次，连喷 4～6 次。药剂喷施倍数同"苹果轮纹烂果病"，最好与戊唑·多菌灵、硫酸铜钙、戊唑醇等药剂交替使用。

（11）苹果褐腐病　从采收前 1.5 个月（中熟品种）至 2 个月（晚熟品种）开始喷药，10～15 天 1 次，连喷 2 次即可有效控制该病的发生为害。药剂喷施倍数同"苹果轮纹烂果病"。

（12）苹果黑星病　一般发生地区或果园，多从 5 月中下旬开始喷药，10～15 天 1 次，连喷 2～4 次。药剂喷施倍数同"苹果轮纹烂果病"，最好与腈菌唑、苯醚甲环唑、烯唑醇、戊唑·多菌灵、硫酸铜钙等药剂交替使用。

（13）苹果和梨的霉污病　往年严重果园一般从 7 月下旬开始喷药，10～15 天 1 次，连喷 2～4 次即可。药剂喷施倍数同"苹果轮纹烂果病"，与克菌丹混合使用效果更好。

（14）苹果和梨的采后烂果病　采后贮运前，一般使用 70%可湿性粉剂或 70％水分散粒剂或 75％水分散粒剂或 80％可湿性粉剂或 80％水分散粒剂 800～1000 倍液，或 50％可湿性粉剂 500～600 倍液，或 50％悬浮剂或 500 克/升悬浮剂 600～700 倍液，或 36％悬浮剂 400～500 倍液浸果，1～2 分钟后捞出晾干即可。

（15）梨黑星病　从初见病梢或病叶、病果时开始喷药，往年黑星病较重果园需从落花后即开始喷药，以后每隔 10～15 天喷药 1 次，一般幼果期需喷药 2～3 次，中后期需喷药 4～6 次。具体喷药间隔期视降雨情况而定，多雨潮湿时间隔期应适当缩短。一般使用 70％可湿性粉剂或 70％水分散粒剂或 75％水分散粒剂或 80％可湿性粉剂或 80％水分散粒剂 800～1000 倍液，或 50％可湿性粉剂 500～600 倍液，或 50％悬浮剂或 500 克/升悬浮剂 600～700 倍液，或 36％悬浮剂 400～500 倍液均匀喷雾。为避免病菌产生抗性，最好与苯醚甲环唑、腈菌唑、烯唑醇、全络合态代森锰锌、克菌丹等杀菌剂交替使用。

（16）梨褐斑病　从病害发生初期（北方梨区多为 7 月中下旬）开始喷药，一般果园连喷 2 次即可有效控制病情为害。药剂喷施倍数同"梨黑星病"。

（17）梨白粉病　从病害发生初期开始喷药，10～15 天 1 次，连喷 2～3 次，注意喷洒叶片背面。药剂喷施倍数同"梨黑星病"。

（18）葡萄黑痘病　葡萄开花前、落花 70％～80％及落花后 10 天左右是防治黑痘病的关键时期，各喷药 1 次即可有效控制该病的发生为害。药剂喷施倍数同"梨黑星病"。

（19）葡萄炭疽病、房枯病　一般从葡萄果粒基本长成大小前 7～10 天开始喷药，10 天左右 1 次，连喷 4～6 次。药剂喷施倍数同"梨黑星病"。

（20）葡萄褐斑病　从病害发生初期开始喷药，10 天左右 1 次，连喷 3～4 次。药剂喷施倍数同"梨黑星病"。

（21）葡萄灰霉病　开花前、落花后各喷药 1 次，防控幼果穗受害；套袋果套袋前 5 天内喷药 1 次，防控套袋后果穗受害；不套袋果在果粒膨大后期至采收前的发病初期开始喷药，7～10 天 1 次，连喷 2 次左右。药剂喷施倍数同"梨黑星病"，与腐霉利、异菌脲、嘧霉胺等药剂交替使用或混合使用效果更好。

（22）葡萄白粉病　从病害发生初期开始喷药，7～10 天 1 次，连喷 2～3 次，即可有效控制白粉病的发生为害。药剂喷施倍数同"梨黑星病"，注意与不同类型药剂交替使用。

（23）桃树缩叶病　在桃芽露红但尚未展开时喷药，一般使用 70％可湿性粉剂或 70％水分散粒剂或 75％水分散粒剂或 80％可湿性粉剂或 80％水分散粒剂 500～600 倍液，或 50％可湿性粉剂 300～400 倍液，或 50％悬浮剂或 500 克/升悬浮剂 400～500 倍液，或 36％悬浮剂 300～400 倍液均匀喷雾，喷药 1 次即可有效控制缩叶病的发生为害。

（24）桃炭疽病　从果实采收前 1.5 个月开始喷药，10～15 天 1 次，连喷 2～4 次。一般使用 70％可湿性粉剂或 70％水分散粒剂或 75％水分散粒剂或 80％可湿性粉剂或 80％水分散粒剂 800～1000 倍液，或 50％可湿性粉剂 500～600 倍液，或 50％悬浮剂或 500 克/升悬浮剂 600～700 倍液，或 36％悬浮剂 400～500 倍液均匀喷雾。

（25）桃树真菌性穿孔病　一般果园从落花后 10 天左右或病害发生初期开始喷药，10～15 天 1 次，连喷 2～4 次。药剂喷施倍数同"桃炭疽病"，注意与不同类型药剂交替使用。

（26）桃黑星病（疮痂病）　从落花后 1 个月左右开始喷药，10～15 天 1 次，直到采收前 1 个月结束。药剂喷施倍数同"桃炭疽病"，注意与不同类型药剂交替使用。

（27）桃褐腐病　防治花腐及幼果褐腐时，在初花期、落花后及落花后半月各喷药 1 次；防治近成熟果褐腐时，一般从果实成熟前 1 个月左右开始喷药，7～10 天 1 次，连喷 2～3 次。药剂喷施倍数同"桃炭疽病"，注意与不同类型药剂交替使用。

（28）李炭疽病、真菌性穿孔病　从真菌性穿孔病发生初期开始喷药，10～15 天 1 次，连喷 2～4 次，即可有效防控真菌性穿孔病及炭疽病的发生为害。药剂喷施倍数同"桃炭疽病"。

（29）核桃炭疽病、真菌性叶斑病　从雨季到来前开始喷药，15 天左右 1 次，连喷 2～4 次。防控炭疽病以幼果期喷药最为关键。一般使用 70％可湿性粉剂或 70％水分散粒剂或 75％水分散粒剂或 80％可湿性粉剂或 80％水分散粒剂 800～1000 倍液，或 50％可湿性粉剂 500～600 倍液，或 50％悬浮剂或 500 克/升悬浮剂 600～700 倍液，或 36％悬浮剂 400～500 倍液均匀喷雾。注意与不同类型药剂交替使用。

（30）枣轮纹病（浆果病）、炭疽病、锈病、褐斑病　开花前喷药 1 次，有效防控褐斑病的早期发生；然后从一茬花落花后 10～15 天开始连续喷药，10～15 天 1 次，连喷 5～7 次。具体喷药间隔期及次数视降雨情况灵活掌握，阴雨潮湿多喷、无雨干旱少喷。一般使用 70％可湿性粉剂或 70％水分散粒剂或 75％水分散粒剂或 80％可湿性粉剂或 80％水分散粒剂 800～1000 倍液，或 50％可湿性粉剂 500～600 倍液，或 50％悬浮剂或 500 克/升悬浮剂 600～700 倍液，或 36％悬浮剂 400～500 倍液均匀喷雾。注意与不同类型药剂交替使用。

（31）柿角斑病、圆斑病、炭疽病　从柿树落花后半月左右开始喷药，15天左右1次，一般柿园连喷2～3次即可有效控制柿树病害；但在南方甜柿产区，中后期还需继续喷药2～4次。一般使用70％可湿性粉剂或70％水分散粒剂或75％水分散粒剂或80％可湿性粉剂或80％水分散粒剂800～1000倍液，或50％可湿性粉剂500～600倍液，或50％悬浮剂或500克/升悬浮剂600～700倍液，或36％悬浮剂400～500倍液均匀喷雾。

（32）板栗炭疽病、叶斑病　从病害发生初期开始喷药，10～15天1次，连喷2～3次。药剂喷施倍数同"柿角斑病"。

（33）石榴炭疽病、麻皮病、叶斑病　从病害发生初期或幼果期开始喷药，10天左右1次，连喷3～5次。药剂喷施倍数同"柿角斑病"，注意与不同类型药剂交替使用。

（34）香蕉叶斑病、黑星病、炭疽病　从抽蕾期或病害发生初期开始喷药，15天左右1次，连喷3次左右。一般使用70％可湿性粉剂或70％水分散粒剂或75％水分散粒剂或80％可湿性粉剂或80％水分散粒剂600～800倍液，或50％可湿性粉剂400～500倍液，或50％悬浮剂或500克/升悬浮剂500～600倍液，或36％悬浮剂300～400倍液均匀喷雾。注意与不同类型药剂交替使用。

（35）芒果炭疽病、白粉病、叶斑病　在芒果开花初期、开花末期及谢花后20天各喷药1次，可有效防治炭疽病和白粉病；防治叶斑病时从病害发生初期开始喷药，10～15天1次，连喷2～3次。药剂喷施倍数同"香蕉叶斑病"。

（36）柑橘类的炭疽病、疮痂病、黑星病、黄斑病　萌芽1/3厘米、谢花2/3是防控疮痂病的关键时期，同时兼防前期叶片炭疽病；谢花2/3、幼果期是防控炭疽病、并保果的关键期，同时兼防疮痂病、黄斑病；果实膨大期至转色期是防控黑星病、黄斑病的关键期，同时兼防炭疽病。一般使用70％可湿性粉剂或70％水分散粒剂或75％水分散粒剂或80％可湿性粉剂或80％水分散粒剂800～1000倍液，或50％可湿性粉剂500～600倍液，或50％悬浮剂或500克/升悬浮剂600～700倍液，或36％悬浮剂400～500倍液均匀喷雾。注意与不同类型药剂交替使用。

（37）柑橘树脂病　春芽萌发前喷药清园1次，一般使用70％可湿性粉剂或70％水分散粒剂或75％水分散粒剂或80％可湿性粉剂或80％水分散粒剂300～400倍液，或50％可湿性粉剂200～250倍液，或50％悬浮剂或500克/升悬浮剂250～300倍液，或36％悬浮剂150～200倍液喷雾，重点喷洒树体枝干。对于枝干病斑，刮治后及时涂药，一般使用3％糊剂原液，或36％悬浮剂10～15倍液，或50％可湿性粉剂或50％悬浮剂或500克/升悬浮剂 15～20 倍液，或 70％可湿性粉剂或 70％水分散粒剂或 75％水分散粒剂或 80％可湿性粉剂或 80％水分散粒剂 30～50 倍液在病斑表面涂抹。

注意事项 不能与铜制剂及碱性农药混用。连续多次使用，病菌易产生耐药性，应注意与不同类型药剂交替使用或混合使用。悬浮剂型可能会有一些沉淀，摇匀后使用不影响药效。用药时，若药液溅入眼睛，应立即用清水或 2％苏打水冲洗；疼痛时，向眼睛结膜滴 1～2 滴 2％奴佛卡因液。若误食引起急性中毒时，应立即催吐，并携带药剂包装送医院诊治。

三唑酮 triadimefon

常见商品名称 粉锈通、粉锈清、粉绣托、粉菌特、代士高、富力特、优特克、菌克灵、天保丰、丰收乐、保丽特、粉力斯、菌通散、麦斗欣、农家旺、去粉佳、清佳、克胜、大成、粉艳、森白、翠通、剑福、天人、瑞德丰宝通等。

主要含量与剂型 15％、25％可湿性粉剂，20％、250 克/升乳油。

产品特点 三唑酮是一种三唑类内吸治疗性低毒杀菌剂，高效、低残留、持效期长，易被植物吸收，并可在植物体内传导，对锈病和白粉病具有预防、治疗、铲除及熏蒸等多种作用。其杀菌机理主要是抑制病菌体内麦角甾醇的生物合成，进而抑制病菌附着胞及吸器的发育、菌丝的生长和孢子的形成，最终导致病菌死亡。药剂对皮肤和黏膜无明显刺激作用，对蜜蜂无毒，对鱼和鸟类安全。

三唑酮常与硫黄、多菌灵、腈菌唑、三环唑、戊唑醇、烯唑醇、咪鲜胺、福美双、代森锰锌、百菌清、井冈霉素、乙蒜素等杀菌剂成分混配，生产复配杀菌剂。

适用果树及防控对象 三唑酮适用于多种果树，对锈病、白粉病、黑星病等多种高等真菌性病害均具有很好的防控效果。目前果树生产中主要用于防控：苹果、山楂的白粉病、锈病、黑星病，梨树的白粉病、锈病、黑星病，葡萄、桃、板栗、核桃的白粉病，枣树锈病，草莓白粉病等。

使用技术

(1) 苹果、山楂的白粉病、锈病、黑星病 防控白粉病、锈病时，在开花前、后各喷药 1 次；防控黑星病时，从病害发生初期开始喷药，10～15天 1 次，连喷 2～3 次。一般使用 25％可湿性粉剂或 250 克/升乳油 2000～2500 倍液，或 20％乳油 1500～2000 倍液，或 15％可湿性粉剂 1200～1500

倍液均匀喷雾。

(2) 梨树白粉病、锈病、黑星病　开花前、后各喷药1次，防控锈病，兼防黑星病；防控黑星病时，从落花后、或初见病梢或病叶时开始喷药，10～15天1次，连喷5～7次；防控白粉病时，从初见病斑时开始喷药，10～15天1次，连喷2～3次，兼防黑星病。药剂使用量同"苹果白粉病"。

(3) 葡萄、桃、板栗、核桃的白粉病　从初见病斑时开始喷药，10～15天1次，连喷2～3次。药剂使用量同"苹果白粉病"。

(4) 枣树锈病　从初见病叶时或6月下旬至7月初开始喷药，10～15天1次，连喷4～6次，注意与不同类型药剂交替使用。三唑酮使用量同"苹果白粉病"。

(5) 草莓白粉病　在花蕾期、盛花期、末花期、幼果期各喷药1次，即可有效控制白粉病的发生为害。一般使用25％可湿性粉剂或250克/升乳油1800～2000倍液，或20％乳油1500～1800倍液，或15％可湿性粉剂1200～1500倍液均匀喷雾。

注意事项　三唑酮可与多种非碱性药剂混用。该药已使用多年，一些地区耐药性较重，用药时不要随意加大药量，以免发生药害，并注意与不同类型杀菌剂混合或交替使用。药量过大的主要药害表现为：叶片小而紧簇，厚而脆，颜色深绿，及植株生长缓慢、株形矮化等。使用不当引起中毒或误服时，无特殊解毒药剂，应立即送医院对症治疗。

烯唑醇　diniconazole

常见商品名称　骅港、天宁、少用力、果辅、嘉果、托球、丰收、黑杀、剑牌敌力康等。

主要含量与剂型　12.5％可湿性粉剂，10％、25％乳油，30％悬浮剂，50％水分散粒剂。

产品特点　烯唑醇是一种三唑类内吸治疗性高效低毒杀菌剂，对许多种高等真菌性病害均具有预防保护和内吸治疗效果。其杀菌机理是通过抑制病菌细胞膜成分麦角甾醇的正常生物合成，使麦角甾醇缺乏，导致真菌细胞膜不正常，最终使病菌死亡。该药既可抑制病菌孢子芽管生长，阻止病菌侵染；又可通过茎叶内吸到植物体内，杀死已经侵入到植物体内的病菌；还具有优秀的向顶传导性，保护新生叶片不受病菌侵染；同时还能抑制病菌产生孢子，起到清除病菌的作用。药剂持效期长，对人畜、有益昆虫及环境安全，但连续使用易诱使病菌产生耐药性。

烯唑醇常与代森锰锌、三环唑、多菌灵、甲基硫菌灵、福美双、井冈霉素、百菌清等杀菌剂成分混配，用于生产复配杀菌剂。

适用果树及防控对象 烯唑醇适用于多种果树，对许多种高等真菌性病害均具有良好的防控效果。目前果树生产中主要用于防控：梨树的黑星病、锈病、白粉病，苹果的白粉病、锈病、黑星病、斑点落叶病，桃树黑星病，葡萄的黑痘病、炭疽病，枣树锈病，柑橘的疮痂病、黑星病，香蕉的叶斑病、黑星病等。

使用技术

(1) 梨树黑星病、锈病、白粉病 开花前、落花后各喷药1次，有效预防锈病、黑星病；然后从黑星病发生初期开始连续喷药，15天左右1次，连喷4~6次，控制黑星病的发生为害，兼防白粉病。防控白粉病时，从初见病叶时开始喷药，10~15天1次，连喷2次左右。一般使用12.5%可湿性粉剂2000~2500倍液，或10%乳油1800~2000倍液，或25%乳油4000~5000倍液，或30%悬浮剂5000~6000倍液，或50%水分散粒剂8000~10000倍液均匀喷雾，注意与不同类型药剂交替使用。

(2) 苹果白粉病、锈病、黑星病、斑点落叶病 花序分离期、落花约80%及落花后10~15天各喷药1次，有效防控白粉病、锈病的发生为害，兼防黑星病、斑点落叶病。防控黑星病时，从病害发生初期开始喷药，15天左右1次，连喷2~3次，兼防斑点落叶病。防控斑点落叶病时，在春梢生长期和秋梢生长期各喷药2~3次，间隔期10~15天。药剂喷施倍数同"梨树黑星病"。

(3) 桃树黑星病 从桃树落花后20~30天开始喷药，15天左右1次，连喷2~4次。药剂喷施倍数同"梨树黑星病"。

(4) 葡萄黑痘病、炭疽病 葡萄开花前、落花后及落花后半月各喷药1次，有效防控黑痘病的发生为害。防控炭疽病时，从葡萄果粒基本长成大小时开始喷药，10~15天1次，连喷2~3次。药剂喷施倍数同"梨树黑星病"。

(5) 枣树锈病 从田间初见锈病病叶时开始喷药，15天左右1次，连喷3~5次。药剂喷施倍数同"梨树黑星病"。

(6) 柑橘疮痂病、黑星病 防控疮痂病时，在春梢生长期至幼果期及秋梢生长期及时喷药，10~15天1次，分别连续喷药3次左右、2次左右。防控黑星病时，从果实转色初期开始喷药，10~15天1次，连喷2次左右。一般使用12.5%可湿性粉剂1800~2000倍液，或10%乳油1500~1800倍液，或25%乳油3500~4000倍液，或30%悬浮剂4000~5000倍液，或

50％水分散粒剂 7000～8000 倍液均匀喷雾，注意与不同类型药剂交替使用。

（7）香蕉叶斑病、黑星病　从田间初见病斑时开始喷药，15 天左右 1 次，连喷 3～5 次。一般使用 12.5％可湿性粉剂 1200～1500 倍液，或 10％乳油 1000～1200 倍液，或 25％乳油 2500～3000 倍液，或 30％悬浮剂 3000～4000 倍液，或 50％水分散粒剂 5000～6000 倍液均匀喷雾，注意与不同类型药剂交替使用。

注意事项　烯唑醇可与多种非碱性药剂混用。该药连续多次使用易诱使病菌产生耐药性，注意与不同类型药剂交替使用或混用。用药时做好安全防护，避免药液溅及皮肤及眼睛，用药结束后及时用肥皂和清水冲洗手、脸及裸露部位。剩余药液及清洗药械的废液，严禁污染池塘、湖泊及河流等水域。

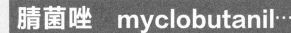

腈菌唑　myclobutanil

常见商品名称　信生、乐邦、生花、世俊、剔病、耘翠、耕耘、夺目、福名、巨挫、必楚、上宝、势冠、华邦、秀可多、黑白立消、标正多彩、燕华倍力、上格倾止、中保高信、瑞德丰金爽等。

主要含量与剂型　5％、12％、12.5％、25％乳油，12.5％微乳剂，40％可湿性粉剂，40％水分散粒剂，40％悬浮剂。

产品特点　腈菌唑是一种三唑类内吸治疗性广谱高效低毒杀菌剂，具有预防、治疗双重作用。其杀菌机理是抑制病菌麦角甾醇的生物合成，使病菌细胞膜不正常，而最终导致病菌死亡。既可抑制病菌菌丝生长蔓延、有效阻止病斑扩展，又可抑制病菌孢子形成与产生。该药内吸性强，药效高，持效期长，对作物安全，并具有一定刺激生长作用。药剂对蜜蜂无毒，对兔眼睛有轻微刺激性，对皮肤无刺激性，试验条件下无致突变作用。

腈菌唑常与福美双、代森锰锌、三唑酮、咪鲜胺、丙森锌、甲基硫菌灵、戊唑醇等杀菌剂成分混配，用于生产复配杀菌剂。

适用果树及防控对象　腈菌唑适用于多种果树，对许多种高等真菌性病害均具有很好的防控效果。目前果树生产中主要用于防控：梨树的黑星病、锈病、白粉病、黑斑病、炭疽病，苹果的白粉病、锈病、黑星病、炭疽病、斑点落叶病，桃、杏、李的黑星病、白粉病、炭疽病，葡萄的白粉病、炭疽病、白腐病、黑痘病、穗轴褐枯病，山楂的白粉病、黑星病、锈病，核桃、板栗的白粉病、炭疽病，柿树的圆斑病、角斑病、黑星病、炭疽病，枣树的锈病、炭疽病，草莓白粉病，香蕉的叶斑病、黑星病，柑橘的疮痂病、炭疽病、黑星病，荔枝炭疽病等。

使用技术

（1）梨树黑星病、锈病、白粉病、黑斑病、炭疽病　开花前、后各喷药1次，有效防控锈病发生及黑星病病梢形成；而后从出现黑星病病梢或病叶时开始继续喷药，10～15天1次，与其他不同类型药剂交替使用，连喷6～8次，有效防控黑星病，兼防黑斑病、炭疽病、白粉病；防治白粉病时，从出现病叶时开始喷药，10～15天1次，连喷2～3次，重点喷洒叶片背面。一般使用5％乳油800～1000倍液，或12％乳油或12.5％乳油或12.5％微乳剂2000～3000倍液，或25％乳油4000～5000倍液，或40％可湿性粉剂或40％水分散粒剂或40％悬浮剂7000～8000倍液均匀喷雾。

（2）苹果白粉病、锈病、黑星病、炭疽病、斑点落叶病　开花前、后各喷药1次，有效防控白粉病、锈病，往年白粉病严重的果园，落花后10～15天再喷药1次。防控黑星病时，从落花后一周左右开始喷药，10～15天1次，连喷2～4次，兼防春梢期斑点落叶病及早期炭疽病。防控炭疽病时，从落花后10～15天开始喷药，10～15天1次，连喷4～7次，兼防斑点落叶病。防控斑点落叶病时，在春梢生长期和秋梢生长期各喷药2次左右，间隔期10～15天。药剂喷施倍数同"梨树黑星病"。

（3）桃、杏、李的黑星病、白粉病、炭疽病　防控黑星病、炭疽病时，从落花后20～30天开始喷药，10～15天1次，连喷2～4次；防控白粉病时，从病害发生初期开始喷药，10～15天1次，连喷1～2次。药剂喷施倍数同"梨树黑星病"。

（4）葡萄穗轴褐枯病、白粉病、炭疽病、白腐病、黑痘病　在葡萄开花前、落花后及落花后10～15天各喷药1次，有效防控黑痘病、穗轴褐枯病；然后从果粒基本长成大小时开始继续喷药，10天左右1次，连喷4～6次，防控炭疽病、白腐病，兼防白粉病；若白粉病发生较早，则从白粉病发生初期开始喷药，10天左右1次，连喷2次。药剂喷施倍数同"梨树黑星病"。

（5）山楂白粉病、黑星病、锈病　山楂开花前、后各喷药1次，有效防控锈病、白粉病；然后从病害发生初期开始继续喷药，10～15天1次，连喷2次左右。药剂喷施倍数同"梨树黑星病"。

（6）核桃、板栗的白粉病、炭疽病　从初见病斑时开始喷药，10～15天1次，连喷2次左右。药剂喷施倍数同"梨树黑星病"。

（7）柿树圆斑病、角斑病、黑星病、炭疽病　从柿树落花后10～15天开始喷药，15天左右1次，连喷2～3次，有效防控柿树病害；南方炭疽病发生严重果区，需在开花前喷药1次和中后期继续喷药2～3次。药剂喷施倍数同"梨树黑星病"。

(8) 枣树锈病、炭疽病　从6月底7月初或小幼果期开始喷药，10～15天1次，与不同类型药剂交替使用，连喷4～6次。药剂喷施倍数同"梨树黑星病"。

(9) 草莓白粉病　从病害发生初期或初见病斑时开始喷药，10～15天1次，连喷2～3次。药剂喷施倍数同"梨树黑星病"。

(10) 香蕉叶斑病、黑星病　从病害发生初期或果穗套袋后开始喷药，10～15天1次，连喷2～4次。一般使用5%乳油400～500倍液，或12%乳油或12.5%乳油或12.5%微乳剂1000～1200倍液，或25%乳油2000～2500倍液，或40%可湿性粉剂或40%水分散粒剂或40%悬浮剂4000～5000倍液均匀喷雾。

(11) 柑橘疮痂病、炭疽病、黑星病　在春梢生长期、夏梢生长期、秋梢生长期各喷药2次，可基本控制疮痂病、炭疽病及黑星病的发生为害；少数往年炭疽病及黑星病发生严重果园，或椪柑类品种，需在果实转色期增加喷药1～2次；喷药间隔期一般为10～15天。药剂喷施倍数同"梨树黑星病"。

(12) 荔枝炭疽病　落花后、幼果期、果实转色期各喷药1次，即可有效控制炭疽病的发生为害。药剂喷施倍数同"梨树黑星病"。

注意事项　三唑类杀菌剂连续喷施易诱使病菌产生耐药性，注意与不同类型杀菌剂交替使用或混合使用。不要与铜制剂、碱性农药及肥料混用。本剂对鱼类等水生生物有毒，严禁剩余药液及洗涤药械的废液污染池塘、河流、湖泊等水域。用药时注意安全保护，如发生意外中毒，应立即转移到新鲜空气处，并根据中毒程度对症治疗；严重时携带标签急送医院。

腈苯唑　fenbuconazole

常见商品名称　应得。

主要含量与剂型　24%悬浮剂。

产品特点　腈苯唑是一种三唑类内吸传导型广谱高效低毒杀菌剂，具有预防保护和内吸治疗双重功效。其杀菌机理是通过抑制病菌细胞膜成分麦角甾醇的生物合成，使病菌细胞膜不能正常形成，而导致病菌死亡。该药既可抑制病菌菌丝伸长、阻止孢子发芽，又可杀死潜育期病菌、防止病菌产孢。

制剂使用安全，对幼苗、幼叶、幼果均无药害；活性较高，持效期较长；喷施后不影响光合作用和果实转色。

适用果树及防控对象 腈苯唑适用于多种果树，对许多高等真菌性病害均具有较好的防控效果。目前果树生产中主要用于防控：香蕉的叶斑病、黑星病，桃、李、杏的褐腐病，梨褐腐病，苹果花腐病等。

使用技术

（1）香蕉叶斑病、黑星病　从病害发生初期或初见病斑时开始喷药，10～15天1次，连喷4～6次。一般使用24％悬浮剂1000～1200倍液均匀喷雾。

（2）桃、李、杏褐腐病　从果实采收前1～1.5个月开始喷药，10～15天1次，连喷2～3次。一般使用24％悬浮剂2000～3000倍液均匀喷雾。

（3）梨褐腐病　仅适用于不套袋梨果。从果实成熟前1.5个月左右开始喷药，10～15天1次，连喷2～3次。一般使用24％悬浮剂2000～3000倍液均匀喷雾。

（4）苹果花腐病　往年花腐病发生较重果区，开花前、落花后各喷药1次，即可有效控制该病的发生为害；病害特别严重果园，在落花后半月左右再喷药1次。一般使用24％悬浮剂2000～3000倍液均匀喷雾。

注意事项 为避免病菌产生耐药性，连续喷药时建议与不同类型药剂交替使用或混用。用药时注意安全保护，避免药剂直接接触皮肤，或溅入眼睛。本剂对鱼类等水生生物有毒，用药时应远离水产养殖区，剩余药液及洗涤药械的废液严禁污染湖泊、池塘、河流等水域。在香蕉树上的安全使用间隔期为42天，每季最多使用3次；在桃树上的安全使用间隔期为14天，每季最多使用3次。

苯 醚 甲 环 唑

常见商品名称 世高、世典、世生、世标、世亮、世爵、世鹰、势克、势捷、势翠、势宁、博君、博邦、贝泽、贝萃、贝迪、易高、惠高、惠叶、卉丽、香鲜、卓典、豪俊、森美、美世、美星、美瀚、百倍、蓝仓、蓝醇、亿嘉、灵动、万星、上景、顶悦、显粹、双亮、天库、纯生、质环、敌委丹、真士高、金士高、金秀彩、金疙瘩、佳家闲、力可收、好势头、大本赢、如此靓、优乐思、农华叶亮、七洲同盈、东泰斯高等。

主要含量与剂型 10％、20％、30％、37％、60％水分散粒剂，10％、

30％可湿性粉剂，10％、20％水乳剂，10％、20％、25％、30％微乳剂，250克/升、25％、30％乳油，25％、30％、40％悬浮剂等。

产品特点 苯醚甲环唑是一种有机杂环类内吸治疗性广谱低毒杀菌剂，其杀菌机理是通过抑制病菌甾醇脱甲基化，而破坏病菌细胞壁的合成，干扰病菌正常生长，抑制病菌孢子形成，最终导致病菌死亡。该药内吸性好，可通过输导组织传导到植物各部位，持效期较长，对许多高等真菌性病害均具有治疗和保护活性。制剂对蜜蜂无毒，对鱼及水生生物有毒，对兔皮肤和眼睛有刺激作用。

苯醚甲环唑常与甲基硫菌灵、多菌灵、丙环唑、氟环唑、嘧菌酯、醚菌酯、吡唑醚菌酯、咪鲜胺、咪鲜胺锰盐、噻呋酰胺、戊唑醇、己唑醇、代森锰锌、抑霉唑、多抗霉素、井冈霉素、中生菌素、嘧啶核苷类抗生素、溴菌腈、噻霉酮、福美双、精甲霜灵、咯菌腈等杀菌剂成分混配，用于生产复配杀菌剂。

适用果树及防控对象 苯醚甲环唑适用作物非常广泛，对多种果树上的许多种高等真菌性病害均具有良好防控效果。目前果树生产中主要用于防控：香蕉的叶斑病、黑星病，梨树的黑星病、黑斑病、锈病、白粉病、炭疽病、轮纹病、炭疽病、褐斑病，苹果的斑点落叶病、褐斑病、锈病、白粉病、黑星病、炭疽病、轮纹病、花腐病，葡萄的黑痘病、穗轴褐枯病、炭疽病、白腐病、房枯病、褐斑病、白粉病、溃疡病，桃、李、杏的黑星病、炭疽病、真菌性穿孔病，枣树的锈病、炭疽病、果实斑点病、轮纹病、褐斑病，草莓的白粉病、褐斑病，芒果的白粉病、炭疽病，石榴的麻皮病、炭疽病、叶斑病，柑橘的疮痂病、炭疽病、黑星病、黄斑病，荔枝炭疽病等。

使用技术 苯醚甲环唑在果树上主要用于树上喷雾，在病害发生前或发生初期喷施防控效果最佳。

（1）香蕉叶斑病、黑星病 从病害发生初期或初见病斑时开始喷药，10～15天1次，连喷3～4次。一般使用10％水分散粒剂或10％可湿性粉剂或10％水乳剂或10％微乳剂800～1000倍液，或20％水分散粒剂或20％水乳剂或20％微乳剂1500～2000倍液，或250克/升乳油或25％乳油或25％悬浮剂或25％微乳剂2000～2500倍液，或30％水分散粒剂或30％可湿性粉剂或30％乳油或30％悬浮剂或30％微乳剂2500～3000倍液，或37％水分散粒剂3000～3500倍液，或40％悬浮剂3500～4000倍液，或60％水分散粒剂5000～6000倍液均匀喷雾。

（2）梨树病害 开花前、后各喷药1次，有效防控锈病为害，并控制黑星病病梢形成；以后从初见黑星病病梢或病叶时开始继续喷药，10～15天1次，与不同类型药剂交替使用，连喷5～8次，有效防控黑星病，兼防黑斑病、炭疽病、轮纹病、褐斑病及白粉病。防控黑星病时，一般使用10%水分散粒剂或10%可湿性粉剂或10%水乳剂或10%微乳剂2000～2500倍液，或20%水分散粒剂或20%水乳剂或20%微乳剂4000～5000倍液，或250克/升乳油或25%乳油或25%悬浮剂或25%微乳剂5000～6000倍液，或30%水分散粒剂或30%可湿性粉剂或30%乳油或30%悬浮剂或30%微乳剂6000～7000倍液，或37%水分散粒剂7000～9000倍液，或40%悬浮剂8000～10000倍液，或60%水分散粒剂12000～15000倍液均匀喷雾；防控其他病害时，一般使用10%水分散粒剂或10%可湿性粉剂或10%水乳剂或10%微乳剂1500～2000倍液，或20%水分散粒剂或20%水乳剂或20%微乳剂3000～4000倍液，或250克/升乳油或25%乳油或25%悬浮剂或25%微乳剂4000～5000倍液，或30%水分散粒剂或30%可湿性粉剂或30%乳油或30%悬浮剂或30%微乳剂5000～6000倍液，或37%水分散粒剂6000～7000倍液，或40%悬浮剂6000～8000倍液，或60%水分散粒剂10000～12000倍液均匀喷雾。

（3）苹果病害　开花前、后各喷药1次，有效防控锈病、白粉病、花腐病；以后从落花后10天左右开始连续喷药，10～15天1次，与不同类型药剂交替使用，连喷6～9次，可有效防控斑点落叶病、炭疽病、轮纹病、黑星病及褐斑病等。一般使用10%水分散粒剂或10%可湿性粉剂或10%水乳剂或10%微乳剂1500～2000倍液，或20%水分散粒剂或20%水乳剂或20%微乳剂3000～4000倍液，或250克/升乳油或25%乳油或25%悬浮剂或25%微乳剂4000～5000倍液，或30%水分散粒剂或30%可湿性粉剂或30%乳油或30%悬浮剂或30%微乳剂5000～6000倍液，或37%水分散粒剂6000～7000倍液，或40%悬浮剂6000～8000倍液，或60%水分散粒剂10000～12000倍液均匀喷雾。

（4）葡萄病害　开花前、后各喷药1次，有效防控黑痘病、穗轴褐枯病，往年黑痘病严重果园落花后10～15天再喷药1次；防控褐斑病、白粉病时，从病害发生初期开始喷药，10～15天1次，连喷2～3次；以后从果粒基本长成大小时开始继续喷药，10天左右1次，到果实采收前一周结束，防控炭疽病、白腐病、房枯病及溃疡病。药剂喷施倍数同"苹果病害"。

（5）桃、李、杏病害　从落花后20～30天开始喷药，10～15天1次，连喷3～5次，可有效防控黑星病、炭疽病及真菌性穿孔病。药剂喷施倍数同"苹果病害"。

（6）枣树病害　开花前、后各喷药1次，有效防控褐斑病，兼防果实斑点病；以后从6月下旬开始继续喷药，10～15天1次，连喷4～6次，可有效防控锈病、炭疽病、轮纹病及果实斑点病。药剂喷施倍数同"苹果病害"。

（7）草莓白粉病、褐斑病　从病害发生初期开始喷药，10～15 天 1 次，连喷 2～3 次。药剂喷施倍数同"苹果病害"。

（8）芒果白粉病、炭疽病　开花前、后各喷药 1 次，近成果期喷药 2 次（间隔期 10～15 天）。药剂喷施倍数同"苹果病害"。

（9）石榴病害　从幼果似核桃大小时开始喷药，10～15 天 1 次，连喷 3～5 次，即可有效防控麻皮病、炭疽病及叶斑病的发生为害。一般使用 10％水分散粒剂或 10％可湿性粉剂或 10％水乳剂或 10％微乳剂 1000～1500 倍液，或 20％水分散粒剂或 20％水乳剂或 20％微乳剂 2000～3000 倍液，或 250 克/升乳油或 25％乳油或 25％悬浮剂或 25％微乳剂 3000～4000 倍液，或 30％水分散粒剂或 30％可湿性粉剂或 30％乳油或 30％悬浮剂或 30％微乳剂 4000～5000 倍液，或 37％水分散粒剂 5000～6000 倍液，或 40％悬浮剂 6000～7000 倍液、或 60％水分散粒剂 8000～10000 倍液均匀喷雾。

（10）柑橘病害　在春梢生长期、夏梢生长期、幼果期及秋梢生长期各喷药 2 次左右，即可有效控制疮痂病、炭疽病、黄斑病及黑星病的发生为害；椪柑类品种，还需在果实转色初期再喷药 1～2 次。药剂喷施倍数同"石榴病害"。

（11）荔枝炭疽病　落花后、幼果期及果实转色期各喷药 1 次即可。药剂喷施倍数同"石榴病害"。

注意事项　本剂不宜与铜制剂混用，以免降低苯醚甲环唑杀菌能力。连续多次用药时，注意与不同作用机理的药剂交替使用或混用，避免病菌产生耐药性。用药时注意安全保护，如药液溅及眼睛，立即用清水冲洗眼睛至少 10 分钟；如误服，立即送医院对症治疗，本药无专用解毒剂。本剂对鱼类等水生生物有毒，剩余药液及洗涤药械的废液不能污染鱼塘、水池及水源。

丙环唑　propiconazol

常见商品名称　必扑尔、敌力脱、倍敌脱、赛纳松、赛迪生、康而新、农博士、斑无敌、斑迪力、龙普清、金力敌、百灵树、即可福、果多采、叶冠秀、秀特、超秀、扮绿、美星、康露、康硕、碧枝、吉苗、尚苗、香鲜、居冠、好帅、挺把、天宁、科惠、科献、厚爱、黄龙、格治、标斑、俊彩、慧博、应保、奥斯倍克、东泰贝格、诺普信天秀等。

主要含量与剂型　20％、40％、45％、50％、55％微乳剂，250克/升、25％、50％乳油，25％、40％水乳剂。

产品特点　丙环唑是一种三唑类内吸性广谱低毒杀菌剂，属于甾醇合成抑制剂类，具有保护和治疗双重作用，能被根、茎、叶部吸收，并能很快地在植株体内向上传导。其杀菌机理是通过抑制麦角甾醇的生物合成，使病原菌的细胞膜功能受到破坏，最终导致细胞死亡，从而起到杀菌、防病和治病的功效。该药内吸治疗性好，持效期长，可达一个月左右。对许多高等真菌性病害均具有较好的防控效果，但对卵菌病害无效。

丙环唑常与多菌灵、苯醚甲环唑、三环唑、戊唑醇、井冈霉素、嘧菌酯、咪鲜胺、苯锈啶、稻瘟酰胺、福美双等杀菌剂成分混配，用于生产复配杀菌剂。

适用果树及防控对象　丙环唑适用于多种对三唑类农药不敏感的果树，对许多种高等真菌性病害均具有较好的防控效果。目前果树生产中主要用于防控：香蕉的叶斑病、黑星病，荔枝炭疽病，苹果褐斑病，葡萄的白粉病、炭疽病等。

使用技术

（1）香蕉叶斑病、黑星病　从病害发生初期或初见病斑时开始喷药，20天左右1次，连喷2～4次。一般使用20％微乳剂500～600倍液，或25％乳油或250克/升乳油或25％水乳剂600～800倍液，或40％微乳剂或40％水乳剂1000～1200倍液，或45％微乳剂1000～1200倍液，或50％乳油或50％微乳剂1200～1500倍液，或55％微乳剂1300～1600倍液均匀喷雾。

（2）荔枝炭疽病　落花后、幼果期和果实转色期各喷药1次。一般使用20％微乳剂600～800倍液，或25％乳油或250克/升乳油或25％水乳剂800～1000倍液，或40％微乳剂或40％水乳剂1200～1500倍液，或45％微乳剂1500～1800倍液，或50％乳油或50％微乳剂1800～2000倍液，或55％微乳剂2000～2500倍液均匀喷雾。

（3）苹果褐斑病　从苹果落花后1～1.5个月或田间初见病斑时开始喷药，半月左右1次，连喷3～5次。一般使用20％微乳剂800～1000倍液，或25％乳油或250克/升乳油或25％水乳剂1000～1500倍液，或40％微乳剂或40％水乳剂1500～2000倍液，或45％微乳剂1600～2000倍液，或50％乳油或50％微乳剂2000～3000倍液，或55％微乳剂2500～3500倍液均匀喷雾。

（4）葡萄白粉病、炭疽病　防控白粉病时，从初见病斑时开始喷药，15～20天1次，连喷2次左右，兼防炭疽病；防控炭疽病时，从果粒基本长成大小时开始喷药，15天左右1次，与其他不同类型药剂交替使用，连喷3～4次，兼防白粉病。一般使用 20％微乳剂 3500～4000 倍液、25％乳油或 250 克/升乳油或 25％水乳剂 4000～5000 倍液、或 40％微乳剂或 40％水乳剂 7000～8000 倍液、或 45％微乳剂 7000～8000 倍液、或 50％乳油或 50％微乳剂 8000～10000 倍液、或 55％微乳剂 9000～12000 倍液均匀喷雾。

注意事项 丙环唑对皮肤、眼睛有一定刺激作用，用药时应注意安全保护，且不要在用药时吃东西、喝水和吸烟。连续喷药时，注意与不同类型药剂交替使用。有些作物可能对该药敏感，高浓度下抑制植株生长，用药时应严格控制好用药量。贮存温度不能超过 35℃。本剂对鱼类等水生生物有毒，应远离水产养殖区施药，且剩余药液及洗涤药械的废液严禁污染水塘、河流、湖泊等水域。香蕉上的安全采收间隔期为 42 天，每季最多使用 2 次。

戊唑醇 tebuconazole

常见商品名称 富力库、好力克、好力奇、力克保、巧金利、喜赢农、四季秀、赛迪生、大光明、景田福、好收成、剑力多、金施凯、优醇胜、安万思、曲文欣、超润、亮穗、多亮、优苗、盛秀、斗秀、秀库、一品、新颖、亨达、卫园、优泽、得惠、科胜、除夫、美粒、美泰、金珠、金库、巧玲、菲展、美星、翱戈、真彩、红彩、品赢、赢佳、黄龙鼎秀、科赛基农、科赛安净、沪联顶极、美邦顶端、标正好克利、爱诺施多克、普信特克美、马克西姆欧利思。

主要含量与剂型 12.5％、250 克/升水乳剂，12.5％微乳剂，25％乳油，25％、80％可湿性粉剂，30％、43％、430 克/升、50％悬浮剂，30％、50％、80％、85％水分散粒剂。

产品特点 戊唑醇是一种三唑类内吸治疗性广谱低毒杀菌剂，杀菌活性高，持效期长。使用后，既可杀灭植物表面的病菌，也可在植物体内向顶（上）传导，进而杀死植物内部的病菌。其杀菌机理是通过抑制病菌细胞膜上麦角甾醇的去甲基化，使病菌无法形成细胞膜，进而杀死病原菌。该药不仅可有效防控多种高等真菌性病害，还可促进植物生长、根系发达、叶色浓绿、植株健壮、提高产量等。制剂对蜜蜂无毒，对鸟类低毒，对鱼中等毒性，试验剂量下无致畸、致癌、致突变作用。

戊唑醇常与福美双、噻唑锌、丙森锌、代森联、代森锰锌、克菌丹、百菌清、稻瘟酰胺、井冈霉素、宁南霉素、中生菌素、氨基寡糖素、甲霜灵、精甲霜灵、甲基硫菌灵、多菌灵、异菌脲、腐霉利、菌核净、苯醚甲环唑、腈菌唑、丙环唑、三唑酮、嘧菌酯、醚菌酯、肟菌酯、丁香菌酯、烯肟菌胺、氟吡菌酰胺、噻呋酰胺、咪鲜胺、咪鲜胺锰盐等杀菌剂成分混配，用于生产复配杀菌剂。

适用果树及防控对象 戊唑醇适用于多种果树，对许多种高等真菌性病害均具有很好的防控效果。目前果树生产中主要用于防控：香蕉的叶斑病、黑星病，柑橘的疮痂病、炭疽病、黑星病、黄斑病、砂皮病，芒果的炭疽病、白粉病，苹果的白粉病、锈病、花腐病、黑星病、炭疽病、轮纹病、斑点落叶病、褐斑病，梨树的黑星病、锈病、白粉病、黑斑病、炭疽病、轮纹病、褐斑病，葡萄的黑痘病、穗轴褐枯病、炭疽病、白腐病、褐斑病、溃疡病、房枯病、白粉病，桃、杏、李的黑星病、炭疽病、白粉病，枣树的锈病、炭疽病、轮纹病、褐斑病、果实斑点病，核桃的白粉病、炭疽病，柿树的角斑病、圆斑病、炭疽病、白粉病，山楂的白粉病、锈病、炭疽病，石榴的褐斑病、炭疽病、麻皮病，草莓的白粉病、褐斑病等。

使用技术 戊唑醇在果树上主要用于喷雾，单一连续多次使用易诱发病菌产生耐药性，连续喷药时注意与不同类型药剂交替使用或混用。

（1）香蕉叶斑病、黑星病 从病害发生初期或初见病斑时开始喷药，10～15 天 1 次，连喷 3～4 次。一般使用 12.5％水乳剂或 12.5％微乳剂600～800 倍液，或 250 克/升水乳剂或 25％乳油或 25％可湿性粉剂 1000～1500 倍液，或 30％悬浮剂或 30％水分散粒剂 1200～1800 倍液，或 430克/升悬浮剂或 43％悬浮剂 2000～2500 倍液，或 50％水分散粒剂或 50％悬浮剂2500～3000 倍液，或 80％可湿性粉剂或 80％水分散粒剂 4000～5000 倍液，或 85％水分散粒剂 4000～6000 倍液均匀喷雾。蕉仔期尽量不要使用本剂，以免发生药害。

（2）柑橘病害 在春梢生长期、幼果期、秋梢生长期各喷药 2 次，开花前、落花后及果实转色期各喷药 1 次，即可基本控制疮痂病、炭疽病、黑星病、黄斑病及砂皮病的发生为害。一般使用 12.5％水乳剂或 12.5％微乳剂800～1000 倍液，或 250 克/升水乳剂或 25％乳油或 25％可湿性粉剂 1500～2000 倍液，或 30％悬浮剂或 30％水分散粒剂 2000～2500 倍液，或 430克/升悬浮剂或 43％悬浮剂 2500～3000 倍液，或 50％水分散粒剂或 50％悬浮剂 3000～4000 倍液，或 80％可湿性粉剂或 80％水分散粒剂 5000～6000倍液，或 85％水分散粒剂 5500～7000 倍液均匀喷雾。

（3）芒果炭疽病、白粉病 花蕾期、落花后、幼果期及果实转色期各均匀喷药1次，即可有效控制炭疽病、白粉病的发生为害。药剂喷施倍数同"柑橘病害"。

（4）苹果病害　开花前、后各喷药1次，有效防控锈病、白粉病及花腐病，兼防黑星病；以后从落花后10天左右开始连续喷药，10～15天1次，与不同类型药剂交替使用，连喷6～8次，可有效控制炭疽病、轮纹病、黑星病、斑点落叶病及褐斑病的发生为害。斑点落叶病的防治关键为春梢生长期和秋梢生长期及时喷药，褐斑病的防治关键一般为5月底6月初至8月中旬左右及早喷药。一般使用12.5%水乳剂或12.5%微乳剂1000～1200倍液，或250克/升水乳剂或25%乳油或25%可湿性粉剂2000～2500倍液，或30%悬浮剂或30%水分散粒剂2500～3000倍液，或430克/升悬浮剂或43%悬浮剂3000～4000倍液，或50%水分散粒剂或50%悬浮剂4000～5000倍液，或80%可湿性粉剂或80%水分散粒剂6000～7000倍液，或85%水分散粒剂6000～8000倍液均匀喷雾。

（5）梨树病害　开花前、落花后各喷药1次，有效防控锈病为害，并控制黑星病病梢形成；然后从落花后10天左右开始连续喷药，10～15天1次，与不同类型药剂交替使用，连喷6～8次，对炭疽病、轮纹病、黑星病及黑斑病均具有很好的防控效果，并兼防白粉病及褐斑病。药剂喷施倍数同"苹果病害"。

（6）葡萄病害　开花前、落花后各喷药1次，防控黑痘病、穗轴褐枯病，往年黑痘病严重果园，落花后10～15天再喷药1次；防控不套袋葡萄的炭疽病、白腐病时，从果粒基本长成大小时开始喷药，10天左右1次，与不同类型药剂交替连续喷施，直到果实采收前一周，同时兼防溃疡病、房枯病、白粉病；防控褐斑病时，从初见病斑时开始喷药，10～15天1次，连喷2～4次，兼防白粉病。药剂喷施倍数同"苹果病害"。

（7）桃、杏、李的黑星病、炭疽病、白粉病　从落花后20～30天开始喷药，10～15天1次，连喷2～4次，对黑星病具有很好的防控效果，并兼防炭疽病、白粉病；主要防控炭疽病时，从病害发生初期开始喷药，10～15天1次，连喷3～4次，兼防白粉病。药剂喷施倍数同"苹果病害"。

（8）枣树病害　开花前、落花后各喷药1次，有效防控褐斑病，兼防果实斑点病；然后从6月下旬开始连续喷药，与不同类型药剂交替使用，连喷4～7次，有效防控锈病、炭疽病、轮纹病、果实斑点病及褐斑病等。药剂喷施倍数同"苹果病害"。

（9）核桃白粉病、炭疽病　从病害发生初期或初见病斑时开始喷药，10～15天1次，连喷2～3次。药剂喷施倍数同"苹果病害"。

（10）柿树病害　在落花后15～20天开始喷药，15～20天喷药1次，连喷 2 次，有效防控角斑病、圆斑病，兼防白粉病；主要防控白粉病时，在初见病斑时喷药 1 次即可；主要防控炭疽病时，从落花后半月左右开始喷药，10～15 天 1 次，连喷 2～3 次（南方柿区需喷药 4～6 次）。药剂喷施倍数同"苹果病害"。

（11）山楂白粉病、锈病、炭疽病　开花前、落花后各喷药 1 次，有效防控白粉病、锈病的发生为害；防控炭疽病时，从果实膨大期开始喷药，10～15 天 1 次，连喷 2 次左右。药剂喷施倍数同"苹果病害"。

（12）石榴褐斑病、炭疽病、麻皮病　开花前喷药 1 次，兼防三种病害；然后从一茬花落花后 10～15 天开始连续喷药，10～15 天 1 次，连喷 3～5 次。药剂喷施倍数同"苹果病害"。

（13）草莓白粉病、褐斑病　从病害发生初期或初见病斑时开始喷药，10～15 天 1 次，连喷 2～4 次。药剂喷施倍数同"柑橘病害"。

注意事项　不能与碱性物质混用。戊唑醇对水生动物有毒，严禁将药剂、药液及洗涤药械的废液污染河流、湖泊、池塘等水源。该药在一定浓度下具有刺激植物生长作用，但用量过大时显著抑制植物生长。用药时注意安全保护，药液溅入眼睛或皮肤上时，立即用清水冲洗；如误服，不可引吐或服用麻黄碱等药物，应立即送医院对症治疗，本剂无特殊解毒药剂。

己唑醇　hexaconazole

常见商品名称　赤艳、凯妙、势美、开美、致盈、盈收、健昊、星点、星秀、隽秀、齐锐、妙锐、龙誉、剑华、品信、谷格、赢力、嘉奖令、头等功、加特秀、龙灯垄秀、上格叶秀、燕化绿满天等。

主要含量与剂型　5％、10％、25％、30％、40％、50 克/升、250 克/升悬浮剂，10％乳油，5％、10％微乳剂，50％可湿性粉剂，30％、40％、50％、70％、80％水分散粒剂。

产品特点　己唑醇是一种三唑类内吸治疗性广谱高效低毒杀菌剂，具有预防、保护及治疗多重作用。其杀菌机理是通过抑制病菌麦角甾醇的生物合成，使病菌细胞膜功能受到破坏，进而阻止菌丝生长和孢子形成，最终导致病菌死亡。该药内吸渗透性好，持效期较长，但连续使用易诱使病菌产生耐药性。药剂对蜜蜂、鱼类等水生生物及家蚕有毒。

己唑醇可与多菌灵、甲基硫菌灵、苯醚甲环唑、咪鲜胺、咪鲜胺锰盐、稻瘟灵、井冈霉素、丙森锌、三环唑、噻呋酰胺、氰烯菌酯、醚菌酯、嘧菌酯、腐霉利等杀菌剂成分混配，用于生产复配杀菌剂。

适用果树及防控对象 已唑醇适用于多种果树，对许多种高等真菌性病害均具有较好的防控效果。目前果树生产中主要用于防控：苹果的斑点落叶病、褐斑病、白粉病，葡萄的白粉病、褐斑病，梨树的黑星病、白粉病，香蕉的叶斑病、黑星病等。

使用技术

(1) 苹果斑点落叶病、褐斑病、白粉病　防控白粉病时，在花序分离期、落花后及落花后10～15天各喷药1次，兼防斑点落叶病；防控斑点落叶病时，在春梢生长期和秋梢生长期各喷药2次左右，间隔期10～15天，兼防褐斑病；防控褐斑病时，从苹果落花后1～1.5个月开始喷药，10～15天1次，连喷4～6次，兼防斑点落叶病。一般使用50克/升悬浮剂或5%悬浮剂或5%微乳剂800～1000倍液，或10%悬浮剂或10%乳油或10%微乳剂1500～2000倍液，或250克/升悬浮剂或25%悬浮剂4000～5000倍液，或30%悬浮剂或30%水分散粒剂5000～6000倍液，或40%悬浮剂或40%水分散粒剂6000～8000倍液，或50%水分散粒剂或50%可湿性粉剂8000～10000倍液，或70%水分散粒剂11000～14000倍液，或80%水分散粒剂12000～15000倍液均匀喷雾。

(2) 葡萄白粉病、褐斑病　从病害发生初期或初见病斑时开始喷药，10～15天1次，连喷2～3次。药剂喷施倍数同"苹果斑点落叶病"。

(3) 梨树黑星病、白粉病　防控黑星病时，首先在花序分离期和落花后各喷药1次；然后从果园内初见黑星病病梢或病叶、病果时开始连续喷药，15天左右1次，连喷4～6次，兼防白粉病发生。防控白粉病时，在果园内初见病叶时开始喷药，10～15天1次，连喷2次左右，重点喷洒叶片背面，兼防后期黑星病为害。药剂喷施倍数同"苹果斑点落叶病"。

(4) 香蕉叶斑病、黑星病　从病害发生初期或初见病斑时开始喷药，15～20天1次，连喷3～5次。一般使用50克/升悬浮剂或5%悬浮剂或5%微乳剂500～600倍液，或10%悬浮剂或10%乳油或10%微乳剂1000～1200倍液，或250克/升悬浮剂或25%悬浮剂2500～3000倍液，或30%悬浮剂或30%水分散粒剂3000～4000倍液，或40%悬浮剂或40%水分散粒剂4000～5000倍液，或50%水分散粒剂或50%可湿性粉剂5000～6000倍液，或70%水分散粒剂7000～8000倍液，或80%水分散粒剂8000～10000倍液均匀喷雾。

注意事项 已唑醇不能与碱性药剂或肥料混用。连续喷药时，建议与其他作用机理不同的杀菌剂交替使用或混用，以延缓病菌产生耐药性。本剂对蜜蜂、鱼类等水生生物及家蚕有毒，用药时避免对周围蜂群造成影响，开花植物花期、蚕室和桑园附近禁止使用；并远离水产养殖区施药，禁止药液及洗涤药械的废液污染河流、池塘及湖泊等水域；赤眼蜂等天敌放飞区禁止用药。己唑醇在葡萄上的安全采收间隔期为 21 天，每季最多使用 3 次。

氟硅唑 flusilazole

常见商品名称 杜邦福星、美星、卓星、胜星、怯星、斑星、贵秀、联粉、落芬、龙生、鼎效、久日、超欣、开富、福杰、贵美、卓美、美翠、翠如意、妙力多彩、碧奥福喜、泰生科誉。

主要含量与剂型 400 克/升、40％乳油，8％、25％、30％微乳剂，20％可湿性粉剂，10％、15％、20％、25％水乳剂。

产品特点 氟硅唑是一种三唑类内吸性广谱高效低毒杀菌剂，具有内吸治疗和预防保护双重作用。其杀菌机理是通过破坏和阻止病菌代谢过程中的麦角甾醇的生物合成，使细胞膜不能形成，而导致病菌死亡。该药对高等真菌性病害效果好，对卵菌病害无效。药剂对兔皮肤和眼睛有轻微刺激，但无致突变性。

氟硅唑有时与多菌灵、甲基硫菌灵、咪鲜胺、代森锰锌、恶唑菌酮、苯醚甲环唑、氨基寡糖素等杀菌剂成分混配，用于生产复配杀菌剂。

适用果树及防控对象 氟硅唑适用于多种果树，对许多种高等真菌性病害均具有较好的防控效果。目前果树生产中主要用于防控：梨树的黑星病、锈病（赤星病）、白粉病、炭疽病，苹果的锈病、白粉病、黑星病，葡萄的黑痘病、穗轴褐枯病、白粉病、褐斑病、白腐病、炭疽病，桃、李、杏的黑星病（疮痂病），枣树的锈病、轮纹病、炭疽病，柑橘的黑星病、炭疽病，香蕉的黑星病、叶斑病等。

使用技术 氟硅唑主要应用于喷雾，连续单一使用易诱发病菌产生耐药性，建议与其他不同类型杀菌剂交替使用。

（1）梨树黑星病、锈病、白粉病、炭疽病 花序分离期、落花后各喷药 1 次，有效防控锈病发生和控制黑星病病梢形成；然后从初见黑星病病梢或病叶、病果时开始继续喷药，10～15 天 1 次，连喷 5～7 次，防控黑星病，兼防白粉病、炭疽病。一般使用 400 克/升乳油或 40％乳油 7000～8000 倍液，或 30％微乳剂 5000～6000 倍液，或 25％微乳剂或 25％水乳剂 4000～

5000 倍液，或 20％可湿性粉剂或 20％水乳剂 3500～4000 倍液，或 15％水乳剂 2500～3000 倍液，或 10％水乳剂 1500～2000 倍液，或 8％微乳剂 1200～1500 倍液均匀喷雾。

（2）苹果锈病、白粉病、黑星病　开花前、落花后各喷药 1 次，有效防控锈病和白粉病，往年白粉病严重的果园落花后 10～15 天再喷药 1 次，兼防黑星病；防控黑星病时，从病害发生初期开始喷药，10～15 天 1 次，连喷 2～3 次。药剂喷施倍数同“梨树黑星病”。

（3）葡萄黑痘病、穗轴褐枯病、白粉病、褐斑病、白腐病、炭疽病　开花前、落花 80％、落花后 10 天各喷药 1 次，有效防控黑痘病、穗轴褐枯病；防控白粉病时，从初见病斑时开始喷药，10～15 天 1 次，连喷 2 次左右，兼防褐斑病；防控炭疽病、白腐病时，从果粒基本长成大小时开始喷药，10 天左右 1 次，到果实采收前一周结束，兼防褐斑病、白粉病。药剂喷施倍数同“梨树黑星病”。果实采收前 1.5 个月内，避免使用乳油剂型，以免影响果面蜡粉。

（4）桃、李、杏的黑星病　从落花后 20～30 天开始喷药，10～15 天 1 次，连喷 2～4 次。药剂喷施倍数同“梨树黑星病”。

（5）枣树锈病、轮纹病、炭疽病　从初见锈病病叶时、或 6 月下旬开始喷药，10～15 天 1 次，连喷 3～6 次。药剂喷施倍数同“梨树黑星病”。

（6）柑橘黑星病、炭疽病　在果实膨大期和果实转色期各喷药 2 次左右，间隔期 10～15 天；椪柑类品种，在 9 月上中旬还需喷药 1～2 次。药剂喷施倍数同“梨树黑星病”。

（7）香蕉黑星病、叶斑病　从病害发生初期或初见病斑时开始喷药，半月左右 1 次，连喷 3～4 次。一般使用 400 克/升乳油或 40％乳油 5000～6000 倍液，或 30％微乳剂 4000～4500 倍液，或 25％微乳剂或 25％水乳剂 3500～4000 倍液，或 20％可湿性粉剂或 20％水乳剂 2500～3000 倍液，或 15％水乳剂 2000～2500 倍液，或 10％水乳剂 1200～1500 倍液，或 8％微乳剂 1000～1200 倍液均匀喷雾。

注意事项　不能与碱性药剂及肥料混用。连续喷药时，注意与其他作用机理不同的杀菌剂交替使用或混用，以延缓病菌产生耐药性。酥梨类品种在幼果期对氟硅唑敏感，应当慎重使用。用药时注意安全保护，如误服不可引吐，不能服用麻黄碱等有关药物，可饮 2 大杯水，并立即送医院对症治疗。本剂对蜜蜂、鱼类等水生生物及家蚕有毒，用药时避免对周围蜂群的影响，并禁止在开花作物花期及蚕室和桑园附近使用；残余药液及洗涤药械的废液严禁污染河流、湖泊、池塘等水域。梨树上的安全采收间隔期为 21 天，每季最多使用 2 次。

氟环唑　epoxiconazole ·················

常见商品名称　欧博、欧宝、欧抑、米拓、雷切、至丰、酷戈、凯威、膜威、尤美达、多米妙彩等。

主要含量与剂型　75 克/升乳油，125 克/升、12.5％、25％、30％、50％悬浮剂，50％、70％水分散粒剂等。

产品特点　氟环唑是一种含氟的三唑类广谱低毒杀菌剂，兼有预防保护和内吸治疗双重作用。其作用机理是通过抑制病菌甾醇生物合成中 C-14 脱甲基化酶的活性，阻碍病菌细胞壁形成，进而抑制和杀灭病菌。正常使用对作物安全、无药害，持效期较长。喷施后，药剂能被植物的茎、叶吸收，并可向上、向下传导。

氟环唑可与稻瘟灵、多菌灵、甲基硫菌灵、苯醚甲环唑、三环唑、氟菌唑、嘧菌酯、醚菌酯、吡唑醚菌酯、烯肟菌酯、氟唑菌酰胺、井冈霉素、福美双等杀菌剂成分混配，用于生产复配杀菌剂。

适用果树及防控对象　氟环唑适用于多种果树，对许多种高等真菌性病害均具有较好的防控效果。目前果树生产中主要用于防控：香蕉的叶斑病、黑星病，柑橘的炭疽病、疮痂病、黑星病，苹果的斑点落叶病、褐斑病，葡萄的炭疽病、褐斑病、白粉病等。

使用技术

（1）香蕉叶斑病、黑星病　从病害发生初期或初见病斑时开始喷药，15～20 天 1 次，连喷 3～4 次。一般使用 75 克/升乳油 400～600 倍液，或 125 克/升悬浮剂或 12.5％悬浮剂 700～1000 倍液，或 25％悬浮剂 1500～2000 倍液，或 30％悬浮剂 2000～3000 倍液，或 50％悬浮剂或 50％水分散粒剂 4000～5000 倍液，或 70％水分散粒剂 5000～6000 倍液均匀喷雾。

（2）柑橘疮痂病、炭疽病、黑星病　防控疮痂病时，在春梢生长期、夏梢生长期、秋梢生长期各喷药 1～2 次，间隔期 10～15 天，兼防炭疽病、黑星病；防控炭疽病、黑星病时，从幼果膨大期开始喷药，10～15 天 1 次，连喷 2～4 次，椪柑类品种转色后仍需喷药 1～2 次。一般使用 75 克/升乳油 800～1000 倍液，125 克/升悬浮剂或 12.5％悬浮剂 1500～2000 倍液，或 25％悬浮剂 3000～3500 倍液，或 30％悬浮剂 3500～4000 倍液，或 50％悬浮剂或 50％水分散粒剂 6000～7000 倍液，或 70％水分散粒剂 8000～10000 倍液均匀喷雾。

（3）苹果褐斑病、斑点落叶病　防控褐斑病时，北方果区一般从 6 月初开始喷药或从落花后 1～1.5 个月开始喷药，半月左右 1 次，连喷 4～5 次；防控斑点落叶病时，在春梢生长期喷药 1～2 次，秋梢生长期喷药 2～3 次，间隔期半月左右。一般使用 75 克/升乳油 600～800 倍液，或 125 克/升悬浮剂或 12.5％悬浮剂 1000～1200 倍液，或 25％悬浮剂 2000～2500 倍液，或 30％悬浮剂 2500～3000 倍液，或 50％悬浮剂或 50％水分散粒剂 4000～5000 倍，70％水分散粒剂 6000～7000 倍液均匀喷雾。

（4）葡萄炭疽病、褐斑病、白粉病　防控炭疽病时，从葡萄果粒基本长成大小时开始喷药，10～15 天 1 次，直到采收前一周左右；防控褐斑病、白粉病时，从病害发生初期或初见病斑时开始喷药，10～15 天 1 次，连喷 3 次左右。药剂喷施倍数同"苹果褐斑病"。

注意事项　不能与强酸或碱性药剂及肥料混用。连续喷药时，注意与不同作用机理的药剂交替使用或混用，以延缓病菌产生耐药性。氟环唑对鱼类等水生生物有毒，应远离水产品养殖区用药，并禁止残余药液及洗涤药械的废液污染河流、湖泊、池塘等水源地。释放赤眼蜂等天敌的区域禁止使用。柑橘上的安全采收间隔期为 14 天，每季最多使用 3 次；香蕉上的安全采收间隔期为 35 天。

抑霉唑　imazalil ·····················

常见商品名称　万利得、戴挫霉、仙亮、美亮、美妞、双行道、上格美艳等。

主要含量与剂型　22.2％、50％、500 克/升乳油，10％、22％水乳剂，3％膏剂，0.1％涂抹剂。

产品特点　抑霉唑是一种内吸性广谱低毒杀菌剂，具有内吸治疗和预防保护多种作用，广泛用于水果采后的防腐保鲜处理，可显著延长果品的货架期。其杀菌机理主要是通过抑制病菌麦角甾醇的生物合成，影响病菌细胞膜的渗透性、生理功能和脂类合成代谢，进而破坏病菌的细胞膜，并具有抑制病菌孢子形成的功效。

抑霉唑有时与咪鲜胺、苯醚甲环唑、双胍三辛烷基苯磺酸盐等杀菌剂成分混配，用于生产复配杀菌剂。

适用果树及防控对象　抑霉唑主要应用于水果的采后保鲜处理，也可用于防控有些果树的生长期病害。目前果树生产中主要用于防控：柑橘类果实的青霉病、绿霉病、蒂腐病，香蕉的轴腐病、炭疽病，芒果的蒂腐病、炭疽病，苹果和梨果实的青霉病，苹果树的腐烂病、炭疽病，葡萄的炭疽病、灰霉病等。

使用技术 抑霉唑主要通过药液浸果防控果实的采后病害，也可用于生长期喷雾、涂抹病斑伤口等。

（1）柑橘类、香蕉、忙果、苹果、梨等水果的采后防腐保鲜 挑选当天采收的无病、无伤水果，使用500克/升乳油或50％乳油1000～1500倍液，或22.2％乳油或22％水乳剂400～600倍液，或10％水乳剂200～250倍液浸果，浸果0.5～1分钟后捞起、晾干，而后包装、贮运。也可使用0.1％涂抹剂用分选包装机械直接涂抹果实，每吨水果约需该药剂2～3升。

（2）苹果树腐烂病 刮治病斑后伤口涂药。一般使用3％膏剂直接涂抹刮治后的病斑伤口，每平方米需涂抹该药剂6～9克。

（3）苹果炭疽病 从苹果落花后10天左右开始喷药，10天左右1次，连喷3次药后套袋；不套袋苹果继续喷药，15天左右1次，仍需喷药3～4次。注意与不同类型药剂交替使用。一般使用500克/升乳油或50％乳油2000～2500倍液，或22.2％乳油或22％水乳剂1000～1500倍液，或10％水乳剂500～700倍液均匀喷雾。

（4）葡萄炭疽病、灰霉病 防控炭疽病时，从果粒膨大期开始喷药，10～15天1次，连喷3～5次，注意与不同类型药剂交替使用；防控灰霉病时，一般在开花前、落花后及果穗套袋前各喷药1次。药剂喷施倍数同"苹果炭疽病"。

注意事项 柑橘类果实防腐保鲜用药时，为了扩大防病范围，并提高防腐保鲜效果，抑霉唑最好与双胍三辛烷基苯磺酸盐及咪鲜胺（或咪鲜胺锰盐）混用。处理水果后的残余药液，严禁倒入河流、湖泊、池塘等水域，避免污染水源。喷雾用药时不能与碱性农药混用，用药浓度也不能随意加大。用药时注意安全保护，皮肤或眼睛接触药物后，立即用清水冲洗；如误服，立即饮水催吐，并送医院对症治疗，解毒剂为阿托品。

双胍三辛烷基苯磺酸盐
iminoctadine tris (albesilate) ········

常见商品名称 百可得。

主要含量与剂型 40％可湿性粉剂。

产品特点 双胍三辛烷基苯磺酸盐是一种广谱保护性低毒杀菌剂，具有触杀和预防作用，且局部渗透性强。其主要对病原真菌的类脂化合物的生物合成和细胞膜功能起作用，具有两个作用位点，表现为抑制孢子萌发、芽管伸长、附着胞和菌丝的形成，可作用于病害发生的整个过程。与三唑类、苯并咪唑类、二甲酰亚胺类杀菌剂的作用机理不同，没有交互抗性。本剂对柑橘类果实贮藏期间发生的烂果类病害具有良好的防控效果，且用药后果面光亮，有助商品价值提高。药剂对鱼类、蜜蜂及鸟类低毒，对兔皮肤和眼睛有轻微刺激作用。

双胍三辛烷基苯磺酸盐有时与咪鲜胺、咪鲜胺锰盐、抑霉唑、吡唑醚菌酯等杀菌剂成分混配，用于生产复配杀菌剂。

适用果树及防控对象 双胍三辛烷基苯磺酸盐适用于多种果树，对许多种高等真菌性病害均具有很好的防控效果。目前果树生产中多用于柑橘类果实的防腐保鲜，对柑橘类果实的酸腐病、蒂腐病、青霉病、绿霉病防控效果良好，尤其对酸腐病特效；另外，还可用于防控：苹果的斑点落叶病、褐腐病、水锈病、炭疽病，葡萄的灰霉病、白粉病、炭疽病，梨树的黑星病、黑斑病、褐腐病、白粉病、炭疽病，桃、杏、李的黑星病、褐腐病，柿树的黑星病、炭疽病、白粉病，猕猴桃灰霉病，草莓的灰霉病、白粉病等。

使用技术 双胍三辛烷基苯磺酸盐既可用于药剂浸果防控果实贮藏期病害（防腐保鲜），也可用于植株喷雾防控生长期病害，特别适用于灰霉病与白粉病混合发生时的用药。

（1）柑橘类果实防腐保鲜　挑选当天采收的无病、无伤柑橘类果实，使用40％可湿性粉剂1000～1500倍液浸果0.5～1分钟，捞出后晾干，包装贮运。为了扩大防病范围，提高防腐保鲜效果，双胍三辛烷基苯磺酸盐最好与抑霉唑及咪鲜胺（或咪鲜胺锰盐）混合处理果实。

（2）苹果斑点落叶病、褐腐病、水锈病、炭疽病　防控斑点落叶病时，在春梢生长期和秋梢生长期各喷药2次左右，间隔期10～15天；防控不套袋苹果的褐腐病时，从采收前1.5个月开始喷药，10～15天1次，连喷2次左右，兼防炭疽病、水锈病；防控不套袋苹果的水锈病时，从8月中下旬开始喷药，10～15天1次，连喷2次左右，兼防炭疽病。一般使用40％可湿性粉剂1500～2000倍液均匀喷雾。

（3）葡萄灰霉病、白粉病、炭疽病　开花前、落花后各喷药1次，有效防控灰霉病为害幼穗；防控白粉病时，从病害发生初期开始喷药，10天左右1次，连喷2～3次；果穗套袋葡萄，在套袋前重点喷洒1次果穗，有效控制灰霉病和炭疽病的发生为害。一般使用40％可湿性粉剂1500～2000倍液均匀喷雾。

（4）梨树黑星病、褐腐病、白粉病、炭疽病　以防控黑星病为主，兼防炭疽病、白粉病、褐腐病。从初见黑星病病叶时开始喷药，10～15天1次，与不同类型药剂交替使用，连喷5～7次。一般使用40％可湿性粉剂1500～2000倍液均匀喷雾。

（5）桃、杏、李的黑星病、褐腐病　防控黑星病时，从落花后20～30天开始喷药，10～15天1次，连喷2～3次；防控褐腐病时，从采收前1.5个月开始喷药，10天左右1次，连喷2次左右。一般使用40％可湿性粉剂1500～2000倍液均匀喷雾。

（6）柿树黑星病、炭疽病、白粉病　防控黑星病、白粉病时，从病害发生初期开始喷药，10～15天1次，连喷2～3次；防控炭疽病时，从落花后7～10天开始喷药，10～15天1次，连喷2～5次（南方甜柿产区喷药次数较多）。一般使用40％可湿性粉剂1500～2000倍液均匀喷雾。

（7）猕猴桃灰霉病　从病害发生初期或初见病斑时开始喷药，10天左右1次，连喷2～3次。一般使用40％可湿性粉剂1500～2000倍液均匀喷雾。

（8）草莓灰霉病、白粉病　初花期、盛花期、末花期各喷药1次即可，一般使用40％可湿性粉剂1000～1500倍液均匀喷雾。

注意事项　不能与强酸性及碱性药剂混用。在苹果、梨落花后20天之内喷雾会造成果锈，应当慎用。喷药时应均匀周到，在发病前或初期开始喷药效果较好，但避免药液接触到玫瑰花等花卉。本剂对蚕有毒，不要在桑树上使用。用于柑橘类果实贮藏期防腐保鲜时，对常发病害青霉病、绿霉病、炭疽病、蒂腐病、黑腐病、酸腐病均具有良好防效，特别对酸腐病效果突出。用药时注意安全保护；如误服，立即催吐，并送医院对症治疗。苹果上的安全采收间隔期为21天，每季最多使用3次；葡萄上的安全采收间隔期为14天，每季最多使用5次。

腐霉利　procymidone

常见商品名称　速克灵、灰久宁、灰久青、海扑因、克无霜、哈维斯、禾益、灰佳、灰扫、灰赢、绿青、冷发、正冠等。

主要含量与剂型　50％、80％可湿性粉剂，80％水分散粒剂，43％、35％悬浮剂，15％、10％烟剂等。

产品特点 腐霉利是一种二羧甲酰亚胺类内吸治疗性低毒杀菌剂，具有保护、治疗双重作用，使用安全，持效期较长，并有一定的向新叶传导效果。在发病前使用或发病初期使用均可获得满意防控效果。该药使用适期长，耐雨水冲刷，内吸作用突出，对病菌菌丝生长和孢子萌发有很强的抑制作用。腐霉利的杀菌机理与苯并咪唑类不同，对苯并咪唑类药剂有耐药性的病菌，使用腐霉利也可获得很好的防控效果。制剂对皮肤、眼睛有刺激作用。

腐霉利常与福美双、多菌灵、百菌清、异菌脲、己唑醇、嘧菌酯、乙霉威等杀菌剂成分混配，用于生产复配杀菌剂。

适用果树及防控对象 腐霉利适用于多种果树，对灰霉病类果树病害的防控具有突出效果。目前果树生产中主要用于防控：葡萄、桃、杏、樱桃、草莓等保护地果树的灰霉病，葡萄的灰霉病、白腐病，桃、杏、李的灰霉病、花腐病、褐腐病，樱桃褐腐病，苹果的花腐病、褐腐病、斑点落叶病，梨褐腐病，柑橘灰霉病，枇杷花腐病，草莓灰霉病等。

使用技术 腐霉利在果树上主要用于喷雾，在保护地内也可使用烟剂密闭熏烟。

(1) 葡萄、桃、杏、樱桃、草莓等保护地果树的灰霉病 既可喷雾预防，又可密闭熏烟防控。喷雾防控病害时，一般在持续阴天 2 天后及时喷药，7 天左右 1 次，连喷 2 次。一般使用 50％可湿性粉剂 1000～1500 倍液，或 80％可湿性粉剂或 80％水分散粒剂 1800～2500 倍液，或 43％悬浮剂 1000～1500 倍液，或 35％悬浮剂 800～1000 倍液均匀喷雾。密闭熏烟防控病害时，在阴天不能正常放风的傍晚密闭放烟熏蒸。一般每亩棚室每次使用 15％烟剂 300～400 克，或 10％烟剂 500～600 克，从内向外均匀分多点依次点燃，而后密闭一夜，第二天通风后才能进入进行农事活动。

(2) 葡萄灰霉病、白腐病 开花前、落花后各喷药 1 次，防控幼穗受灰霉病为害；以后从果粒基本长成大小时或增糖转色期开始继续喷药，7～10 天 1 次，直到采收前一周。一般使用 50％可湿性粉剂 1000～1500 倍液，或 80％可湿性粉剂或 80％水分散粒剂 1500～2000 倍液，或 43％悬浮剂 1000～1200 倍液，或 35％悬浮剂 800～1000 倍液喷雾，重点喷洒果穗即可。

(3) 桃、杏、李的灰霉病、花腐病、褐腐病 开花前、落花后各喷药 1 次，有效防控灰霉病、花腐病；防控褐腐病时，从初见病斑时或果实采收前 1～1.5 个月开始喷药，7～10 天 1 次，连喷 2～3 次。药剂喷施倍数同"葡萄灰霉病"。

(4) 樱桃褐腐病 开花前、落花后、成熟前 10 天左右各喷药 1 次即可。

药剂喷施倍数同"葡萄灰霉病"。

（5）苹果花腐病、褐腐病、斑点落叶病　开花前、落花后各喷药 1 次，有效防控花腐病；春梢生长期、秋梢生长期各喷药 1～2 次，防控斑点落叶病；防控褐腐病时，从初见病斑时开始喷药，7～10 天 1 次，连喷 1～2 次。药剂喷施倍数同"葡萄灰霉病"。

（6）梨褐腐病　从病害发生初期开始喷药，7～10 天 1 次，连喷 2～3 次。药剂喷施倍数同"葡萄灰霉病"。

（7）柑橘灰霉病　开花前、落花后各喷药 1 次即可，药剂喷施倍数同"葡萄灰霉病"。

（8）枇杷花腐病　开花前、落花后各喷药 1 次即可，药剂喷施倍数同"葡萄灰霉病"。

（9）草莓灰霉病　初花期、盛花期、末花期各喷药 1 次。一般使用 50％可湿性粉剂 800～1000 倍液，或 80％可湿性粉剂或 80％水分散粒剂 1200～1500 倍液，或 43％悬浮剂 800～1000 倍液，或 35％悬浮剂 600～800 倍液均匀喷雾。

注意事项　不能与碱性农药及肥料混用，也不宜与有机磷类农药混配。单一连续多次使用，病菌易产生耐药性，注意与其他不同类型杀菌剂交替使用。用药时注意安全保护；如误服，立即洗胃，并送医院对症治疗。残余药液及洗涤药械的废液，严禁污染河流、湖泊、池塘等水源地。葡萄上的安全采收间隔期为 14 天，每季最多使用 2 次。

异菌脲　iprodione ·······························

常见商品名称　扑海因、鲜果星、力冠音、冠普因、统俊、统秀、冠龙、蓝丰、奇星、美星、勤耕、丰灿、妙净、怪客、龙生、灰腾、辉铲、福露、星牌海欣等。

主要含量与剂型　50％可湿性粉剂，25％、45％、255 克/升、500 克/升悬浮剂。

产品特点　异菌脲是一种二羧甲酰亚胺类触杀型广谱保护性低毒杀菌剂，能够渗透到植物体内，具有一定的治疗作用。其杀菌机理是抑制病菌蛋白激酶，干扰细胞内信号和碳水化合物正常进入细胞组分等；该机理作用于病菌生长为害的各个发育阶段，既可抑制病菌孢子萌发，又可抑制菌丝体生长，还可抑制病菌孢子的产生。

异菌脲常与福美双、代森锰锌、百菌清、丙森锌、咪鲜胺、嘧霉胺、腐霉利、甲基硫菌灵、多菌灵、戊唑醇、烯酰吗啉、氟啶胺、嘧菌环胺、肟菌酯等杀菌剂成分混配，用于生产复配杀菌剂。

适用果树及防控对象 异菌脲适用于多种果树，对许多种高等真菌性病害均具有很好的防控效果。目前果树生产中主要用于防控：柑橘的蒂腐病、青霉病、绿霉病、灰霉病，香蕉的冠腐病、轴腐病，苹果的褐斑病、斑点落叶病、轮纹病、褐腐病、花腐病、青霉病、绿霉病，葡萄的穗轴褐枯病、灰霉病，桃、杏、李、樱桃的花腐病、褐腐病、灰霉病、根霉病，草莓灰霉病等。

使用技术 异菌脲主要用于喷雾防控各种病害，也可通过药液浸果进行水果的防腐保鲜。

(1) 水果防腐保鲜 主要用于防控柑橘的蒂腐病、青霉病、绿霉病、灰霉病，香蕉的冠腐病、轴腐病，苹果的青霉病、绿霉病、褐腐病，桃、杏、李的褐腐病、根霉病等。一般使用50％可湿性粉剂或500克/升悬浮剂或45％悬浮剂400～500倍液，或25％悬浮剂或255克/升悬浮剂200～250倍液浸果1～2分钟，捞出晾干后包装、贮运。

(2) 苹果斑点落叶病、轮纹病、褐斑病、褐腐病、花腐病 开花前、后各喷药1次，防控花腐病；春梢生长期、秋梢生长期各喷药2次，间隔10～15天，防控斑点落叶病；从苹果落花后10天左右开始喷药，10～15天1次，连喷3次药后套袋，不套袋果继续喷药3～5次，有效防控轮纹病，兼防褐斑病、斑点落叶病；采收前1.5个月和1个月各喷药1次，防控不套袋果的褐腐病，兼防其他病害。一般使用50％可湿性粉剂或500克/升悬浮剂或45％悬浮剂1000～1500倍液，或25％悬浮剂或255克/升悬浮剂600～800倍液均匀喷雾。

(3) 葡萄穗轴褐枯病、灰霉病 开花前、落花后各喷药1次，有效防控穗轴褐枯病及幼穗灰霉病；套袋葡萄在果穗套袋前喷洒1次果穗，防控灰霉病为害果穗；不套袋葡萄在果穗近成熟期，从初见灰霉病病果时开始喷药，10天左右1次，连喷2次左右。药剂喷施倍数同"苹果斑点落叶病"，中后期重点喷洒果穗即可。

(4) 桃、杏、李、樱桃的花腐病、褐腐病、灰霉病 开花前、落花后各喷药1次，有效防控花腐病，兼防灰霉病；采收前1个月、采收前半月各喷药1次，防控褐腐病、灰霉病。药剂喷施倍数同"苹果斑点落叶病"。

(5) 草莓灰霉病 初花期、盛花期、末花期各喷药1次即可。一般每亩次使用 50％可湿性粉剂 60～80 克，或 500 克/升悬浮剂或 45％悬浮剂 50～60 毫升，或 25％悬浮剂或 255 克/升悬浮剂 100～120 毫升，兑水 30～45 千克均匀喷雾。

注意事项　不能与强碱性或强酸性药剂及肥料混用。不要与腐霉利、乙烯菌核利、乙霉威等杀菌原理相同的药剂混用或交替使用。悬浮剂可能会有一些沉降，摇匀后使用不影响药效。用药时注意安全保护，避免皮肤及眼睛触及药剂。

嘧霉胺　pyrimethanil ·····················

常见商品名称　施佳乐、卡霉多、嘧施立、灰劲特、美清乐、海启明、铲灰、漉灰、灰标、灰复、灰煌、灰纵、灰雄、灰落、灰卡、靓库、靓贝、欧诺、源典、俊典、豪壮、新贵、毓聪、标正恢典、冠龙润克、沪联灰飞、京博施美特等。

主要含量与剂型　20％、30％、40％、400 克/升悬浮剂，20％、40％可湿性粉剂，40％、70％、80％水分散粒剂。

产品特点　嘧霉胺是一种有机杂环类低毒杀菌剂，具有预防、保护、治疗三种杀菌作用，专用于防控灰霉类病害。其杀菌机理是通过抑制病菌侵染酶的产生而阻止病菌侵染，并能迅速渗透至植物组织内杀死病菌，进而抑制病害扩展蔓延，与苯并咪唑类、二羧酰胺类、乙霉威等杀菌剂没有交互抗性。该药具有内吸传导和熏蒸作用，施药后可迅速到达植株的花、幼果等新鲜幼嫩组织而杀死病菌，药效快而稳定，黏着性好，持效期较长。嘧霉胺对温度不敏感，低温时也能充分发挥药效。

嘧霉胺常与多菌灵、异菌脲、福美双、百菌清、乙霉威、中生菌素、氨基寡糖素等杀菌成分混配，用于生产复配杀菌剂。

适用果树及防控对象　嘧霉胺适用于多种果树，专用于防控灰霉类植物病害。目前果树生产中主要用于防控：草莓灰霉病，葡萄灰霉病，桃、李、樱桃的灰霉病，苹果的花腐病、黑星病，梨树黑星病等。

使用技术

（1）草莓灰霉病　初花期、盛花期、末花期各喷药 1 次即可。一般每亩次使用 20％悬浮剂 80～120 毫升，或 20％可湿性粉剂 80～120 克，或 30％悬浮剂 60～90 毫升，或 40％悬浮剂或 400 克/升悬浮剂 40～60 毫升，或

40％可湿性粉剂或 40％水分散粒剂 40～60 克，或 70％水分散粒剂 25～35 克，或 80％水分散粒剂 20～30 克，兑水 30～45 千克均匀喷雾。

（2）葡萄灰霉病　开花前、落花后各喷药 1 次，果穗套袋前喷药 1 次；不套袋葡萄果粒转色期或采收前 1 个月喷药 1～2 次，间隔 10 天左右。一般使用 20％悬浮剂或 20％可湿性粉剂 500～700 倍液，或 30％悬浮剂 800～1000 倍液，或 400 克/升悬浮剂或 40％悬浮剂或 40％可湿性粉剂或 40％水分散粒剂 1000～1500 倍液，或 70％水分散粒剂 2000～2500 倍液，或 80％水分散粒剂 2000～3000 倍液喷雾，重点喷洒果穗。

（3）桃、李、樱桃的灰霉病　从病害发生初期开始喷药，7 天左右 1 次，连喷 1～2 次。药剂喷施倍数同"葡萄灰霉病"。

（4）苹果花腐病、黑星病　苹果开花前、落花后各喷药 1 次，有效防控花腐病，兼防黑星病；然后从黑星病发生初期开始喷药，10～15 天 1 次，连喷 2～3 次。药剂喷施倍数同"葡萄灰霉病"。

（5）梨树黑星病　从病害发生初期，或田间初见黑星病病梢或病叶或病果时开始喷药，10～15 天 1 次，与不同类型药剂交替使用，连喷 5～7 次。药剂喷施倍数同"葡萄灰霉病"。

注意事项　不能与强酸性药剂或碱性药剂及肥料混用。连续喷药时，注意与不同类型药剂交替使用，避免病菌产生耐药性。在通风不良的棚室中使用浓度过高时，可能有些作物的叶片上会出现褐色斑点。嘧霉胺对鱼类等水生生物有毒，严禁在水产养殖区施药，并禁止残余药液及洗涤药械的废液污染河流、池塘、湖泊等水域。用药时注意安全保护，如发生意外中毒，立即送医院对症治疗。草莓上的安全采收间隔期为 3 天；葡萄上的安全采收间隔期为 7 天，每季最多使用 3 次。

啶酰菌胺　boscalid

常见商品名称　巴斯夫凯泽等。

主要含量与剂型　50％水分散粒剂，25％、50％、500 克/升悬浮剂。

产品特点　啶酰菌胺是一种烟酰胺类广谱低毒杀菌剂，具有保护和治疗双重作用。其杀菌机理主要通过抑制病菌呼吸作用中的线粒体琥珀酸酯脱氢酶活性，阻碍三羧酸循环，使氨基酸、糖缺乏，能量减少，进而干扰细胞的分裂和生长，对病菌孢子萌发、芽管伸长、菌丝生长及孢子产生等整个生长发育环节均有作用。该成分可以在植物叶部垂直渗透和向顶传输，叶面喷雾后表现出卓越的耐雨水冲刷和持效性能。与多菌灵、腐霉利等无交互抗性。

啶酰菌胺可与醚菌酯、吡唑醚菌酯、嘧菌酯、肟菌酯、菌核净、异菌脲、腐霉利、嘧霉胺、氟菌唑、抑霉唑、咯菌腈等杀菌剂成分混配，用于生产复配杀菌剂。

适用果树及防控对象 啶酰菌胺适用于多种果树，对许多高等真菌性病害均具有较好的预防保护和治疗效果。目前果树生产中主要用于防控：葡萄的灰霉病、白粉病、炭疽病、黑痘病，苹果白粉病，香蕉的叶斑病、黑星病，草莓的灰霉病、白粉病等。

使用技术

（1）葡萄灰霉病、白粉病、炭疽病、黑痘病 葡萄开花前、落花后各喷药1次，防控幼穗灰霉病，兼防黑痘病；落花后10～15天喷药1次，防控黑痘病；套袋葡萄套袋前喷药1次，有效防控灰霉病、炭疽病，兼防白粉病；不套袋葡萄多从落花后半月左右开始喷药预防炭疽病，兼防白粉病、灰霉病，10～15天1次，连喷3～5次；防控白粉病时，从病害发生初期开始喷药，10～15天1次，连喷2～3次。一般使用50%水分散粒剂或50%悬浮剂或500克/升悬浮剂1500～2000倍液，或25%悬浮剂800～1000倍液均匀喷雾。

（2）苹果白粉病 苹果开花前、落花后及落花后15天左右各喷药1次，有效防控白粉病病梢形成及白粉病的早期传播扩散；往年病害严重果园，在8、9月份再喷药1～2次，有效防控病菌侵染芽，降低芽的带菌率，减少第二年病梢。药剂喷施倍数同"葡萄灰霉病"。

（3）香蕉叶斑病、黑星病 从病害发生初期或初见病斑时开始喷药，15～20天1次，连喷3～5次。一般使用50%水分散粒剂或50%悬浮剂或500克/升悬浮剂800～1000倍液，或25%悬浮剂400～500倍液均匀喷雾。

（4）草莓灰霉病、白粉病 从草莓初花期或病害发生初期开始喷药，10～15天1次，连喷3～4次。一般每亩次使用50%水分散粒剂30～45克，或50%悬浮剂或500克/升悬浮剂30～45毫升，或25%悬浮剂60～90毫升，兑水45～60千克均匀喷雾。

注意事项 不能与强酸性及碱性药剂或肥料混用。连续喷药时，注意与不同类型药剂交替使用或混用，以延缓或避免病菌产生耐药性。用药时注意安全保护，避免药剂接触皮肤及溅及眼睛。不能污染各类水域，桑园及家蚕养殖区禁用。草莓上每季最多使用3次，安全采收间隔期3天；葡萄上每季最多使用3次，安全采收间隔期7天。

咪鲜胺 prochloraz ......

咪鲜胺锰盐 prochloraz-man-ganese chloride complex ...

常见商品名称 咪鲜胺锰盐、施保克、施保功、真绿色、百保秀、博士威、泰丽保、好佳丰、除恶快、坦阻克、全聚得、盈靓、鲜亮、香鲜、常鲜、必鲜、优鲜、炭威、炭星、炭鲜、炭科、炭龙、炭冠、晶玛、舒米、护欣、庆春、美艳、美星、冠惠、比彩、品艳、滴翠、翠点、翠喜、呐喜、热情、清佳、太清、扫描、辉丰咪鲜胺、标正好施保、沪联施保乐、马克西姆扑霉灵等。

主要含量与剂型 25％、45％、450克/升水乳剂，15％、25％、45％微乳剂，25％、45％、250克/升、450克/升乳油，50％、60％可湿性粉剂，0.05％水剂等。

产品特点 咪鲜胺（及咪鲜胺锰盐）是一种咪唑类广谱低毒杀菌剂，具有保护和触杀作用，无内吸作用，但有一定的渗透传导性能，对子囊菌及半知菌引起的多种作物病害具有很好的防控效果。其杀菌机理主要是通过抑制甾醇的生物合成而起作用，最终导致病菌死亡。在土壤中主要降解为易挥发的代谢产物，易被土壤颗粒吸附，不易被雨水冲刷，对土壤生物低毒，但对某些土壤真菌有抑制作用。对鱼类中毒，对兔皮肤和眼睛有中度刺激，试验剂量下未见致畸、致癌、致突变作用。

咪鲜胺（及咪鲜胺锰盐）常与甲霜灵、异菌脲、三唑酮、三环唑、丙环唑、腈菌唑、氟硅唑、抑霉唑、双胍三辛烷基苯磺酸盐、多菌灵、甲基硫菌灵、苯醚甲环唑、丙森锌、嘧菌酯、噻呋酰胺、烯酰吗啉、稻瘟灵、戊唑醇、己唑醇、福美双、百菌清等杀菌剂成分混配，用于生产复配杀菌剂。

适用果树及防控对象 咪鲜胺（及咪鲜胺锰盐）适用于多种果树，对许多种高等真菌性病害特别是水果采后病害（防腐保鲜）均具有很好的防控效果。目前果树生产中主要用于防控：柑橘的青霉病、绿霉病、蒂腐病、炭疽病、黑腐病，芒果的炭疽病、黑腐病、轴腐病，香蕉的炭疽病、冠腐病，荔

70

枝的黑腐病、炭疽病，苹果的青霉病、绿霉病、褐腐病、霉心病、炭疽病、炭疽叶枯病，梨的青霉病、绿霉病、褐腐病、炭疽病，桃的褐腐病、炭疽病，葡萄的黑痘病、炭疽病，枣树炭疽病等。

使用技术 咪鲜胺（及咪鲜胺锰盐）防控水果采后病害时，常用于药剂浸果或涂果；防控树上病害时，主要应用于叶面喷雾。

（1）水果的防腐保鲜 主要用于防控柑橘（青霉病、绿霉病、蒂腐病、炭疽病、黑腐病）、芒果（炭疽病、黑腐病、轴腐病）、香蕉（炭疽病、冠腐病）、荔枝（黑腐病）、苹果（青霉病、绿霉病、褐腐病）、梨（青霉病、绿霉病、褐腐病）及桃（褐腐病）等水果的采后病害，当天采收当天药剂处理。一般使用 45%水乳剂或 45%微乳剂或 45%乳油或 450 克/升水乳剂或 450 克/升乳油 1000～1500 倍液，或 25%水乳剂或 25%微乳剂或 25%乳油或 250 克/升乳油 500～750 倍液，或 15%微乳剂 350～500 倍液，或 50%可湿性粉剂 1200～1500 倍液，或 60%可湿性粉剂 1500～2000 倍液浸果，浸果 1 分钟后捞出晾干、贮存；或使用 0.05%水剂原液喷涂果实，一般每吨果实需用药剂 2～3 千克。另外，柑橘类果实防腐保鲜处理时，为了提高对酸腐病的防控效果，咪鲜胺（及咪鲜胺锰盐）常与双胍三辛烷基苯磺酸盐混配使用；有时也常与抑霉唑混配使用，可促使处理果实果面光亮。

（2）芒果炭疽病 现蕾期、初花期、落花后各喷药 1 次，采收前 1 个月连续喷药 2 次（间隔 10 天左右）。一般使用 45%乳油或 450 克/升乳油或 450 克/升水乳剂或 45%水乳剂或 45%微乳剂 1000～1500 倍液，或 25%水乳剂或 25%微乳剂或 25%乳油或 250 克/升乳油 500～1000 倍液，或 15%微乳剂 400～500 倍液均匀喷雾。

（3）荔枝炭疽病 幼果期、果实转色期各喷药 1 次，即可有效防控炭疽病的发生为害。一般使用 45%乳油或 450 克/升乳油或 450 克/升水乳剂或 45%水乳剂或 45%微乳剂 1500～2000 倍液，或 25%水乳剂或 25%微乳剂或 25%乳油或 250 克/升乳油 1000～1200 倍液，或 15%微乳剂 500～700 倍液均匀喷雾。

（4）苹果霉心病、炭疽病、炭疽叶枯病 防控炭疽病时，从落花后 20 天左右开始喷药，10～15 天 1 次，与不同类型药剂交替使用，连喷 4～6 次（套袋果喷施至套袋前）；防控炭疽叶枯病时，一般在雨季到来前及时喷药，10～15 天 1 次，连喷 2～3 次。一般使用 45%乳油或 450 克/升乳油或 450 克/升水乳剂或 45%水乳剂或 45%微乳剂 1500～2000 倍液，或 25%水乳剂或 25%微乳剂或 25%乳油或 250 克/升乳油 800～1000 倍液，或 15%微乳剂 500～600 倍液，或 50%可湿性粉剂 1500～2000 倍液，或 60%可湿性粉剂 1800～2200 倍液均匀喷雾。防控霉心病时，采收后沿萼筒向心室注射药液进行防治，每果注射药液 0.5 毫升，一般使用 450 克/升水乳剂或 45％水乳剂或 45％微乳剂 2500 倍液，或 25％水乳剂或 25％微乳剂 1500 倍液进行注射。

（5）梨炭疽病　从落花后 20 天左右开始喷药，10～15 天 1 次，与不同类型药剂交替使用，连喷 5～7 次（套袋果直至套袋前）。药剂喷施倍数同"苹果树上喷药"。

（6）桃褐腐病、炭疽病　从采收前 2 个月开始喷药，10～15 天 1 次，连喷 3～4 次。药剂喷施倍数同"苹果树上喷药"。

（7）葡萄黑痘病、炭疽病　开花前、落花后、落花后 10～15 天各喷药 1 次，防控黑痘病；从果粒基本长成大小时开始喷药，10 天左右 1 次，连续喷施，到果实采收前一周结束，防控炭疽病。药剂喷施倍数同"苹果树上喷药"。

（8）枣树炭疽病　从坐住果后半月左右开始喷药，10～15 天 1 次，连喷 4～6 次。药剂喷施倍数同"苹果树上喷药"。

注意事项　水果防腐保鲜时，当天采收的果实应当天用药处理完毕；浸果前必须将药剂搅拌均匀，并剔除病虫伤果。不能与强酸或碱性药剂及肥料混用。本品对鱼类等水生生物有毒，药液及洗涤药械的废液严禁污染鱼塘、湖泊、河流等水域。用药时注意安全保护，本品无特殊解毒药剂，不可引吐；如误服，立即携带标签送医院对症治疗。柑橘类果实浸果处理安全间隔期为 14 天，芒果浸果处理安全间隔期为 7 天，芒果树上喷施安全间隔期为 14 天。

双炔酰菌胺

常见商品名称　瑞凡等。

主要含量与剂型　23.4％悬浮剂。

产品特点　双炔酰菌胺是一种酰胺类微毒专用杀菌剂，属 CAA 类，对地上部的绝大多数低等真菌性病害均具有很好的防控效果。既对处于萌发阶段的病菌孢子具有极高的活性，又可抑制菌丝生长和孢子的形成，还对处于潜伏期的病害有较强的治疗作用。该药与植物表面的蜡质层亲和力强，所以制剂持效期较长。

双炔酰菌胺可与百菌清等杀菌剂成分混配，用于生产复配杀菌剂。

适用果树及防控对象　双炔酰菌胺适用于多种果树，专用于防控低等真菌性病害。目前果树生产中主要用于防控：荔枝霜疫霉病，葡萄霜霉病等。

使用技术

（1）荔枝霜疫霉病　落花后、幼果期、果实转色期各喷药 1 次，即可有效防控霜疫霉病的发生为害。一般使用 23.4％悬浮剂 1000～1800 倍液均匀喷雾。

（2）葡萄霜霉病　葡萄开花前、落花后各喷药 1 次，有效防控霜霉病为害幼果穗；以后从叶片上初见霜霉病病斑时立即开始连续喷药，10 天左右 1 次，连喷 4～6 次，注意与不同类型药剂交替使用或混用。一般使用 23.4％悬浮剂 1500～1800 倍液喷雾，防控叶片受害时注意喷洒叶片背面。

注意事项　不能与强酸性及碱性药剂、肥料混用。连续喷药时，注意与不同类型药剂交替使用或混用。用药时注意安全保护，避免药液接触皮肤、眼睛和污染衣物，避免吸入雾滴，切勿在施药现场抽烟或饮食。剩余药液及清洗药械的废液严禁污染各类水域、土壤等环境。用药过程中出现过敏或有任何不良反应时，及时就医，昏迷患者切勿经口喂入任何东西或引吐。

烯酰吗啉　dimethomorph

常见商品名称　阿克白、霜福莱、霜克宁、福玛利、稀尔美、碧霜葆、福盈、斗霜、良霜、凯霜、霜锉、霜品、霜润、霜刃、拔翠、纯翠、优翠、冠翼、露克、快洁、绿杀、喜致、品宁、宝标、剑盾、锐凡、安玛、佳激、高嘉、奔冠、尊冠、安库、极典、超赞、美质、金扑力玛、清爽 100、标正品顶、标正安凡、标正先萃、威远双喜、星牌秀丽、中保霜克、韦尔奇双怕等。

主要含量与剂型　80％、50％、40％水分散粒剂，80％、50％、40％、25％可湿性粉剂，50％、40％、25％、20％、10％悬浮剂，25％微乳剂，15％、10％水乳剂等。

产品特点　烯酰吗啉是一种肉桂酸衍生物，属有机杂环吗啉类内吸治疗性低毒杀菌剂，专用于防控卵菌类植物病害。其作用机理是破坏病菌细胞壁膜的形成，引起孢子囊壁分解，致使病菌死亡。除游动孢子形成及孢子游动期外，对卵菌生活史的各个阶段均有作用，尤其对孢子囊梗和卵孢子的形成阶段更敏感，若在孢子囊和卵孢子形成前用药，则可完全抑制孢子的产生。该药内吸性强，根部施药，可通过根部进入植株的各个部位；叶片喷药，可进入叶片内部。烯酰吗啉与甲霜灵等苯酰胺类杀菌剂没有交互抗性。药剂对兔皮肤无刺激性，对兔眼睛有轻微刺激，对蜜蜂和鸟低毒，对鱼中毒。

烯酰吗啉常与代森锰锌、福美双、百菌清、丙森锌、硫酸铜钙、王铜、甲霜灵、霜脲氰、氰霜唑、氟啶胺、三乙膦酸铝、咪鲜胺、异菌脲、唑嘧菌胺、嘧菌酯、醚菌酯、吡唑醚菌酯、中生菌素、松脂酸铜等杀菌剂成分混配，用于生产复配杀菌剂，以延缓病菌产生耐药性。

适用果树及防控对象 烯酰吗啉适用于多种果树，是一种有效防控卵菌纲真菌性病害的专性杀菌剂。目前果树生产中主要用于防控：葡萄霜霉病，荔枝霜疫霉病，苹果疫腐病，梨疫腐病，柑橘褐腐病等。

使用技术

（1）葡萄霜霉病 葡萄开花前、落花后各喷药 1 次，有效防控霜霉病为害幼果穗；然后从叶片上初见病斑时立即开始喷药，10 天左右 1 次，与不同类型药剂交替使用，直到生长后期。一般使用 80％水分散粒剂或 80％可湿性粉剂 4000～5000 倍液，或 50％悬浮剂或 50％可湿性粉剂或 50％水分散粒剂 2000～3000 倍液，或 40％悬浮剂或 40％水分散粒剂或 40％可湿性粉剂 2000～2500 倍液，或 25％微乳剂或 25％悬浮剂或 25％可湿性粉剂 1000～1500 倍液，或 20％悬浮剂 1000～1200 倍液，或 15％水乳剂 800～1000 倍液，或 10％水乳剂或 10％悬浮剂 500～600 倍液均匀喷雾，防控叶片受害时注意喷洒叶片背面。

（2）荔枝霜疫霉病 在花蕾期、幼果期及果实近成熟期各喷药 1 次。药剂喷施倍数同"葡萄霜霉病"。

（3）苹果疫腐病 从病害发生初期开始喷药，10 天左右 1 次，连喷 2 次左右，重点喷洒中下部果实。药剂喷施倍数同"葡萄霜霉病"。

（4）梨疫腐病 从病害发生初期开始喷药，10 天左右 1 次，连喷 2 次左右，重点喷洒中下部果实。药剂喷施倍数同"葡萄霜霉病"。

（5）柑橘褐腐病 从病害发生初期开始喷药，10 天左右 1 次，连喷 2 次左右，重点喷洒中下部果实。药剂喷施倍数同"葡萄霜霉病"。

注意事项 烯酰吗啉虽为内吸治疗性药剂，但喷药时还应均匀周到。连续喷药时，注意与其他作用机理不同的有效药剂交替使用，或与代森锰锌等药剂混用，以延缓病菌产生耐药性。剩余药液及洗涤药械的废液，严禁污染河流、湖泊、池塘等水域。用药时注意安全保护，如药液沾染皮肤，立即用肥皂和清水冲洗；如药液溅入眼内，迅速用清水冲洗；如误服，千万不能催吐，尽快送医院对症治疗，该药没有解毒药剂。

氟吗啉　flumorph ······················

常见商品名称　金福林、金氟。

主要含量与剂型　20％可湿性粉剂，60％水分散粒剂，30％悬浮剂。

产品特点　氟吗啉是一种丙烯酰吗啉类内吸治疗性低毒杀菌剂，专用于防控低等真菌性病害（卵菌病害），具有持效期长、药效高、低毒、低残留、对作物安全等特点，预防保护和内吸治疗作用兼备，可混用性好。该药能明显抑制休止孢萌发、芽管伸长、附着胞和吸器的形成、菌丝生长、孢囊梗的形成和孢子囊的产生等。

氟吗啉常与代森锰锌、三乙膦酸铝、丙森锌、唑菌酯、喹啉铜、精甲霜灵、氟啶胺等杀菌剂成分混配，用于生产复配杀菌剂。

适用果树及防控对象　氟吗啉适用于多种果树，专用于防控低等真菌性病害。目前果树生产中主要用于防控：荔枝霜疫霉病，葡萄霜霉病，柑橘褐腐病等。

使用技术

（1）荔枝霜疫霉病　在花蕾期、幼果期及果实近成熟期各喷药1次，即可有效防控霜疫霉病的发生为害。一般使用20％可湿性粉剂1500～2000倍液，或60％水分散粒剂4000～6000倍液，或30％悬浮剂2000～3000倍液均匀喷雾。

（2）葡萄霜霉病　葡萄开花前、落花后各喷药1次，有效防控霜霉病为害幼果穗；然后从叶片上初见病斑时立即开始喷药，10天左右1次，与不同类型药剂交替使用，直到生长后期。防控叶片受害时注意喷洒叶片背面。药剂喷施倍数同"荔枝霜疫霉病"。

（3）柑橘褐腐病　从病害发生初期开始喷药，10天左右1次，连喷2次左右，重点喷洒中下部果实。药剂喷施倍数同"荔枝霜疫霉病"。

注意事项　不能与铜制剂或碱性药剂等物质混用。连续喷药时，注意与其他作用机理不同的药剂交替使用或混用，以延缓病菌产生耐药性。剩余药液及洗涤药械的废液严禁污染河流、湖泊、池塘等水域。安全间隔期不低于3天，每季作物最多使用3次。

三 乙 膦 酸 铝　　fosetyl-⋯

常见商品名称　休顿、百生、嘉华、冠盖、罗拉、纯喜、顺爽、丰达、鑫马、果丽奇、辛普强、碧奥双美等。

主要含量与剂型　40%、80%可湿性粉剂，80%水分散粒剂，90%可溶粉剂。

产品特点　三乙膦酸铝是一种有机磷类内吸性高效广谱低毒杀菌剂，具有治疗和保护作用，在植物体内可以上、下双向传导，对低等真菌性病害和高等真菌性病害均具有很好的防控效果。通过有效阻止孢子萌发、抑制菌丝体生长和孢子的形成而达到杀菌防病作用。该药水溶性好，内吸渗透性强，持效期较长，使用较安全，但喷施浓度过高时对黄瓜、白菜有轻微药害。药剂对皮肤、眼睛无刺激作用，对蜜蜂及野生生物较安全，试验剂量下未见致畸、致癌、致突变作用。

三乙膦酸铝常与代森锰锌、丙森锌、百菌清、多菌灵、福美双、甲霜灵、氟吗啉、烯酰吗啉、琥胶肥酸铜、乙酸铜等杀菌剂成分混配，用于生产复配杀菌剂。

适用果树及防控对象　三乙膦酸铝适用于多种果树，对许多种真菌性病害均具有很好的防控效果。目前果树生产中主要用于防控：葡萄的霜霉病、疫腐病，苹果的疫腐病、轮纹病、炭疽病，梨的疫腐病、黑星病、轮纹病、炭疽病、白粉病，草莓疫腐病，柑橘的溃疡病、褐腐病，荔枝霜疫霉病，菠萝心腐病等。

使用技术　三乙膦酸铝主要应用于喷雾，也常用于浇灌或灌根等。从病害发生前或发生初期开始用药防病效果较好，并注意与不同类型药剂交替使用或混用。

（1）葡萄霜霉病、疫腐病　防控霜霉病时，首先在葡萄开花前、落花后各喷药 1 次，有效预防霜霉病为害幼果穗；然后从叶片上初见病斑时立即开始喷药，10 天左右 1 次，与不同类型药剂交替使用，直到生长后期。一般使用 40%可湿性粉剂 200～300 倍液，或 80%可湿性粉剂或 80%水分散粒剂 500～600 倍液，或 90%可溶粉剂 600～800 倍液均匀喷雾。防控疫腐病时，从植株初显症状时开始用药液浇灌植株基部，10～15 天 1 次，连灌 2 次。浇灌药液浓度同上述。

（2）苹果疫腐病、轮纹病、炭疽病　从落花后7～10天开始喷药，10 天左右 1 次，连喷 3 次药后套袋；不套袋果以后每 10～15 天喷药 1 次，与不同类型药剂交替使用，再喷药 3～5 次。药剂喷施倍数同"葡萄霜霉病"。

（3）梨疫腐病、黑星病、轮纹病、炭疽病、白粉病　以防控黑星病为主，兼防其他病害。从初见黑星病叶时开始喷药，10～15 天 1 次，与不同类型药剂交替使用，连喷 6～8 次。药剂喷施倍数同"葡萄霜霉病"。

（4）草莓疫腐病　从病害发生初期开始用药液灌根。10～15 天 1 次，连灌 2 次。浇灌药液使用倍数同"葡萄霜霉病"。

（5）柑橘溃疡病、褐腐病　防控溃疡病时，在春梢芽长 1～3 厘米、落花后 10 天和 30 天、秋梢生长期各喷药 1 次；防控褐腐病时，从果实转色期开始喷药，10～15 天 1 次，连喷 1～2 次，重点喷洒植株中下部。药剂喷施倍数同"葡萄霜霉病"。

（6）荔枝霜疫霉病　现蕾期、幼果期、果实近成熟期各喷药 1 次，药剂喷施倍数同"葡萄霜霉病"。

（7）菠萝心腐病　苗期、初花期各喷药 1 次或使用相同倍数药液灌根。一般使用 40％可湿性粉剂 150～250 倍液，或 80％可湿性粉剂或 80％水分散粒剂 300～500 倍液，或 90％可溶粉剂 400～600 倍液喷雾或灌根。

注意事项　三乙膦酸铝不能与酸性或碱性农药混用，以免分解失效。与多菌灵、代森锰锌等药剂混用，可显著提高防控效果、扩大防控范围。本剂易吸潮结块，贮运中应注意密封干燥保存，如遇结块，不影响药效。药剂对鱼类有毒，注意保护环境，避免污染水源。用药时注意安全保护，如有不适反应，立即到医院检查治疗。

氰霜唑　cyazofamid

常见商品名称　科佳、世君等。

主要含量与剂型　100 克/升、20％悬浮剂。

产品特点　氰霜唑是一种氰基咪唑类低毒专用杀菌剂，对卵菌的各生长阶段均有杀灭活性，用药时期灵活，持效期长，尤其对甲霜灵等产生耐药性的病害仍有很高的防控效果。其杀菌机理是通过阻断卵菌纲病菌线粒体细胞色素 bc1 复合体的电子传递而干扰能量的供应，结合部位是酶的 Q 中心，因此与其他类型杀菌剂无交叉抗性。因其作用点对靶标酶的差异性具有高度敏感，所以其对病菌具有显著选择活性。该药剂杀菌活性高，耐雨水冲刷，正常使用对作物安全。

氰霜唑可与百菌清、烯酰吗啉、霜脲氰、霜霉威盐酸盐、精甲霜灵、氟啶胺、氟吡菌胺、苯酰菌胺、嘧菌酯、吡唑醚菌酯、丙森锌等杀菌剂成分混配，用于生产复配杀菌剂。

适用果树及防控对象 氰霜唑适用于多种果树，对多种低等真菌性病害均具有很好的防控效果。目前果树生产中主要用于防控：荔枝霜疫霉病，葡萄霜霉病等。

使用技术

(1) 荔枝霜疫霉病 在花蕾期、幼果期、果实近成熟期各喷药1次，即可有效防控霜疫霉病的发生为害。一般使用100克/升悬浮剂2000～2500倍液，或20%悬浮剂4000～5000倍液均匀喷雾。

(2) 葡萄霜霉病 开花前、落花后各喷药1次，有效防控霜霉病为害幼果穗；以后从病害发生初期或田间初见病斑时开始喷药，10天左右1次，与不同类型药剂交替使用，连续喷药至生长后期。一般使用100克/升悬浮剂2000～2500倍液，或20%悬浮剂4000～5000倍液均匀喷雾，并注意喷洒叶片背面。

注意事项 氰霜唑不能与强酸性及碱性药剂混用。连续喷药时，注意与不同类型药剂交替使用，以避免或延缓病菌产生耐药性。霜霉病类病害发病后流行很快，因此应尽量掌握在发病前或发病初期进行用药。本剂仅对低等真菌性病害有效，若有高等真菌性病害同时发生时，应注意与其他有效药剂配合使用。葡萄、荔枝上的安全采收间隔期均为7天。

多抗霉素 polyoxin

常见商品名称 宝丽安、宝粒精、多氧清、榜中榜、百丰达、百妥、金抗、天池、保亮、叶赛、雅致、铭尚、旺腾、绿欢、绿色农华、标正秀明等。

主要含量与剂型 10%、3%、1.5%可湿性粉剂，3%、1%水剂等。

产品特点 多抗霉素是一种农用抗生素类高效广谱低毒杀菌剂，具有较好的内吸传导作用，杀菌力强。其杀菌机理是干扰病菌细胞壁几丁质的生物合成，芽管和菌丝体接触药剂后，局部膨大、破裂，溢出细胞内含物，不能正常发育而最终死亡；同时，还有抑制病菌产孢和病斑扩大的作用。该药使用安全，对人、畜基本无毒，也不污染环境，对鱼类及蜜蜂低毒。对兔皮肤和眼睛无刺激作用，在动物体内无蓄积，能很快排出体外。

多抗霉素可与克菌丹、代森锰锌、苯醚甲环唑、丙森锌、戊唑醇、福美双、喹啉铜、嘧肽霉素等杀菌剂成分混配，用于生产复配杀菌剂。

适用果树及防控对象　多抗霉素适用于多种果树，对许多种高等真菌性病害均具有很好的防控效果。目前果树生产中主要用于防控：苹果的霉心病、斑点落叶病、轮纹病、炭疽病、套袋果斑点病，梨的黑斑病、黑星病、白粉病、轮纹病、炭疽病、套袋果黑点病，葡萄的穗轴褐枯病、灰霉病，桃黑星病，草莓的灰霉病、白粉病等。

使用技术　多抗霉素主要应用于喷雾，在病害发生前或初见病斑时开始用药效果最好，且喷药应均匀周到。

（1）苹果病害　花序分离后开花前、盛花末期各喷药1次，有效防控霉心病，兼防斑点落叶病；而后从落花后10天左右开始喷药，10天左右1次，连喷3次药后套袋，有效防控轮纹病、炭疽病、套袋果斑点病及春梢期的斑点落叶病；秋梢生长期再喷药2次左右，间隔10~15天，有效防控秋梢期的斑点落叶病。一般使用10%可湿性粉剂1000~1500倍液，或3%可湿性粉剂或3%水剂400~600倍液，或1.5%可湿性粉剂300~400倍液，或1%水剂200~300倍液均匀喷雾。

（2）梨树病害　从初见黑斑病叶或黑星病叶时开始喷药，10~15天1次，与不同类型药剂交替使用，连喷4~6次，有效防控黑斑病、黑星病、套袋果黑点病，兼防轮纹病、炭疽病；秋季初见白粉病病斑时再次开始喷药，10天左右1次，连喷2~3次，兼防黑星病。药剂喷施倍数同"苹果病害"。

（3）葡萄穗轴褐枯病、灰霉病　开花前、落花后各喷药1次，有效防控穗轴褐枯病及幼穗期灰霉病；果穗套袋前喷施1次，预防果穗灰霉病；不套袋果近成熟期初见灰霉病时再开始喷药，7~10天1次，连喷2次左右，重点喷洒果穗。药剂喷施倍数同"苹果病害"。果实近成熟期喷药时，应尽量选用水剂，以免污染果面。

（4）桃黑星病　从落花后20~30天开始喷药，10~15天1次，连喷2~4次。药剂喷施倍数同"苹果病害"。

（5）草莓灰霉病、白粉病　初花期、盛花期、末花期各喷药1次即可。药剂喷施倍数同"苹果病害"，应尽量选择水剂使用，以免污染果实。

注意事项　多抗霉素不能与酸性或碱性药剂混用。连续喷药时，注意与其他不同类型药剂交替使用，以防病菌产生耐药性。如药剂接触到皮肤或眼睛，立即用大量清水冲洗干净；如误服，立即送医院对症治疗。一般作物上的安全采收间隔期为7天。

中 生 菌 素

常见商品名称　凯立克康、大康、佳爽、快爽、细欣、修细等。

主要含量与剂型　3%、5%可湿性粉剂。

产品特点　中生菌素是微生物发酵产生的一种农用抗生素类广谱低毒杀菌剂，属 N-糖苷类农用抗生素。其杀菌机理主要是抑制病原菌菌体蛋白质的合成，并能使丝状真菌畸形，抑制孢子萌发和杀死孢子。该药具有广谱、高效、低毒、无污染等特点，喷施后能够刺激植物体内植保素及木质素的前体物质的生成，进而提高植株的抗病能力。药剂对大白鼠的皮肤及眼睛无刺激，无致畸、致突变作用。

中生菌素可与多菌灵、甲基硫菌灵、苯醚甲环唑、戊唑醇、嘧霉胺、代森锌、烯酰吗啉、醚菌酯、氨基寡糖素等杀菌剂成分混配，用于生产复配杀菌剂。

适用果树及防控对象　中生菌素适用于多种果树，对多种细菌性及真菌性病害均具有较好的防控效果。目前果树生产中主要用于防控：苹果的霉心病、轮纹病、炭疽病、斑点落叶病，桃、李、杏的疮痂病（黑星病）、细菌性穿孔病，柑橘的溃疡病、疮痂病等。

使用技术

（1）苹果霉心病、轮纹病、炭疽病、斑点落叶病　花序分离后开花前、盛花末期各喷药 1 次，有效防控霉心病，兼防斑点落叶病；然后从落花后7～10天开始继续喷药，10 天左右 1 次，连喷 3 次药后套袋，有效防控轮纹病、炭疽病及春梢期的斑点落叶病；秋梢生长期，间隔 10～15 天再喷药 2次左右，防控秋梢期的斑点落叶病。一般使用 3%可湿性粉剂 700～800 倍液，或 5%可湿性粉剂 1200～1500 倍液均匀喷雾。

（2）桃、李、杏的疮痂病、细菌性穿孔病　从落花后 20～30 天开始喷药，10～15 天 1 次，连喷 2～4 次。药剂喷施倍数同上述"苹果病害"。

（3）柑橘溃疡病、疮痂病　春梢萌生后 7 天左右、落花后、幼果期、夏梢萌生后 7 天左右及秋梢萌生后 7 天左右各喷药 1 次。一般使用 3%可湿性粉剂 800～1000 倍液，或 5%可湿性粉剂 1200～1500 倍液均匀喷雾。

注意事项　中生菌素不能与碱性药剂及肥料混用。喷药时需现配现用，不能久存。本剂容易吸潮，在使用过程中开过包装的药剂应及时封口保存。用药时注意安全保护，并远离水产养殖区施药，禁止在河塘等水域清洗施药器具。苹果上的安全采收间隔期为 7 天，每季最多使用 3 次。

乙蒜素　ethylicin ·····················

常见商品名称　正萎舒、舒农、中威、裕邦、华邦、木春、帅方、鸿安、大地农化、还春神枪、逍遥懒汉等。

主要含量与剂型　80％、41％、30％、20％乳油，15％可湿性粉剂。

产品特点　乙蒜素是一种有机硫类广谱性杀菌剂，低毒至中毒性，仿照有杀菌作用的大蒜素人工合成，具有治疗和保护作用。其杀菌机理是药剂中的 S—S＝O＝O 基团与病菌分子中含—SH 基的物质反应，进而抑制病菌正常生理代谢，导致病菌死亡。该药在防治病害的同时，对植物生长具有刺激作用。制剂有大蒜臭味。对皮肤和黏膜有强烈的刺激作用，试验剂量下无致畸、致癌、致突变作用。

乙蒜素常与三唑酮、恶霉灵、咪鲜胺、氨基寡糖素、氯霉素等杀菌剂成分混配，用于生产复配杀菌剂。

适用果树及防控对象　乙蒜素适用于多种果树，对许多种真菌性及细菌性病害均具有较好的防控效果。目前果树生产中主要用于防控：苹果树的腐烂病、根腐病、叶斑病，梨树腐烂病，葡萄根癌病，桃树、杏树、李树及樱桃树的根癌病、流胶病，板栗干枯病，猕猴桃溃疡病，柑橘树脂病等。

使用技术

（1）苹果树腐烂病、根腐病、叶斑病　防控腐烂病时，首先彻底刮除病斑组织，然后使用 80％乳油 50～100 倍液，或 41％乳油 30～50 倍液，或30％乳油 20～30 倍液，或 20％乳油 15～20 倍液涂抹病斑，1 个月后再涂抹1 次。防控根腐病时，首先找到病根部位，然后将病根及病变组织彻底清除，随后用涂抹腐烂病斑的药剂浓度涂抹根部伤口，消毒保护伤口并促进伤口愈合。防控叶斑病时，从病害发生初期开始喷药，10 天左右 1 次，连喷2～3 次，一般使用 80％乳油 800～1000 倍液，或 41％乳油 400～500 倍液，或 30％乳油 300～400 倍液，或 20％乳油 200～250 倍液，或 15％可湿性粉剂 150～200 倍液均匀喷雾。

（2）梨树腐烂病　首先将腐烂病斑组织刮除，然后伤口表面涂药消毒、并保护伤口；当树势强壮时，也可轻刮病斑或病斑划道后直接涂药。一般使用 80％乳油 50～100 倍液，或 41％乳油 30～50 倍液，或 30％乳油 20～30倍液，或 20％乳油 15～20 倍液涂抹，1 个月后再涂药 1 次。

（3）葡萄根癌病　首先彻底刮除病组织，然后用药剂涂抹病斑处及伤口，1个月后再涂抹1次。涂抹用药浓度同"梨树腐烂病"。

（4）桃树、杏树、李树及樱桃树的根癌病、流胶病　防控根癌病时，发现病树后，首先彻底刮除病瘤组织，然后用药剂涂抹病斑处及伤口，1个月后再涂药1次，涂抹用药浓度同"梨树腐烂病"。防控流胶病时，在树体发芽前喷药清园，一般使用80％乳油400～500倍液，或41％乳油200～250倍液，或30％乳油150～200倍液，或20％乳油100～120倍液，或15％可湿性粉剂80～100倍液均匀喷洒干枝。

（5）板栗干枯病　防控病斑时，首先彻底刮除病斑组织，然后用药剂涂抹病斑处及伤口，1个月后再涂抹1次，涂抹用药浓度同"梨树腐烂病"。预防干枯病发生时，主要为在板栗发芽前喷洒枝干清园，清园用药浓度同"桃树流胶病发芽前清园"。

（6）猕猴桃溃疡　预防溃疡病发生时，在猕猴桃发芽前喷洒枝蔓清园，清园用药浓度同"桃树流胶病发芽前清园"。防控溃疡病斑时，首先彻底刮除病斑组织，然后用药剂涂抹病斑处及伤口，1个月后再涂抹1次，涂抹用药浓度同"梨树腐烂病"。

（7）柑橘树脂病　预防树脂病发生时，主要为在柑橘春梢抽生前喷药清园，一般使用80％乳油600～800倍液，或41％乳油300～400倍液，或30％乳油250～300倍液，或20％乳油150～200倍液，或15％可湿性粉剂100～150倍液均匀喷雾。防控树脂病病斑时，首先彻底刮除病斑组织，然后用药剂涂抹病斑处及伤口，1个月后再涂抹1次，涂抹用药浓度同"梨树腐烂病"。

注意事项　不能与碱性药剂混用。本剂对铁质容器有腐蚀作用，不能用铁器存放。用药时注意安全保护，避免皮肤及眼睛触及药液，不慎沾染药剂后立即用清水冲洗；如误服，立即送医院对症治疗，无特效解毒剂，洗胃时要慎重，注意保护消化道黏膜。剩余药液及洗涤药械的废液，严禁污染河流、湖泊、池塘等水域。

溴菌腈　bromothalonil

常见商品名称　炭特灵。

主要含量与剂型　25％乳油，25％微乳剂，25％可湿性粉剂。

产品特点　溴菌腈是一种甲基溴类防霉、灭藻广谱低毒杀菌剂，具有独特的预防保护、内吸治疗和铲除杀菌多重作用，对农作物的许多病害均具有较好的防控效果，特别对炭疽病有特效。药剂能够迅速被菌体细胞吸收，在菌体细胞内传导，干扰菌体细胞的正常发育，进而达到抑菌、杀菌作用。同时。该药能够刺激作物体内多种酶的活性，增加光合作用，提高作物品质和产量。溴菌腈残留低，使用安全，在植物表面黏附性好，耐雨水冲刷，持效期较长，对人、畜低毒。

溴菌腈可与多菌灵、福美双、壬菌铜、苯醚甲环唑、咪鲜胺、五氯硝基苯等杀菌剂成分混配，用于生产复配杀菌剂。

适用果树及防控对象　溴菌腈适用于多种果树，对多种高等真菌性病害均具有较好的防控效果，特别对炭疽病有特效。目前果树生产中主要用于防控：苹果炭疽病，梨炭疽病，桃、李炭疽病，葡萄炭疽病，核桃炭疽病，枣炭疽病，柑橘疮痂病、炭疽病等。

使用技术

（1）苹果炭疽病　从落花后半月左右开始喷药，10～15天1次，与不同类型药剂交替使用，连喷5～7次。一般使用25％乳油或25％微乳剂或25％可湿性粉剂600～800倍液均匀喷雾。

（2）梨炭疽病　从落花后半月左右开始喷药，10～15天1次，与不同类型药剂交替使用，连喷5～7次。药剂喷施倍数同"苹果炭疽病"。

（3）桃、李的炭疽病　从落花后1个月左右开始喷药，10～15天1次，与不同类型药剂交替使用，连喷2～4次。药剂喷施倍数同"苹果炭疽病"。

（4）葡萄炭疽病　套袋葡萄在套袋前喷药1次，不套袋葡萄从果粒基本长成大小时开始喷药，10天左右1次，直到采收前一周结束。药剂喷施倍数同"苹果炭疽病"。

（5）核桃炭疽病　从病害发生初期开始喷药，10～15天1次，连喷2～3次。药剂喷施倍数同"苹果炭疽病"。

（6）枣炭疽病　从枣果坐住后20天左右开始喷药，10～15天1次，与不同类型药剂交替使用，连喷4～6次。药剂喷施倍数同"苹果炭疽病"。

（7）柑橘疮痂病、炭疽病　在春梢生长期喷药1～2次、夏梢生长期喷药1次、幼果期喷药1～2次、秋梢生长期喷药1～2次，间隔期10天左右。药剂喷施倍数同"苹果炭疽病"。

注意事项　溴菌腈不能与碱性农药及肥料混用。用药时注意安全保护，并避免在高温时段用药。禁止在河塘等水域清洗施药器具，避免污染水源。一般作物的安全采收间隔期为7天。

嘧菌酯　azoxystrobin ·····················

常见商品名称　阿米西达、阿米瑞特、艾嘧西达、龙灯垄优、多米尼西、西普达、阿米佳、优必佳、好为农、卡迪迅、叶惠美、绘绿、鲜翠、源翠、翠恩、美星、千杰、益秀、鼎泽、品逸、康良、呗爽、艾富、默佳、禾媆、青岚、乐吉、金嘧、卓旺等。

主要含量与剂型　20％、25％、50％、60％、80％水分散粒剂，25％、30％、35％、250克/升悬浮剂。

产品特点　嘧菌酯是一种甲氧基丙烯酸酯类内吸性广谱低毒杀菌剂，具有保护、治疗、铲除、渗透、内吸及缓慢向顶移动活性，属线粒体呼吸抑制剂。其杀菌机理是通过抑制细胞色素 bc1 向细胞色素 c 间电子转移，进而抑制线粒体的呼吸，破坏病菌的能量形成，最终导致病菌死亡。通过抑制孢子萌发、菌丝生长及孢子产生而发挥防病作用。对 14-脱甲基化酶抑制剂、苯甲酰胺类、二羧酰胺类及苯并咪唑类产生抗性的菌株有效。另外，该药在一定程度上还可诱导寄主植物产生潜在抗性，防止病菌侵染。药剂对兔皮肤和眼睛稍有刺激，对鸟类低毒，对蜜蜂安全。

嘧菌酯可与丙环唑、氟环唑、苯醚甲环唑、百菌清、烯酰吗啉、霜霉威盐酸盐、精甲霜灵、霜脲氰、氰霜唑、咪鲜胺、腐霉利、戊唑醇、己唑醇、粉唑醇、噻唑锌、噻霉酮、丙森锌、多菌灵、乙嘧酚、宁南霉素、四氟醚唑、氟酰胺、吡唑萘菌胺、噻呋酰胺、氨基寡糖素、咯菌腈等杀菌剂成分混配，用于生产复配杀菌剂。

适用果树及防控对象　嘧菌酯适用于多种果树，对许多种真菌性病害均具有较好的防控效果。目前果树生产中主要用于防控：香蕉的叶斑病、黑星病，荔枝霜疫霉病，芒果的炭疽病、白粉病，柑橘的疮痂病、炭疽病、黄斑病，葡萄的霜霉病、黑痘病、白腐病、炭疽病、白粉病，枣树的炭疽病、轮纹病、锈病，梨套袋果黑点病等。

使用技术　嘧菌酯主要应用于喷雾，只有在病害发生前或发生初期开始用药，才能充分发挥药效、保证防控效果，且喷药应及时均匀周到。

（1）香蕉叶斑病、黑星病　从病害发生初期或初见病斑时立即开始喷药，15～20 天 1 次，连喷 3～4 次。一般使用 20％水分散粒剂 800～1000 倍液，或 25％悬浮剂或 250 克/升悬浮剂或 25％水分散粒剂 1000～1200 倍液，或 30％悬浮剂 1200～1500 倍液，或 35％悬浮剂 1400～1700 倍液，或 50％

水分散粒剂 2000～2500 倍液，或 60％水分散粒剂 2500～3000 倍液，或 80％水分散粒剂 3500～4000 倍液均匀喷雾。

（2）荔枝霜疫霉病　在花蕾期、幼果期、果实转色期、成熟期各喷药 1 次。一般使用 20％水分散粒剂 1000～1200 倍液，或 25％悬浮剂或 250 克/升悬浮剂或 25％水分散粒剂 1200～1500 倍液，或 30％悬浮剂 1500～1800 倍液，或 35％悬浮剂 1800～2200 倍液，或 50％水分散粒剂 2500～3000 倍液，或 60％水分散粒剂 3000～4000 倍液，或 80％水分散粒剂 4000～5000 倍液均匀喷雾。

（3）芒果炭疽病、白粉病　首先在花蕾期、落花后、落花后半月左右各喷药 1 次，然后在成熟前 1 个月内间隔 10～15 天再喷药 2 次。药剂喷施倍数同"荔枝霜疫霉病"。

（4）柑橘疮痂病、炭疽病、黄斑病　在春梢生长期、幼果期、夏梢生长期、秋梢生长期、转色期各喷药 1～2 次。一般使用 20％水分散粒剂 600～800 倍液，或 25％悬浮剂或 250 克/升悬浮剂或 25％水分散粒剂 800～1200 倍液，或 30％悬浮剂 1000～1400 倍液，或 35％悬浮剂 1200～1500 倍液，或 50％水分散粒剂 1600～2400 倍液，或 60％水分散粒剂 2000～2500 倍液，或 80％水分散粒剂 2500～3500 倍液均匀喷雾。

（5）葡萄霜霉病、黑痘病、白腐病、炭疽病、白粉病　以防控霜霉病为主导，兼防其他病害。在葡萄开花前、落花后、落花后 10～15 天各喷药 1 次，有效防控黑痘病及霜霉病为害幼穗；然后从初见霜霉病病斑时开始喷药，10 天左右 1 次，与不同类型药剂交替使用，连续喷施，直到生长后期。药剂喷施倍数同"柑橘疮痂病"。

（6）枣炭疽病、轮纹病、锈病　从落花后半月左右或初见锈病时开始喷药，15 天左右 1 次，连喷 5～7 次，注意与不同类型药剂交替使用。一般使用 20％水分散粒剂 1200～2000 倍液，或 25％悬浮剂或 250 克/升悬浮剂或 25％水分散粒剂 1500～2500 倍液，或 30％悬浮剂 1800～3000 倍液，或 35％悬浮剂 2500～3500 倍液，或 50％水分散粒剂 3000～5000 倍液，或 60％水分散粒剂 4000～6000 倍液，或 80％水分散粒剂 5000～8000 倍液均匀喷雾。

（7）梨套袋果黑点病　果实套袋前喷药 1 次即可，但必须单独喷洒，不能与其他药剂混合喷施。一般使用 20％水分散粒剂 1500～2000 倍液，或 25％悬浮剂或 250 克/升悬浮剂或 25％水分散粒剂 2000～2500 倍液，或 30％悬浮剂 2500～3000 倍液，或 35％悬浮剂 3000～3500 倍液，或 50％水分散粒剂 4000～5000 倍液，或 60％水分散粒剂 5000～6000 倍液、或 80％水分散粒剂 7000～8000 倍液均匀喷雾。

注意事项 嘧菌酯不能与碱性药剂或肥料混用。连续喷药时，注意与不同类型杀菌剂交替使用，避免病菌产生耐药性。苹果树上禁止使用，以免产生药害。用药时注意安全保护，避免药液接触皮肤、眼睛，避免吸入雾滴；如误服，切勿引吐，应立即送医院对症治疗，使用医用活性炭洗胃等，并注意防止胃容物进入呼吸道。本剂对鱼类有毒，严禁将剩余药液及洗涤药械的废液污染池塘、沟渠、河流及湖泊等水域。

醚菌酯 kresoxim-methyl

常见商品名称 翠贝、翠贵、翠风、护翠、净翠、粉翠、百歌、旺歌、令健、君盼、天盾、钟爱、畦妙、惊鸿、信赖、朗怡、康泽、龙盾、美姿泰等。

主要含量与剂型 10％水乳剂，10％、30％、40％悬浮剂，30％、50％可湿性粉剂，50％、60％、80％水分散粒剂。

产品特点 醚菌酯是一种甲氧基丙烯酸酯类广谱低毒杀菌剂，对病害具有预防保护、内吸治疗和铲除作用，并可诱导植物在一定程度上表达其潜在抗病性。其杀菌机理主要是破坏病菌细胞内线粒体呼吸链的电子传递，阻止能量 ATP 的形成，而导致病菌死亡。该药可作用于病害发生的各个阶段，通过抑制孢子萌发、阻止病菌芽管侵入、抑制菌丝生长、抑制产孢等作用控制病害的发生为害。醚菌酯具有渗透层移活性，药剂分布均匀，药效稳定；亲脂性好，易被叶片和果实的表面蜡质层吸收，并呈气态扩散，可长时间缓慢释放，耐雨水冲刷，持效期较长。该药对蜜蜂、扑食螨、蚯蚓等有益生物毒性低，正常使用对环境较安全，但对鱼和水生生物有毒。

醚菌酯可与甲霜灵、代森联、丙森锌、多菌灵、甲基硫菌灵、苯醚甲环唑、氟菌唑、氟环唑、戊唑醇、己唑醇、烯酰吗啉、啶酰菌胺、噻呋酰胺、稻瘟酰胺、氟酰胺、氟唑菌酰胺、中生菌素等杀菌剂成分混配，用于生产复配杀菌剂。

适用果树及防控对象 醚菌酯适用于多种果树，对许多真菌性病害均具有较好的防控效果。目前果树生产中主要用于防控：香蕉的叶斑病、黑星病，苹果的斑点落叶病、黑星病、白粉病、套袋果斑点病，梨树的黑星病、黑斑病、炭疽病、套袋果黑点病、白粉病，葡萄的炭疽病、黑痘病、白粉病，草莓白粉病等。

使用技术 醚菌酯主要用于喷雾，在病害发生前用药效果最好，并可诱导植物在一定程度上产生免疫抗病能力。

（1）香蕉叶斑病、黑星病　从病害发生初期或初见病斑时立即开始喷药，15～20 天 1 次，连喷 2～4 次。一般使用 10％水乳剂或 10％悬浮剂 300～400 倍液，或 30％悬浮剂或 30％可湿性粉剂 800～1000 倍液，或 40％悬浮剂 1000～1500 倍液，或 50％水分散粒剂或 50％可湿性粉剂 1500～2000 倍液，或 60％水分散粒剂 1800～2200 倍液，或 80％水分散粒剂 2000～3000 倍液均匀喷雾。

（2）苹果斑点落叶病、黑星病、白粉病、套袋果斑点病　落花 80％时和落花后 10～15 天各喷药 1 次，有效防控白粉病早期发生，兼防黑星病、斑点落叶病；春梢生长期、秋梢生长期各喷药 2 次，有效防控斑点落叶病，兼防其他病害；苹果套袋前喷施 1 次，有效防控套袋果斑点病，兼防其他病害；8、9 月份再喷药 1～2 次，防控白粉病菌侵害芽，兼防斑点落叶病、黑星病。一般使用 10％水乳剂或 10％悬浮剂 500～600 倍液，或 30％悬浮剂或 30％可湿性粉剂 1500～2000 倍液，或 40％悬浮剂 2000～2500 倍液，或 50％水分散粒剂或 50％可湿性粉剂 2500～3000 倍液，或 60％水分散粒剂 3000～4000 倍液，或 80％水分散粒剂 4000～5000 倍液均匀喷雾。

（3）梨树黑星病、黑斑病、炭疽病、套袋果黑点病、白粉病　以防控黑星病为主导，兼防其他病害。从初见黑星病梢或病叶、病果时立即开始喷药，15 天左右 1 次，与其他不同类型药剂交替使用，连喷 5～7 次；防控套袋果黑点病时，在临近套袋前喷施 1 次即可。药剂喷施倍数同"苹果斑点落叶病"。

（4）葡萄炭疽病、黑痘病、白粉病　葡萄开花前、落花后及落花后半月各喷药 1 次，有效防控黑痘病，兼防白粉病；然后从果粒基本长成大小时继续喷药，10～15 天 1 次，连喷 3～4 次，有效防控炭疽病，兼防白粉病。药剂喷施倍数同"苹果斑点落叶病"。

（5）草莓白粉病　从病害发生初期开始喷药，10～15 天 1 次，连喷 2～4 次。一般每亩次使用 10％水乳剂或 10％悬浮剂 100～120 毫升，或 30％悬浮剂 30～40 毫升，或 30％可湿性粉剂 30～40 克，或 40％悬浮剂 25～30 毫升，或 50％水分散粒剂或 50％可湿性粉剂 20～25 克，或 60％水分散粒剂 16～20 克，或 80％水分散粒剂 12～15 克，兑水 30～45 千克均匀喷雾。

注意事项　醚菌酯不能与碱性农药及肥料混用，药液及洗涤药械的废液严禁污染水源。连续喷药时，注意与不同类型杀菌剂交替使用或混用，避免病菌产生耐药性。本剂无解毒药剂，如误服，携带标签立即送医院根据症状治疗。在苹果树上的安全采收间隔期为 14 天，每季最多使用 3 次。

吡唑醚菌酯　pyraclostrobin ……

常见商品名称　凯润、施乐健等。

主要含量与剂型　250克/升、30％乳油，30％、15％悬浮剂。

产品特点　吡唑醚菌酯是一种新型甲氧基丙烯酸酯类广谱低毒（或中毒）杀菌剂，属线粒体呼吸抑制剂，具有保护、治疗、铲除、渗透、强内吸及耐雨水冲刷作用，对多种真菌性病害均具有很好的预防和治疗效果。该药杀菌活性高、作用迅速、持效期长、使用安全，并在一定程度上可以诱发植株产生抗病能力，促进植株生长健壮、提高农产品质量。喷施后，刺激增加叶绿素含量，增强光合作用，降低植物呼吸作用，增加营养物质积累；提高硝酸还原酶活性，增加氨基酸及蛋白质的积累，提高植物抗病菌侵害能力；促进超氧化物歧化酶的活性，提高植物抗逆能力（如干旱、高温、冷凉等）；提高坐果率、果品甜度及胡萝卜素含量，抑制乙烯合成，延长果品保存期。不同的新型作用机制，是病害综合治理的一种有效工具。对蜜蜂、鸟类、蚯蚓低毒。

吡唑醚菌酯常与代森联、烯酰吗啉、戊唑醇、己唑醇、氟唑菌酰胺、噻呋酰胺、啶酰菌胺、甲基硫菌灵、氟环唑、氟硅唑、苯醚甲环唑、腈菌唑、丙环唑、咪鲜胺、四氟醚唑、乙醚酚、腐霉利、二氰蒽醌、精甲霜灵、霜脲氰、氰霜唑、百菌清、丙森锌、代森锰锌、双胍三辛烷基苯磺酸盐、抑霉唑、氟啶胺、喹啉铜、壬菌铜、井冈霉素、盐酸吗啉胍等杀菌剂成分混配，用于生产复配杀菌剂。

适用果树及防控对象　吡唑醚菌酯适用于多种果树，对许多种真菌性病害均具有很好的防控效果，并表现出一定的促进健康生长功能。目前果树生产中主要用于防控：香蕉的叶斑病、黑星病、炭疽病、轴腐病，芒果的炭疽病、白粉病，柑橘的炭疽病、黄斑病、疮痂病、黑星病，苹果的炭疽病、褐斑病、斑点落叶病、炭疽叶枯病、腐烂病，梨树的黑星病、黑斑病、炭疽病、褐斑病、白粉病，葡萄的霜霉病、白粉病、灰霉病、炭疽病，枣树炭疽病、草莓白粉病等。

使用技术

（1）香蕉叶斑病、黑星病、炭疽病、轴腐病　防控叶斑病、黑星病时，从病害发生初期或初见病斑时开始喷药，10～15天1次，连喷2～4次，一般使用250克/升乳油1000～2000倍液，或30％乳油或30％悬浮剂1200～

2400 倍液，或 15％悬浮剂 600～1000 倍液均匀喷雾。防治炭疽病、轴腐病时，香蕉采收后使用 250 克/升乳油 1000～2000 倍液，或 30％乳油或 30％悬浮剂 1500～2400 倍液，或 15％悬浮剂 600～1000 倍液浸果 1 分钟，而后晾干、包装、贮运。

（2）芒果炭疽病、白粉病　现蕾期、初花期、落花后各喷药 1 次，采收前 1 个月间隔 10～15 天连喷 2 次。一般使用 250 克/升乳油 1500～2000 倍液，或 30％乳油或 30％悬浮剂 2000～2500 倍液，或 15％悬浮剂 600～1000 倍液均匀喷雾。

（3）柑橘炭疽病、黄斑病、疮痂病、黑星病　春梢生长期、幼果期、果实膨大期、果实转色期各喷药 1～2 次，间隔期 10～15 天，并注意与不同类型药剂交替使用。一般使用 250 克/升乳油 2000～2500 倍液，或 30％乳油或 30％悬浮剂 2500～3000 倍液，或 15％悬浮剂 1000～1500 倍液均匀喷雾。

（4）苹果炭疽病、褐斑病、斑点落叶病、炭疽叶枯病、腐烂病　防控炭疽病时，从苹果落花后 7～10 天开始喷药，10 天左右 1 次，连喷 3 次药后套袋，兼防褐斑病、斑点落叶病；防控斑点落叶病时，在秋梢生长期再喷药 2 次左右；防控炭疽叶枯病时，在 7、8 月份雨季的降雨前 2～3 天喷药，每次有效降雨前喷药 1 次。药剂喷施倍数同"柑橘炭疽病"用药。防控树体腐烂病时，既可使用 250 克/升乳油 200～300 倍液，或 30％乳油或 30％悬浮剂 300～400 倍液，或 15％悬浮剂 150～200 倍液涂干（发芽前及生长期），又可刮治病斑后使用 250 克/升乳油 30～50 倍液，或 30％乳油或 30％悬浮剂 40～60 倍液，或 15％悬浮剂 20～30 倍液涂抹伤口。

（5）梨树黑星病、黑斑病、炭疽病、褐斑病、白粉病　以防控黑星病的发生为害为主导，兼防其他病害即可。一般果园从落花后即开始喷药，10～15 天 1 次，连喷 3 次药后套袋，套袋后继续喷药 3～5 次；中后期白粉病较重果园，需增加喷药 1～2 次。药剂喷施倍数同"柑橘炭疽病"用药。

（6）葡萄霜霉病、白粉病、灰霉病、炭疽病　首先在葡萄开花前、落花后各喷药 1 次，防控幼穗期病害；然后从叶片上初显霜霉病病斑时立即开始连续喷药，10 天左右 1 次，与不同类型药剂交替使用，直到生长中后期。一般使用 250 克/升乳油 1500～2000 倍液，或 30％乳油或 30％悬浮剂 2000～2500 倍液，或 15％悬浮剂 800～1000 倍液均匀喷雾。

（7）枣树炭疽病　从枣树一茬花落花坐果后 20 天左右开始喷药，10～15 天 1 次，连喷 4～6 次。药剂喷施倍数同"柑橘炭疽病"。

（8）草莓白粉病　从病害发生初期或初见病斑时开始喷药，10～15 天 1 次，连喷 3～4 次。药剂喷施倍数同"葡萄霜霉病"。

注意事项　不能与强酸性及碱性药剂混配使用。连续喷药时，注意与其他不同类型药剂交替使用，避免病菌产生耐药性。用药时注意安全保护，用药后用清水及肥皂彻底清洗脸部及其他裸露部位。剩余药液及洗涤药械的废液，严禁污染河流、湖泊、池塘等水域。

啶氧菌酯 picoxystrobin

常见商品名称　阿砣等。

主要含量与剂型　22.5%悬浮剂。

产品特点　啶氧菌酯是一种甲氧基丙烯酸酯类高效广谱内吸性低毒杀菌剂，属线粒体呼吸抑制剂，具有使用方便、耐雨水冲刷、药效稳定等特点，是植物病害综合防治和抗性治理的一种有效工具。其杀菌机理是作用于细胞复合体 bc1 上，通过与细胞色素 b 结合，阻止细胞色素 b 和 c1 间的电子传递，阻断氧化磷酸化作用，抑制线粒体呼吸，使病原菌无法获得能量，而导致病菌不能生长、繁殖和产孢。药剂喷施后，在叶片蜡质层均匀扩散，渗透力强，内吸性好，并通过木质部向植物新生组织传导，有效保护新生组织，能够在植物体内均匀分布。此外，啶氧菌酯还能有效降低乙烯合成，减少落叶，延缓植株衰老，提高抗逆性；增加叶绿素含量，叶片更浓绿，植株更健壮，有利于提高产量和果实品质。能有效防控对 14-脱甲基化酶抑制剂、苯甲酰胺类、二羧酰胺类和苯并咪唑类产生抗性的病菌菌株。该药对蜜蜂及其他传粉昆虫无影响，对鸟类和哺乳动物低毒，对蚯蚓中等毒性。

啶氧菌酯可与丙环唑、苯醚甲环唑、代森联、壬菌铜、戊唑醇等杀菌剂成分混配，用于生产复配杀菌剂。

适用果树及防控对象　啶氧菌酯适用于多种果树，对许多种真菌性病害均具有较好的防控效果。目前果树生产中主要用于防控：香蕉的叶斑病、黑星病，葡萄的黑痘病、霜霉病，枣树锈病等。

使用技术

（1）香蕉叶斑病、黑星病　从病害发生初期或初见病斑时开始喷药，15～20天1次，连喷3～4次。一般使用22.5%悬浮剂1500～1800倍液均匀喷雾。

（2）葡萄黑痘病、霜霉病　首先在葡萄开花前、落花后及落花后10～15天各喷药1次，有效防控葡萄幼穗受害；然后从叶片上初见霜霉病病斑时立即开始继续喷施，10天左右1次，与不同类型药剂交替使用，直到生长中后期。一般使用22.5%悬浮剂1500～2000倍液均匀喷雾。防控叶部霜霉病时，注意喷洒叶片背面。

（3）枣树锈病　从叶片上初见锈病病斑时或枣果膨大初期开始喷药，10～15天1次，与不同类型药剂交替使用，连喷4～6次。一般使用22.5%悬浮剂1500～2000倍液均匀喷雾。

注意事项　不能与强酸性及碱性药剂混用。连续喷药时，注意与不同类型药剂交替使用，以延缓病菌产生耐药性。剩余药液及洗涤药械的废液，严禁污染河流、湖泊、池塘等各类水域。香蕉上的安全采收间隔期为28天，每季最多使用3次；葡萄上的安全采收间隔期为14天，每季最多使用3次；枣树上的安全采收间隔期为21天，每季最多使用3次。用药时注意安全保护，避免药液溅到皮肤、眼睛及衣服上，避免口鼻吸入，施药后用肥皂水清洗手、脸。误食后请勿引吐，立即携带标签送医院对症治疗。

丁香菌酯　coumoxystrobin

常见商品名称　亨达、五灵士等。

主要含量与剂型　20%悬浮剂。

产品特点　丁香菌酯是一种新型甲氧基丙烯酸酯类高效广谱低毒杀菌剂，对真菌性病害具有良好的预防保护和免疫作用，使用安全。其杀菌机理是通过阻碍病菌线粒体细胞色素b和细胞色素c之间的电子传递，抑制真菌细胞的呼吸作用，干扰细胞能量供给，进而导致病菌死亡。该成分结构中含有丁香内酯族基团，不仅具有杀菌功能，还能诱使侵入菌丝找不到契合位点而迷向；同时，能够刺激作物启动应急反应和抗病因子，加强自身抑菌系统，加速作物组织愈伤，使作物表现出对真菌病害的免疫功能，并促进作物改善品质，有利于增产、增收。

丁香菌酯可与戊唑醇、苯醚甲环唑、丙环唑、多菌灵、甲基硫菌灵、烯酰吗啉、乙嘧酚等杀菌剂成分混配，用于生产复配杀菌剂。

适用果树及防控对象　丁香菌酯适用于多种果树，对许多种真菌性病害均具有较好的防控效果。目前果树生产中常用于防控：苹果树的腐烂病、轮纹病、炭疽病、斑点落叶病、褐斑病，梨树的腐烂病、轮纹病、黑星病，葡萄的霜霉病、白粉病、炭疽病，枣树的锈病、炭疽病、轮纹病，桃树的炭疽病、疮痂病、褐腐病，香蕉的叶斑病、黑星病，芒果的炭疽病、白粉病，柑橘的疮痂病、炭疽病、黄斑病、树脂病等。

使用技术　丁香菌酯主要用于茎叶喷雾，也可用于枝干药剂涂抹。

（1）苹果树腐烂病、轮纹病、炭疽病、斑点落叶病、褐斑病　防控腐烂病及枝干轮纹病时，既可在春季树体萌芽前使用20％悬浮剂500～600倍液均匀喷洒干枝，又可在生长季节使用20％悬浮剂300～400倍液涂干，同时还可在刮除腐烂病病斑后使用20％悬浮剂150～200倍液涂抹伤口。防控果实轮纹病及炭疽病时，从苹果落花后7～10天开始喷药，10天左右1次，连喷3次药后套袋，兼防斑点落叶病、褐斑病；防控斑点落叶病时，在春梢生长期喷药1～2次，在秋梢生长期喷药2～3次，喷药间隔期10～15天，兼防褐斑病；防控褐斑病时，临近套袋的用药为第1次喷药，以后从套袋后开始连续喷药，半月左右1次，连喷4～5次。生长期防控果实病害及叶部病害时，一般使用20％悬浮剂2000～2500倍液均匀喷雾。

（2）梨树腐烂病、轮纹病、黑星病　防控腐烂病及枝干轮纹病时，一般果园在早春发芽前使用20％悬浮剂500～600倍液喷药1次；病害特别严重果园，还可在生长季节使用20％悬浮剂300～400倍液涂抹枝干。防控果实轮纹病及黑星病时，多从落花后10天左右开始喷药，10～15天1次，连喷5～7次，注意与不同类型药剂交替使用。生长期喷药，丁香菌酯一般使用20％悬浮剂2000～2500倍液均匀喷雾。

（3）葡萄霜霉病、白粉病、炭疽病　以防控霜霉病为主，兼防白粉病、炭疽病。一般果园在开花前、落花后各喷药1次，预防幼果穗受害；然后从落花后20天左右开始连续喷药，10天左右1次，直到生长后期，并注意与不同类型药剂交替使用。丁香菌酯一般使用20％悬浮剂1500～2000倍液均匀喷雾。

（4）枣树锈病、炭疽病、轮纹病　多从落花后半月左右开始喷药，10～15天1次，连喷5～7次。一般使用20％悬浮剂2000～2500倍液均匀喷雾，并注意与不同类型药剂交替使用。

（5）桃树炭疽病、疮痂病、褐腐病　防控疮痂病时，多从落花后20～30天开始喷药，半月左右1次，连喷2～4次，兼防炭疽病；防控褐腐病时，多从果实采收前1～1.5个月开始喷药，10～15天1次，连喷2次左右，兼防炭疽病。一般使用20％悬浮剂1000～1500倍液均匀喷雾。

（6）香蕉叶斑病、黑星病　从病害发生初期或初见病斑时开始喷药，15～20天1次，与不同类型药剂交替使用，连喷3～5次。丁香菌酯一般使用20％悬浮剂1500～2000倍液均匀喷雾。

（7）芒果炭疽病、白粉　从病害发生初期开始喷药，半月左右1次，连喷2～4次。一般使用20％悬浮剂1500～2000倍液均匀喷雾。

（8）柑橘疮痂病、炭疽病、黄斑病、树脂病　防控疮痂病、炭疽病时，在开花前、落花后及坐果后各喷药1次；防控黄斑病、树脂病时，多从果实膨大期开始喷药，半月左右 1 次，连喷 2～3 次，兼防炭疽病；椪柑类品种，在果实转色初期再喷药 1～2 次。一般使用 20％悬浮剂 1500～2000 倍液均匀喷雾。

注意事项 不能与碱性及强酸性药剂混用。连续喷药时，注意与不同类型药剂交替使用或混合使用，以延缓病菌产生耐药性。为充分发挥该药剂激活植物自身的防御潜能，使用本剂时应较其他普通杀菌剂稍早些喷雾。在新作物上使用时，应先试验安全后再推广应用，以避免造成药害。丁香菌酯对蜜蜂和鱼类为高毒，用药时严禁污染水源，并禁止在河塘等水域中清洗施药器械。

辛菌胺醋酸盐

常见商品名称 斯米康、碧康、神骅等。

主要含量与剂型 1.2％、1.26％、1.8％、1.9％水剂。

产品特点 辛菌胺醋酸盐是一种高效广谱低毒杀菌剂，具有一定的内吸和渗透作用，对许多病原菌的菌丝生长及孢子萌发具有很强的杀灭和抑制活性。通过破坏病菌细胞膜、凝固蛋白质、抑制呼吸系统和生物酶活性等方式，起到抑菌和杀菌效果。该药内吸渗透性好，耐雨水冲刷，持效期长，使用安全，低毒、低残留，不污染环境。

适用果树及防控对象 辛菌胺醋酸盐适用于多种果树，对许多种病害均具有较好的防控效果。目前生产中主要用于防控多种果树的枝干病害，如苹果树的腐烂病、干腐病、枝干轮纹病，梨树腐烂病、枝干轮纹病，柑橘类的树脂病，桃、李、杏、樱桃的流胶病，猕猴桃溃疡病，葡萄根癌病等。

使用技术

（1）苹果树腐烂病、干腐病、枝干轮纹病　既可刮治病斑后涂药治疗病斑，又可直接枝干涂药（或喷淋）预防发病。病斑涂药时，一般使用 1.2％水剂或 1.26％水剂 15～25 倍液，或 1.8％水剂或 1.9％水剂 20～30 倍液涂抹病斑；枝干用药时，一般使用 1.2％水剂或 1.26％水剂 100～150 倍液，或 1.8％水剂或 1.9％水剂 150～200 倍液涂抹或喷淋枝干。

（2）梨树腐烂病、枝干轮纹病　既可刮治病斑后涂药治疗病斑，又可直接枝干涂药（或喷淋）预防发病。药剂使用方法及用药量同"苹果树腐烂病"。

（3）柑橘树脂病　治疗病斑时，刮病斑后涂药，一般使用 1.2％水剂或

93

1.26％水剂 15～20 倍液，或 1.8％水剂或 1.9％水剂 20～30 倍液涂抹病斑。病害预防时，药剂涂抹枝干，一般使用 1.2％水剂或 1.26％水剂 100～150 倍液，或 1.8％水剂或 1.9％水剂 150～200 倍液涂抹或喷淋枝干。

(4) 桃、李、杏、樱桃的流胶病　发芽前药剂喷洒枝干清园。一般使用 1.2％水剂或 1.26％水剂 100～150 倍液，或 1.8％水剂或 1.9％水剂 150～200 倍液均匀喷雾枝干。

(5) 猕猴桃溃疡病　一般果园，发芽前药剂喷洒枝干清园 1 次；病害严重果园，7～9 月份再药剂涂抹或喷淋主干 1 次。一般使用 1.2％水剂或 1.26％水剂 100～150 倍液，或 1.8％水剂或 1.9％水剂 150～200 倍液喷洒枝干或主干涂药。

(6) 葡萄根癌病　刮除病瘤后涂药。一般使用 1.2％水剂或 1.26％水剂 10～15 倍液，或 1.8％水剂或 1.9％水剂 15～20 倍液涂抹病斑伤口。

注意事项　不能与强酸性及碱性药剂混用。气温较低时，制剂中会出现结晶沉淀，用温水浴热全部溶解后使用，不影响药效。施药时避免对水源、鱼塘的污染，施药后不要在河塘中清洗施药器械。用药时注意安全防护，避免药剂溅及皮肤、眼睛等，用药后立即清洗手、脸等裸露部位。

第二节　混配制剂

多·福

有效成分　多菌灵（carbendazim）＋福美双（thiram）。

常见商品名称　多·福、金梢、丰叶、黑亮、宝宁、破黑、桃乡、倍得利、根府呤、露易-85、东泰泰克等。

主要含量与剂型　30％(15％＋15％)、40％(20％＋20％；15％＋25％；10％＋30％)、50％(25％＋25％；20％＋30％；15％＋35％；10％＋40％)、60％(30％＋30％)、70％(10％＋60％)、80％(30％＋50％)可湿性粉剂等。括号内有效成分含量均为多菌灵的含量加福美双的含量。

产品特点　多·福是由多菌灵与福美双按一定比例混配的一种低毒复合杀菌剂，两种成分优势互补，应用范围广，防控病害种类多，具有保护作用和一定治疗作用，不易诱使病菌产生耐药性，使用较安全。

多菌灵是一种苯并咪唑类广谱低毒内吸治疗性杀菌成分，对多种高等真菌性病害均具有较好的保护和治疗作用。其杀菌机理是干扰真菌细胞的有丝分裂中纺锤体的形成，进而影响细胞分裂，最终导致病菌死亡。该成分具有一定的内吸能力，可通过植物叶片和种子渗入到植物体内，耐雨水冲刷，持效期较长。酸性条件下其水溶性增加，渗透和输导能力显著提高。福美双是一种硫代氨基甲酸酯类广谱保护性中毒杀菌成分，有一定渗透性，在土壤中持效期较长，对皮肤和黏膜有刺激作用，对鱼类有毒。其杀菌机理是通过抑制病菌一些酶的活性和干扰三羧酸代谢循环而导致病菌死亡。

适用果树及防控对象 多·福适用于多种果树，对许多种真菌性病害均具有较好的防控效果。目前果树生产中主要用于防控：苹果的轮纹病、炭疽病、褐斑病，梨树的黑星病、轮纹病、炭疽病，葡萄的白腐病、炭疽病，枣树的轮纹病、炭疽病，柑橘树脂病等。

使用技术

（1）苹果轮纹病、炭疽病、褐斑病 多从苹果落花后 10 天左右开始使用，10～15 天 1 次，连续喷药 5～7 次，注意与不同类型药剂交替使用。一般使用 30％可湿性粉剂 300～400 倍液，或 40％可湿性粉剂 400～500 倍液，或 50％可湿性粉剂 500～700 倍液，或 60％可湿性粉剂 600～800 倍液，或 70％可湿性粉剂 800～1000 倍液，或 80％可湿性粉剂 800～1000 倍液均匀喷雾。

（2）梨黑星病、轮纹病、炭疽病 多从梨树落花后 10～15 天开始使用，10～15 天 1 次，连续喷药 5～7 次，注意与不同类型药剂交替使用。药剂喷施倍数同"苹果轮纹病"。

（3）葡萄白腐病、炭疽病 不套袋葡萄从葡萄果粒基本长成大小时开始喷药，10 天左右 1 次，连续喷药，直到果实采收前一周左右，注意与不同类型药剂交替使用。套袋葡萄仅在套袋前喷药 1 次即可。药剂喷施倍数同"苹果轮纹病"。

（4）枣树轮纹病、炭疽病 从枣树坐住果后 20 天左右开始喷药，10～15 天 1 次，连喷 5～7 次，注意与不同类型药剂交替使用。药剂喷施倍数同"苹果轮纹病"。

（5）柑橘树脂病 春季萌芽前喷药 1 次，进行清园灭菌；然后在夏秋季结合其他病害防控再喷药 1 次。春季清园，一般使用 30％可湿性粉剂 150～200 倍液，或 40％可湿性粉剂 200～250 倍液，或 50％可湿性粉剂 250～300 倍液，或 60％可湿性粉剂 300～400 倍液，或 70％可湿性粉剂 400～500 倍液，或 80％可湿性粉剂 400～500 倍液均匀喷雾；夏秋季喷药，药剂喷施倍数同"苹果轮纹病"。

注意事项 不能与碱性药剂及强酸性药剂混用。本剂可能对苹果、梨的幼果果面有刺激性，幼果期使用时需要慎重。用药时注意安全保护，避免药剂接触皮肤、眼睛等。用药时防止药液污染水源地，禁止在河塘等水域清洗施药器具。

多·锰锌

有效成分　多菌灵（carbendazim）＋代森锰锌（mancozeb）。

常见商品名称　多·锰锌、锰锌·多菌灵、伏凯因、果卫士、果通、诺保、帅君、揽翠、标正可保等。

主要含量与剂型　35％（17.5％＋17.5％）、40％（20％＋20％）、50％（8％＋42％；20％＋30％）、60％（20％＋40％；25％＋35％）、70％（20％＋50％；10％＋60％）、80％（15％＋65％；20％＋60％；30％＋50％）可湿性粉剂等。括号内有效成分含量均为多菌灵的含量加代森锰锌的含量。

产品特点　多·锰锌又称锰锌·多菌灵，是由多菌灵与代森锰锌按一定比例混配的一种广谱低毒复合杀菌剂，具有保护和治疗双重作用，两种杀菌机制，优势互补，病菌不宜产生耐药性。制剂耐雨水冲刷，持效期较长，使用方便。

多菌灵是一种苯并咪唑类广谱低毒内吸治疗性杀菌成分，具有较好的保护和治疗作用，耐雨水冲刷，持效期较长。其杀菌机理是干扰真菌细胞有丝分裂中纺锤体的形成，进而影响细胞分裂，最终导致病菌死亡。在酸性条件下，其水溶性增加，渗透和输导能力显著提高。代森锰锌是一种硫代氨基甲酸酯类广谱保护性低毒杀菌成分，主要通过金属离子杀菌。其杀菌机理是抑制病菌三羧酸循环代谢过程中丙酮酸的氧化，而导致病菌死亡，该抑制过程具有6个作用位点，病菌极难产生耐药性。

适用果树及防控对象　多·锰锌适用于多种果树，对许多种高等真菌性病害均具有较好的防控效果。目前果树生产中主要用于防控：苹果的轮纹病、炭疽病、褐斑病、斑点落叶病、黑星病，梨树的黑星病、轮纹病、炭疽病，桃树的疮痂病、炭疽病，枣树的轮纹病、炭疽病，核桃炭疽病，石榴的褐斑病、炭疽病，柑橘的疮痂病、炭疽病、黑星病等。

使用技术

（1）苹果轮纹病、炭疽病、褐斑病、斑点落叶病、黑星病　防控轮纹病、炭疽病时，从苹果落花后7～10天开始喷药，10天左右1次，连喷3次药后套袋；不套袋苹果还需继续喷药，10～15天1次，再需喷药3～5次；兼防斑点落叶病、褐斑病、黑星病。防控斑点落叶病时，在春梢生长期和秋梢生长期内各喷药 2 次左右，间隔期 10～15 天，兼防褐斑病、黑星病。防控褐斑病时，多从苹果落花后 1 个月左右开始喷药，10～15 天 1 次，连喷 4～6 次，重点喷洒植株中下部，兼防其他病害。防控黑星病时，从病害发生初期开始喷药，10～15 天 1 次，连喷 2～3 次。一般使用 35% 可湿性粉剂 300～350 倍液、或 40% 可湿性粉剂 400～500 倍液、或 50% 可湿性粉剂 500～600 倍液、或 60% 可湿性粉剂 600～700 倍液、或 70% 可湿性粉剂 700～800 倍液、或 80% 可湿性粉剂 800～1000 倍液均匀喷雾，注意与不同类型药剂交替使用。

（2）梨树黑星病、轮纹病、炭疽病　以防控黑星病为主，兼防轮纹病、炭疽病即可。多从梨树落花后 10 天左右开始喷药，10～15 天 1 次，连喷 5～7 次，注意与不同类型药剂交替使用。药剂喷施倍数同"苹果轮纹病"。

（3）桃树疮痂病、炭疽病　从桃树落花后 20 天左右开始喷药，10～15 天 1 次，连喷 2～4 次。药剂喷施倍数同"苹果轮纹病"。

（4）枣树轮纹病、炭疽病　从枣树一茬花坐住果后 20 天左右开始喷药，10～15 天 1 次，连喷 4～6 次。药剂喷施倍数同"苹果轮纹病"。

（5）核桃炭疽病　从核桃落花后半月左右开始喷药，10～15 天 1 次，连喷 3～4 次。药剂喷施倍数同"苹果轮纹病"。

（6）石榴褐斑病、炭疽病　在开花前、落花后、幼果期、套袋前、套袋后及套袋后 15～20 天各喷药 1 次，即可有效防控褐斑病与炭疽病的发生为害。药剂喷施倍数同"苹果轮纹病"。

（7）柑橘疮痂病、炭疽病、黑星病　萌芽 1/3 厘米、谢花 2/3 及幼果期是喷药防控疮痂病、炭疽病的关键期；果实膨大期至转色期是喷药防控黑星病的关键期，需喷药 1～2 次；果实转色期是喷药防控急性炭疽病的关键期，需喷药 1～2 次。喷药间隔期 10～15 天。注意与不同类型药剂交替使用。药剂喷施倍数同"苹果轮纹病"。

注意事项　不能与碱性药剂及含铜药剂混用。连续用药时注意与不同类型药剂交替使用，以保证防治效果。残余药液及洗涤药械的废液严禁污染河流、湖泊、池塘等水域。用药时注意安全保护，避免药剂溅及皮肤、眼睛等部位，用药后及时清洗手、脸等裸露部位。

甲硫·福美双

有效成分　甲基硫菌灵（thiophanate-methyl）＋福美双（thiram）。

常见商品名称　甲硫·福美双、彩托、龙托、胜托、通秀、凯丰托、绿贝托、瓜利金等。

主要含量与剂型　50%（30%＋20%；25%＋25%；20%＋30%；10%＋40%）、70%（30%＋40%；35%＋35%；40%＋30%；48%＋22%）可湿性粉剂等。括号内有效成分含量均为甲基硫菌灵的含量加福美双的含量。

产品特点　甲硫·福美双是由甲基硫菌灵与福美双按一定比例混配的一种广谱低毒复合杀菌剂，具有保护和治疗双重作用，三种杀菌机制，优势互补，病菌不宜产生耐药性，使用方便。

甲基硫菌灵是一种取代苯类内吸治疗性广谱低毒杀菌成分，具有内吸治疗和预防作用。喷施后，一部分直接作用于病菌，阻碍其呼吸过程，影响病菌孢子的产生、萌发及菌丝体生长；另一部分在植物体内转化为多菌灵，干扰病菌有丝分裂中纺锤体的形成，影响细胞分裂，导致病菌死亡。该成分使用安全，不污染环境，相当于杀菌剂中的"母药"。福美双是一种硫代氨基甲酸酯类广谱保护性中毒杀菌成分，有一定渗透性，既可叶面喷雾防控叶片及果实病害，也可用于种子和土壤处理防控种传及土传病害（特别是苗期病害）。其杀菌机理是通过抑制病菌一些酶的活性和干扰三羧酸代谢循环而导致病菌死亡。

适用果树及防控对象　甲硫·福美双适用于多种果树，对许多种高等真菌性病害均具有较好的防控效果。目前果树生产中主要用于防控：苹果、梨、桃等果树的根腐病，苹果的轮纹病、炭疽病、黑星病，梨树的轮纹病、炭疽病、黑星病，桃树的黑星病、炭疽病，葡萄的炭疽病、褐斑病，枣树的轮纹病、炭疽病，柑橘的炭疽病、黑星病等。

使用技术

（1）苹果、梨、桃等果树的根腐病　发现病树后，首先尽量去除有病根部，然后对树冠根区范围内进行浇灌，使药液将大部分根区渗透。一般使用50%可湿性粉剂300～400倍液，或70%可湿性粉剂500～600倍液树下浇灌。

（2）苹果轮纹病、炭疽病、黑星病　从苹果落花后7～10天开始喷药，10天左右1次，连喷3次药后套袋；不套袋苹果继续喷药，10～15天1次，再需喷药3～5次；苹果套袋后仅防治黑星病即可，从病害发生初期开始喷药，10～15天1次，连喷2次左右。一般使用50%可湿性粉剂500～600倍液，或70%可湿性粉剂600～800倍液均匀喷雾，连续喷药时注意与不同类型药剂交替使用。

（3）梨树轮纹病、炭疽病、黑星病　从梨树落花后10天左右开始喷药，10～15天1次，与不同类型药剂交替使用，连喷5～7次。一般使用50%可湿性粉剂 500～600 倍液，或 70％可湿性粉剂 600～800 倍液均匀喷雾。

（4）桃黑星病、炭疽病　从桃树落花后 20 天左右开始喷药，10～15 天 1 次，连喷 2～4 次，注意与不同类型药剂交替使用。药剂喷施倍数同"梨树轮纹病"。

（5）葡萄炭疽病、褐斑病　从葡萄果粒基本长成大小时或褐斑病发生初期开始喷药，10 天左右 1 次，连喷 3～4 次，注意与不同类型药剂交替使用。药剂喷施倍数同"梨树轮纹病"。

（6）枣树轮纹病、炭疽病　从坐住果后半月左右开始喷药，10～15 天 1 次，连喷 4～6 次，注意与不同类型药剂交替使用。药剂喷施倍数同"梨树轮纹病"。

（7）柑橘炭疽病、黑星病　谢花 2/3 至幼果期及转色期是防控炭疽病的关键期，果实膨大期至转色期是防控黑星病的关键期，10～15 天喷药 1 次，每期需喷药 2 次左右，并注意与不同类型药剂交替使用。一般使用 50％可湿性粉剂 400～500 倍液，或 70％可湿性粉剂 500～700 倍液均匀喷雾。

注意事项　不能与碱性药剂及含铜药剂混用。本剂虽具有一定治疗作用，但还是在病菌侵染前或病害发生初期开始用药效果较好。由于本剂生产企业较多，且配方比例也不相同，所以具体用药时尽量按照说明书使用。用药时注意安全保护，避免皮肤及眼睛接触药剂。残余药液及洗涤药械的废液禁止污染河流、湖泊、池塘等水域。

甲硫·锰锌 ··

有效成分　甲基硫菌灵（thiophanate-methyl）＋代森锰锌（mancozeb）。

常见商品名称　甲硫·锰锌、泰润生、康沃、标誉等。

主要含量与剂型　50％（20％＋30％；15％＋35％）、60％（15％＋45％）、75％（25％＋50％）可湿性粉剂等。括号内有效成分含量均为甲基硫菌灵的含量加代森锰锌的含量。

产品特点　甲硫·锰锌是由甲基硫菌灵与代森锰锌按一定比例混配的一种广谱低毒复合杀菌剂，具有预防保护和内吸治疗双重作用，三种杀菌机制，病菌不宜产生耐药性，使用方便。

甲基硫菌灵是一种取代苯类内吸治疗性广谱低毒杀菌成分，具有内吸治疗和预防作用，使用安全，不污染环境，相当于杀菌剂中的"母药"。喷施后，一部分直接作用于病菌，阻碍其呼吸过程，影响病菌孢子的产生、萌发及菌丝体生长；另一部分在植物体内转化为多菌灵，干扰病菌有丝分裂中纺锤体的形成，影响细胞分裂，导致病菌死亡。代森锰锌是一种硫代氨基甲酸酯类广谱保护性低毒杀菌成分，主要通过金属离子杀菌。其杀菌机理是抑制病菌代谢过程中丙酮酸的氧化，而导致病菌死亡，该抑制过程具有 6 个作用位点，病菌极难产生耐药性。

适用果树及防控对象　甲硫·锰锌适用于多种果树，对许多种高等真菌性病害均具有较好的防控效果。目前果树生产中主要用于防控：苹果的炭疽病、轮纹病、黑星病，梨树的黑星病、炭疽病、轮纹病，葡萄的炭疽病、褐斑病，桃、李的黑星病、炭疽病，枣树的炭疽病、轮纹病，柿树的圆斑病、角斑病，石榴的炭疽病、褐斑病，核桃炭疽病，柑橘的疮痂病、黑星病、炭疽病等。

使用技术

（1）苹果炭疽病、轮纹病、黑星病　从苹果落花后 7～10 天开始喷药，10 天左右 1 次，连喷 3 次药后套袋；不套袋苹果则继续喷药 3～5 次，10～15 天 1 次；套袋苹果套袋后若有黑星病发生，则从初见病斑时立即开始喷药，10～15 天 1 次，连喷 2 次。一般使用 50％可湿性粉剂 500～600 倍液，或 60％可湿性粉剂 600～700 倍液，或 75％可湿性粉剂 700～800 倍液均匀喷雾，并注意与不同类型药剂交替使用。

（2）梨树黑星病、炭疽病、轮纹病　从落花后 10 天左右开始喷药，10～15 天 1 次，与不同类型药剂交替使用，连喷 5～7 次。药剂喷施倍数同"苹果炭疽病"。

（3）葡萄炭疽病、褐斑病　从葡萄果粒基本长成大小时或初见褐斑病病斑时开始喷药，10 天左右 1 次，与不同类型药剂交替使用，连喷 2～4 次；套袋葡萄防控炭疽病时，仅在套袋前喷药 1 次即可。药剂喷施倍数同"苹果炭疽病"。

（4）桃、李的黑星病、炭疽病　从落花后 20 天左右开始喷药，10～15 天 1 次，连喷 2～4 次。药剂喷施倍数同"苹果炭疽病"。

（5）枣树轮纹病、炭疽病　从枣果坐住后 20 天左右开始喷药，10～15 天 1 次，连喷 4～6 次，注意与不同类型药剂交替使用。药剂喷施倍数同"苹果炭疽病"。

（6）柿树圆斑病、角斑病　从柿树落花后半月左右开始喷药，15 天左右 1 次，连喷 2 次。药剂喷施倍数同"苹果炭疽病"。

（7）石榴炭疽病、褐斑病　在开花前、落花后、幼果期、套袋前、套袋后及套袋后 15～20 天各喷药 1 次，即可有效防控炭疽病与褐斑病的发生为害。药剂喷施倍数同"苹果炭疽病"。

（8）核桃炭疽病　从核桃落花后半月左右开始喷药，10～15 天 1 次，连喷 3～4 次。药剂喷施倍数同"苹果炭疽病"。

（9）柑橘疮痂病、黑星病、炭疽病　萌芽 1/3 厘米、谢花 2/3 及幼果期是喷药防控疮痂病、炭疽病的关键期；果实膨大期至转色期是喷药防控黑星病的关键期，需喷药 1～2 次；果实转色期是喷药防控急性炭疽病的关键期，需喷药 1～2 次。喷药间隔期 10～15 天。一般使用 50％可湿性粉剂 400～500 倍液，或 60％可湿性粉剂 500～600 倍液，或 75％可湿性粉剂 600～700 倍液均匀喷雾，注意与不同类型药剂交替使用。

注意事项　不能与碱性药剂及含有金属离子的药剂混用。连续喷药时，注意与不同类型药剂交替使用，以充分发挥药效。用药时注意安全保护，避免皮肤、眼睛接触药剂，用药后及时用清水清洗手、脸等裸露部位。残余药液及洗涤药械的废液严禁倒入河流、湖泊、池塘等水域，以免对鱼类及水生生物造成毒害。

甲硫·戊唑醇 ·····························

有效成分　甲基硫菌灵（thiophanate-methyl）＋戊唑醇（tebuconazole）。

常见商品名称　甲硫·戊唑醇、稳达、佳瑞、喜瑞、正歌、戊嘉、伦班克、绿贝托等。

主要含量与剂型　30％（25％＋5％）、35％（25％＋10％）、41％（34.2％＋6.8％）、43％（30％＋13％）、48％（36％＋12％）悬浮剂，48％（38％＋10％）、55％（45％＋10％）、60％（50％＋10％）、80％（72％＋8％）可湿性粉剂等。括号内有效成分含量均为甲基硫菌灵的含量加戊唑醇的含量。

产品特点　甲硫·戊唑醇是由甲基硫菌灵与戊唑醇按一定比例混配的一种广谱低毒复合杀菌剂，具有预防保护和内吸治疗双重活性，两种杀菌机理，优势互补，防病范围更广，防病效果更好，且病菌不宜产生耐药性。

甲基硫菌灵是一种取代苯类内吸治疗性广谱低毒杀菌成分，具有内吸治疗和预防作用，使用安全，不污染环境。喷施后，一部分直接作用于病菌，阻碍其呼吸过程，影响病菌孢子的产生、萌发及菌丝体生长；另一部分在植物体内转化为多菌灵，干扰病菌有丝分裂中纺锤体的形成，影响细胞分裂，导致病菌死亡。戊唑醇是一种三唑类广谱内吸治疗性低毒杀菌成分，内吸传导性好，杀菌活性高，持效期较长，并可促进植物健壮生长、叶色浓绿、提高产量等，但连续使用时易诱使病菌产生耐药性。其杀菌机理是通过抑制病菌细胞膜上麦角甾醇的去甲基化，使病菌无法形成细胞膜，而导致病菌死亡。

适用果树及防控对象　甲硫·戊唑醇适用于多种果树，对许多种高等真菌性病害均具有较好的防控效果。目前果树生产中主要用于防控：苹果树的腐烂病、轮纹病、炭疽病、套袋果斑点病、斑点落叶病、褐斑病、黑星病、白粉病等，梨树的腐烂病、黑星病、轮纹病、炭疽病、黑斑病、褐斑病、白粉病等，葡萄的黑痘病、炭疽病、褐斑病、白粉病、白腐病等，枣树的轮纹病、炭疽病、锈病等，桃树的黑星病（疮痂病）、缩叶病，柿树的炭疽病、圆斑病、角斑病等，核桃炭疽病，石榴的炭疽病、褐斑病、麻皮病等，柑橘的疮痂病、炭疽病、黑星病等，芒果的炭疽病、白粉病等。

使用技术

（1）苹果树的腐烂病、轮纹病、炭疽病、套袋果斑点病、斑点落叶病、褐斑病、黑星病、白粉病　防控腐烂病时，即可苹果发芽前喷洒枝干消毒灭菌，又可病斑刮治后涂药，腐烂病发生严重地区还可7～9月份药剂喷涂枝干。早春喷洒枝干时，一般使用30%悬浮剂200～300倍液，或35%悬浮剂400～500倍液，或41%悬浮剂400～500倍液，或43%悬浮剂800～1000倍液，或48%悬浮剂800～1000倍液，或48%可湿性粉剂600～800倍液，或55%可湿性粉剂600～800倍液，或60%可湿性粉剂600～800倍液，或80%可湿性粉剂600～800倍液均匀喷雾；刮治病斑后涂药时，一般使用30%悬浮剂10～15倍液，或35%悬浮剂20～30倍液，或41%悬浮剂20～30倍液，或43%悬浮剂50～60倍液，或48%悬浮剂50～60倍液，或48%可湿性粉剂50～60倍液，或55%可湿性粉剂50～60倍液，或60%可湿性粉剂50～60倍液，或80%可湿性粉剂50～60倍液涂抹病斑；生长期喷涂枝干时，一般使用与早春喷洒枝干相同的药剂浓度，涂抹主干及较大主枝、侧枝，或向主干及较大主枝、侧枝定向喷雾。综合防控其他病害时，首先从苹果落花后10天左右开始喷药，10天左右1次，连喷3次药后套袋，防控轮纹病、炭疽病、套袋果斑点病，兼防春梢期斑点落叶病、幼果期黑星病及褐斑病；然后继续喷药，10～15天1次，再连喷3～5次，防控褐斑病、秋梢期斑点落叶病，兼防黑星病、白粉病及不套袋果的轮纹病与炭疽病；若往年白粉病较重，则需在花序分离期增加喷药1次。具体喷药时，注意与不同类型药剂交替使用。生长期喷药一般使用30%悬浮剂500～600倍液，或35%悬浮剂800～1000倍液，或41%悬浮剂800～1000倍液，或43%悬浮剂1000～1200倍液，或48%悬浮剂1000～1200倍液，或48%可湿性粉剂1000～1200倍液，或55%可湿性粉剂1000～1200倍液，或60%可湿性粉剂

1000～1200 倍液，或 80％可湿性粉剂 1000～1200 倍液均匀喷雾。

（2）梨树腐烂病、黑星病、轮纹病、炭疽病、黑斑病、褐斑病、白粉病　防控梨树腐烂病时，既可于梨树发芽前喷洒枝干消毒灭菌，又可刮治病斑后涂药，其用药浓度分别同"苹果的同期用药"。综合防控生长期病害时，从梨树落花后 10 天左右开始喷药，10～15 天 1 次，直到果实采收前一周左右，注意与不同类型药剂交替使用。防控白粉病时，重点喷洒叶片背面。生长期喷雾用药喷施药剂浓度同"苹果生长期喷药"。

（3）葡萄黑痘病、炭疽病、褐斑病、白腐病　开花前、落花 80％及落花后 10～15 天各喷药 1 次，有效防控黑痘病；然后从果粒基本长成大小时再次开始喷药，10 天左右 1 次，直到采收前一周左右，有效防控炭疽病、白腐病，兼防褐斑病；若果穗套袋，则套袋前需喷药 1 次。一般使用 30％悬浮剂 500～600 倍液，或 35％悬浮剂或 41％悬浮剂 800～1000 倍液，或43％悬浮剂或 48％悬浮剂或 48％可湿性粉剂或 55％可湿性粉剂或 60％可湿性粉剂或 80％可湿性粉剂 1000～1200 倍液均匀喷雾。

（4）枣树轮纹病、炭疽病、锈病　从枣果坐住后半月左右开始喷药，10～15 天 1 次，连喷 5～7 次，注意与不同类型药剂交替使用。药剂喷施浓度同"葡萄黑痘病"。

（5）桃树黑星病、缩叶病　防控缩叶病时，在花芽露红期和落花后各喷药 1 次；防控黑星病时，从落花后 20 天左右开始喷药，10～15 天 1 次，连喷 2～3 次；如往年黑星病发生严重，则连续喷药到采收前一个月。药剂喷施浓度同"葡萄黑痘病"。

（6）柿树炭疽病、圆斑病、角斑病　从落花后 10 天左右开始喷药，10～15 天 1 次，连喷 2 次，既可有效防控圆斑病、角斑病及幼果期炭疽病；往年炭疽病发生严重的柿园，仍需继续喷药 3～4 次。药剂喷施浓度同"葡萄黑痘病"，并注意与不同类型药剂交替使用。

（7）核桃炭疽病　从核桃落花后 20～30 天开始喷药，10～15 天 1 次，连喷 2～4 次。药剂喷施浓度同"葡萄黑痘病"。

（8）石榴炭疽病、褐斑病、麻皮病　石榴开花前、落花后、幼果期、膨大期及果实转色期各喷药 1 次。药剂喷施浓度同"葡萄黑痘病"。

（9）柑橘疮痂病、炭疽病、黑星病　春梢萌发初期、春梢转绿期、谢花2/3、幼果期、果实膨大期至转色期是防控病害的关键期，分别需喷药 1 次、1 次、1 次、2 次、2～3 次，间隔期 10～15 天。一般使用 30％悬浮剂 400～600 倍液，或 35％悬浮剂或 41％悬浮剂 800～1000 倍液，或 43％悬浮剂或48％悬浮剂或 48％可湿性粉剂或 55％可湿性粉剂或 60％可湿性粉剂或 80％可湿性粉剂 1000～1200 倍液均匀喷雾，并注意与不同类型药剂交替使用。

（10）芒果炭疽病、白粉病　花蕾初期、开花期及小幼果期各喷药 1 次，往年成果炭疽病较重的果园果实膨大期再喷药 2～3 次，间隔期 10～15 天。药剂喷施浓度同"柑橘疮痂病"，注意与不同类型药剂交替使用。

注意事项　不能与碱性药剂混用。本剂虽为内吸治疗性杀菌剂，但在病菌侵染前或发病初期用药效果更好。连续喷药时，注意与不同类型药剂交替使用。香蕉蕉蕾（蕉仔）对本剂较敏感，严禁在蕉仔期使用。虾蟹套养稻田禁止使用。残余药液及洗涤药械的废液，严禁污染湖泊、河流、池塘等水域。不同企业生产的甲硫·戊唑醇配方比例不同，上述推荐浓度仅针对文中标注的配方比例。

锰锌·腈菌唑

有效成分　代森锰锌（mancozeb）＋腈菌唑（myclobutanil）。

常见商品名称　锰锌·腈菌唑、仙生、飞歌、竞翠、比纯、施得果、好日子、泰高正等。

主要含量与剂型　40％（35％＋5％）、50％（48％＋2％）、60％（58％＋2％）、62.25％（60％＋2.25％）、62.5％（60％＋2.5％）可湿性粉剂。括号内有效成分含量均为代森锰锌的含量加腈菌唑的含量。

产品特点　锰锌·腈菌唑是由代森锰锌与腈菌唑按一定比例混配的一种广谱低毒复合杀菌剂，具有保护和治疗双重作用，两种杀菌机理，病菌不宜产生耐药性。制剂黏着性好，耐雨水冲刷，持效期较长，使用方便、安全。

代森锰锌是一种硫代氨基甲酸酯类广谱保护性低毒杀菌成分，主要通过金属离子杀菌。其杀菌机理是抑制病菌代谢过程中丙酮酸的氧化，而导致病菌死亡，该抑制过程具有 6 个作用位点，病菌极难产生耐药性。腈菌唑是一种三唑类内吸治疗性广谱低毒杀菌成分，具有预防、治疗双重作用，药效高，持效期长，使用安全，并有一定刺激植物生长作用。其杀菌机理是通过抑制病菌麦角甾醇的生物合成，使细胞膜不正常，而最终导致病菌死亡。

适用果树及防控对象　锰锌·腈菌唑适用于多种果树，对许多种高等真菌性病害都有较好的防控效果，尤其对黑星病、白粉病、锈病防效突出。目前果树生产中主要用于防控：梨树的黑星病、白粉病、锈病，苹果的黑星病、锈病，葡萄白粉病，桃黑星病，柿树白粉病，核桃白粉病，枣树锈病，柑橘的疮痂病、黑星病，香蕉的黑星病、叶斑病等。

使用技术

（1）梨树黑星病、白粉病、锈病　开花前、落花后各喷药1次，有效防控锈病，兼防黑星病；以后以防控黑星病为主，兼防白粉病，从出现黑病病梢、病果或病叶时开始继续喷药，10～15天1次，连喷6～8次，注意与不同类型药剂交替使用。一般使用40％可湿性粉剂800～1000倍液，或50％可湿性粉剂或60％可湿性粉剂或62.25％可湿性粉剂或62.5％可湿性粉剂500～700倍液均匀喷雾。

（2）苹果黑星病、锈病　开花前、落花后各喷药1次，有效防控锈病，兼防黑星病；防控黑星病时，从初见病斑时开始喷药，10～15天1次，连喷2～3次。药剂喷施倍数同"梨树黑星病"。

（3）葡萄白粉病　从病害发生初期开始喷药，10天左右1次，连喷2～4次。药剂喷施倍数同"梨树黑星病"。

（4）桃黑星病　从落花后20～30天开始喷药，10～15天1次，一般桃园连喷2～3次，往年病害严重桃园需连续喷药至采收前1个月；套袋桃园，套袋后不再喷药。药剂喷施倍数同"梨树黑星病"。

（5）柿树白粉病　从病害发生初期开始喷药，10～15天1次，连喷2次左右。药剂喷施倍数同"梨树黑星病"。

（6）核桃白粉病　从病害发生初期开始喷药，10～15天1次，连喷2次左右。药剂喷施倍数同"梨树黑星病"。

（7）枣树锈病　从枣果坐住后半月左右开始喷药，10～15天1次，连喷5～7次，注意与不同类型药剂交替使用。药剂喷施倍数同"梨树黑星病"。

（8）柑橘疮痂病、黑星病　春梢萌发初期、花蕾期、落花后、幼果期各喷药1次，有效防控疮痂病；果实膨大期至转色期喷药2～4次，间隔期10天左右，有效防控黑星病。一般使用40％可湿性粉剂700～800倍液，或50％可湿性粉剂或60％可湿性粉剂或62.25％可湿性粉剂或62.5％可湿性粉剂500～600倍液均匀喷雾。

（9）香蕉黑星病、叶斑病　从病害发生初期开始喷药，15～20天1次，连喷3～5次。一般使用40％可湿性粉剂600～800倍液，或50％可湿性粉剂或60％可湿性粉剂或62.25％可湿性粉剂或62.5％可湿性粉剂400～500倍液均匀喷雾。

注意事项　不能与碱性药剂及含铜药剂混用。用药时注意安全保护，避免皮肤、眼睛接触药剂。残余药液及洗涤药械的废液严禁污染河流、湖泊、池塘等水域。梨树上使用的安全采收间隔期为10天，每季最多使用3次。

乙铝·锰锌 ··

有效成分　三乙膦酸铝（fosetyl-aluminium）＋代森锰锌（mancozeb）。

常见商品名称　乙铝·锰锌、农歌、帅艳、火尔、果润、良霜、绿普安、好力奇、金大保、中达乙生、正业欢喜等。

主要含量与剂型　50%（20%＋30%；22%＋28%；23%＋27%；25%＋25%；28%＋22%；30%＋20%）、61%（36%＋25%）、64%（24%＋40%）、70%（25%＋45%；30%＋40%；45%＋25%；46%＋24%）、81%（32.4%＋48.6%）可湿性粉剂。括号内有效成分含量均为三乙膦酸铝的含量加代森锰锌的含量。

产品特点　乙铝·锰锌是由三乙膦酸铝与代森锰锌按一定比例混配的一种广谱低毒复合杀菌剂，具有内吸治疗和预防保护双重作用，耐雨水冲刷。两种杀菌机理，作用互补，病菌不宜产生耐药性。

三乙膦酸铝是一种有机磷类内吸治疗性广谱低毒杀菌成分，具有预防保护和内吸治疗双重作用，可在植物体内向上、下双向传导。该成分水溶性好，内吸渗透性强，持效期较长，使用较安全。代森锰锌是一种硫代氨基甲酸酯类广谱保护性低毒杀菌成分，主要通过金属离子杀菌。其杀菌机理是抑制病菌代谢过程中丙酮酸的氧化，而导致病菌死亡，该抑制过程具有6个作用位点，病菌极难产生耐药性。

适用果树及防控对象　乙铝·锰锌适用于多种果树，对许多种真菌性病害均具有较好的防控效果。目前果树生产中主要用于防控：苹果的轮纹病、炭疽病、斑点落叶病，梨树的黑星病、轮纹病、炭疽病、褐斑病，葡萄的褐斑病、霜霉病，枣树的轮纹病、炭疽病，石榴的炭疽病、褐斑病，荔枝霜疫霉病等。

使用技术

（1）苹果轮纹病、炭疽病、斑点落叶病　从苹果落花后7～10天开始喷药，10天左右1次，连喷3次药后套袋；不套袋苹果则需继续喷药4～6次，间隔期10～15天；套袋苹果在秋梢生长期喷药2～3次，有效防控斑点落叶病。一般使用50%可湿性粉剂400～600倍液，或61%可湿性粉剂400～600倍液，或64%可湿性粉剂400～500倍液、或70%可湿性粉剂500～700倍液，或81%可湿性粉剂600～800倍液均匀喷雾。

（2）梨树黑星病、轮纹病、炭疽病、褐斑病　以防控黑星病为主导，兼防其他病害。从梨园内初见黑星病病梢、病果或病叶时立即开始喷药，10～15 天 1 次，连续喷药，直到生长后期，并注意与不同类型药剂交替使用。药剂喷施倍数同"苹果轮纹病"。

（3）葡萄褐斑病、霜霉病　开花前、落花后各喷药 1 次，有效防控幼果穗受害；然后从叶片上初见病斑时立即开始喷药，10 天左右 1 次，连续喷药至生长后期，注意与不同类型药剂交替使用。药剂喷施倍数同"苹果轮纹病"。

（4）枣树轮纹病、炭疽病　从枣果坐住后半月左右开始喷药，10～15 天 1 次，连喷 5～7 次，注意与不同类型药剂交替使用。药剂喷施倍数同"苹果轮纹病"。

（5）石榴炭疽病、褐斑病　在开花前、落花后、幼果期、套袋前及套袋后各喷药 1 次，即可有效防控该病的发生为害。药剂喷施倍数同"苹果轮纹病"。

（6）荔枝霜疫霉病　花蕾期、幼果期、果实转色期各喷药 1 次。药剂喷施倍数同"苹果轮纹病"。

注意事项　不能与碱性药剂、强酸性药剂及含铜药剂混用。不同企业生产的产品因配方组成比例存在一定差异，所以在具体使用时需多加注意，最好按照标签说明进行使用。连续喷药时，注意与不同类型药剂交替使用。残余药液及洗涤药械的废液严禁污染河流、湖泊、池塘等水域。在苹果上使用的安全采收间隔期为 15 天，每季最多使用 3 次。

乙铝·多菌灵

有效成分　三乙膦酸铝（fosetyl-aluminium）＋多菌灵（carbendazim）。

常见商品名称　乙铝·多菌灵、智海、优冠、京博轮腐灵等。

主要含量与剂型　45％（20％＋25％；25％＋20％）、60％（20％＋40％；40％＋20％）、75％（50％＋25％；37.5％＋37.5％）可湿性粉剂。括号内有效成分含量均为三乙膦酸铝的含量加多菌灵的含量。

产品特点　乙铝·多菌灵是由三乙膦酸铝与多菌灵按一定比例混配的一种广谱低毒复合杀菌剂，具有内吸治疗与预防保护双重作用，使用安全，病菌不宜产生耐药性。

三乙膦酸铝是一种有机磷类内吸治疗性广谱低毒杀菌成分，具有预防保护和治疗双重作用，可在植物体内向上、下双向传导。该成分水溶性好，内吸渗透性强，持效期较长，使用较安全。多菌灵是一种苯并咪唑类内吸治疗性广谱低毒杀菌成分，有较好的保护和治疗作用，耐雨水冲刷，持效期较长，酸性条件下渗透和输导能力显著提高。其杀菌机理是干扰真菌细胞有丝分裂中纺锤体的形成，进而影响细胞分裂，最终导致病菌死亡。

适用果树及防控对象 乙铝·多菌灵适用于多种果树，对许多种真菌性病害均具有较好的防控效果。目前果树生产中主要用于防控：苹果的轮纹病、炭疽病、斑点落叶病，梨树的轮纹病、炭疽病、褐斑病，葡萄的炭疽病、褐斑病，枣树的轮纹病、炭疽病，石榴的褐斑病、炭疽病、麻皮病，柑橘的疮痂病、炭疽病、黑星病等。

使用技术

(1) 苹果轮纹病、炭疽病、斑点落叶病 从苹果落花后 7～10 天开始喷药，10 天左右 1 次，连喷 3 次药后套袋，有效防控套袋果的轮纹病、炭疽病，兼防春梢期斑点落叶病；不套袋苹果则需继续喷药 3～5 次，兼防秋梢期斑点落叶病；套袋苹果，则在秋梢生长期内再喷药 2 次左右，有效防控秋梢期斑点落叶病。一般使用 45％可湿性粉剂 300～500 倍液，或 60％可湿性粉剂 400～600 倍液，或 75％可湿性粉剂 500～600 倍液均匀喷雾。

(2) 梨树轮纹病、炭疽病、褐斑病 从梨树落花后 10～15 天开始喷药，10 天左右 1 次，连喷 3 次药后套袋；不套袋梨则需继续喷药 4～6 次。药剂喷施倍数同"苹果轮纹病"。

(3) 葡萄炭疽病、褐斑病 防控炭疽病时，从葡萄果粒基本长成大小时开始喷药，7～10 天 1 次，连续喷到采收前一周左右；防控褐斑病时，从发病初期开始喷药，10 天左右 1 次，连喷 3 次左右。药剂喷施倍数同"苹果轮纹病"。

(4) 枣树轮纹病、炭疽病 从枣果坐住后半月左右开始喷药，10～15 天 1 次，连喷 5～7 次。药剂喷施倍数同"苹果轮纹病"。

(5) 石榴褐斑病、炭疽病、麻皮病 在开花前、落花后、幼果期、套袋前及套袋后各喷药 1 次，即可有效防控该病的发生为害。药剂喷施倍数同"苹果轮纹病"。

(6) 柑橘疮痂病、炭疽病、黑星病 春梢萌发初期、花蕾期、落花后、幼果期各喷药 1 次，有效防控疮痂病；果实膨大期至转色期喷药 2～4 次，间隔期 10 天左右，有效防控黑星病、炭疽病；椪柑类品种，9 月份还需喷药 2 次左右。一般使用 45％可湿性粉剂 300～400 倍液，或 60％可湿性粉剂 400～500 倍液，或 75％可湿性粉剂 500～600 倍液均匀喷雾。

注意事项 不能与碱性药剂及强酸性药剂混用。连续喷药时，注意与不同类型药剂交替使用。剩余残液及洗涤药械的废液，严禁污染河流、湖泊、池塘等水域。用药时注意安全保护，避免皮肤及眼睛触及药液。苹果树上使用的安全采收间隔期为 28 天，每季最多使用 3 次。

戊唑·多菌灵 ·····································

有效成分　戊唑醇（tebuconazole）＋多菌灵（carbendazim）。

常见商品名称　戊唑·多菌灵、龙灯福连、剑生园、果园红、高胜美、福多收等。

主要含量与剂型　24％（12％＋12％）、30％（8％＋22％）、40％（5％＋35％）、42％（12％＋30％）悬浮剂，30％（8％＋22％）、45％（6％＋39％）、55％（25％＋30％）、80％（30％＋50％）可湿性粉剂，60％（15％＋45％）水分散粒剂。括号内有效成分含量均为戊唑醇的含量加多菌灵的含量。

产品特点　戊唑·多菌灵是由戊唑醇与多菌灵按一定比例混配的一种广谱低毒复合杀菌剂，具有保护和治疗双重作用。两种有效成分优势互补，协同增效，一药多防，防病范围更广，杀菌治疗更彻底，在许多植物上可以全程杀菌。双重杀菌机制，病菌极难产生耐药性，可以连续多次使用。优质悬浮剂型颗粒微细，性能稳定，黏着性好，渗透性强，耐雨水冲刷，使用安全。果树上连续喷施后，果面光洁靓丽，质量显著提高。

戊唑醇是一种三唑类广谱内吸治疗性低毒杀菌成分，内吸传导性好，杀菌活性高，持效期较长，喷施后促使叶色浓绿，有助于果品质量提高，但连续使用易诱使病菌产生耐药性。其杀菌机理是通过抑制病菌细胞膜上麦角甾醇的去甲基化，使病菌无法形成细胞膜，而导致病菌死亡。多菌灵是一种苯并咪唑类内吸治疗性广谱低毒杀菌成分，具有较好的保护和治疗作用，可通过叶片进入植物体内，耐雨水冲刷，持效期较长，在酸性条件下其渗透与内吸能力显著提高。其杀菌机理是通过干扰病菌细胞有丝分裂中纺锤体的形成，而影响细胞分裂，最终导致病菌死亡。

适用果树及防控对象　戊唑·多菌灵适用于多种果树，对许多种高等真菌性病害均具有很好的防控效果。目前果树生产中主要用于防控：苹果树的腐烂病、干腐病、枝干轮纹病、果实轮纹病、炭疽病、套袋果斑点病、褐斑病、斑点落叶病、锈病、白粉病、黑星病、花腐病，梨树的腐烂病、枝干轮纹病、黑星病、黑斑病、果实轮纹病、套袋果黑点病、炭疽病、锈病、白粉病、褐斑病，葡萄的黑痘病、穗轴褐枯病、白腐病、褐斑病、白粉病、炭疽病、房枯病、黑腐病，桃树及杏树的黑星病（疮痂病）、炭疽病、褐腐病、真菌性流胶病、李树的红点病、真菌性流胶病、枣树的锈病、轮纹病、炭疽病、黑斑病、褐斑病、核桃的炭疽病、白粉病、柿树的黑星病、炭疽病、角斑病、圆斑病、石榴的炭疽病、褐斑病、麻皮病、柑橘的疮痂病、炭疽病、黑星病、香蕉的黑星病、叶斑病、芒果的炭疽病、白粉病、荔枝的炭疽病、叶斑病等。

使用技术

（1）苹果病害 苹果萌芽前，喷施1次24%悬浮剂500～600倍液，或30%悬浮剂400～600倍液，或30%可湿性粉剂400～500倍液，或40%悬浮剂400～500倍液，或42%悬浮剂600～800倍液，或45%可湿性粉剂400～500倍液，或55%可湿性粉剂1000～1200倍液，或60%水分散粒剂800～1000倍液，或80%可湿性粉剂1200～1500倍液，铲除枝干轮纹病菌、腐烂病菌及干腐病菌等。

开花前、落花后各喷药1次，有效防控锈病、白粉病，兼防斑点落叶病、黑星病、花腐病；盛花期至盛花末期（必须晴天、无风）喷药1次，有效防控果实霉心病；然后从落花后10天左右开始连续喷药，10天左右1次，连喷3次药后套袋，有效防控轮纹烂果病、炭疽病、套袋果斑点病等果实病害，兼防锈病、白粉病、黑星病、褐斑病及斑点落叶病；苹果套袋后或不套袋苹果的果实膨大期（从落花后1～1.5个月开始），继续进行喷药，10～15天1次，连喷3～5次，有效防控褐斑病、斑点落叶病及不套袋苹果的果实病害，兼防黑星病、白粉病。一般使用24%悬浮剂1000～1200倍液，或30%悬浮剂800～1000倍液，或30%可湿性粉剂600～800倍液，或40%悬浮剂600～800倍液，或42%悬浮剂1000～1200倍液，或45%可湿性粉剂600～800倍液，或55%可湿性粉剂2000～2500倍液，或60%水分散粒剂1500～2000倍液，或80%可湿性粉剂2000～2500倍液均匀喷雾。

苹果摘袋后2天，喷施1次30%悬浮剂1000～1200倍液，或42%悬浮剂1200～1500倍液，防控果实斑点病，保障丰产丰收。

苹果树腐烂病发生严重地区，在苹果套袋后或7～9月份，进行1次枝干喷涂用药，杀灭腐烂病菌。一般使用24%悬浮剂200～300倍液，或30%悬浮剂150～200倍液，或42%悬浮剂200～300倍液喷涂主干及较大主侧枝。

（2）梨树病害 梨树萌芽前，喷药1次灭菌清园，铲除枝干轮纹病菌和腐烂病菌等，药剂喷施倍数同"苹果萌芽前用药"。在风景绿化区，开花前、落花后各喷药1次，有效防控锈病，兼防黑星病；然后从落花后10天左右至梨果套袋前或幼果期（落花后1～1.5个月）继续喷药，10～15天1次，连喷 3 次，有效防控黑星病、果实轮纹病、炭疽病、套袋果黑点病等，兼防锈病、黑斑病、褐斑病；梨果套袋后或中后期仍需继续喷药，10～15 天 1次，与不同类型药剂交替使用，有效防控黑星病、黑斑病，兼防白粉病、褐斑病等。梨树发芽后药剂喷施倍数同"苹果落花后用药浓度"。

（3）葡萄病害　葡萄发芽前喷药 1 次，铲除枝蔓表面携带病菌，药剂喷施倍数同"苹果萌芽前用药"。葡萄开花前、落花后及落花后 10～15 天各喷药 1 次，有效防控穗轴褐枯病、黑痘病；然后从葡萄生长中、后期继续进行喷药，10 天左右 1 次，与不同类型药剂交替使用，有效防控炭疽病、褐斑病、白腐病、白粉病、房枯病、黑腐病等。葡萄生长期药剂喷施倍数同"苹果落花后用药浓度"。

（4）桃树及杏树病害　萌芽前喷药 1 次，铲除树体带菌，防控真菌性流胶病、腐烂病等，药剂喷施倍数同"苹果萌芽前用药"。然后从落花后 20 天左右开始继续喷药，10～15 天 1 次，连喷 2～4 次，有效防控黑星病（疮痂病）、炭疽病，兼防褐腐病、真菌性流胶病；不套袋果在果实成熟前 1 个月内再喷药 1～2 次，有效防控褐腐病。生长期药剂喷施倍数同"苹果落花后用药浓度"。

（5）李红点病、真菌性流胶病　首先在萌芽前喷药 1 次，清园灭菌，防控真菌性流胶病，药剂喷施倍数同"苹果萌芽前用药"。然后从李落花后 10～15 天开始继续喷药，10～15 天 1 次，连喷 2～3 次，药剂喷施倍数同"苹果落花后用药浓度"。

（6）枣树病害　防控红枣病害时，从坐住枣后半月左右开始喷药，10～15 天 1 次，连喷 5～7 次；防控冬枣病害时，从刚落花后即开始喷药，10～15 天 1 次，连喷 6～8 次。一般使用 24％悬浮剂 1000～1200 倍液，或 30％悬浮剂 600～800 倍液，或 30％可湿性粉剂 600～800 倍液，或 40％悬浮剂500～700 倍液，或 42％悬浮剂 1000～1200 倍液，或 45％可湿性粉剂 600～800 倍液，或 55％可湿性粉剂 2000～2500 倍液，或 60％水分散粒剂 1200～1500 倍液，或 80％可湿性粉剂 2000～2500 倍液均匀喷雾，发病后喷药适当加大药量。

（7）核桃炭疽病、白粉病　从核桃落花后半月左右开始喷药，10～15天 1 次，连喷 2～4 次。药剂喷施倍数同"枣树病害"。

（8）柿树黑星病、炭疽病、角斑病、圆斑病　南方柿区首先在柿树开花前喷药 1 次，然后从落花后 10 天左右开始连续喷药，10～15 天 1 次，与不同类型药剂交替使用；北方柿区仅在落花后喷药 2～3 次即可。药剂喷施倍数同"枣树病害"。

（9）石榴炭疽病、褐斑病、麻皮病　在开花前、落花后、幼果期、套袋前及套袋后各喷药 1 次，即可有效控制该病的发生为害。药剂喷施倍数同"枣树病害"。

（10）柑橘疮痂病、炭疽病、黑星病　柑橘萌芽 1/3 厘米、谢花 2/3 是防控疮痂病的关键期，同时兼防前期叶片炭疽病；谢花 2/3、幼果期是防控炭疽病并保果的关键期，同时兼防疮痂病；果实膨大期至转色期是防控黑星病的关键期，同时兼防炭疽病；椪柑类品种，9 月份还需喷药 1～2 次，防控急性炭疽病。一般使用 24％悬浮剂 800～1000 倍液，或 30％悬浮剂 600～800 倍液，或 30％可湿性粉剂 500～700 倍液，或 40％悬浮剂 500～600 倍液，或 42％悬浮剂 800～1000 倍液，或 45％可湿性粉剂 500～600 倍液，或 55％可湿性粉剂 1500～2000 倍液，或 60％水分散粒剂 1000～1200 倍液，或 80％可湿性粉剂 1500～2000 倍液均匀喷雾；若黑点病（砂皮病）发生较重，建议与 80％代森锰锌（全络合态）可湿性粉剂混喷效果较好。

（11）香蕉黑星病、叶斑病　从病害发生初期开始喷药，半月左右 1 次，连喷 3～5 次。药剂喷施倍数同"柑橘疮痂病"。

（12）芒果炭疽病、白粉病　首先从开花前开始喷药，10～15 天 1 次，连喷 3～4 次；然后从果实膨大后期再次开始喷药，10～15 天 1 次，连喷 2 次左右。药剂喷施倍数同"柑橘疮痂病"。

（13）荔枝炭疽病、叶斑病　春梢生长期内、夏梢生长期内、秋梢生长期内各喷药 1～2 次，或在新梢生长期内从病害发生初期开始喷药，10 天左右 1 次，连喷 2 次左右。药剂喷施倍数同"柑橘疮痂病"。

注意事项　不能与碱性药剂混用。悬浮剂可能会有一些沉降，摇匀后使用不影响药效。优质悬浮剂效果稳定，使用安全，对提高果品质量效果明显。香蕉蕉仔对有些配方产品较敏感，使用不当容易产生药害，用药时需要慎重。连续喷药时，注意与不同类型药剂交替使用。用药时注意安全保护，避免皮肤及眼睛触及药液。剩余药液及洗涤药械的废液，严禁倒入河流、湖泊、池塘等水域，避免造成污染。戊唑·多菌灵生产企业较多，配方比例有很大差异，上述推荐使用倍数是根据上述配方比例确定的，实际用药时，还应参照具体产品的实际比例和标签说明使用。

戊唑·丙森锌 ···

有效成分　戊唑醇（tebuconazole）＋丙森锌（propineb）。

常见商品名称　戊唑·丙森锌、好艳、美帅、库欣、乐得欣、丰利源、克宝丽、优果利、燕化美意等。

主要含量与剂型 48%（10%＋38%）、55%（5%＋50%）、60%（10%＋50%）、65%（5%＋60%）、70%（10%＋60%；5%＋65%）可湿性粉剂，70%（10%＋60%）水分散粒剂。括号内有效成分含量均为戊唑醇的含量加丙森锌的含量。

产品特点 戊唑·丙森锌是由戊唑醇与丙森锌按一定比例混配的一种广谱低毒复合杀菌剂，具有保护和治疗双重作用。两种杀菌机制，优势互补，病菌不宜产生耐药性，使用安全方便。

戊唑醇是一种三唑类广谱内吸治疗性低毒杀菌成分，内吸传导性好，杀菌活性高，持效期较长，喷施后促使叶色浓绿，有助于果品质量提高，但连续使用易诱使病菌产生耐药性。其杀菌机理是通过抑制病菌细胞膜上麦角甾醇的去甲基化，使病菌无法形成细胞膜，而导致病菌死亡。丙森锌是一种硫代氨基甲酸酯类广谱保护性低毒杀菌成分，属蛋白质合成抑制剂，含有易被植物吸收的锌元素，有利于促进植物生长并提高产品质量。其杀菌机理是作用于真菌细胞壁和蛋白质的合成，通过抑制孢子的萌发、侵染及菌丝体的生长，而导致其变形、死亡。

适用果树及防控对象 戊唑·丙森锌适用于多种果树，对许多种高等真菌性病害均具有较好的防控效果。目前果树生产中主要用于防控：苹果的轮纹病、炭疽病、斑点落叶病、褐斑病、黑星病等，梨树的黑星病、炭疽病、轮纹病、褐斑病、黑斑病等，葡萄的炭疽病、褐斑病，桃树的黑星病、炭疽病、枣树的轮纹病、炭疽病、褐斑病，柿树的炭疽病、角斑病、圆斑病，石榴的炭疽病、褐斑病、麻皮病，柑橘的疮痂病、炭疽病、黑星病，香蕉的叶斑病、黑星病等。

使用技术

（1）苹果轮纹病、炭疽病、斑点落叶病、褐斑病、黑星病等 防控轮纹病、炭疽病时，从苹果落花后7～10天开始喷药，10天左右1次，连喷3次药后套袋；不套袋苹果继续喷药，10～15天1次，仍需喷药4～6次；防控斑点落叶病时，在春梢生长期内和秋梢生长期内各喷药2次左右，间隔期10～15天；防控褐斑病时，套袋前第三次药为兼防褐斑病的第一次药，以后10～15天1次，连喷4～6次；防控黑星病时，从病害发生初期开始喷药，10～15天1次，连喷2～3次。一般使用48%可湿性粉剂800～1000倍液，或55%可湿性粉剂500～700倍液，或60%可湿性粉剂800～1200倍液，或65%可湿性粉剂600～800倍液，或70%可湿性粉剂或70%水分散粒剂1000～1200倍液均匀喷雾。

（2）梨树黑星病、炭疽病、轮纹病、褐斑病、黑斑病等 从梨树落花后

10～15 天开始喷药，10～15 天 1 次，连喷 8～10 次，注意与不同类型药剂交替使用。药剂喷施倍数同"苹果轮纹病"。

（3）葡萄炭疽病、褐斑病　从褐斑病发生初期或果粒基本长成大小时开始喷药，10～15 天 1 次，直到葡萄采收前一周左右。药剂喷施倍数同"苹果轮纹病"。

（4）桃树黑星病、炭疽病　从桃树落花后 25～30 天开始喷药，10～15 天 1 次，连喷 2～4 次。药剂喷施倍数同"苹果轮纹病"。

（5）枣树轮纹病、炭疽病、褐斑病　首先在枣树开花前喷药 1 次，防控褐斑病；然后从枣果坐住后 10～15 天开始连续喷药，10～15 天 1 次，连喷 5～7 次。药剂喷施倍数同"苹果轮纹病"。

（6）柿树炭疽病、角斑病、圆斑病　南方柿树产区，从落花后 7～10 天开始喷药，10～15 天 1 次，连喷 5～7 次；北方柿树产区，从落花后 15～20 天开始喷药，10～15 天 1 次，连喷 2 次左右。药剂喷施倍数同"苹果轮纹病"。

（7）石榴炭疽病、褐斑病、麻皮病　在开花前、落花后、幼果期、套袋前及套袋后各喷药 1 次，即可有效控制该病的发生为害。药剂喷施倍数同"苹果轮纹病"。

（8）柑橘疮痂病、炭疽病、黑星病　萌芽 1/3 厘米、谢花 2/3 及幼果期是喷药防控疮痂病、炭疽病的关键期，需分别喷药 1 次、1 次、1～2 次；果实膨大期至转色期是喷药防控黑星病的关键期，需喷药 2 次左右；果实转色期是喷药防控急性炭疽病的关键期，需喷药 2 次左右。10～15 天喷药 1 次，注意与不同类型药剂交替使用。一般使用 48％可湿性粉剂 800～1000 倍液，或 55％可湿性粉剂 500～600 倍液，或 60％可湿性粉剂 800～1000 倍液，或 65％可湿性粉剂 500～600 倍液，或 70％可湿性粉剂或 70％水分散粒剂 800～1000 倍液均匀喷雾。

（9）香蕉叶斑病、黑星病　从病害发生初期开始喷药，15 天左右 1 次，连喷 3～4 次。一般使用 48％可湿性粉剂 600～800 倍液，或 55％可湿性粉剂 400～500 倍液，或 60％可湿性粉剂 600～800 倍液，或 65％可湿性粉剂 500～600 倍液，或 70％可湿性粉剂或 70％水分散粒剂 800～1000 倍液均匀喷雾。

注意事项　不能与碱性药剂及含铜药剂混用。连续用药时，注意与不同类型药剂交替使用。用药时注意安全保护，避免皮肤及眼睛接触药剂。剩余药液及洗涤药械的废液严禁倒入河流、湖泊、池塘等水域，避免污染水源。

戊唑·异菌脲

··

有效成分 戊唑醇（tebuconazole）＋异菌脲（iprodione）。

常见商品名称 戊唑·异菌脲、大秀、顶靓、同赞等。

主要含量与剂型 20％（8％＋12％）、25％（10％＋15％；5％＋20％）、30％（10％＋20％）悬浮剂。括号内有效成分含量均为戊唑醇的含量加异菌脲的含量。

产品特点 戊唑·异菌脲是由戊唑醇与异菌脲按一定比例混配的一种广谱低毒复合杀菌剂，具有预防保护和内吸治疗双重作用。两种杀菌机理，优势互补，病菌不宜产生耐药性，使用安全方便。

戊唑醇是一种三唑类广谱内吸治疗性低毒杀菌成分，内吸传导性好，杀菌活性高，持效期较长，喷施后促使叶色浓绿，有助于果品质量提高，但连续使用易诱使病菌产生耐药性。其杀菌机理是通过抑制病菌细胞膜上麦角甾醇的去甲基化，使病菌无法形成细胞膜，而导致病菌死亡。异菌脲是一种二羧甲酰亚胺类触杀型广谱保护性低毒杀菌成分，兼有一定的治疗作用。其杀菌机理是抑制病菌蛋白激酶，干扰细胞内信号和碳水化合物正常进入细胞组分等。该机理作用于病菌生长为害的各个发育阶段，既可抑制病菌孢子萌发，又可抑制菌丝体生长，还可抑制病菌孢子的产生。

适用果树及防控对象 戊唑·异菌脲适用于多种果树，对许多高等真菌性病害均具有较好的防控效果。目前果树生产中主要用于防控：苹果的斑点落叶病、霉心病，梨树黑斑病；葡萄的穗轴褐枯病、灰霉病，柑橘砂皮病，香蕉的黑星病、叶斑病等。

使用技术

（1）苹果斑点落叶病、霉心病 往年霉心病严重的果园，在苹果花序分离后开花前和落花 80％ 时各喷药 1 次，即可有效防控霉心病的发生为害，并兼防斑点落叶病；防控斑点落叶病时，在春梢生长期内喷药 1～2 次，在秋梢生长期内喷药 2～3 次，间隔期为 10～15 天。一般使用 20％悬浮剂 800～1000倍液，或 25％悬浮剂 1000～1200 倍液，或 30％悬浮剂 1000～1500 倍液均匀喷雾。

（2）梨树黑斑病 从病害发生初期开始喷药，10～15 天 1 次，连喷 3～5 次。药剂喷施倍数同"苹果斑点落叶病"。

（3）葡萄穗轴褐枯病、灰霉病 葡萄开花前和落花后各喷药 1 次，即可有效防控穗轴褐枯病和幼穗期的灰霉病；然后在果穗套袋前再喷药1次，防控套袋后果穗灰霉病；不套袋葡萄，在果穗近成熟期至采收前喷药2次左右，间隔期10天左右，有效防控果穗灰霉病。药剂喷施倍数同"苹果斑点落叶病"。

（4）柑橘砂皮病　从果实膨大期开始喷药预防，10～15天1次，连喷3～5次。一般使用20％悬浮剂600～800倍液，或25％悬浮剂800～1000倍液，或30％悬浮剂800～1000倍液均匀喷雾。

（5）香蕉黑星病、叶斑病　从病害发生初期或初见病斑时立即开始喷药，半月左右1次，连喷3～5次。一般使用20％悬浮剂500～600倍液，或25％悬浮剂600～800倍液，或30％悬浮剂800～1000倍液均匀喷雾。

注意事项　不能与碱性药剂及肥料混用。剩余药液及洗涤药械的废液，严禁污染河流、湖泊、池塘等水域。连续喷药时，注意与不同类型药剂交替使用。一般作物上的安全采收间隔期为28天，每季最多使用3次。

戊唑·醚菌酯 ······························

有效成分　戊唑醇（tebuconazole）＋醚菌酯（kresoxim-methyl）。

常见商品名称　戊唑·醚菌酯、好保稳、好精神、新保克、喜名等。

主要含量与剂型　30％（15％＋15％；20％＋10％）悬浮剂、45％（15％＋30％）可湿性粉剂、30％（15％＋15％）、70％（50％＋20％；40％＋30％；35％＋35％）水分散粒剂等。括号内有效成分含量均为戊唑醇的含量加醚菌酯的含量。

产品特点　戊唑·醚菌酯是由戊唑醇与醚菌酯按一定比例混配的一种新型低毒复合杀菌剂，具有良好的预防和治疗作用，持效期较长，使用安全。在防控病害的同时，还具有增强植物抗性、提高果品质量等作用，是植物病害综合治理的有效工具之一。

戊唑醇是一种三唑类广谱内吸治疗性低毒杀菌成分，内吸传导性好，杀菌活性高，持效期较长，喷施后促使叶色浓绿，有助于果品质量提高，但连续使用易诱使病菌产生耐药性。其杀菌机理是通过抑制病菌细胞膜上麦角甾醇的去甲基化，使病菌无法形成细胞膜，而导致病菌死亡。醚菌酯是一种甲氧基丙烯酸酯类广谱低毒杀菌成分，具有预防、治疗、铲除、诱导免疫抗性等多种作用，易被叶片和果实表面的蜡质层吸收，耐雨水冲刷，渗透层移性好，药效稳定，杀菌活性高，持效期长。其杀菌机理主要是破坏病菌细胞内线粒体呼吸链的电子传递，阻止能量 ATP 的形成，而导致病菌死亡。可作用于病害发生的整个过程，通过抑制孢子萌发、阻止病菌芽管侵入、抑制菌丝生长、抑制产孢等作用控制病害的发生为害。

适用果树及防控对象 戊唑·醚菌酯适用于多种果树，对许多种高等真菌性病害均具有较好的防控效果。目前果树生产中主要用于防控：苹果树的褐斑病、斑点落叶病，梨树的黑星病、白粉病，葡萄白粉病等。

使用技术

（1）苹果褐斑病、斑点落叶病 防控褐斑病时，从苹果落花后 1 个月左右开始喷药，10～15 天 1 次，连喷 4～6 次；防控斑点落叶病时，在苹果春梢生长期内喷药 2 次左右，在苹果秋梢生长期内喷药 2～3 次，间隔期 10～15 天。一般使用 30％悬浮剂或 30％水分散粒剂 2000～3000 倍液，或 45％可湿性粉剂 3000～4000 倍液，或 70％水分散粒剂 5000～6000 倍液均匀喷雾。

（2）梨树黑星病、白粉病 以防控黑星病为主，兼防白粉病即可。一般果园从黑星病发生初期或初见黑星病病叶或病果或病梢时立即开始喷药，15 天左右 1 次，连喷 6～8 次，注意与不同类型药剂交替使用。药剂喷施倍数同"苹果褐斑病"。

（3）葡萄白粉病 从病害发生初期或初见病斑时开始喷药，10～15 天 1 次，连喷 2～4 次。药剂喷施倍数同"苹果褐斑病"。

注意事项 不能与强酸性及碱性药剂混用。连续喷药时，注意与不同类型药剂交替使用。本剂对大型溞及藻类毒性高，在水产养殖区、河塘等水体附近禁止使用，剩余药液及洗涤药械的废液禁止倒入河塘等水体中。在梨树上使用的安全采收间隔期为 21 天，每季最多使用 3 次。

戊唑·嘧菌酯 ·······················

有效成分 戊唑醇（tebuconazole）＋嘧菌酯（azoxystrobin）。

常见商品名称 戊唑·嘧菌酯、安富农、佳收必、谷满金、彩钻、呗靓、禾技等。

主要含量与剂型 22％（14.8％＋7.2％）、30％（20％＋10％）、45％（30％＋15％）、50％（30％＋20％）悬浮剂，45％（35％＋10％）、50％（30％＋20％）、75％（50％＋25％）水分散粒剂。括号内有效成分含量均为戊唑醇的含量加嘧菌酯的含量。

产品特点　戊唑·嘧菌酯是由戊唑醇与嘧菌酯按一定比例混配的一种新型低毒复合杀菌剂，具有良好的预防、治疗和诱抗作用，持效期较长，按登记作物使用安全。两种有效成分，优势互补，协同增效，有利于病害的综合治理。

戊唑醇是一种三唑类内吸治疗性广谱低毒杀菌成分，内吸传导性好，杀菌活性高，持效期较长，喷施后促使叶色浓绿，有助于果品质量提高，但连续使用易诱使病菌产生耐药性。其杀菌机理是通过抑制病菌细胞膜上麦角甾醇的去甲基化，使病菌无法形成细胞膜，而导致病菌死亡。嘧菌酯是一种甲氧基丙烯酸酯类内吸性广谱低毒杀菌成分，具有保护、治疗、铲除、渗透、内吸及缓慢向顶移动活性。其杀菌机理是通过影响细胞色素 bc1 向细胞色素 c 的电子转移而抑制线粒体的呼吸，破坏病菌的能量形成，最终导致病菌死亡。

适用果树及防控对象　戊唑·嘧菌酯适用于多种果树，对许多种高等真菌性病害均具有较好的防控效果。目前果树生产中主要用于防控：葡萄的白腐病、炭疽病，柑橘的炭疽病、黑星病、砂皮病，香蕉的叶斑病、黑星病等。

使用技术

（1）葡萄白腐病、炭疽病　套袋葡萄在套袋前喷药 1 次即可；不套袋葡萄，从葡萄果粒基本长成大小时开始喷药，10 天左右 1 次，连喷 3～4 次。一般使用 22％悬浮剂 1000～1500 倍液，或 30％悬浮剂 1500～1800 倍液，或 45％悬浮剂或 45％水分散粒剂 2500～3000 倍液，或 50％悬浮剂或 50％水分散粒剂 3000～4000 倍液，或 75％水分散粒剂 5000～6000 倍液均匀喷雾。

（2）柑橘炭疽病、黑星病、砂皮病　从果实膨大期开始喷药，10～15 天 1 次，连喷 3～5 次，注意与不同类型药剂交替使用。一般使用 22％悬浮剂 1000～1200 倍液，或 30％悬浮剂 1200～1500 倍液，或 45％悬浮剂或 45％水分散粒剂 2000～2500 倍液，或 50％悬浮剂或 50％水分散粒剂 2500～3000 倍液，或 75％水分散粒剂 4000～5000 倍液均匀喷雾。

（3）香蕉叶斑病、黑星病　从病害发生初期或初见病斑时立即开始喷药，15～20 天 1 次，连喷 3～5 次。一般使用 22％悬浮剂 800～1000 倍液，或 30％悬浮剂 1000～1500 倍液，或 45％悬浮剂或 45％水分散粒剂 2000～2500 倍液，或 50％悬浮剂或 50％水分散粒剂 2000～3000 倍液，或 75％水分散粒剂 4000～5000 倍液均匀喷雾。

注意事项　不能与强酸性及碱性药剂混配使用。连续喷药时，注意与不同类型药剂交替使用。本剂对鱼类等水生生物有毒，应远离水产养殖区、河塘等水体区域施药，并禁止在河塘等水体中清洗施药器具。嘎啦、夏红、美八、藤木等许多苹果品种对嘧菌酯敏感，建议不要在苹果树上使用。

乙霉·多菌灵 ·······························

有效成分　乙霉威（diethofencarb）＋多菌灵（carbendazim）。

常见商品名称　乙霉·多菌灵、金万霉灵。

主要含量与剂型　25%（5%＋20%）、50%（25%＋25%；10%＋40%）、60%（30%＋30%）可湿性粉剂。括号内有效成分含量均为乙霉威的含量加多菌灵的含量。

产品特点　乙霉·多菌灵是由乙霉威与多菌灵按一定比例混配的一种广谱低毒复合杀菌剂，具有保护和治疗双重作用。两种杀菌机理，作用互补，协同增效，特别适用于病害耐药性的综合治理。

乙霉威是一种氨基甲酸酯类内吸治疗性低毒杀菌成分，具有保护和治疗双重活性，能有效防治对多菌灵已产生抗性的多种病害。其杀菌机理是通过抑制病菌芽孢纺锤体的形成而使病菌死亡。多菌灵是一种苯并咪唑类内吸治疗性广谱低毒杀菌成分，具有较好的保护和治疗作用，有一定内吸能力，耐雨水冲刷，持效期较长，酸性条件下渗透和输导能力显著提高。其杀菌机理是干扰真菌细胞有丝分裂中纺锤体的形成，进而影响细胞分裂，最终导致病菌死亡。

适用果树及防控对象　乙霉·多菌灵适用于多种果树，对许多种高等真菌性病害均具有较好的防控效果。目前果树生产中主要用于防控：草莓灰霉病，葡萄灰霉病，苹果的轮纹病、炭疽病，猕猴桃灰霉病，桃的灰霉病、褐腐病等。

使用技术

（1）草莓灰霉病　从病害发生初期或持续阴天2天后开始喷药，7天左右1次，连喷2～3次。一般每亩次使用25%可湿性粉剂150～200克，或50%可湿性粉剂80～100克，或60%可湿性粉剂70～90克，兑水30～45千克均匀喷雾。

（2）葡萄灰霉病　开花前、落花后各喷药1次，预防幼果穗受害；套袋前喷药1次，预防套袋果受害；不套袋果在果实近成熟期，从初见病果粒时开始喷药，7天左右1次，连喷1～2次。一般使用25%可湿性粉剂400～500倍液，或50%可湿性粉剂800～1000倍液，或60%可湿性粉剂1000～

1200 倍液喷雾，重点喷洒果穗。

（3）苹果轮纹病、炭疽病　从苹果落花后 7～10 天开始喷药，10 天左右 1 次，连喷 3 次药后套袋；不套袋苹果则需继续喷药 4～5 次，10～15 天 1 次。一般使用 25％可湿性粉剂 500～600 倍液，或 50％可湿性粉剂 1000～1200 倍液，或 60％可湿性粉剂 1200～1500 倍液均匀喷雾。

（4）猕猴桃灰霉病　从病害发生初期开始喷药，7～10 天 1 次，连喷 2 次左右。药剂喷施倍数同"葡萄灰霉病"。

（5）桃灰霉病、褐腐病　防控保护地桃树灰霉病时，在持续阴天 2 天后或病害发生初期立即开始喷药，7 天左右 1 次，连喷 1～2 次。防控褐腐病时，在果实采收前 1～1.5 个月或初见病果时开始喷药，7～10 天 1 次，连喷 2 次左右。药剂喷施倍数同"苹果轮纹病"。

注意事项　不能与碱性药剂、强酸性药剂及含铜药剂混用。连续喷药时，注意与不同类型药剂交替使用。剩余药液及洗涤药械的废液严禁污染河流、湖泊、池塘等水域。花期放蜂的果园，开花前后禁止使用。

异菌·多菌灵

有效成分　异菌脲（iprodione）＋多菌灵（carbendazim）。

常见商品名称　异菌·多菌灵、嘉倍好、益多等。

主要含量与剂型　20％（5％＋15％）、52.5％（35％＋17.5％）悬浮剂，52.5％（35％＋17.5％）可湿性粉剂等。括号内有效成分含量均为异菌脲的含量加多菌灵的含量。

产品特点　异菌·多菌灵是由异菌脲与多菌灵按一定比例混配的一种广谱低毒复合杀菌剂，具有保护和治疗双重作用。两种杀菌机制，作用互补，防病效果更好，病菌不易产生耐药性。

异菌脲是一种二羧甲酰亚胺类触杀型广谱保护性低毒杀菌成分，并有一定的治疗作用，对病菌生长为害的各个发育阶段均有活性。其杀菌机理是抑制病菌蛋白激酶，干扰细胞内信号和碳水化合物正常进入细胞组分等。多菌灵是一种苯并咪唑类广谱低毒内吸治疗性杀菌成分，具有较好的保护和治疗作用，内吸性好，耐雨水冲刷，持效期较长，在酸性条件下渗透和输导能力显著提高。其杀菌机理是干扰真菌细胞有丝分裂中纺锤体的形成，进而影响细胞分裂，最终导致病菌死亡。

适用果树及防控对象　异菌·多菌灵适用于多种果树，对许多种高等真菌性病害都有较好的防控效果。目前果树生产中主要用于防控：苹果的轮纹病、炭疽病、斑点落叶病，葡萄的穗轴褐枯病、灰霉病，梨树黑斑病，柑橘的炭疽病、黑星病（黑斑病），香蕉的黑星病、叶斑病等。

使用技术

（1）苹果轮纹病、炭疽病、斑点落叶病　防控轮纹病、炭疽病时，从苹果落花后7～10天开始喷药，10天左右1次，连喷3次药后套袋；不套袋苹果则需继续喷药4～6次。防控斑点落叶病时，在春梢生长期内和秋梢生长期内各喷药2次左右，10～15天1次。一般使用20%悬浮剂400～500倍液，或52.5%悬浮剂或52.5%可湿性粉剂1000～1200倍液均匀喷雾。

（2）葡萄穗轴褐枯病、灰霉病　在葡萄开花前和落花后各喷药1次，有效防控穗轴褐枯病和幼穗期的灰霉病；套袋葡萄，在套袋前喷药1次，防控果穗灰霉病；不套袋葡萄，在果穗上初见灰霉病时立即开始喷药，7天左右1次，连喷2次左右。药剂喷施倍数同"苹果轮纹病"。

（3）梨树黑斑病　从黑斑病发生初期开始喷药，10～15天1次，连喷2～4次。药剂喷施倍数同"苹果轮纹病"。

（4）柑橘炭疽病、黑星病　从果实膨大期开始喷药，10～15天1次，连喷3～4次。药剂喷施倍数同"苹果轮纹病"。

（5）香蕉黑星病、叶斑病　从病害发生初期或初见病斑时开始喷药，15～20天1次，连喷3～4次。一般使用20%悬浮剂300～400倍液，或52.5%悬浮剂或52.5%可湿性粉剂600～800倍液均匀喷雾。

注意事项　不能与碱性药剂及强酸性药剂混用。悬浮剂可能会有一些沉降，一般摇匀后使用不影响药效。连续喷药时，注意与不同类型药剂交替使用。剩余药液及洗涤药械的废液，严禁污染河流、湖泊、池塘等水域。用药时注意个人安全保护，避免药剂污染手、脸和皮肤，如有污染应及时清洗。苹果树上的安全采收间隔期为28天，每季最多使用3次。

苯甲·多菌灵

有效成分　苯醚甲环唑（difenoconazole）＋多菌灵（carbendazim）。

常见商品名称　苯甲·多菌灵、势标、翠霸、高灿、代士高等。

主要含量与剂型　20%（5%＋15%）、30%（3%＋27%）、40%（5%＋35%）悬浮剂，30%（5%＋25%）、32.8%（6%＋26.8%）、55%（5%＋50%）、60%（6%＋54%）可湿性粉剂。括号内有效成分含量均为苯醚甲环唑

的含量加多菌灵的含量。

产品特点　苯甲·多菌灵是由苯醚甲环唑与多菌灵按一定比例混配的广谱治疗性低毒复合杀菌剂，防病范围更广、防病治病效果更好，具有两种杀菌机理，病菌很难产生耐药性，混剂残留低，使用方便安全。

苯醚甲环唑是一种杂环类广谱内吸治疗性杀菌成分，具有内吸性好、持效期较长、使用安全等特点，对许多高等真菌性病害均有治疗和保护作用。其杀菌机理是抑制病菌细胞膜成分麦角甾醇的脱甲基化而将病菌杀死。多菌灵是一种苯并咪唑类高效广谱内吸治疗性低毒杀菌成分，对许多高等真菌性病害均具有较好的保护和治疗作用，耐雨水冲刷，持效期长，酸性条件下能显著提高药效。其作用机理是通过干扰真菌细胞有丝分裂中纺锤体的形成而影响细胞分裂，最终导致病菌死亡。

适用果树及防控对象　苯甲·多菌灵适用于多种果树，对许多种高等真菌性病害均具有很好的防控效果。目前果树生产中主要用于防控：苹果的轮纹病、炭疽病、斑点落叶病、褐斑病、黑星病等，梨树的黑星病、炭疽病、褐斑病、轮纹病、黑斑病、白粉病等，桃及杏的黑星病（疮痂病），李红点病，葡萄的炭疽病、褐斑病、黑痘病等，核桃炭疽病，枣的炭疽病、轮纹病、褐斑病等，香蕉的叶斑病、黑星病，柑橘的疮痂病、炭疽病、黑星病等。

使用技术

（1）苹果轮纹病、炭疽病、斑点落叶病、褐斑病、黑星病　防控轮纹病、炭疽病时，从落花后 7～10 天开始喷药，10 天左右 1 次，连喷 3 次后套袋；不套袋苹果，仍需继续喷药 4～6 次，10～15 天 1 次，注意与不同类型药剂交替使用。防控斑点落叶病、黑星病时，从病害发生初期或初见病斑时立即开始喷药，10 天左右 1 次，连喷 2～3 次。防控褐斑病时，从落花后 1 个月左右开始喷药，10～15 天 1 次，连喷 3～5 次。一般使用 20% 悬浮剂 600～800 倍液，或 30% 悬浮剂 400～500 倍液，或 30% 可湿性粉剂 800～1000 倍液，或 32.8% 可湿性粉剂 1000～1200 倍液，或 40% 悬浮剂 1000～1200 倍液，或 55% 可湿性粉剂 1000～1500 倍液，或 60% 可湿性粉剂 1200～1500 倍液均匀喷雾。

（2）梨树黑星病、炭疽病、轮纹病、褐斑病、黑斑病、白粉病　以防控黑星病为主导，从落花后即开始喷药，10～15 天 1 次，连续喷施，直到采收前 7 天（不套袋果）或 1 个月左右（套袋果）。药剂喷施倍数同"苹果轮纹病"，并注意与不同类型药剂交替使用。

（3）桃、杏黑星病　从落花后 20 天左右开始喷药，10～15 天 1 次，到采收前 1 个月结束。药剂喷施倍数同"苹果轮纹病"。

（4）李红点病　从叶芽逐渐开放时开始喷药，10 天左右 1 次，连喷 2 次即可有效控制红点病的发生为害。药剂喷施倍数同"苹果轮纹病"。

（5）葡萄炭疽病、褐斑病、黑痘病　防控炭疽病、褐斑病时，从病害发生初期或果粒基本长成大小时开始喷药，10 天左右 1 次，连喷 3～4 次。防控黑痘病时，在蕾穗期、落花 70％～80％时及落花后半月各喷药 1 次即可。药剂喷施倍数同"苹果轮纹病"。

（6）核桃炭疽病　从病害发生初期开始喷药，10 天左右 1 次，连喷 2～3 次。药剂喷施倍数同"苹果轮纹病"。

（7）枣炭疽病、轮纹病、褐斑病　从小幼果期开始喷药，10～15 天 1 次，与不同类型药剂交替使用，连喷 4～6 次。药剂喷施倍数同"苹果轮纹病"。

（8）香蕉叶斑病、黑星病　从病害发生初期或初见病斑时开始喷药，15 天左右 1 次，连喷 3～4 次。一般使用 20％悬浮剂 400～500 倍液，或 30％悬浮剂 400～500 倍液，或 30％可湿性粉剂 500～600 倍液，或 32.8％可湿性粉剂 600～800 倍液，或 40％悬浮剂 500～700 倍液，或 55％可湿性粉剂 600～700 倍液，或 60％可湿性粉剂 600～800 倍液均匀喷雾。

（9）柑橘疮痂病、炭疽病、黑星病　在幼果期、果实膨大期及果实转色期各喷药 2 次左右，间隔期 10～15 天。药剂喷施倍数同"香蕉叶斑病"。

注意事项　不能与碱性农药及强酸性药剂混用，也不宜与铜制剂混用，与杀虫剂、杀螨剂混用时须现混现用，不能长时间放置。连续喷药时，注意与不同类型药剂交替使用，并要喷洒均匀周到，以确保防控效果。剩余药液及洗涤药械的废液不能污染河流、湖泊、鱼塘等水域，避免对水生生物产生危害。由于本剂生产企业较多，且有效成分比例多不相同，所以具体用药时尽量以标签说明书为准。

苯甲·锰锌 ·······

有效成分　苯醚甲环唑（difenoconazole）＋代森锰锌（mancozeb1）。

常见商品名称　苯甲·锰锌、美润、星保、富生美、标正翠朗等。

主要含量与剂型　30％（10％＋20％)悬浮剂，45％（3％＋42％）、55％（5％＋50％）、64％（8％唑＋56％)可湿性粉剂。括号内有效成分含量均为苯醚甲环唑的含量加代森锰锌的含量。

产品特点　苯甲·锰锌是由苯醚甲环唑与代森锰锌按一定比例混配的一

种低毒复合杀菌剂，具有保护和治疗双重杀菌作用。混剂黏着性好，耐雨水冲刷，持效期较长，具有双重杀菌机理，病菌不易产生耐药性，且使用方便。

苯醚甲环唑是一种有机杂环类广谱内吸治疗性低毒杀菌成分，具有内吸性好、能够通过输导组织进行传导、持效期较长等特点，对多种高等真菌性病害均有良好的治疗与保护活性。其杀菌机理是通过抑制病菌甾醇脱甲基化而导致病菌死亡。代森锰锌是一种硫代氨基甲酸酯类广谱保护性低毒杀菌成分，主要通过金属离子杀菌。其杀菌机理是通过抑制病菌代谢过程中丙酮酸的氧化，而导致病菌死亡，该抑制过程具有 6 个作用位点，病菌极难产生耐药性。

适用果树及防控对象 苯甲·锰锌适用于多种果树，对许多种高等真菌性病害均具有较好的防控效果。目前果树生产中主要用于防控：梨树的黑星病、炭疽病、黑斑病、轮纹病、锈病，苹果的锈病、斑点落叶病、黑星病、炭疽病、轮纹病，桃树黑星病，枣树的锈病、轮纹病、炭疽病，石榴的炭疽病、褐斑病，柑橘的黑星病、炭疽病，香蕉的叶斑病、黑星病等。

使用技术

(1) 梨树黑星病、炭疽病、黑斑病、轮纹病、锈病　以防控黑星病为主，兼防其他病害即可。一般梨园首先在花序呈铃铛球期喷药 1 次，然后从落花后 7~10 天开始连续喷药，半月左右 1 次，与相应不同类型药剂交替使用，直到采收前 10 天左右。一般使用 30％悬浮剂 2000~2500 倍液，或45％可湿性粉剂 800~1000 倍液，或 55％可湿性粉剂 1500~2000 倍液，或64％可湿性粉剂 2000~2500 倍液均匀喷雾。

(2) 苹果锈病、斑点落叶病、黑星病、炭疽病、轮纹病　防控锈病时，在开花前、落花后各喷药 1 次。防控斑点落叶病时，在春梢生长期内和秋梢生长期内各喷药 2 次左右，间隔期 10~15 天。防控黑星病时，从病害发生初期开始喷药，10~15 天 1 次，连喷 2~3 次。防控炭疽病、轮纹病时，从落花后 7~10 天开始喷药，10 天左右 1 次，连喷 3 次药后套袋；不套袋苹果，3 次药后仍需继续喷药，10~15 天 1 次，需再喷药 4~6 次。具体喷药时，注意与不同类型药剂交替使用。一般使用 30％悬浮剂 1500~2000 倍液，或 45％可湿性粉剂 600~800 倍液，或 55％可湿性粉剂 1000~1200 倍液，或 64％可湿性粉剂 1500~2000 倍液均匀喷雾。

(3) 桃树黑星病　从落花后 15~20 天开始喷药，10~15 天 1 次，连喷2~3 次；往年病害严重桃园，需连续喷药至采收前 1 个月。药剂喷施倍数同“苹果锈病”。

(4) 枣树锈病、轮纹病、炭疽病　从坐住枣果后 10 天左右开始喷药，

10～15 天 1 次，连喷 5～7 次，注意与不同类型药剂交替使用。药剂喷施倍数同"苹果锈病"。

（5）石榴炭疽病、褐斑病　在开花前、落花后、幼果期、套袋前及套袋后各喷药 1 次即可有效控制病害发生，注意与不同类型药剂交替使用。药剂喷施倍数同"苹果锈病"。

（6）柑橘黑星病、炭疽病　谢花 2/3 至幼果期及转色期是防控炭疽病的关键时期，果实膨大期至转色前是防控黑星病的关键时期，均需 10～15 天喷药 1 次，注意与不同类型药剂交替使用。一般使用 30％悬浮剂 2000～2500 倍液，或 45％可湿性粉剂 800～1000 倍液，或 55％可湿性粉剂 1000～1500 倍液，或 64％可湿性粉剂 1500～2000 倍液均匀喷雾。

（7）香蕉叶斑病、黑星病　从病害发生初期开始喷药，半月左右 1 次，连喷 3～5 次，注意与不同类型药剂交替使用或混用。一般使用 30％悬浮剂 1500～2000 倍液，或 45％可湿性粉剂 600～800 倍液，或 55％可湿性粉剂 1000～1200 倍液，或 64％可湿性粉剂 1200～1500 倍液均匀喷雾。

注意事项　不能与碱性药剂及含铜药剂混用，与含铜药剂前后相邻使用时应间隔 1 周以上。喷药时尽量早期使用，使用越早效果越好，且喷药应均匀周到。本剂对鱼类及水生生物有毒，剩余药液及洗涤药械的废液严禁污染河流、湖泊、池塘等水域。用药时注意安全保护，避免药液溅及皮肤及眼睛。梨树上使用时安全采收间隔期为 14 天，每季最多使用 3 次。

苯甲·丙森锌

有效成分　苯醚甲环唑（difenoconazole）＋丙森锌（propineb）。

常见商品名称　苯甲·丙森锌、无斑娇、慧巧等。

主要含量与剂型　50％（5％＋45％）、70％（6％＋64％）可湿性粉剂。括号内有效成分含量均为苯醚甲环唑的含量加丙森锌的含量。

产品特点　苯甲·丙森锌是由苯醚甲环唑与丙森锌按一定比例混配的一种低毒复合杀菌剂，具有保护和治疗双重杀菌作用。混剂黏着性好，耐雨水冲刷，持效期较长，具有双重杀菌机理，病菌不易产生耐药性。

苯醚甲环唑是一种有机杂环类广谱内吸治疗性低毒杀菌成分，内吸传导性好，持效期较长，对高等真菌性病害具有良好的治疗与保护活性。其杀菌机理是通过抑制病菌细胞膜上麦角甾醇的去甲基化而导致病菌死亡，连续多次使用易诱使病菌产生耐药性。丙森锌是一种硫代氨基甲酸酯类广谱保护性低毒杀菌成分，属蛋白质合成抑制剂。其杀菌机理是作用于真菌细胞壁和蛋白质的合成，通过抑制孢子的萌发、侵染及菌丝体的生长，而导致其变形、死亡。该成分含有易被果树吸收的锌元素，有利于促进果树生长并提高果品质量。

适用果树及防控对象　苯甲·丙森锌适用于多种果树，对许多种高等真菌性病害均具有较好的防控效果。目前果树生产中主要用于防控：苹果的锈病、黑星病、轮纹病、炭疽病、斑点落叶病，梨树的锈病、黑星病、轮纹病、炭疽病、黑斑病、白粉病，桃树的黑星病、真菌性穿孔病，枣树的锈病、轮纹病、炭疽病，石榴的炭疽病、褐斑病，柑橘的炭疽病、黑星病，香蕉的叶斑病、黑星病等。

使用技术

(1) 苹果锈病、黑星病、轮纹病、炭疽病、斑点落叶病　防控锈病时，在开花前、落花后各喷药 1 次。防控黑星病时，从病害发生初期开始喷药，10～15 天 1 次，连喷 2～3 次。防控轮纹病、炭疽病时，从落花后 7～10 天开始喷药，10 天左右 1 次，连喷 3 次药后套袋；不套袋苹果，3 次药后仍需继续喷药 4～6 次，喷药间隔期 10～15 天。防控斑点落叶病时，在春梢生长期内和秋梢生长期内各喷药 2 次左右，间隔期 10～15 天。具体喷药时，注意与不同类型药剂交替使用。一般使用 50% 可湿性粉剂 1000～1200 倍液，或 70% 可湿性粉剂 1200～1500 倍液均匀喷雾。

(2) 梨树锈病、黑星病、轮纹病、炭疽病、黑斑病、白粉病　以防控黑星病为主，兼防其他病害即可。一般梨园首先在花序铃铛球期喷药 1 次，然后从落花后 7～10 天开始连续喷药，半月左右 1 次，与相应不同类型药剂交替使用，直到采收前 10 天左右。一般使用 50% 可湿性粉剂 1000～1500 倍液，或 70% 可湿性粉剂 1200～1800 倍液均匀喷雾。中后期防控白粉病时，注意喷洒叶片背面。

(3) 桃树黑星病、真菌性穿孔病　从落花后 15～20 天开始喷药，10～15 天 1 次，连喷 2～3 次；往年病害严重桃园，需增加喷药 1～2 次。药剂喷施倍数同"苹果锈病"。

(4) 枣树锈病、轮纹病、炭疽病　从枣果坐住后 10 天左右开始喷药，10～15 天 1 次，连喷 5～7 次，注意与不同类型药剂交替使用。药剂喷施倍数同"苹果锈病"。

(5) 石榴炭疽病、褐斑病　在开花前、落花后、幼果期、套袋前及套袋后各喷药 1 次，即可有效控制病害发生，注意与不同类型药剂交替使用。药剂喷施倍数同"苹果锈病"。

(6) 柑橘炭疽病、黑星病　谢花 2/3 至幼果期及转色期是防控炭疽病的关键期，果实膨大期至转色前是防控黑星病的关键期，均需 10～15 天喷药 1 次，注意与不同类型药剂交替使用。一般使用 50％可湿性粉剂 800～1000 倍液，或 70％可湿性粉剂 1000～1200 倍液均匀喷雾。

（7）香蕉叶斑病、黑星病　从病害发生初期开始喷药，半月左右 1 次，连喷 3～5 次，注意与不同类型药剂交替使用或混用。一般使用 50％可湿性粉剂 600～800 倍液，或 70％可湿性粉剂 800～1000 倍液均匀喷雾。

注意事项　不能与碱性药剂及含铜药剂混用，与含铜药剂前后相邻使用时应间隔 1 周以上。喷药时尽量早期使用，且喷药应均匀周到。本剂对鱼类及水生生物有毒，剩余药液及洗涤药械的废液严禁污染河流、湖泊、池塘等水域。用药时注意安全保护，避免药液溅及皮肤及眼睛。苹果树上使用的安全采收间隔期为 21 天，每季最多使用 3 次。

苯甲·丙环唑

有效成分　苯醚甲环唑（difenoconazole）＋丙环唑（propiconazol）。

常见商品名称　苯甲·丙环唑、爱苗、洁苗、翠苗、超爱、爱米、妙冠、穗冠、竞美、丰山、明科、本力、影响力、贝尼达、金极冠、东生美瑞等。

主要含量与剂型　30％（15％＋15％）、50％（25％＋25％）、60％（30％＋30％）、300 克/升（150 克/升＋150 克/升）、500 克/升（250 克/升＋250 克/升）乳油，30％（15％＋15％）悬浮剂，30％（15％＋15％）、40％（20％＋20％）微乳剂，30％（15％＋15％）、50％（25％＋25％）水乳剂。括号内有效成分含量均为苯醚甲环唑的含量加丙环唑的含量。

产品特点　苯甲·丙环唑是由苯醚甲环唑与丙环唑按科学比例混配的一种内吸治疗性广谱低毒复合杀菌剂，具有保护、治疗和内吸传导作用，防病范围更广，与丙环唑单剂相比使用较安全。

苯醚甲环唑是一种杂环类广谱内吸治疗性低毒杀菌成分，内吸性好，持效期较长，对许多高等真菌性病害均具有治疗和保护活性。其杀菌机理是通过抑制病菌麦角甾醇脱甲基化而导致病菌死亡。丙环唑是一种三唑类广谱内吸性低毒杀菌成分，既具有良好的内吸治疗性，又具有一定的保护作用，持效期长达一个月左右。能被根、茎、叶部吸收，可很快在植株体内向上传导，对许多高等真菌性病害均具有较好的防治效果。其杀菌机理是通过抑制病菌细胞膜上麦角甾醇的去甲基化，使病菌细胞膜无法形成，而导致病菌死亡。

适用果树及防控对象　苯甲·丙环唑适用于香蕉、葡萄、苹果等果树，对多种高等真菌性病害均具有较好的防控效果。目前果树生产中主要用于防控：香蕉的叶斑病、黑星病，葡萄的白粉病、炭疽病、黑痘病，苹果的褐斑病、斑点落叶病等。

使用技术

（1）香蕉叶斑病、黑星病　从病害发生初期或初见病斑时开始喷药，20天左右1次，与其他类型药剂交替使用，连喷4～6次。一般使用30％乳油或30％悬浮剂或30％微乳剂或30％水乳剂或300克/升乳油1000～1500倍液，或40％微乳剂1500～2000倍液，或50％乳油或50％水乳剂或500克/升乳油2000～2500倍液，或60％乳油2500～3000倍液均匀喷雾。

（2）葡萄白粉病、炭疽病、黑痘病　防控白粉病、炭疽病时，从病害发生初期开始喷药，10～15天1次，连喷2～3次。防控黑痘病时，在花蕾期、落花70％～80％时及落花后10天左右各喷药1次。一般使用30％乳油或30％悬浮剂或30％微乳剂或30％水乳剂或300克/升乳油2500～3000倍液，或40％微乳剂3500～4000倍液，或50％乳油或50％水乳剂或500克/升乳油4000～5000倍液，或60％乳油5000～6000倍液均匀喷雾。

（3）苹果褐斑病、斑点落叶病　防控褐斑病时，从苹果落花后1个月左右开始喷药，10～15天1次，连喷4～6次。防控斑点落叶病时，多用于秋梢期用药，10～15天1次，连喷2次左右。一般使用30％乳油或30％悬浮剂或30％微乳剂或30％水乳剂或300克/升乳油2000～2500倍液，或40％微乳剂3000～3500倍液，或50％乳油或50％水乳剂或500克/升乳油3500～4000倍液，或60％乳油4000～5000倍液均匀喷雾。

注意事项　不能与碱性药剂及肥料混用。用药时注意安全保护，避免药液接触皮肤和眼睛。剩余药液不要污染池塘、湖泊、河流等水域，避免对鱼类及水生生物造成影响。连续喷药时注意与非三唑类杀菌剂交替使用，以防病菌产生耐药性。在瓜果类蔬菜上慎重使用，避免抑制植株生长。

苯甲·咪鲜胺 ·······························

有效成分　苯醚甲环唑（difenoconazole）＋咪鲜胺（prochloraz）。

常见商品名称　苯甲·咪鲜胺、园胜冠、凯氟隆、达靶等。

主要含量与剂型　20％（5％＋15％）、35％（10％＋25％）水乳剂，

20%（5%＋15%）微乳剂，25%（7.5%＋17.5%）、28%（8%＋20%）悬浮剂，70%（30%＋40%）可湿性粉剂。括号内有效成分含量均为苯醚甲环唑的含量加咪鲜胺的含量。

产品特点　苯甲·咪鲜胺是由苯醚甲环唑与咪鲜胺按一定比例混配的一种内吸治疗性广谱低毒复合杀菌剂，防病范围广，内吸传导性好，使用较安全。

苯醚甲环唑是一种杂环类广谱内吸治疗性低毒杀菌成分，内吸性好，持效期较长，对许多高等真菌性病害均具有治疗和保护活性。其杀菌机理是通过抑制病菌麦角甾醇脱甲基化而导致病菌死亡。咪鲜胺是一种咪唑类广谱低毒杀菌成分，具有保护和铲除作用，无内吸作用，但有一定的渗透传导性能，对多种高等菌性病害有特效。其杀菌机理是通过抑制甾醇的生物合成而最终导致病菌死亡。

适用果树及防控对象　苯甲·咪鲜胺适用于多种果树，对许多种高等真菌性病害均具有较好的防控效果。目前果树生产中主要用于防控：香蕉的叶斑病、黑星病，苹果的轮纹病、炭疽病，梨树的黑星病、炭疽病、轮纹病，枣树的炭疽病、轮纹病，桃树的炭疽病、黑星病，柑橘的疮痂病、炭疽病、黑星病等。

使用技术

（1）香蕉叶斑病、黑星病　从病害发生初期或初见病斑时开始喷药，15～20天1次，连喷3～5次。一般使用20%水乳剂或20%微乳剂600～800倍液，或25%悬浮剂1000～1200倍液，或28%悬浮剂1000～1500倍液，或35%水乳剂1200～1500倍液，或70%可湿性粉剂3000～4000倍液均匀喷雾。

（2）苹果轮纹病、炭疽病　从苹果落花后7～10天开始喷药，10天左右1次，连喷3次药后套袋；不套袋苹果仍需继续喷药3～5次，间隔期10～15天。一般使用20%水乳剂或20%微乳剂800～1000倍液，或25%悬浮剂1200～1500倍液，或28%悬浮剂1200～1500倍液，或35%水乳剂1800～2000倍液，或70%可湿性粉剂5000～6000倍液均匀喷雾。

（3）梨树黑星病、炭疽病、轮纹病　以防控黑星病为主导，兼防炭疽病、轮纹病即可。一般果园从落花后即开始喷药，10～15天1次，连喷6～8次，注意与不同类型药剂交替使用。药剂喷施倍数同"苹果轮纹病"。

（4）枣树炭疽病、轮纹病　从枣果坐住后开始喷药，10～15天1次，连喷4～6次。药剂喷施倍数同"苹果轮纹病"。

（5）桃树炭疽病、黑星病　从桃树落花后20天左右开始喷药，10～15

天 1 次，连喷 2～3 次；往年病害严重果园，需加喷 1～2 次。药剂喷施倍数同"苹果轮纹病"。

（6）柑橘疮痂病、炭疽病、黑星病　新梢生长期及时喷药防控疮痂病，幼果期喷药防控疮痂病、炭疽病，果实膨大期及时喷药防控黑星病，果实转色期及时喷药防控炭疽病、黑星病。连续喷药时注意与不同类型药剂交替使用。一般使用 20％水乳剂或 20％微乳剂 600～800 倍液，或 25％悬浮剂 1000～1200 倍液，或 28％悬浮剂 1000～1500 倍液，或 35％水乳剂 1500～2000 倍液，或 70％可湿性粉剂 4000～5000 倍液均匀喷雾。

注意事项　不能与碱性药剂及肥料混用。连续喷药时，注意与不同类型药剂交替使用。剩余药液及洗涤药械的废液严禁污染河流、湖泊、池塘等水域，避免对鱼类及水生生物造成毒害。用药时注意个人安全保护，避免皮肤及眼睛触及药液，用药结束后及时用清水冲洗手、脸及身体裸露部位。一般果树的安全采收间隔期为 28 天，每季最多使用 3 次。

苯甲·嘧菌酯 ·····························

有效成分　苯醚甲环唑（difenoconazole）＋嘧菌酯（azoxystrobin）。

常见商品名称　苯甲·嘧菌酯、阿米妙收、优妙、福递、嘧甲、龙彩、领秀、金满库、默赛喜奥等。

主要含量与剂型　30％（8％＋22％；11.5％＋18.5％；12％＋18％；18％＋12％；18.5％＋11.5％）、32.5％（12.5％＋20％）、40％（15％＋25％）、48％（18％＋30％）、325 克/升（125 克/升＋200 克/升；200 克/升＋125 克/升）悬浮剂。括号内有效成分含量均为苯醚甲环唑的含量加嘧菌酯的含量。

产品特点　苯甲·嘧菌酯是由苯醚甲环唑与嘧菌酯按一定比例科学混配的一种预防及治疗性广谱低毒复合杀菌剂，具有两种杀菌机理，防病范围更广，预防、治疗效果更好，病菌不易产生耐药性，使用方便，适用于果树病害的耐药性和综合治理。

苯醚甲环唑是一种杂环类广谱内吸治疗性杀菌成分，内吸传导性好，持效期较长，对多种高等真菌性病害均具有较好的治疗和保护活性，其杀菌机理是通过抑制病菌麦角甾醇的脱甲基化而导致病菌死亡。嘧菌酯属甲氧基丙烯酸酯类内吸性广谱低毒杀菌成分，具有保护、治疗、铲除、渗透、内吸及缓慢向顶移动等多种活性，是一种线粒体呼吸抑制剂。其杀菌机理是通过抑制细胞色素 bc1 和细胞色素 c 间的电子转移而抑制线粒体的呼吸，最终导致病菌死亡。对 14-脱甲基化酶抑制剂、苯甲酰胺类、二羧酰胺类和苯并咪唑类产生抗性的病菌有效。

适用果树及防控对象　苯甲·嘧菌酯适用于多种果树，对许多高等真菌性病害均具有较好的防控效果。目前果树生产中主要用于防控：香蕉的黑星病、叶斑病，葡萄的白腐病、炭疽病、白粉病，石榴的炭疽病、褐斑病，枣树的轮纹病、炭疽病、褐斑病等。

使用技术

（1）香蕉黑星病、叶斑病　从病害发生初期或初见病斑时开始喷药，15～20 天 1 次，连喷 3～4 次。一般使用 30％悬浮剂或 32.5％悬浮剂或 325 克/升悬浮剂 1500～2000 倍液，或 40％悬浮剂 2000～2500 倍液，或 48％悬浮剂 2500～3000 倍液均匀喷雾，在药液中混加有机硅类或石蜡油类农药助剂可以显著提高药效。

（2）葡萄白腐病、炭疽病、白粉病　防控白腐病、炭疽病时，套袋葡萄在套袋前喷药 1 次即可，不套袋葡萄则需从果粒基本长成大小时开始喷药，10 天左右 1 次，连喷 2～4 次。防控白粉病时，从病害发生初期开始喷药，10 天左右 1 次，连喷 2 次左右。一般使用 30％悬浮剂或 32.5％悬浮剂或 325 克/升悬浮剂 2000～2500 倍液，或 40％悬浮剂 2500～3000 倍液，或 48％悬浮剂 3000～4000 倍液均匀喷雾。

（3）石榴炭疽病、褐斑病　在开花前、落花后、幼果期、套袋前及套袋后各喷药 1 次，即可有效控制该病的发生为害。需注意与不同类型药剂交替使用。药剂喷施倍数同"葡萄白腐病"。

（4）枣树轮纹病、炭疽病、褐斑病　防控轮纹病、炭疽病时，从枣果坐住后 10 天左右开始喷药，10～15 天 1 次，连喷 5～7 次，注意与不同类型药剂交替使用。防控褐斑病时，从初见病斑时开始喷药，10～15 天 1 次，连喷 2 次。药剂喷施倍数同"葡萄白腐病"。

注意事项　不能与碱性药剂及肥料混合使用。连续喷药时，注意与不同类型药剂交替使用，尽量避免单一药剂连续使用。悬浮剂型可能会有沉淀或沉降，使用时应当先进行摇匀。用药时注意安全保护，避免药液溅及皮肤及眼睛。剩余药液及洗涤药械的废液不能污染河流、湖泊、池塘等水域，以免对鱼类及水生生物造成毒害。苹果的许多品种对嘧菌酯较敏感，不建议在苹果树上使用本剂。

苯醚·甲硫 ∙∙∙∙∙∙∙∙∙∙∙∙∙∙∙∙∙∙∙∙∙∙∙∙∙∙∙∙∙∙∙∙∙∙∙∙∙∙

有效成分　苯醚甲环唑（difenoconazole）＋甲基硫菌灵（thiophanate-methyl）。

常见商品名称　苯醚·甲硫、翠硕、卓之选、优必佳等。

主要含量与剂型　40％（5％＋35％）、45％（5％＋40％）、50％（6％＋44％）、70％（8.4％＋61.6％）可湿性粉剂，40％（5％＋35％）、50％（8％＋42％）悬浮剂。括号内有效成分含量均为苯醚甲环唑的含量加甲基硫菌灵的含量。

产品特点　苯醚·甲硫是由苯醚甲环唑与甲基硫菌灵按一定比例混配的一种广谱治疗性低毒复合杀菌剂，防病范围广，使用安全，具有两种杀菌机理，病菌不易产生耐药性。

苯醚甲环唑是一种杂环类广谱内吸治疗性杀菌成分，内吸传导性好，持效期较长，对多种高等真菌性病害均具有较好的保护和治疗活性，其杀菌机理是通过抑制病菌麦角甾醇的脱甲基化而导致病菌死亡。甲基硫菌灵是一种取代苯类广谱治疗性杀菌成分，具有内吸治疗和预防作用，使用安全，不污染环境。喷施后，一部分直接作用于病菌，阻碍其呼吸过程，影响病菌孢子的产生、萌发及菌丝体生长；另一部分在植物体内转化为多菌灵，通过干扰病菌有丝分裂中纺锤体的形成，影响细胞分裂，而导致病菌死亡。

适用果树及防控对象　苯醚·甲硫适用于多种果树，对许多种高等真菌性病害均具有很好的防控效果。目前果树生产中主要用于防控：苹果的炭疽病、轮纹病、斑点落叶病、黑星病、白粉病，梨树的黑星病、轮纹病、炭疽病、白粉病，桃树黑星病（疮痂病）、炭疽病、真菌性穿孔病，李红点病，葡萄炭疽病，柿树的炭疽病、角斑病，枣树的炭疽病、轮纹病，柑橘的黑星病、炭疽病，芒果的炭疽病、白粉病等。

使用技术

（1）苹果炭疽病、轮纹病、斑点落叶病、黑星病、白粉病　防控炭疽病、轮纹病时，从苹果落花后7～10天开始喷药，10天左右1次，连喷3次药后套袋；不套袋苹果仍需继续喷药3～5次，间隔期10～15天。防控斑点落叶病时，在春梢生长期和秋梢生长期各喷药2次左右。防控黑星病时，从病害发生初期开始喷药，10～15天1次，连喷2～3次。防控白粉病时，在花序分离期、落花70％～80％时及落花后10天左右各喷药1次。具体用药时，注意与不同类型药剂交替使用。一般使用 40％可湿性粉剂或 45％可湿性粉剂 600～800 倍液，或 40％悬浮剂或 50％可湿性粉剂 800～1000 倍液，或 50％悬浮剂或 70％可湿性粉剂 1000～1200 倍液均匀喷雾。

（2）梨树黑星病、轮纹病、炭疽病、白粉病　防控黑星病时，落花后 1.5 个月内和采收前 1.5 个月内是两个防控关键期，分别各需喷药 2～3 次，间隔期 10～15 天；两关键期中间需加喷 2 次左右，间隔期 15～20 天。防控轮纹病、炭疽病时，从梨树落花后 10～15 天开始喷药，10～15 天 1 次，直到果实套袋或雨季结束（不套袋果）。防控白粉病时，从病害发生初期开始喷药，10～15 天 1 次，连喷 2 次左右，重点喷洒叶片背面。具体喷药时，注意与不同类型药剂交替使用。药剂喷施倍数同"苹果炭疽病"。

（3）桃树黑星病、炭疽病、真菌性穿孔病　从桃树落花后 15～20 天开始喷药，10～15 天 1 次，一般桃园连喷 2～3 次即可；往年病害发生较重桃园，仍需继续喷药 2～3 次。药剂喷施倍数同"苹果炭疽病"。

（4）李红点病　从病害发生初期开始喷药，10～15 天 1 次，连喷 2～3 次。药剂喷施倍数同"苹果炭疽病"。

（5）葡萄炭疽病　套袋葡萄套袋前喷药 1 次即可；不套袋葡萄需从葡萄果粒膨大后期开始喷药，10 天左右 1 次，与不同类型药剂交替使用，连喷 3～4 次。药剂喷施倍数同"苹果炭疽病"。

（6）柿树炭疽病、角斑病　南方柿区首先在柿树开花前喷药 1 次，然后从落花后 10 天左右开始连续喷药，10～15 天 1 次，与不同类型药剂交替使用，直到生长后期；北方柿区仅在落花后喷药 2～3 次即可。药剂喷施倍数同"苹果炭疽病"。

（7）枣树炭疽病、轮纹病　从枣果坐住后 10 天左右开始喷药，10～15 天 1 次，与不同类型药剂交替使用，连喷 5～7 次。药剂喷施倍数同"苹果炭疽病"。

（8）柑橘黑星病、炭疽病　谢花 2/3 至幼果期及转色期是防控炭疽病的关键期，果实膨大期至转色前是防控黑星病的关键期，需 10～15 天喷药 1 次，并注意与不同类型药剂交替使用。药剂喷施倍数同"苹果炭疽病"。

（9）芒果炭疽病、白粉病　开花期至幼果期和果实转色期是防控关键期。一般从病害发生初期开始喷药，10～15 天 1 次，每期需连喷 2～3 次。药剂喷施倍数同"苹果炭疽病"。

注意事项　不能与碱性及强酸性药剂混用，也不建议与铜制剂混用。连续用药时，注意与不同类型药剂交替使用。喷药必须及时均匀周到，以保证防控效果。用药时注意安全保护，避免药液溅及皮肤及眼睛。剩余药液及洗涤器械的废液不能污染河流、湖泊、池塘等水域，避免对鱼类及水生生物造成毒害。梨树上使用的安全采收间隔期为 21 天，每季最多使用 2 次。

丙森·多菌灵 ··

有效成分 丙森锌（propineb）＋多菌灵（carbendazim）。

常见商品名称 丙森·多菌灵、美意邦、靓果、点泰、傲凯、清佳等。

主要含量与剂型 70％（30％丙森锌＋40％多菌灵）、53％（45％丙森锌＋8％多菌灵）可湿性粉剂。

产品特点 丙森·多菌灵是由丙森锌与多菌灵按一定比例混配的一种广谱低毒复合杀菌剂，具有保护和治疗双重作用。混剂防病范围广，使用安全方便。

丙森锌是一种硫代氨基甲酸酯类广谱保护性低毒杀菌成分，属蛋白质合成抑制剂。其杀菌机理是作用于真菌细胞壁和蛋白质的合成，通过抑制孢子的萌发、侵染及菌丝体的生长，而导致其变形、死亡。该成分含有易被果树吸收的锌元素，有利于促进果树生长并提高果品质量。多菌灵是一种苯并咪唑类广谱低毒内吸治疗性杀菌成分，对多种高等真菌性病害均具有较好的保护和治疗作用。其杀菌机理是通过干扰真菌细胞有丝分裂中纺锤体的形成，进而影响细胞分裂，最终导致病菌死亡。

适用果树及防控对象 丙森·多菌灵适用于多种果树，对许多种高等真菌性病害均具有较好的防控效果。目前果树生产中主要用于防控：苹果的斑点落叶病、褐斑病、黑星病、轮纹病、炭疽病，梨树的黑星病、黑斑病、褐斑病、轮纹病、炭疽病，葡萄的黑痘病、炭疽病、褐斑病，桃树的黑星病、真菌性穿孔病、炭疽病、李红点病，柿树的炭疽病、角斑病、圆斑病，核桃炭疽病，枣树的轮纹病、炭疽病、褐斑病，石榴的疮痂病、炭疽病、褐斑病，柑橘的疮痂病、炭疽病、黑星病，香蕉的叶斑病、黑星病等。

使用技术

（1）苹果斑点落叶病、褐斑病、黑星病、轮纹病、炭疽病 防控斑点落叶病时，在春梢生长期内和秋梢生长期内各喷药 2～3 次，间隔期 10～15 天。防控褐斑病时，从落花后 1 个月左右开始喷药，10～15 天 1 次，连喷 4～6 次。防控黑星病时，从病害发生初期开始喷药，10～15 天 1 次，连喷 2～3 次。防控轮纹病、炭疽病时，从落花后 7～10 天开始喷药，10 天左右 1 次，连喷 3 次药后套袋；不套袋苹果则需继续喷药 4～6 次，间隔期 10～15 天。一般使用 70％可湿性粉剂 600～800 倍液，或 53％可湿性粉剂 400～500

倍液均匀喷雾。具体喷药时，注意与不同类型药剂交替使用。

（2）梨树黑星病、黑斑病、褐斑病、轮纹病、炭疽病　梨树整个生长季节均可喷施本剂防控病害，多从梨树落花后开始喷药，10～15 天 1 次，与不同类型药剂交替使用。药剂喷施倍数同"苹果斑点落叶病"。

（3）葡萄黑痘病、炭疽病、褐斑病　防控黑痘病时，在开花前、落花80％及落花后半月各喷药 1 次即可；防控炭疽病、褐斑病时，从果粒膨大后期开始喷药，10 天左右 1 次，与不同类型药剂交替使用，直到生长后期（不套袋葡萄）。药剂喷施倍数同"苹果斑点落叶病"。

（4）桃树黑星病、真菌性穿孔病、炭疽病　防控黑星病、炭疽病时，从落花后 20 天左右开始喷药，10～15 天 1 次，一般连喷 2～3 次；往年病害严重桃园，需连续喷药至采收前 1 个月。防控真菌性穿孔病时，从病害发生初期开始喷药，10～15 天 1 次，连喷 2 次左右即可。药剂喷施倍数同"苹果斑点落叶病"，注意与不同类型药剂交替使用。

（5）李红点病　从落花后 10 天左右，或病害发生初期开始喷药，10～15 天 1 次，连喷 2～3 次。药剂喷施倍数同"苹果斑点落叶病"。

（6）柿树炭疽病、角斑病、圆斑病　一般柿树园从落花后半月左右开始喷药，10～15 天 1 次，连喷 2 次药即可；南方柿树园往年病害发生较重的，需在开花前进行第 1 次喷药，且落花后还应连续喷药 4～6 次。药剂喷施倍数同"苹果斑点落叶病"，注意与不同类型药剂交替使用。

（7）核桃炭疽病　一般核桃园从果实膨大中期开始喷药，10～15 天 1 次，连喷 2～3 次即可。药剂喷施倍数同"苹果斑点落叶病"。

（8）枣树轮纹病、炭疽病、褐斑病　首先在开花前喷药 1 次，然后从枣果坐住后半月左右开始连续喷药，10～15 天 1 次，与不同类型药剂交替使用，连喷 5～7 次。药剂喷施倍数同"苹果斑点落叶病"。

（9）石榴疮痂病、炭疽病、褐斑病　一般石榴园在开花前、落花后、幼果期、套袋前及套袋后各喷药 1 次即可。药剂喷施倍数同"苹果斑点落叶病"，注意与不同类型药剂交替使用。

（10）柑橘疮痂病、炭疽病、黑星病　萌芽 1/3 厘米、谢花 2/3 及幼果期是喷药防控疮痂病、炭疽病的关键期，果实膨大期至转色期是喷药防控黑星病的关键期，果实转色期是喷药防控急性炭疽病的关键期。药剂喷施倍数同"苹果斑点落叶病"，10～15 天喷药 1 次，注意与不同类型药剂交替使用。

（11）香蕉叶斑病、黑星病　从病害发生初期或初见病斑时开始喷药，10～15 天 1 次，与不同类型药剂交替使用。一般使用 70％可湿性粉剂 500～600 倍液，或 53％可湿性粉剂 300～400 倍液均匀喷雾，在药液中混加有机硅类农药助剂效果更好。

注意事项　不能与碱性药剂及含铜的农药混用，且前后使用间隔期均应在 7 天以上。与其他药剂混用时应先进行少量混用试验，以免发生药害或混合后产生不良反应。用药时注意安全保护，若使用不当引起不适，应立即离开施药现场，脱去被污染的衣服，用肥皂和清水冲洗手、脸及暴露的皮肤，并根据症状就医治疗。本剂对鱼类及水生生物有毒，剩余药液及洗涤药械的废液严禁污染河流、池塘、湖泊等水域。苹果树上使用的安全采收间隔期为 21 天，每季最多使用 4 次。

铜钙·多菌灵 ....

有效成分　硫酸铜钙（copper calcium sulphate）＋多菌灵（carbendazim）。

常见商品名称　铜钙·多菌灵、统佳。

主要含量与剂型　60％（40％硫酸铜钙＋20％多菌灵）可湿性粉剂。

产品特点　铜钙·多菌灵是由硫酸铜钙与多菌灵按科学比例混配的一种广谱低毒复合杀菌剂，具有治疗、保护和铲除多重作用。两种杀菌机理，优势互补，协同增效，防病范围更广，且病菌不宜产生耐药性。制剂颗粒微细，黏着性好，渗透性强，耐雨水冲刷，可以连续多次使用。

硫酸铜钙是一种广谱保护性低毒铜素杀菌成分，通过释放的铜离子发挥杀菌作用。其杀菌机理是铜离子与病菌体内的多种生物基团结合，使蛋白质变性，进而阻碍和抑制新陈代谢，而导致病菌死亡。该成分遇水或水膜时缓慢释放出杀菌的铜离子，与病菌的萌发、侵染同步，杀菌、防病及时彻底，并对真菌性和细菌性病害同时有效。多菌灵是一种苯并咪唑类内吸治疗性广谱低毒杀菌成分，具有保护和治疗双重作用，耐雨水冲刷，持效期较长。其杀菌机理是通过干扰真菌细胞有丝分裂中纺锤体的形成，进一步影响细胞分裂，而导致病菌死亡。

适用果树及防控对象　铜钙·多菌灵适用于对铜离子不敏感的多种果树，对许多真菌性病害均具有较好的防控效果，并可兼防细菌性病害。目前果树生产中主要用于防控：苹果、梨、葡萄、桃、李、杏、樱桃、枣、石榴、柿等落叶果树的枝干病害（轮纹病、干腐病、腐烂病、流胶病等）、根部病害（紫纹羽病、白纹羽病等），苹果褐斑病，梨树的黑星病、炭疽病、轮纹病，枣树的轮纹病、炭疽病、褐斑病，柑橘的疮痂病、溃疡病、炭疽病、黑星病，草莓根腐病，香蕉叶鞘腐败病，芒果清园等。

使用技术

（1）落叶果树的枝干病害　果树发芽前，全园普遍喷施 1 次 60% 可湿性粉剂 300～400 倍液进行清园。连续几年后，对枝干病害的防控效果非常显著。

（2）落叶果树的根部病害　发现根部病害后，首先在树冠正投影下堆起土埂，然后使用 60% 可湿性粉剂 500～600 倍液浇灌，使药液渗透至大部分根区，较重病树半月后可再浇灌 1 次。

（3）苹果褐斑病　全套袋苹果全套袋后开始喷药，10～15 天 1 次，连喷 3～4 次。一般使用 60% 可湿性粉剂 500～700 倍液均匀喷雾。需要注意，不套袋苹果及苹果套袋前不建议使用本剂，否则在阴雨潮湿季节可能会出现药害斑。

（4）梨树黑星病、炭疽病、轮纹病　从梨树落花后 1 个月开始选用本剂喷雾，10～15 天 1 次，与不同类型药剂交替使用。一般使用 60% 可湿性粉剂 600～800 倍液均匀喷雾。落花后 1 个月内不建议使用本剂。

（5）枣树轮纹病、炭疽病、褐斑病　从枣树坐住果后开始喷药，10～15 天 1 次，连喷 5～7 次，注意与不同类型药剂交替使用。一般使用 60% 可湿性粉剂 600～800 倍液均匀喷雾。

（6）柑橘疮痂病、溃疡病、炭疽病、黑星病　首先在春梢萌动前喷施 60% 可湿性粉剂 300～400 倍液进行清园。开花前、后是防控疮痂病的关键期，春梢抽生期和秋梢抽生期是防控溃疡病和疮痂病的关键期，幼果期和果实转色期是防控炭疽病的关键期，果实膨大期至转色期是防控黑星病的关键期。生长期喷药一般使用 60% 可湿性粉剂 500～600 倍液均匀喷雾。

（7）草莓根腐病　首先在移栽前将定植沟用药消毒，即每亩使用 60% 可湿性粉剂 1～1.5 千克，拌一定量细土后均匀撒施于定植沟内，而后移栽定植；也可定植后使用 60% 可湿性粉剂 500～600 倍液浇灌定植药水，每株（穴）浇灌药液 200～300 毫升。然后再从发病初期开始用药液灌根，10～15 天 1 次，连灌 2 次，一般使用 60% 可湿性粉剂 500～600 倍液灌根，每株次浇灌药液 250～300 毫升。

（8）香蕉叶鞘腐败病　暴风雨后及时进行喷药，或根据气象预报在暴风雨来临前及时喷药预防。一般使用 60% 可湿性粉剂 500～600 倍液喷雾，重点喷洒叶片基部至叶鞘上部区域。

（9）芒果清园　芒果修剪后、催花前喷药。一般使用 60% 可湿性粉剂 400～500 倍液清园消毒。

注意事项　不能与碱性药剂及含金属离子的药剂混用。连续用药时，注意与不同类型药剂交替使用。桃、杏、李、樱桃、梅、柿对铜制剂敏感，不能在它们的生长期喷施。剩余药液及洗涤药械的废液严禁污染河流、湖泊、池塘等水域。

波尔·锰锌 ······························

有效成分 波尔多液（bordeaux mixture）＋代森锰锌（mancozeb）。

常见商品名称 波尔·锰锌、科博。

主要含量与剂型 78％（48％波尔多液＋30％代森锰锌）可湿性粉剂。

产品特点 波尔·锰锌是由工业化生产的波尔多液与代森锰锌按一定比例混配的一种广谱保护性低毒复合杀菌剂，以保护作用为主，使用方便，相对安全，杀菌作用位点多，病菌不易产生耐药性。喷施后在植物表面形成一层黏着力较强的保护药膜，耐雨水冲刷，持效期较长。混剂中含有锰、锌、铜、钙等微量元素，具有一定的微肥作用。

波尔多液是一种无机铜素杀菌成分，通过释放铜离子起杀菌防病作用，铜离子与病菌体内的多种生物活性基团结合，使蛋白质变性或影响酶的活性，进而阻碍和抑制病菌的生理代谢，最终导致病菌死亡。代森锰锌是一种硫代氨基甲酸酯类广谱保护性低毒杀菌成分，主要通过金属离子杀菌。其杀菌机理是通过抑制病菌代谢过程中丙酮酸的氧化，而导致病菌死亡，该抑制过程具有 6 个作用位点，病菌极难产生耐药性。

适用果树及防控对象 波尔·锰锌适用于对铜离子不敏感的多种果树，对许多种真菌性病害均具有很好的预防效果。目前果树生产中主要用于防控：苹果的斑点落叶病、褐斑病、黑星病，葡萄的霜霉病、炭疽病、白腐病，枣树的锈病、轮纹病、炭疽病，柑橘的溃疡病、疮痂病、炭疽病，荔枝霜疫霉病等。

使用技术

（1）苹果斑点落叶病、褐斑病、黑星病 防控斑点落叶病时，在春梢生长期内和秋梢生长期内各喷药 2～3 次；防控褐斑病时，从落花后 1 个月开始喷药，10～15 天 1 次，连喷 4～6 次；防控黑星病时，从病害发生初期开始喷药，10～15 天 1 次，连喷 2～3 次。具体喷药时，注意与不同类型药剂（最好为治疗性药剂）交替使用，且喷药必须及时均匀周到。一般使用 78％可湿性粉剂 500～600 倍液喷雾。

（2）葡萄霜霉病、炭疽病、白腐病 防控霜霉病时，首先在开花前、后各喷药 1 次，预防幼穗受害；然后从叶片上初见病斑时立即开始连续喷药，10 天左右 1 次，与治疗性药剂交替使用，直到生长后期。防控炭疽病、白腐病时，套袋葡萄在果穗套袋前喷药 1 次即可，不套袋葡萄从果粒膨大后期开始喷药，10 天左右 1 次，与相应治疗性药剂交替使用。一般使用 78% 可湿性粉剂 500～600 倍液均匀喷雾，防控霜霉病时重点喷洒叶片背面。

（3）枣树锈病、轮纹病、炭疽病　从枣果坐住后半月左右开始喷药，10～15 天 1 次，与不同类型药剂交替使用，连喷 5～7 次。一般使用 78% 可湿性粉剂 500～600 倍液均匀喷雾。

（4）柑橘溃疡病、疮痂病、炭疽病　在春梢萌芽期、开花前、落花后、夏梢生长初期、秋梢生长初期及果实转色期各喷药 1～2 次，注意与不同类型药剂交替使用。一般使用 78% 可湿性粉剂 400～500 倍液均匀喷雾。

（5）荔枝霜疫霉病　花蕾期、幼果期、果实转色期各喷药 1 次。一般使用 78% 可湿性粉剂 500～600 倍液均匀喷雾。

注意事项　不能与碱性农药及强酸性药剂或肥料混用。本剂属保护性药剂，必须在病害发生前用药才能获得良好的防控效果，喷药晚时注意与治疗性药剂混用或换用治疗性药剂，且喷药应及时均匀周到。对铜离子敏感的果树如桃、李、杏、梅、鸭梨等在潮湿多雨条件下易产生药害，需要慎重使用。剩余药液及洗涤药械的废液严禁污染河流、湖泊、池塘等水域。

代锰·戊唑醇 ·························

有效成分　代森锰锌（mancozeb）＋戊唑醇（tebuconazole）。

常见商品名称　代锰·戊唑醇、美翠、果美利、卡希尔。

主要含量与剂型　25%（22.7%＋2.3%）、50%（45%＋5%）、70%（63.6%＋6.4%）可湿性粉剂。括号内有效成分含量均为代森锰锌的含量加戊唑醇的含量。

产品特点　代锰·戊唑醇是由代森锰锌与戊唑醇按一定比例混配的一种低毒复合杀菌剂，具有双重杀菌机理，病菌不易产生耐药性，使用方便安全。

代森锰锌是一种硫代氨基甲酸酯类广谱保护性低毒杀菌成分，主要通过金属离子杀菌。其杀菌机理是通过抑制病菌代谢过程中丙酮酸的氧化，而导致病菌死亡，该抑制过程具有 6 个作用位点，病菌极难产生耐药性。戊唑醇是一种三唑类广谱内吸治疗性低毒杀菌成分，内吸传导性好，杀菌活性高，持效期较长，并具促进植株健壮、叶色浓绿、提高品质与产量等功效，但连续使用易诱使病菌产生耐药性。其杀菌机理是通过抑制病菌细胞膜上麦角甾醇的去甲基化，使病菌无法形成细胞膜，而导致病菌死亡。

适用果树及防控对象　代锰·戊唑醇适用于多种果树，对许多种高等真菌性病害均具有较好的防控效果。目前果树生产中主要用于防控：苹果的斑点落叶病、褐斑病、黑星病、轮纹病、炭疽病，梨树的黑斑病、褐斑病、炭疽病，枣树的褐斑病、炭疽病、轮纹病，柑橘的炭疽病、黑星病，荔枝炭疽病等。

使用技术

（1）苹果斑点落叶病、褐斑病、黑星病、轮纹病、炭疽病　防控斑点落叶病时，在春梢生长期内和秋梢生长期内各喷药 2～3 次，间隔期 10～15 天。防控褐斑病时，从苹果落花后 1 个月左右开始喷药，10～15 天 1 次，连喷 4～6 次。防控黑星病时，从病害发生初期或初见病斑时开始喷药，10～15 天 1 次，连喷 2 次左右。防控轮纹病、炭疽病时，从落花后 7～10 天开始喷药，10 天左右 1 次，连喷 3 次药后套袋；不套袋苹果则需继续喷药 3～5 次。具体喷药时，注意与不同类型药剂交替使用，且喷药应均匀周到。一般使用 25％可湿性粉剂 400～500 倍液，或 50％可湿性粉剂 600～800 倍液，或 70％可湿性粉剂 800～1000 倍液均匀喷雾。

（2）梨树黑斑病、褐斑病、炭疽病　从病害发生初期开始喷药，10～15 天 1 次，与不同类型药剂交替使用，连喷 3～5 次。药剂喷施倍数同"苹果斑点落叶病"。

（3）枣树褐斑病、炭疽病、轮纹病　枣树开花前喷药 1 次，然后从枣果坐住后开始继续喷药，10～15 天 1 次，连喷 4～6 次，注意与不同类型药剂交替使用。药剂喷施倍数同"苹果斑点落叶病"。

（4）柑橘炭疽病、黑星病　从柑橘幼果期开始喷药，15～20 天 1 次，连喷 3～5 次，注意与不同类型药剂交替使用。一般使用 25％可湿性粉剂 300～400 倍液，或 50％可湿性粉剂 500～600 倍液，或 70％可湿性粉剂 700～800 倍液均匀喷雾。

（5）荔枝炭疽病　荔枝幼果期、转色期各喷药 1 次。药剂喷施倍数同"柑橘炭疽病"。

注意事项　不能与碱性药剂、强酸性药剂及含铜药剂混合使用，与含铜药剂或碱性药剂相邻使用时，前、后均应间隔 7 天以上。用药时注意安全保护，避免药液溅及皮肤及眼睛。在苹果、梨的幼果期使用时，不要随意提高喷施浓度，避免对幼果果面造成刺激。苹果树上使用的安全采收间隔期为

30 天，每季最多使用 3 次。剩余药液及洗涤药械的废液严禁污染河流、湖泊、池塘等水域。

丙环·嘧菌酯 ·····················

有效成分　丙环唑（propiconazol）＋嘧菌酯（azoxystrobin）。

常见商品名称　丙环·嘧菌酯、扬彩、傲彩、俊秀、泰极、炫夺等。

主要含量与剂型　18.7％（11.7％＋7％）、25％（15％＋10％）、32％（12％＋20％）、40％（24％＋16％）悬浮剂。括号内有效成分含量均为丙环唑的含量加嘧菌酯的含量。

产品特点　丙环·嘧菌酯是由丙环唑与嘧菌酯按一定比例混配的一种内吸性低毒复合杀菌剂，具有诱导抗性、预防保护和内吸传导（向顶）多重作用，在香蕉作物上使用安全。

丙环唑是一种三唑类内吸性广谱低毒杀菌成分，既具有良好的内吸治疗性，又具有一定的保护作用，持效期长达一个月左右。喷施后能被茎、叶吸收并向上传导，对多种高等真菌性病害均具有较好的防控效果。其杀菌机理是通过抑制病菌细胞膜上麦角甾醇的去甲基化，使病菌细胞膜无法形成，而导致病菌死亡。嘧菌酯是一种甲氧基丙烯酸酯类内吸性广谱低毒杀菌成分，具有保护、治疗、铲除、渗透、内吸及缓慢向顶移动活性。其杀菌机理是通过影响细胞色素 bc1 向细胞色素 c 的电子转移而抑制线粒体的呼吸，阻止病菌的能量形成，最终导致病菌死亡。既可抑制孢子萌发、菌丝生长，又可抑制孢子产生，并能在一定程度上诱导寄主植物产生免疫特性，防止病菌侵染。

适用果树及防控对象　丙环·嘧菌酯主要应用于香蕉，对香蕉叶斑病、黑星病具有很好的防控效果。

使用技术　从病害发生初期或初见病斑时开始喷药，20 天左右 1 次，连喷 3～5 次。一般使用 18.7％悬浮剂 700～1000 倍液，或 25％悬浮剂 800～1000 倍液，或 32％悬浮剂 1000～1200 倍液，或 40％悬浮剂 1200～1500 倍液均匀喷雾。

注意事项　连续喷药时，注意与不同类型药剂交替使用。与其他药剂混用时应先进行小面积试验，但不能与碱性药剂及肥料混用。用药时注意安全防护，避免药液接触皮肤、眼睛和污染衣物。剩余药液及洗涤药械的废液严禁污染河流、湖泊、池塘等水域，避免对鱼类及水生生物造成毒害。

硅唑·多菌灵

有效成分 氟硅唑（flusilazole）＋多菌灵（carbendazim）。

常见商品名称 硅唑·多菌灵、杜邦、清佳、夺锦。

主要含量与剂型 21％（5％＋16％）、40％（12.5％＋27.5％）悬浮剂，50％（5％＋45％）、55％（5％＋50％）可湿性粉剂。括号内有效成分含量均为氟硅唑的含量加多菌灵的含量。

产品特点 硅唑·多菌灵是由氟硅唑与多菌灵按一定比例混配的一种内吸治疗性低毒复合杀菌剂，具有保护和治疗双重作用，两种杀菌原理，优势互补、协同增效，病菌不易产生耐药性，使用较安全。

氟硅唑是一种三唑类内吸治疗性广谱低毒杀菌成分，具有预防保护和内吸治疗双重作用。其杀菌机理是通过破坏和阻止病菌细胞膜成分麦角甾醇的生物合成，使细胞膜不能正常形成，而导致病菌死亡。对高等真菌性病害具有较好的防控效果，但连续使用易诱使病菌产生耐药性。多菌灵是一种苯并咪唑类内吸治疗性广谱低毒杀菌成分，对多种高等真菌性病害均具有较好的保护和治疗作用，耐雨水冲刷，持效期较长。其杀菌机理是干扰真菌细胞有丝分裂中纺锤体的形成，进而影响细胞分裂，最终导致病菌死亡。

适用果树及防控对象 硅唑·多菌灵适用于多种果树，对许多种高等真菌性病害均具有较好的防控效果。目前果树生产中主要用于防控：苹果的轮纹病、炭疽病、套袋果斑点病、黑星病，梨树的黑星病、黑斑病、白粉病、炭疽病、轮纹病，葡萄的白腐病、炭疽病，枣树的锈病、轮纹病、炭疽病，核桃炭疽病，石榴的褐斑病、炭疽病，柑橘的炭疽病、黑星病，香蕉的叶斑病、黑星病等。

使用技术

（1）苹果轮纹病、炭疽病、套袋果斑点病、黑星病 防控轮纹病、炭疽病、套袋果斑点病时，从苹果落花后 7～10 天开始喷药，10 天左右 1 次，连喷 3 次药后套袋，套袋前 5～7 天内果实表面必须有药剂保护；不套袋苹果需继续喷药 3～5 次，10～15 天 1 次，并注意与其他不同类型药剂交替使用。防控黑星病时，从病害发生初期开始喷药，10～15 天 1 次，与不同类型药剂交替使用，连喷 2～3 次。一般使用 21％悬浮剂 800～1000 倍液，或40％悬浮剂 2000～2500 倍液，或 50％可湿性粉剂 1000～1200 倍液，或55％可湿性粉剂 1000～1200 倍液均匀喷雾。

142

（2）梨树黑星病、黑斑病、白粉病、炭疽病、轮纹病　以防控黑星病为主，兼防其他病害即可。多从落花后即开始喷药，10～15天1次，连喷6～9次，注意与不同类型药剂交替使用。喷药时必须及时均匀周到，特别是叶片背面一定着药。药剂喷施倍数同"苹果轮纹病"。

（3）葡萄白腐病、炭疽病　套袋葡萄在果穗套袋前喷药1次即可；不套袋葡萄多从果粒膨大后期开始喷药，10～15天1次，连喷3～4次。药剂喷施倍数同"苹果轮纹病"。

（4）枣树锈病、轮纹病、炭疽病　从枣果坐住后10天左右开始均匀喷药，10～15天1次，连喷5～7次，注意与不同类型药剂交替使用。药剂喷施倍数同"苹果轮纹病"。

（5）核桃炭疽病　从核桃落花后20天左右开始喷药，10～15天1次，连喷2～3次。药剂喷施倍数同"苹果轮纹病"。

（6）石榴褐斑病、炭疽病　在开花前、落花后、幼果期、套袋前及套袋后各喷药1次，即可有效控制病害发生。药剂喷施倍数同"苹果轮纹病"。

（7）柑橘炭疽病、黑星病　谢花2/3至幼果期及果实转色期是防控炭疽病的关键期，果实膨大期至转色前是防控黑星病的关键期，10～15天喷药1次，注意与不同类型药剂交替使用。药剂喷施倍数同"苹果轮纹病"。

（8）香蕉叶斑病、黑星病　从病害发生初期或初见病斑时开始喷药，15～20天1次，连喷3～4次。一般使用21%悬浮剂500～600倍液，或40%悬浮剂1200～1500倍液，或50%可湿性粉剂600～700倍液，或55%可湿性粉剂600～800倍液均匀喷雾。

注意事项　不能与碱性药剂混用，也不能与硫酸铜等金属盐类药剂混用。连续喷药时，注意与不同类型药剂交替使用。酥梨幼果期对氟硅唑较敏感，需要慎重使用，避免造成药害。制剂对鱼类等水生生物有毒，剩余药液及洗涤药械的废液严禁污染河流、湖泊、池塘等水域。梨树上使用的安全采收间隔期为28天，每季最多使用2次。

恶酮·氟硅唑 ····················

有效成分　恶唑菌酮（famoxadone）＋氟硅唑（flusilazole）。

常见商品名称　恶酮·氟硅唑、杜邦、万兴。

主要含量与剂型　206.7克/升（100克/升恶唑菌酮＋106.7克/升氟硅唑）乳油。

产品特点　恶酮·氟硅唑是由恶唑菌酮与氟硅唑按科学比例混配的一种广谱低毒复合杀菌剂，具有保护与治疗双重杀菌活性，耐雨水冲刷，持效期较长，使用安全、方便，两种杀菌机理，显著延缓病菌产生耐药性。

恶唑菌酮是一种广谱保护性低毒杀菌成分，具有一定的渗透和细胞吸收活性。其杀菌机理主要是通过抑制细胞复合物Ⅲ中的线粒体电子传递，使病菌细胞丧失能量来源（ATP）而死亡。该成分亲脂性很强，能与植物叶表蜡质层大量结合，耐雨水冲刷，持效期较长；喷药后几小时遇雨，不需要重喷。氟硅唑是一种三唑类内吸治疗性广谱低毒杀菌成分，具有内吸治疗和预防保护双重作用，对多种高等真菌性病害均有较好的防控效果。其杀菌机理是通过破坏和阻止病菌细胞膜成分麦角甾醇的生物合成，使细胞膜不能形成，而导致病菌死亡。

适用果树及防控对象　恶酮·氟硅唑适用于多种果树，对许多种高等真菌性病害均具有较好的防控效果。目前果树生产中主要用于防控：苹果的轮纹病、炭疽病，香蕉的叶斑病、黑星病，枣树的锈病、轮纹病、炭疽病等。

使用技术

（1）苹果轮纹病、炭疽病　从苹果落花后 7～10 天开始喷药，10 天左右 1 次，连喷 3 次药后套袋；不套袋苹果继续喷药 4～6 次，间隔期 10～15 天。一般使用 206.7 克/升乳油 2000～3000 倍液均匀喷雾。连续喷药时，注意与不同类型药剂交替使用。

（2）香蕉叶斑病、黑星病　从病害发生初期或初见病斑时开始喷药，半月左右 1 次，连喷 3～4 次。一般使用 206.7 克/升乳油 1000～1500 倍液均匀喷雾。连续喷药时，注意与不同类型药剂交替使用。

（3）枣树锈病、轮纹病、炭疽病　从枣果坐住后半月左右开始喷药，10～15 天 1 次，连喷 5～7 次。一般使用 206.7 克/升乳油 2000～2500 倍液均匀喷雾。连续喷药时，注意与不同类型药剂交替使用。

注意事项　不能与碱性药剂或肥料混用。酥梨幼果期对氟硅唑较敏感，应当慎用，避免造成药害，形成果锈。剩余药液及洗涤药械的废液严禁污染河流、湖泊、池塘等水源地，以防对鱼类等水生生物造成毒害。苹果树上的安全采收间隔期为 21 天，每季最多使用 3 次；枣树上的安全采收间隔期为 28 天，每季最多使用 3 次；香蕉上的安全采收间隔期为 42 天，每季最多使用 3 次。

唑醚·代森联 ·····················

有效成分　吡唑醚菌酯（pyraclostrobin）＋代森联（metiram）。

常见商品名称　唑醚·代森联、百泰等。

主要含量与剂型　60％（5％吡唑醚菌酯＋55％代森联）水分散粒剂。

产品特点　唑醚·代森联是由吡唑醚菌酯与代森联按科学比例混配的一种广谱低毒复合杀菌剂，以预防保护作用为主，耐雨水冲刷，持效期较长，使用安全，病菌不宜产生耐药性，并有提高作物生理活性、激发免疫力和抗病性、提高果品质量等功效。

吡唑醚菌酯是一种新型吡唑醚酯类广谱中毒杀菌成分，对多种真菌性病害都有较好的预防和治疗效果，作用迅速、持效期较长、使用安全，并能在一定程度上诱发植株表现潜在抗病能力。其杀菌机理是通过抑制病菌线粒体的呼吸功能，使能量不能形成，而导致病菌死亡。代森联是一种有机硫类广谱保护性低毒杀菌成分，属病菌复合酶抑制剂，喷施后在植物表面形成致密保护药膜，速效性好，持效期较长，使用安全，病菌不易产生耐药性。通过抑制病菌孢子萌发、干扰芽管的发育伸长而达到防病作用。

适用果树及防控对象　唑醚·代森联适用于多种果树，对许多种真菌性病害均具有较好的防控效果。目前果树生产上主要用于防控：柑橘的疮痂病、炭疽病、黑星病、黄斑病，香蕉的黑星病、叶斑病，荔枝霜疫霉病，苹果的轮纹病、炭疽病、套袋果斑点病、褐斑病、斑点落叶病、黑星病、霉心病，梨树的炭疽病、轮纹病、套袋果黑点病、黑斑病、白粉病，葡萄的霜霉病、白腐病、炭疽病、褐斑病，桃树的真菌性穿孔病、黑星病、炭疽病，枣树的炭疽病、轮纹病，核桃炭疽病，柿树的炭疽病、圆斑病、角斑病，石榴的炭疽病、褐斑病等。

使用技术

（1）柑橘疮痂病、炭疽病、黑星病、黄斑病　萌芽 1/3 厘米、谢花 2/3 及幼果期是喷药防控疮痂病与普通炭疽病的关键期，果实转色期是喷药防控急性炭疽病的关键期，果实膨大期至转色期是喷药防控黑星病的关键期，幼果期至膨大期是喷药防控黄斑病的关键期。10～15 天喷药 1 次，注意与不同类型药剂交替使用。一般使用 60％水分散粒剂 1000～1500 倍液均匀喷雾。

（2）香蕉黑星病、叶斑病 从病害发生初期或初见病斑时开始喷药，半月左右1次，连喷3～4次。一般使用60％水分散粒剂800～1000倍液均匀喷雾。

（3）荔枝霜疫霉病 花蕾期、幼果期、果实近成熟期各喷药1次即可。一般使用60％水分散粒剂1000～1200倍液均匀喷雾。

（4）苹果轮纹病、炭疽病、套袋果斑点病、褐斑病、斑点落叶病、黑星病、霉心病 花序分离期和落花80％左右时各喷药1次，有效防控霉心病；然后从苹果落花后7～10天开始喷药，10天左右1次，连喷3次药后套袋，有效防控套袋苹果的轮纹病、炭疽病及套袋果斑点病，兼防春梢期斑点落叶病和褐斑病、黑星病；苹果套袋后（不套袋苹果连续喷药即可）继续喷药4～5次，10～15天1次，注意与不同类型药剂交替使用，有效防控褐斑病、秋梢期斑点落叶病及不套袋苹果的轮纹病、炭疽病，兼防黑星病。一般使用60％水分散粒剂1000～1500倍液均匀喷雾。

（5）梨树炭疽病、轮纹病、套袋果黑点病、黑斑病、白粉病 从梨树落花后10天左右开始喷药，10天左右1次，连喷2～3次药后套袋，有效防控套袋梨的炭疽病、轮纹病及套袋果黑点病，兼防黑斑病；套袋后（不套袋梨连续喷药即可）继续喷药4次左右，10～15天1次，注意与不同类型药剂交替使用，有效防控黑斑病、白粉病及不套袋梨的炭疽病、轮纹病。一般使用60％水分散粒剂1000～1500倍液均匀喷雾。

（6）葡萄霜霉病、白腐病、炭疽病、褐斑病 首先在开花前、落花后各喷药1次，有效预防霜霉病为害幼果穗；然后从叶片上初见霜霉病病斑时立即开始连续喷药，10天左右1次，与不同类型药剂交替使用，直到生长后期。一般使用60％水分散粒剂1000～1200倍液均匀喷雾。

（7）桃树真菌性穿孔病、黑星病、炭疽病 从桃树落花后15～20天开始喷药，10～15天1次，连喷2～3次；往年病害发生较重果园，需继续喷药1～2次。一般使用60％水分散粒剂1000～1500倍液均匀喷雾。

（8）枣树炭疽病、轮纹病 从枣果坐住后10天左右开始喷药，10～15天1次，连喷5～7次，注意与不同类型药剂交替使用。一般使用60％水分散粒剂1000～1500倍液均匀喷雾。

（9）核桃炭疽病 从核桃落花后20天左右开始喷药，10～15天1次，连喷2～3次。一般使用60％水分散粒剂1000～1500倍液均匀喷雾。

（10）柿树炭疽病、圆斑病、角斑病 南方柿树种植区，首先在柿树开花前喷药1次，然后从落花后7～10天开始连续喷药，10～15天1次，连喷6～8次，注意与不同类型药剂交替使用。北方柿树产区，在落花后半月左右开始喷药，10～15天1次，连喷2～3次即可。一般使用60％水分散粒剂

1000～1500 倍液均匀喷雾。

（11）石榴炭疽病、褐斑病　在开花前、落花后、幼果期、套袋前及套袋后各喷药 1 次，注意与不同类型药剂交替使用。一般使用 60％水分散粒剂 1000～1500 倍液均匀喷雾。

注意事项　不能与碱性药剂及含铜药剂混用。连续喷药时，注意与不同类型药剂交替使用。本剂属保护型杀菌剂，在病害发生前或侵染前开始喷药效果最好，且喷药应均匀周到。用药时注意安全保护，避免皮肤及眼睛接触药剂。剩余药液及洗涤药械的废液严禁污染河流、湖泊、池塘等水域，以免对鱼类等水生生物造成毒害。

肟菌·戊唑醇

有效成分　肟菌酯（trifloxystrobin）＋戊唑醇（tebuconazole）。

常见商品名称　肟菌·戊唑醇、拿敌稳、社喜等。

主要含量与剂型　75％（25％肟菌酯＋50％戊唑醇）水分散粒剂，27％（9％肟菌酯＋18％戊唑醇）悬浮剂。

产品特点　肟菌·戊唑醇是由肟菌酯与戊唑醇按一定比例混配的一种广谱高效低毒复合杀菌剂，具有治疗、铲除及保护多重防病活性，在病菌侵染前、侵染初期及侵染后使用均可获得良好的防病效果。两种杀菌机制，活性互补，协同增效，病菌不宜产生耐药性，杀菌活性较高、内吸性较强、持效期较长，且使用安全、不污染环境。

肟菌酯是一种甲氧基丙烯酸酯类广谱低毒杀菌成分，以保护作用为主，能被植物的蜡质层吸收，渗透到植物组织中，耐雨水冲刷，持效期较长。其杀菌机理主要通过阻断病菌线粒体呼吸链的电子传递，使能量形成受到抑制，而导致病原孢子不能发芽，并抑制菌丝生长和产孢。戊唑醇是一种三唑类广谱内吸治疗性低毒杀菌成分，具有优秀的保护、治疗和铲除活性，内吸传导性好，杀菌活性高，持效期较长，但连续使用易诱使病菌产生耐药性。其杀菌机理是通过抑制病菌细胞膜上麦角甾醇的去甲基化，使病菌无法形成细胞膜，而导致病菌死亡。

适用果树及防控对象　肟菌·戊唑醇适用于多种果树，对许多种高等真菌性病害均具有较好的防控效果。目前果树生产中主要用于防控：香蕉的叶斑病、黑星病，柑橘的疮痂病、炭疽病、黑星病、黄斑病，芒果炭疽病，苹果的褐斑病、斑点落叶病、轮纹病、炭疽病、套袋果斑点病，梨树的轮纹病、炭疽病、套袋果黑点病、黑斑病，葡萄的黑痘病、白腐病、炭疽病，桃树的真菌性穿孔病、黑星病、炭疽病等，草莓白粉病等。

使用技术

（1）香蕉叶斑病、黑星病　从病害发生初期或初见病斑时开始喷药，15～20天1次，连喷3～4次。一般使用75%水分散粒剂2500～3000倍液，或27%悬浮剂1000～1200倍液均匀喷雾。

（2）柑橘疮痂病、炭疽病、黑星病、黄斑病　萌芽1/3厘米、谢花2/3及幼果期是喷药防控疮痂病与普通炭疽病的关键期，果实转色期是喷药防控急性炭疽病的关键期，果实膨大期至转色期是喷药防控黑星病的关键期，幼果期至膨大期是喷药防控黄斑病的关键期。10～15天喷药1次，注意与不同类型药剂交替使用。一般使用75%水分散粒剂4000～5000倍液，或27%悬浮剂1500～2000倍液均匀喷雾。

（3）芒果炭疽病　落花后幼果期连续喷药2次左右，果实膨大后期至转色期连续喷药2～3次，间隔期10～15天。一般使用75%水分散粒剂5000～6000倍液，或27%悬浮剂1500～2000倍液均匀喷雾。

（4）苹果褐斑病、斑点落叶病、轮纹病、炭疽病、套袋果斑点病　从苹果落花后7～10天开始喷药，10天左右1次，连喷3次药后套袋，有效预防轮纹病、炭疽病、套袋果斑点病及春梢期的斑点落叶病，兼防褐斑病；苹果套袋后（不套袋苹果连续喷药即可）继续喷药4～5次，间隔期10～15天，有效防控褐斑病、秋梢期的斑点落叶病及不套袋苹果的轮纹病、炭疽病。一般使用75%水分散粒剂4000～5000倍液，或27%悬浮剂1500～2000倍液均匀喷雾。

（5）梨树轮纹病、炭疽病、套袋果黑点病、黑斑病　从梨树落花后10天左右开始喷药，10天左右1次，连喷2～3次药后套袋，有效防控轮纹病、炭疽病、套袋果黑点病，兼防黑斑病；不套袋梨需继续喷药4～6次，间隔期10～15天，有效防控轮纹病、炭疽病、黑斑病；套袋梨套袋后继续喷药2～4次，间隔期10～15天，有效防控黑斑病。药剂喷施倍数同"苹果褐斑病"。

（6）葡萄黑痘病、白腐病、炭疽病　幼穗花蕾期、落花80%时及落花后10天左右各喷药1次，有效预防黑痘病；套袋葡萄在果穗套袋前喷药1次，有效预防白腐病、炭疽病；不套袋葡萄在果粒膨大后期开始连续喷药，10天左右1次，连喷3～4次，有效预防白腐病、炭疽病。一般使用75%水分散粒剂5000～6000倍液，或27%悬浮剂1800～2000倍液均匀喷雾。

（7）桃树真菌性穿孔病、黑星病、炭疽病　从桃树落花后15～20天开始喷药，10～15 天 1 次，连喷 2～3 次；往年病害严重果园，继续喷药 1～2 次。药剂喷施倍数同"苹果褐斑病"。

（8）草莓白粉病　从病害发生初期开始喷药，7～10 天 1 次，连喷 3～4 次。一般每亩次使用 75％水分散粒剂 8～12 克，或 27％悬浮剂 25～30 毫升，兑水 30～45 千克均匀喷雾。

注意事项　不能与碱性药剂或肥料混用。连续喷药时，注意与不同类型药剂交替使用。用药时注意安全保护，避免皮肤及眼睛接触药液，用药后及时清洗手、脸等裸露部位。剩余药液及洗涤药械的废液严禁污染河流、湖泊、池塘等水域。香蕉上的安全采收间隔期为 21 天，每季最多使用 3 次；柑橘上的安全采收间隔期为 28 天，每季最多使用 2 次；苹果上的安全采收间隔期为 14 天，每季最多使用 3 次。

波尔·甲霜灵 ·······························

有效成分　波尔多液（bordeaux mixture）＋甲霜灵（metalaxyl）。

常见商品名称　波尔·甲霜灵、异果定。

主要含量与剂型　85％（77％波尔多液＋8％甲霜灵）可湿性粉剂。

产品特点　波尔·甲霜灵是由工业化生产的波尔多液与甲霜灵按科学比例混配的一种高效低毒复合杀菌剂，对低等真菌性病害具有良好的防控效果，并可兼防多种高等真菌性病害和细菌性病害。混剂既具有铜素杀菌剂杀菌谱广、杀菌作用位点多、病菌不易产生耐药性等特点，又具有甲霜灵内吸传导性好、杀菌迅速彻底的优势。喷施后在果树表面形成一层黏着力较强的保护药膜，耐雨水冲刷，持效期较长。

波尔多液是一种无机铜素杀菌成分，通过释放铜离子起杀菌防病作用，铜离子与病菌体内的多种生物活性基团结合，使蛋白质变性或影响酶的活性，进而阻碍和抑制病菌的生理代谢，最终导致病菌死亡。甲霜灵是一种酰苯胺类低毒杀菌成分，具有预防保护和内吸治疗双重杀菌功效，其杀菌机理是通过影响病菌 RNA 的生物合成而抑制菌丝生长，最终导致病菌死亡。该成分内吸渗透性好，可随水分运转到植株的各器官，在植株体内杀死已经侵染的病菌，并在内部起保护作用；但连续使用易诱使病菌产生耐药性，所以常与保护性杀菌成分混配使用。

适用果树及防控对象　波尔·甲霜灵适用于对铜制剂不敏感的多种果树，主要用于防控低等真菌性病害。目前果树生产中主要用于防控：葡萄霜霉病，荔枝霜疫霉病，柑橘褐腐病（疫腐病），香蕉叶鞘腐败病等。

使用技术

（1）葡萄霜霉病　首先在开花前、落花后各喷药1次，预防幼果穗受害；然后从叶片上初见病斑时立即开始连续喷药，10天左右1次，与不同类型药剂交替使用，连续施到生长后期，并重点喷洒叶片背面。一般使用85％可湿性粉剂500～700倍液均匀喷雾。

（2）荔枝霜疫霉病　花蕾期、幼果期、果实转色期各喷药1次。一般使用85％可湿性粉剂500～600倍液均匀喷雾。

（3）柑橘褐腐病　在果实膨大后期至转色期，从田间初见病果时立即开始喷药，10～15天1次，连喷1～2次，重点喷洒植株中下部果实及地面。一般使用85％可湿性粉剂500～600倍液均匀喷雾。

（4）香蕉叶鞘腐败病　在每次暴风雨或台风前、后各喷药1次，重点喷洒叶片基部及叶鞘。一般使用85％可湿性粉剂500～600倍液喷雾。

注意事项　不能与碱性药剂及强酸性药剂混用，也不能与其他含有金属离子的药剂混用。用药时应现配现用，并避免在阴湿天气或露水未干前喷药。禁止在对铜离子敏感的作物上使用，如桃、杏、李、梅、柿及梨幼果期等。药袋打开后一次未用完时，要密封后在阴凉干燥处保存，并在短期内用完。连续喷药时，注意与不同类型药剂交替使用。一般果树上的安全采收间隔期为7天，每季最多使用2次。

波尔·霜脲氰

有效成分　波尔多液（bordeaux mixture）＋霜脲氰（cymoxanil）。

常见商品名称　波尔·霜脲氰、克普定。

主要含量与剂型　85％可（77％波尔多液＋8％霜脲氰）湿性粉剂。

产品特点　波尔·霜脲氰是由工业化生产的波尔多液与霜脲氰按科学比例混配的一种高效低毒复合杀菌剂，对低等真菌性病害具有良好的防控效果，并可兼防多种高等真菌性病害和细菌性病害。两种杀菌机理优势互补，可显著延缓病菌产生耐药性，能够连续多次使用。喷施后黏着力强，并迅速渗透内吸，耐雨水冲刷，持效期较长。

波尔多液是一种无机铜素杀菌成分，通过释放铜离子起杀菌防病作用，铜离子与病菌体内的多种生物活性基团结合，使蛋白质变性或影响酶的活性，进而阻碍和抑制病菌的生理代谢，最终导致病菌死亡。霜脲氰是一种酰胺脲类内吸治疗性低毒杀菌成分，专用于防治低等真菌性病害，具有接触和局部内吸作用，既可阻止病菌孢子萌发，又对侵入植物体内的病菌具有很好的杀灭效果；该成分持效期短，连续使用易诱使病菌产生耐药性，所以多与其他保护性药剂混配使用。

适用果树及防控对象 波尔·霜脲氰适用于对铜制剂不敏感的多种果树，主要用于防控低等真菌性病害。目前果树生产中主要用于防控：葡萄霜霉病，柑橘褐腐病（疫腐病），荔枝霜疫霉病，香蕉叶鞘腐败病等。

使用技术

（1）葡萄霜霉病 首先在开花前、落花后各喷药 1 次，预防幼果穗受害；然后从叶片上初见病斑时立即开始连续喷药，10 天左右 1 次，与不同类型药剂交替使用，直到生长后期，并重点喷洒叶片背面。一般使用 85％可湿性粉剂 500～700 倍液均匀喷雾。

（2）柑橘褐腐病 在果实膨大后期至转色期，从田间初见病果时立即开始喷药，10～15 天 1 次，连喷 1～2 次，重点喷洒植株中下部果实及地面。一般使用 85％可湿性粉剂 500～600 倍液均匀喷雾。

（3）荔枝霜疫霉病 花蕾期、幼果期、果实转色期各喷药 1 次。一般使用 85％可湿性粉剂 500～600 倍液均匀喷雾。

（4）香蕉叶鞘腐败病 在每次暴风雨或台风前、后各喷药 1 次，重点喷洒叶片基部及叶鞘。一般使用 85％可湿性粉剂 500～600 倍液喷雾。

注意事项 不能与碱性药剂及强酸性药剂混用，也不能与其他含有金属离子的药剂混用。用药时应现配现用，并避免在阴湿天气或露水未干前喷药。禁止在对铜离子敏感的作物上使用，如桃、杏、李、梅及梨幼果期等。药袋打开后一次未用完时，要密封后在阴凉干燥处保存，并在短期内用完。连续喷药时，注意与不同类型药剂交替使用。

甲霜·百菌清

有效成分 甲霜灵（metalaxyl）＋百菌清（chlorothalonil）。

常见商品名称 甲霜·百菌清、多定、美润、再生仙等。

主要含量与剂型 81％（甲霜灵 9％＋72％百菌清）、72％（甲霜灵 8％＋64％百菌清）可湿性粉剂，12.5％（2.5％甲霜灵＋10％百菌清）烟剂。

产品特点 甲霜·百菌清是由甲霜灵与百菌清按一定比例混配的一种低

毒复合杀菌剂，专用于防治低等真菌性病害，具有保护和治疗双重作用。喷施后在植物表面形成致密的保护药膜，黏着性好，耐雨水冲刷，可有效阻止病菌孢子的萌发和侵入。

甲霜灵是一种酰苯胺类低毒杀菌成分，具有保护和治疗双重杀菌活性，其杀菌机理是通过影响病菌 RNA 的生物合成而抑制菌丝生长，最终导致病菌死亡。该成分内吸渗透性好，可有效杀灭已经侵染到植株体内的病菌，并在内部起保护作用。但连续使用易诱使病菌产生耐药性，所以常与保护性杀菌成分混配使用。百菌清是一种有机氯类极广谱保护性低毒杀菌成分，没有内吸传导作用，喷施到植物表面后有良好的黏着性能，不易被雨水冲刷，持效期较长。其杀菌机理是与真菌细胞中的 3-磷酸甘油醛脱氢酶中的半胱氨酸的蛋白质结合，破坏细胞的新陈代谢而导致病菌死亡。病菌不易产生耐药性，可以连续多次使用。

适用果树及防控对象　甲霜·百菌清适用于多种果树，主要用于防控低等真菌性病害。目前果树生产中主要用于防控：葡萄霜霉病，柑橘褐腐病（疫腐病），荔枝霜疫霉病，苹果疫腐病，梨疫病等。

使用技术

（1）葡萄霜霉病　首先在开花前、落花后各喷药 1 次，预防幼果穗受害；然后从叶片上初见病斑时立即开始连续喷药，10 天左右 1 次，与不同类型药剂交替使用，直到生长后期，并重点喷洒叶片背面。一般使用 81％可湿性粉剂 600～800 倍液，或 72％可湿性粉剂 500～700 倍液喷雾。对于棚室栽培的保护地葡萄，除喷雾用药外，还可进行熏烟。每亩次使用 12.5％烟剂 350～400 克，于傍晚从内向外均匀分布多点，依次点燃后密闭熏烟一整夜，第二天防风后方可农事操作。

（2）柑橘褐腐病　在果实膨大后期至转色期，从田间初见病果时立即开始喷药，10～15 天 1 次，连喷 1～2 次，重点喷洒植株中下部果实及地面。一般使用 81％可湿性粉剂 600～700 倍液，或 72％可湿性粉剂 500～600 倍液均匀喷雾。

（3）荔枝霜疫霉病　花蕾期、幼果期、果实转色期各喷药 1 次。药剂喷施倍数同"柑橘褐腐病"。

（4）苹果疫腐病　适用于不套袋苹果。在果实膨大后期的多雨季节，从果园内初见病果时立即开始喷药，10 天左右 1 次，连喷 1～2 次，重点喷洒植株中下部果实及地面。一般使用 81％可湿性粉剂 600～800 倍液，或 72％可湿性粉剂 500～700 倍液喷雾。

（5）梨疫病　适用于不套袋梨。在果实膨大后期的多雨季节，从果园内初见病果时立即开始喷药，10 天左右 1 次，连喷 1～2 次，重点喷洒植株中下部果实及地面。药剂喷施倍数同"苹果疫腐病"。

注意事项 不能与碱性及强酸性药剂混用。用药时注意安全防护，避免药液溅及皮肤及眼睛。红提葡萄套袋前禁止使用，避免造成果实药害。苹果和梨的有些品种对百菌清较敏感，具体用药时要先进行小范围试验。本剂对鱼类等水生生物有毒，剩余药液及洗涤药械的废液严禁污染河流、湖泊、池塘等水域。

甲霜·锰锌 ···

有效成分 甲霜灵（metalaxyl）＋代森锰锌（mancozeb）。

常见商品名称 甲霜·锰锌、稳好、赛深、超雷、甲雷、双福、霜锐、绿杀、奥悦农、雷佳米、露速净、爱葡生等。

主要含量与剂型 72％（8％甲霜灵＋64％代森锰锌）、70％（10％甲霜灵＋60％代森锰锌）、58％（10％甲霜灵＋48％代森锰锌）可湿性粉剂。

产品特点 甲霜·锰锌是由甲霜灵与代森锰锌按科学比例混配的一种广谱低毒复合杀菌剂，专用于防控低等真菌性病害，具有保护和治疗双重活性，使用安全、方便。两种杀菌机理，优势互补，协同增效，一定程度上延缓了病菌产生耐药性。

甲霜灵是一种酰苯胺类低毒杀菌成分，具有保护和治疗双重杀菌功效，内吸渗透性好，既能杀死已经侵染的病菌，又能在内部起保护作用，但连续使用易诱使病菌产生耐药性。其杀菌机理是通过影响病菌 RNA 的生物合成而抑制菌丝生长，最终导致病菌死亡。代森锰锌是一种硫代氨基甲酸酯类广谱保护性低毒杀菌成分，主要通过金属离子杀菌。其杀菌机理是抑制病菌代谢过程中丙酮酸的氧化，而导致病菌死亡，该抑制过程具有 6 个作用位点，病菌极难产生耐药性。

适用果树及防控对象 甲霜·锰锌适用于多种果树，对低等真菌性病害具有较好的防控效果。目前果树生产中主要用于防控：葡萄霜霉病，荔枝霜疫霉病，柑橘褐腐病（疫腐病），苹果疫腐病，梨疫病等。

使用技术

（1）葡萄霜霉病　首先在开花前、落花后各喷药 1 次，预防幼果穗受害；然后从叶片上初见病斑时立即开始连续喷药，10 天左右 1 次，与不同类型药剂交替使用，直到生长后期，并重点喷洒叶片背面。一般使用 72％可湿性粉剂 500～600 倍液，或 58％可湿性粉剂 500～700 倍液，或 70％可湿性粉剂 600～700 倍液均匀喷雾。

（2）荔枝霜疫霉病　花蕾期、幼果期、果实转色期各喷药 1 次。药剂喷施倍数同"葡萄霜霉病"。

（3）柑橘褐腐病　在果实膨大后期至转色期，从田间初见病果时立即开始喷药，10 天左右 1 次，连喷 1～2 次，重点喷洒植株中下部果实及地面。药剂喷施倍数同"葡萄霜霉病"。

（4）苹果疫腐病　适用于不套袋苹果。在果实膨大后期的多雨季节，从果园内初见病果时立即开始喷药，10 天左右 1 次，连喷 1～2 次，重点喷洒植株中下部果实及地面。药剂喷施倍数同"葡萄霜霉病"。

（5）梨疫病　适用于不套袋梨。在果实膨大后期的多雨季节，从果园内初见病果时立即开始喷药，10 天左右 1 次，连喷 1～2 次，重点喷洒植株中下部果实及地面。药剂喷施倍数同"葡萄霜霉病"。

注意事项　不能与碱性药剂混用。尽量在发病前或发病初期开始用药，且喷药应均匀周到，以保证防控效果。连续喷药时，注意与不同类型药剂交替使用。用药时注意安全保护，避免药液接触皮肤，或溅入眼睛。剩余药液及洗涤药械的废液，严禁倒入河流、湖泊、池塘等水域，避免对鱼类及水生生物造成毒害。

霜脲 · 锰锌

有效成分　霜脲氰（cymoxanil）＋代森锰锌（mancozeb）。

常见商品名称　霜脲·锰锌、克露、霜能、霜洗、妥冻、翠诗、走红、金霜克、碧奥雷旺等。

主要含量与剂型　72%（8%＋64%）、36%（4%＋32%）可湿性粉剂，44%（4%＋40%）水分散粒剂，36%（4%＋32%）悬浮剂。括号内有效成分含量均为霜脲氰的含量加代森锰锌的含量。

产品特点　霜脲·锰锌是由霜脲氰与代森锰锌按科学比例混配的一种低毒复合杀菌剂，专用于防控低等真菌性病害，具有保护和治疗双重作用。两种杀菌机制，优势互补，病菌不宜产生耐药性，使用方便安全。

霜脲氰是一种酰胺脲类内吸治疗性低毒杀菌成分，专用于防控低等真菌性病害，具有接触和局部很强的内吸作用，既可阻止病菌孢子萌发，又对侵入植物体内的病菌具有很好的杀灭效果。该成分持效期短，连续使用易诱使病菌产生耐药性，所以多与其他药剂混配使用。代森锰锌是一种硫代氨基甲酸酯类广谱保护性低毒杀菌成分，主要通过金属离子杀菌。其杀菌机理是抑制病菌代谢过程中丙酮酸的氧化，而导致病菌死亡，该抑制过程具有 6 个作用位点，病菌极难产生耐药性。

适用果树及防控对象 霜脲·锰锌适用于多种果树，对低等真菌性病害具有很好的防控效果。目前果树生产中主要用于防控：葡萄霜霉病，荔枝霜疫霉病，柑橘褐腐病（疫腐病），苹果疫腐病，梨疫病等。

使用技术

（1）葡萄霜霉病 首先在开花前、落花后各喷药 1 次，预防幼果穗受害；然后从叶片上初见病斑时或病害发生初期开始连续喷药，10 天左右 1 次，与不同类型药剂交替使用，直到生长后期。防控叶片霜霉病时，重点喷洒叶片背面。一般使用 72％可湿性粉剂 600～800 倍液，或 44％可湿性粉剂 350～450 倍液，或 36％可湿性粉剂或 36％悬浮剂 300～400 倍液喷雾。

（2）荔枝霜疫霉病 花蕾期、幼果期、果实近成熟期各喷药 1 次。药剂喷施倍数同"葡萄霜霉病"。

（3）柑橘褐腐病 在果实膨大后期至转色期，从田间初见病果时立即开始喷药，10 天左右 1 次，连喷 1～2 次，重点喷洒植株中下部果实及地面。药剂喷施倍数同"葡萄霜霉病"。

（4）苹果疫腐病 适用于不套袋苹果。在果实膨大后期的多雨季节，从果园内初见病果时立即开始喷药，10 天左右 1 次，连喷 1～2 次，重点喷洒植株中下部果实及地面。药剂喷施倍数同"葡萄霜霉病"。

（5）梨疫病 适用于不套袋梨。在果实膨大后期的多雨季节，从果园内初见病果时立即开始喷药，10 天左右 1 次，连喷 1～2 次，重点喷洒植株中下部果实及地面。药剂喷施倍数同"葡萄霜霉病"。

注意事项 不能与碱性药剂、强酸性药剂及含铜药剂混用。连续喷药时，注意与不同类型药剂交替使用。用药时注意安全保护，避免药液溅及皮肤与眼睛。悬浮剂型可能会有沉淀，摇匀后使用不影响药效。本剂对鱼类等水生生物有毒，剩余药液及洗涤药械的废液严禁污染河流、湖泊、池塘等水域。

恶霜·锰锌 ·····························

有效成分 恶霜灵（oxadixyl）＋代森锰锌（mancozeb）。

常见商品名称　恶霜·锰锌、杀毒矾、康正凡、卡霉通、金安琪、福乐尔、阿米安、诺富先、金矾、瑞矾、擒霜、霜博、永宁等。

主要含量与剂型　64％（8％恶霜灵＋56％代森锰锌）可湿性粉剂。

产品特点　恶霜·锰锌是由恶霜灵与代森锰锌按科学比例混配的一种专性低毒复合杀菌剂，专用于防控低等真菌性病害，具有保护与治疗双重作用，并可延缓病菌产生耐药性。使用安全、方便，但对皮肤和眼睛具有一定刺激作用。

恶霜灵是一种苯基酰胺类内吸治疗性低毒杀菌成分，具有接触杀菌和内吸传导活性，对低等真菌性病害具有预防、治疗和铲除作用，但连续使用易诱使病菌产生耐药性，所以多与保护性杀菌成分混配使用。其杀菌机理是通过抑制 RNA 聚合酶而抑制 RNA 的生物合成，最终导致病菌死亡。代森锰锌是一种硫代氨基甲酸酯类广谱保护性低毒杀菌成分，主要通过金属离子杀菌。其杀菌机理是抑制病菌代谢过程中丙酮酸的氧化，而导致病菌死亡，该抑制过程具有 6 个作用位点，病菌极难产生耐药性。

适用果树及防控对象　恶霜·锰锌适用于多种果树，对低等真菌性病害具有较好的防控效果。目前果树生产中主要用于防控：葡萄霜霉病，荔枝和龙眼的霜疫霉病，柑橘褐腐病（疫腐病），苹果和梨的疫腐病等。

使用技术

（1）葡萄霜霉病　首先在开花前、落花后各喷药 1 次，预防幼果穗受害；然后从叶片上初见病斑时或病害发生初期开始连续喷药，10 天左右 1 次，与不同类型药剂交替使用，直到生长后期。防控叶片霜霉病时，重点喷洒叶片背面。一般使用 64％可湿性粉剂 600～800 倍液均匀喷雾。

（2）荔枝、龙眼的霜疫霉病　在花蕾期、幼果期和果实近成熟期各喷药 1 次。一般使用 64％可湿性粉剂 600～800 倍液均匀喷雾。

（3）柑橘褐腐病　在果实膨大后期至转色期，从田间初见病果时立即开始喷药，10 天左右 1 次，连喷 1～2 次，重点喷洒植株中下部果实及地面。一般使用 64％可湿性粉剂 600～800 倍液均匀喷雾。

（4）苹果和梨的疫腐病　适用于不套袋的苹果或梨。在果实膨大后期的多雨季节，从果园内初见病果时立即开始喷药，10 天左右 1 次，连喷 1～2 次，重点喷洒植株中下部果实及地面。一般使用 64％可湿性粉剂 600～800 倍液均匀喷雾。

注意事项　不能与碱性药剂、强酸性药剂及含铜药剂混用。用药时注意安全保护，避免药剂接触皮肤及眼睛。剩余药液及洗涤药械的废液严禁倒入河流、湖泊、池塘等水域，以免对鱼类等水生生物造成毒害。

恶酮·霜脲氰 ∙∙

有效成分 恶唑菌酮（famoxadone）＋霜脲氰（cymoxanil）。

常见商品名称 恶酮·霜脲氰、抑快净、安果好。

主要含量与剂型 52.5％（22.5％恶唑菌酮＋30％霜脲氰）水分散粒剂。

产品特点 恶酮·霜脲氰是由恶唑菌酮与霜脲氰按科学比例混配的一种内吸治疗性低毒复合杀菌剂，专用于防控低等真菌性病害，对病害发生的全过程均有很好的控制效果，耐雨水冲刷，持效期较长，使用安全，在叶片和果实表面没有明显药斑残留。

恶唑菌酮是一种广谱保护性低毒杀菌成分，具有一定的渗透和细胞吸收活性，亲脂性很强，能与植物叶表蜡质层大量结合，耐雨水冲刷，持效期较长，喷药后几小时遇雨，不需要重喷。其杀菌机理主要是通过抑制细胞复合物Ⅲ中的线粒体电子传递，使病菌细胞丧失能量来源（ATP）而死亡。霜脲氰是一种酰胺脲类内吸治疗性低毒杀菌成分，专用于防控低等真菌性病害，具有接触和局部很强的内吸作用，既可阻止病菌孢子萌发，又对侵入植物体内的病菌具有很好的杀灭效果。该成分持效期短，连续使用易诱使病菌产生耐药性，所以多与保护性药剂混配使用。

适用果树及防控对象 恶酮·霜脲氰适用于多种果树，对低等真菌性病害具有很好的防控效果。目前果树生产中主要用于防控：葡萄霜霉病，荔枝和龙眼的霜疫霉病，柑橘褐腐病（疫腐病），苹果和梨的疫腐病等。

使用技术

（1）葡萄霜霉病 首先在开花前、落花后各喷药 1 次，预防幼果穗受害；然后从叶片上初见病斑时或病害发生初期开始连续喷药，10 天左右 1 次，与不同类型药剂交替使用，直到生长后期或雨露雾高湿环境不再出现时。一般使用 52.5％水分散粒剂 1500～2000 倍液喷雾，防控叶片受害时重点喷洒叶背。

（2）荔枝、龙眼的霜疫霉病 花蕾期、幼果期、果实近成熟期各喷药 1 次，即可有效控制该病的发生为害。一般使用 52.5％水分散粒剂 1500～2000 倍液均有喷雾。

（3）柑橘褐腐病 在果实膨大后期至转色期，从田间初见病果时立即开始喷药，10 天左右 1 次，连喷 1～2 次，重点喷洒植株中下部果实及地面。

一般使用 52.5％水分散粒剂 1500～2000 倍液均匀喷雾。

（4）苹果和梨的疫腐病　适用于不套袋的苹果或梨。在果实膨大后期的多雨季节，从果园内初见病果时立即开始喷药，10 天左右 1 次，连喷 1～2次，重点喷洒植株中下部果实及地面。一般使用 52.5％水分散粒剂 1500～2000 倍液均匀喷雾。

注意事项　不能与碱性药剂混用。连续喷药时，注意与不同类型药剂交替使用。喷药时应均匀周到，从发病前或发病初期开始喷药效果最好。用药时注意安全保护，不慎中毒立即送医院对症治疗。剩余药液及洗涤药械的废液严禁污染河流、湖泊、池塘等水域。

烯酰·锰锌 ·······························

有效成分　烯酰吗啉（dimethomorph）+代森锰锌（mancozeb）。

常见商品名称　烯酰·锰锌、乐净、禾悦、易得施、霉尔欣等。

主要含量与剂型　69％（9％＋60％）、50％（6％＋44％）、80％（10％＋70％）可湿性粉剂，69％（9％＋60％）水分散粒剂。括号内有效成分含量均为烯酰吗啉的含量加代森锰锌的含量。

产品特点　烯酰·锰锌是由烯酰吗啉与代森锰锌按一定比例混配的一种低毒复合杀菌剂，主要用于防控低等真菌性病害，具有内吸治疗和预防保护双重活性。两种杀菌机制，作用互补，可延缓病菌产生耐药性，使用方便。

烯酰吗啉是一种吗啉类内吸治疗性低毒杀菌成分，具有内吸治疗和预防保护双重作用，专用于防控低等真菌性病害，内吸性强，耐雨水冲刷，持效期较长，但连续使用易诱使病菌产生耐药性。其杀菌机理是破坏病菌细胞壁膜的形成，引起孢子囊壁的分解，而使病菌死亡。对孢囊梗、孢子囊及卵孢子的形成阶段非常敏感，若在孢子囊和卵孢子形成前用药，则能完全抑制孢子的产生。代森锰锌是一种硫代氨基甲酸酯类广谱保护性低毒杀菌成分，主要通过金属离子杀菌，黏着性好，耐雨水冲刷，持效期较长。其杀菌机理是抑制病菌代谢过程中丙酮酸的氧化，而导致病菌死亡，该抑制过程具有 6 个作用位点，病菌极难产生耐药性。

适用果树及防控对象　烯酰·锰锌适用于多种果树，对低等真菌性病害具有很好的防控效果。目前果树生产中主要用于防控：葡萄霜霉病，荔枝和龙眼的霜疫霉病，柑橘褐腐病（疫腐病），苹果和梨的疫腐病等。

使用技术

（1）葡萄霜霉病　首先在开花前和落花后各喷药 1 次，预防幼果穗受害；然后从叶片上初见病斑时或病害发生初期开始连续喷药，10 天左右 1 次，与不同类型药剂交替使用，直到生长后期或雨露雾高湿环境不再出现时。一般使用 69% 可湿性粉剂或 69% 水分散粒剂 600～700 倍液，或 50% 可湿性粉剂 400～500 倍液，或 80% 可湿性粉剂 700～800 倍液喷雾，防控叶片受害时重点喷洒叶片背面。

（2）荔枝、龙眼的霜疫霉病　花蕾期、幼果期、果实近成熟期各喷药 1 次，即可有效防控该病的发生为害。药剂喷施倍数同"葡萄霜霉病"。

（3）柑橘褐腐病　在果实膨大后期至转色期，从田间初见病果时立即开始喷药，10 天左右 1 次，连喷 1～2 次，重点喷洒植株中下部果实及地面。药剂喷施倍数同"葡萄霜霉病"。

（4）苹果和梨的疫腐病　适用于不套袋的苹果或梨。在果实膨大后期的多雨季节，从果园内初见病果时立即开始喷药，10 天左右 1 次，连喷 1～2 次，重点喷洒植株中下部果实及地面。药剂喷施倍数同"葡萄霜霉病"。

注意事项　不能与碱性药剂及含金属离子的药剂混用。连续喷药时，注意与不同类型药剂交替使用。用药时注意安全保护，避免皮肤及眼睛触及药剂。本剂对鱼类有毒，严禁将剩余药液或洗涤药械的废液污染河流、湖泊、池塘等水域。

烯酰·霜脲氰

有效成分　烯酰吗啉（dimethomorph）＋霜脲氰（cymoxanil）。

常见商品名称　烯酰·霜脲氰、易霜清、易媄露、霜得乐、玛琳亮、明安等。

主要含量与剂型　25%（20%＋5%）可湿性粉剂，35%（30%＋5%）、40%（30%＋10%；25%＋15%）、48%（40%＋8%）悬浮剂，70%（50%＋20%）水分散粒剂。括号内有效成分含量均为烯酰吗啉的含量加霜脲氰的含量。

产品特点　烯酰·霜脲氰是由烯酰吗啉与霜脲氰按一定比例混配的一种内吸治疗性低毒复合杀菌剂，专用于防控低等真菌性病害，具有良好的内吸治疗活性。两种杀菌机制，作用互补，可延缓病菌产生耐药性，使用方便。

烯酰吗啉是一种吗啉类内吸治疗性低毒杀菌成分，具有内吸治疗和预防保护双重作用，专用于防控低等真菌性病害，内吸性强，耐雨水冲刷，持效期较长，但连续使用易诱使病菌产生耐药性。其杀菌机理是破坏病菌细胞壁膜的形成，引起孢子囊壁的分解，而使病菌死亡。对孢子囊和卵孢子的形成阶段非常敏感，若在孢子囊和卵孢子形成前用药，则能完全抑制孢子的产生。霜脲氰是一种酰胺脲类内吸治疗性低毒杀菌成分，专用于防控低等真菌性病害，具有接触和局部很强地内吸作用，既可阻止病菌孢子萌发，又对侵入植物体内的病菌具有很好的杀灭效果。该成分持效期短，连续使用易诱使病菌产生耐药性，所以常与其他药剂混配使用。

适用果树及防控对象 烯酰·霜脲氰适用于多种果树，专用于防控低等真菌性病害。目前果树生产中主要用于防控：葡萄霜霉病，荔枝和龙眼的霜疫霉病，柑橘褐腐病（疫腐病），苹果和梨的疫腐病等。

使用技术

（1）葡萄霜霉病 首先在开花前和落花后各喷药1次，预防幼果穗受害；然后从叶片上初见病斑时或病害发生初期开始连续喷药，10天左右1次，与不同类型药剂交替使用，直到生长后期或雨露雾高湿环境不再出现时。一般使用25％可湿性粉剂700～800倍液，或35％悬浮剂1000～1500倍液，或40％悬浮剂1500～2000倍液，或48％悬浮剂2000～2500倍液，或70％水分散粒剂2500～3000倍液喷雾，防控叶片受害时重点喷洒叶片背面。

（2）荔枝、龙眼的霜疫霉病 花蕾期、幼果期、果实近成熟期各喷药1次，即可有效防控该病的发生为害。药剂喷施倍数同"葡萄霜霉病"。

（3）柑橘褐腐病 在果实膨大后期至转色期，从田间初见病果时立即开始喷药，10天左右1次，连喷1～2次，重点喷洒植株中下部果实及地面。药剂喷施倍数同"葡萄霜霉病"。

（4）苹果和梨的疫腐病 适用于不套袋的苹果或梨。在果实膨大后期的多雨季节，从果园内初见病果时立即开始喷药，10天左右1次，连喷1～2次，重点喷洒植株中下部果实及地面。药剂喷施倍数同"葡萄霜霉病"。

注意事项 不能与碱性药剂、强酸性药剂混用。连续喷药时，注意与不同类型药剂交替使用，与保护性杀菌剂交替使用效果最好。本剂对鱼类等水生生物及蜜蜂有毒，剩余药液及洗涤药械的废液严禁污染河流、湖泊、池塘等水域，亦避免在果树花期使用。用药时注意安全保护，避免药液溅及皮肤和眼睛。

烯酰·吡唑酯 ·······························

有效成分　烯酰吗啉（dimethomorph）＋吡唑醚菌酯（pyraclostrobin）。

常见商品名称　烯酰·吡唑酯、凯特。

主要含量与剂型　18.7％（12％烯酰吗啉＋6.7％吡唑醚菌酯）水分散粒剂，45％（30％烯酰吗啉＋15％吡唑醚菌酯）悬浮剂。

产品特点　烯酰·吡唑酯是由烯酰吗啉与吡唑醚菌酯按科学比例混配的一种低毒复合杀菌剂，对低等真菌性病害具有较好的防控效果，作用较迅速，持效期较长，使用较安全。可有效阻止病菌侵入、减少病菌侵染、抑制病菌扩展和杀死体内病菌，早期使用还能提高寄主免疫能力，降低发病程度、减少用药次数。

烯酰吗啉是一种吗啉类内吸治疗性低毒杀菌成分，专用于防控低等真菌性病害，具有内吸治疗和预防保护双重作用，内吸性强，耐雨水冲刷，持效期较长。对孢子囊和卵孢子的形成阶段非常敏感，若在孢子囊和卵孢子形成前用药，则能完全抑制孢子的产生，但连续使用易诱使病菌产生耐药性。其杀菌机理是破坏病菌细胞壁膜的形成，导致孢子囊壁分解，而使病菌死亡。吡唑醚菌酯是一种新型吡唑醚酯类广谱中毒杀菌成分，对多种真菌性病害都有较好的预防和治疗效果，作用迅速、持效期长、使用安全，并能在一定程度上诱发植株表现潜在抗病能力。其杀菌机理是通过抑制病菌线粒体的呼吸，使能量不能形成，而导致病菌死亡。

适用果树及防控对象　烯酰·吡唑酯适用于多种果树，对低等真菌性病害具有很好的防控效果。目前果树生产中主要用于防控：葡萄霜霉病，荔枝和龙眼的霜疫霉病，柑橘褐腐病（疫腐病），苹果和梨的疫腐病等。

使用技术

（1）葡萄霜霉病　首先在开花前和落花后各喷药1次，预防幼果穗受害；然后从叶片上初见病斑时或病害发生初期开始连续喷药，10天左右1次，与不同类型药剂交替使用，直到生长后期或雨露雾高湿环境不再出现时。一般使用18.7％水分散粒剂600～800倍液，或45％悬浮剂1500～2000倍液喷雾，防控叶片受害时重点喷洒叶片背面。

（2）荔枝、龙眼的霜疫霉病　花蕾期、幼果期、果实近成熟期各喷药1次，即可有效防控该病的发生为害。药剂喷施倍数同"葡萄霜霉病"。

（3）柑橘褐腐病　在果实膨大后期至转色期，从田间初见病果时立即开始喷药，10 天左右 1 次，连喷 1～2 次，重点喷洒植株中下部果实及地面。药剂喷施倍数同"葡萄霜霉病"。

(4) 苹果和梨的疫腐病　适用于不套袋的苹果或梨。在果实膨大后期的多雨季节，从果园内初见病果时立即开始喷药，10 天左右 1 次，连喷 1～2 次，重点喷洒植株中下部果实及地面。药剂喷施倍数同"葡萄霜霉病"。

注意事项　不能与碱性药剂及强酸性药剂混用。连续喷药时，注意与不同类型药剂交替使用。用药时注意个人安全防护，避免药液溅及皮肤和眼睛。剩余药液及洗涤药械的废液，严禁污染河流、湖泊、池塘等水域。

恶酮·锰锌 ....

有效成分　恶唑菌酮（famoxadone）＋代森锰锌（mancozeb）。

常见商品名称　恶酮·锰锌、易保。

主要含量与剂型　68.75%（恶唑菌酮 6.25%＋代森锰锌 62.5%）水分散粒剂。

产品特点　恶酮·锰锌是由恶唑菌酮与代森锰锌按科学比例混配的一种广谱保护性低毒复合杀菌剂，防病范围广，耐雨水冲刷，持效期较长，两种作用机理，可显著延缓病菌产生耐药性。

恶唑菌酮是一种广谱保护性低毒杀菌成分，具有一定的渗透和细胞吸收活性，亲脂性很强，能与植物叶表蜡质层大量结合，耐雨水冲刷，持效期较长，喷药后几小时遇雨，不需要重喷。其杀菌机理主要是通过抑制细胞复合物Ⅲ中的线粒体电子传递，使病菌细胞丧失能量来源（ATP）而死亡。代森锰锌是一种硫代氨基甲酸酯类广谱保护性低毒杀菌成分，主要通过金属离子杀菌。其杀菌机理是抑制病菌代谢过程中丙酮酸的氧化，而导致病菌死亡，该抑制过程具有 6 个作用位点，病菌极难产生耐药性。

适用果树及防控对象　恶酮·锰锌适用于多种果树，对许多种真菌性病害均具有较好的防控效果。目前果树生产中主要用于防控：苹果的轮纹病、炭疽病、斑点落叶病、褐斑病，梨树的炭疽病、轮纹病、黑斑病，葡萄的霜霉病、黑痘病、炭疽病，枣树的轮纹病、炭疽病，石榴的炭疽病、褐斑病，柑橘的疮痂病、炭疽病、黑星病、黑点病，香蕉的叶斑病、黑星病等。

使用技术

(1) 苹果轮纹病、炭疽病、斑点落叶病、褐斑病　从苹果落花后 7～10 天开始喷药，10 天左右 1 次，连喷 3 次药后套袋，有效防控套袋苹果的轮纹病、炭疽病和春梢期斑点落叶病，兼防褐斑病；套袋后继续喷药，10～15天1次，连喷4～6次，有效防控褐斑病、秋梢期斑点落叶病及不套袋苹果的轮纹病、炭疽病。具体喷药时，注意与相应治疗性药剂交替使用，且喷药应均匀周到。一般使用68.75％水分散粒剂1000～1200倍液均匀喷雾。

（2）梨树炭疽病、轮纹病、黑斑病 从梨树落花后10天左右开始喷药，10天左右1次，连喷2～3次药后套袋，有效防控套袋梨的炭疽病、轮纹病，兼防黑斑；套袋后，从黑斑病发生初期开始继续喷药，10～15天1次，连喷2～3次，有效防控套袋梨的黑斑病；不套袋梨，幼果期2～3次药后仍需继续喷药4～6次，间隔期10～15天，有效防控不套袋梨的炭疽病、轮纹病、黑斑病等。一般使用68.75％水分散粒剂1000～1200倍液均匀喷雾。注意与相应治疗性药剂交替使用。

（3）葡萄霜霉病、黑痘病、炭疽病 首先在开花前、落花后及落花后10～15天各喷药1次，有效防控黑痘病与幼穗期霜霉病；然后从叶片上初显霜霉病斑时立即开始喷药，10天左右1次，直到生长后期，有效防控霜霉病、炭疽病。具体喷药时，注意与不同类型药剂或相应治疗性药剂交替使用。一般使用68.75％水分散粒剂800～1000倍液均匀喷雾，特别注意喷洒叶片背面。

（4）枣树轮纹病、炭疽病 从枣果坐住后半月左右开始喷药，10～15天1次，连喷5～7次，注意与不同类型药剂交替使用。一般使用68.75％水分散粒剂1000～1200倍液均匀喷雾。

（5）石榴炭疽病、褐斑病 在开花前、落花后、幼果期、套袋前及套袋后各喷药1次，注意与不同类型药剂交替使用。一般使用68.75％水分散粒剂1000～1200倍液均匀喷雾。

（6）柑橘疮痂病、炭疽病、黑星病、黑点病 萌芽1/3厘米、谢花2/3及幼果期是喷药防控疮痂病、炭疽病的关键期，兼防黑点病；果实膨大期至转色期是喷药防控黑星病、黑点病的关键期，兼防疮痂病；果实转色期是喷药防控急性炭疽病的关键期，兼防黑点病。10～15天喷药1次，注意与不同类型药剂交替使用。一般使用68.75％水分散粒剂1000～1200倍液均匀喷雾。

（7）香蕉叶斑病、黑星病 从病害发生初期或初见病斑时开始喷药，半月左右1次，连喷3～4次，注意与不同类型药剂交替使用。一般使用68.75％水分散粒剂800～1000倍液均匀喷雾。

注意事项 不能与碱性药剂及含铜药剂混用。连续喷药时，注意与相应治疗性杀菌剂交替使用，且喷药应及时均匀周到，在病害发生前开始喷药效果最好。用药时注意安全防护，避免药剂接触皮肤及眼睛。本剂对鱼类等水生生物有毒，严禁将剩余药液及洗涤药械的废液倒入河流、湖泊、池塘等水域。苹果上使用的安全采收间隔期为 7 天，每季最多使用 4 次；柑橘上使用的安全采收间隔期为 10 天，每季最多使用 3 次；葡萄上使用的安全采收间隔期为 21 天，每季最多使用 4 次。

春雷·王铜

有效成分 春雷霉素（kasugamycin）＋王铜（copper oxychloride）。

常见商品名称 春雷·王铜、加瑞农、欧巴、群达、橙亮。

主要含量与剂型 47％（2％春雷霉素＋45％王铜）、50％（5％春雷霉素＋45％王铜）可湿性粉剂。

产品特点 春雷·王铜是由春雷霉素与王铜按一定比例混配的一种低毒复合杀菌剂，具有保护和治疗双重杀菌作用。渗透性好，黏着性强，耐雨水冲刷，持效期较长，可同时防控多种真菌性和细菌性病害。

春雷霉素是一种农用抗生素类低毒杀菌成分，具有预防和治疗双重作用，渗透性和内吸性较强，耐雨水冲刷，持效期较长。其杀菌机理是干扰病菌氨基酸代谢的酯酶系统，影响蛋白质合成，抑制菌丝生长并造成细胞颗粒化，但对孢子萌发没有作用。王铜是一种无机铜类保护性低毒杀菌成分，喷施后在植物表面形成一层保护药膜，黏着性好，耐雨水冲刷，并逐渐释放出铜离子而起杀菌防病作用，连续使用不易诱使病菌产生耐药性。其杀菌机理是铜离子可与病菌体内的多种活性基团结合，使蛋白质变性，进而阻碍和抑制病菌的生理代谢，最终导致病菌死亡。

适用果树及防控对象 春雷·王铜适用于对铜离子不敏感的多种果树，对多种真菌性及细菌性病害均具有较好的防控效果。目前果树生产中主要用于防控：柑橘溃疡病，荔枝霜疫霉病等。

使用技术

（1）柑橘溃疡病　在春梢萌发 20～25 天和转绿期各喷药 1 次；幼果横径 0.5～1 厘米时再开始喷药，7 天左右 1 次，连喷 2～3 次；放夏梢的橘园，放夏梢 7 天后喷药 1 次，叶片转绿期再喷药 1 次；秋梢抽生 7 天后喷药 1 次，叶片转绿期再喷药 1 次。一般使用 47％可湿性粉剂 500～600 倍液，或 50％可湿性粉剂 600～700 倍液均匀喷雾。

（2）荔枝霜疫霉病　花蕾期、幼果期、果实转色期各喷药 1 次，即可有效控制霜疫霉病的发生为害。一般使用 47％可湿性粉剂 600～700 倍液，或

50%可湿性粉剂 650~800 倍液均匀喷雾。

注意事项 不能与碱性药剂及强酸性药剂混用，也不能与硫代氨基甲酸酯类杀菌剂混用。连续喷药时，注意与不同类型药剂交替使用。本剂对苹果、葡萄等作物的嫩叶敏感，用药时应特别注意，避免导致药害。柑橘上，夏季高温季节易引起轻微药害。用药时注意安全防护，避免药液溅及皮肤与眼睛。柑橘上使用的安全采收间隔期为 21 天，每季最多使用 4 次；荔枝上使用的安全采收间隔期为 7 天，每季最多使用 3 次。

第二章

杀虫、杀螨剂

第一节 单剂

矿物油 petroleum oil

常见商品名称 法夏乐、喷得绿、绿颖、颖护、欧星、溶敌、脱颖99等。

主要含量与剂型 95％、96.5％、97％、99％乳油，38％微乳剂。

产品特点 矿物油是一种从石油中提炼的矿物源杀虫杀螨剂，高效、低毒、低残留，对人畜安全。对水喷施后能在虫体表面形成一层致密的特殊油膜，封闭害虫、害螨及其卵的气孔，或通过毛细管作用进入气孔，使其窒息而死亡。另外，矿物油形成的油膜还能改变害虫（螨）寻找寄主的能力（植食害虫主要以足、触角、口器和腹部上微细的感触器来分辨寄主植物），影响其取食、产卵等。矿物油对环境友好，能被微生物分解成水和二氧化碳，不破坏生态环境；对天敌杀伤力低，不刺激其他害虫大发生，持效期较长。其次，矿物油还能作为杀虫、杀螨剂的助剂使用，以提高对害虫、害螨的杀灭效果。

矿物油可与大多数杀虫剂相溶，常与阿维菌素、哒螨灵、炔螨特、氯氰菊酯、高效氯氰菊酯、甲氰菊酯、溴氰菊酯、毒死蜱、丙溴磷、马拉硫磷、三唑磷、辛硫磷、杀扑磷、乙酰甲胺磷、敌敌畏、乐果、丁硫克百威、异丙威、吡虫啉、石硫合剂等杀虫剂成分混配，用于生产复配杀虫（螨）剂。

适用果树及防控对象 矿物油适用于多种果树，对小型害虫、害螨具有较好的杀灭效果。目前果树生产中主要用于防控：柑橘树的蚧壳虫、红蜘蛛、黄蜘蛛、锈壁虱、蚜虫、潜叶蛾，苹果树的红蜘蛛、蚜虫，梨树的红蜘蛛、蚜虫，枇杷树和杨梅树的蚧壳虫等。

使用技术

（1）柑橘树蚧壳虫、红蜘蛛、黄蜘蛛、锈壁虱、蚜虫、潜叶蛾 采果后至春梢萌芽前清园或在害虫（螨）发生初期均可使用，15天左右1次，连喷1~2次。一般使用95％或以上含量的乳油100~150倍液，或38％微乳剂60~100倍液均匀喷雾。

（2）苹果树红蜘蛛、蚜虫 主要用于春季萌芽期清园；炎热夏季前（气温较低时），也可在越冬代害虫（螨）卵孵化盛期或成虫、若虫混发高峰期施用。一般使用95％或以上含量的乳油150～200倍液，或38％微乳剂80～100倍液均匀喷雾。生长季节可以连喷2次，间隔期15～20天。

（3）梨树红蜘蛛、蚜虫　使用时期、方法及喷施剂量同"苹果树红蜘蛛"。

（4）枇杷树、杨梅树蚧壳虫　在越冬代或第1代的1龄若蚧发生高峰期开始用药，10～15天1次，连喷2～3次。一般使用95％或以上含量的乳油100～150倍液均匀喷雾。

注意事项　当气温高于35℃或土壤干旱和作物极度缺水时，不能使用本品。温度较高时请在早晨和傍晚使用，不能与离子化的叶面肥混用，也不能与不相容的农药（如硫黄和部分含硫的杀虫剂、杀菌剂）混用。与可混用的其他农药混用时，具有极佳的增效作用。与其他药剂混用时，请先配好农药后再加入本品；若不清楚兼容性时，应先做小范围试验。

石硫合剂　lime sulfur

常见商品名称　基得、双吉、爱园、优园、双乐、天水、万利、果园清、清园宝、必佳索等。

主要含量与剂型　45％固体（结晶体），29％水剂。

产品特点　石硫合剂是一种"古老的"兼有杀虫、杀螨和杀菌作用的矿物源农药，有效成分为多硫化钙。喷施于作物表面遇空气后发生一系列化学反应，形成微细的单体硫和少量硫化氢而发挥药效。该药为碱性，具有腐蚀昆虫表皮蜡质层的作用，对具有较厚蜡质层的介壳虫和一些螨类的卵都有很好的杀灭效果。

石硫合剂既有工业化生产的商品制剂，也可以自己熬制。工业化生产是用生石灰、硫黄、水和金属催化剂在高温高压下合成，分为水剂和结晶两种，结晶体外观为淡黄色柱状，易溶于水。普通石硫合剂是用生石灰和硫黄粉为原料加水熬制而成，原料配比为生石灰1份、硫黄粉2份、水12～15份。其熬制方法是先将生石灰放入铁锅中加少量水将其化开，制成石灰乳，再加入足量的水煮开，然后加入事先用少量水调成糊状的硫黄粉浆，边加入边搅拌，同时记下水位线。加完后用大火烧沸40～60分钟，并不断搅拌，及时补足水量（最好是沸水），等药液呈红褐色、残渣成黄绿色时停火，冷却后，滤去沉渣，即为石硫合剂原液。原液为深红褐色透明液体，有强烈的臭鸡蛋味，呈碱性，遇酸和二氧化碳易分解，遇空气易被氧化，对人的皮肤有强烈的腐蚀性，对眼睛有刺激作用。可溶于水。低毒至中等毒性，对蜜蜂、家蚕、天敌昆虫无不良影响。

适用果树及防控对象　石硫合剂适用于多种果树，对许多种害虫、害螨及病菌均具有较好的杀灭效果。目前果树生产中主要用于防控：柑橘的蚧壳虫、锈壁虱、红蜘蛛、黄蜘蛛，苹果、梨、桃、杏等落叶果树的叶螨类等越冬害虫。此外，石硫合剂也可作为一种保护性杀菌剂，用于防控苹果、梨、核桃的白粉病、锈病，葡萄霜霉病、褐斑病等多种病害。

使用技术　自己熬制的石硫合剂原液一般为20～26波美度，使用前先用波美比重计测量原液波美度，再根据需要加水稀释使用。果树休眠期，作为果园的清园剂，铲除树体上越冬存活的害虫（螨）及病菌时，喷施剂量一般为3～5波美度；生长期防控病害虫时，只能用0.3～0.5波美度的稀释液进行喷雾。商品制剂的使用技术如下。

（1）柑橘蚧壳虫、锈壁虱、红蜘蛛、红蜘蛛　石硫合剂主要在采果后至萌芽前进行清园使用。采果后晚秋季节，使用45％固体300～500倍液，或29％水剂200～300倍液均匀喷雾；早春萌芽前，一般使用45％固体150～200倍液，或29％水剂100～150倍液均匀喷雾。

（2）苹果、梨、桃、杏等落叶果树的叶螨类等越冬害虫　春季萌芽期，使用45％固体60～80倍液，或29％水剂40～50倍液均匀喷洒树体。

（3）苹果、梨、核桃的白粉病、锈病　从病害发生初期开始喷药，使用45％固体150～200倍液，或29％水剂100倍液均匀喷洒树体，注意与其他类型药剂交替使用。

（4）葡萄白粉病、褐斑病　从病害发生前或发生初期开始喷药，注意与其他类型药剂交替使用。药剂使用量同"苹果白粉病"。

注意事项　不能与其他药剂混用。石硫合剂的药效及发生药害的可能性与温度呈正相关，特别在生长期应避免高温施药。用药时不慎沾染皮肤或溅入眼睛，应立即用大量清水或1∶10的食醋液冲洗，症状严重的立即送医院诊治。由于石硫合剂对金属有很强的腐蚀性，熬制和存放时不能使用铜、铝器具。自己熬制的石硫合剂贮存时应选用小口容器密封存放，在液面上滴加少许柴油可隔绝空气延长贮存期。

苏 云 金 杆 菌　　*Bacillus* ·

常见商品名称　阿苏、菜蛙、喜娃、万喜、圣丹、虫击、挫败、阔达、达江、打春、大胜、敌宝、对决、高点、贵冠、悍战、尖刻、理由、力道、鲁生、强袭、全亡、锐擒、生绿、顺诺、泰极、天弘、天将、铁索、突破、西芮、徐康、悬锐、用心、真精、稻螟净、富春江、见大利、金流星、金土地、毛毛虫、赛诺菲、天地清等。

主要含量与剂型 4000IU/微升、8000IU/微升、16000IU/微升、100亿 IU/微升、6000IU/毫克、8000IU/毫克、100 亿活芽孢/毫升悬浮剂，8000IU/毫克、16000IU/毫克、32000IU/毫克、100 亿活芽孢/克可湿性粉剂，15000IU/毫克、32000IU/毫克、64000IU/毫克水分散粒剂，16000IU/毫克粉剂。

产品特点 苏云金杆菌是在德国苏云金地区发现的一种具有杀虫活性的杆状细菌，能够产生晶体芽孢，主要杀虫成分为内毒素（伴胞晶体）和外毒素，以胃毒作用为主。鳞翅目幼虫摄入伴胞晶体后，引起肠道上皮细胞麻痹、损伤和停止取食，导致细菌的营养细胞易于侵袭和穿透肠道底膜进入血淋巴，使害虫最后因饥饿和败血症而死亡。外毒素作用缓慢，而在蜕皮和变态时作用明显，这两个时期正是 RNA 合成的高峰期，外毒素能抑制依赖于DNA 的 RNA 聚合酶。制剂低毒，对人无毒性反应。

苏云金杆菌可与阿维菌素、甲氨基阿维菌素苯甲酸盐、吡虫啉、高效氯氰菊酯、虫酰肼、氟铃脲、杀虫单、菜青虫颗粒体病毒、黏虫颗粒体病毒、甜菜夜蛾核型多角体病毒、棉铃虫核型多角体病毒、茶尺蠖核型多角体病毒、苜蓿银纹夜蛾核型多角体病毒、松毛虫质型多角体病毒等杀虫剂成分混配，用于生产复配杀虫剂。

适用果树及防控对象 苏云金杆菌适用于多种果树，对鳞翅目害虫具有较好的防控效果。目前果树生产中主要用于防控：柑橘树的柑橘凤蝶、玉带凤蝶、褐带长卷叶蛾等，苹果树的苹果巢蛾、食心虫、卷叶蛾、大造桥虫、美国白蛾、天幕毛虫、棉铃虫、刺蛾类、毒蛾类等，梨树的天幕毛虫、梨星毛虫、尺蠖、食心虫等，桃树的卷叶蛾、尺蠖、食心虫等，枣树的尺蠖、食心虫、棉铃虫等。

使用技术

（1）柑橘树的柑橘凤蝶、玉带凤蝶、褐带长卷叶蛾等 在幼虫孵化盛期至低龄幼虫期进行喷药。一般使用 4000IU/微升悬浮剂 100～150 倍液，或6000IU/毫克悬浮剂 150～200 倍液，或 8000IU/毫克悬浮剂或 8000IU/微升悬浮剂或 8000IU/毫克可湿性粉剂 200～300 倍液，或 15000IU/毫克水分散粒剂或 16000IU/微升悬浮剂或 16000IU/毫克可湿性粉剂或 16000IU/毫克粉剂 400～500 倍液，或 32000IU/毫克可湿性粉剂或 32000IU/毫克水分散粒剂800～1000 倍液，或 64000IU/毫克水分散粒剂 1500～2000 倍液，或 100 亿

IU/微升悬浮剂或 100 亿活芽孢/毫升悬浮剂或 100 亿活芽孢/克可湿性粉剂 200～300 倍液均匀喷雾。

（2）苹果树的苹果巢蛾、食心虫、卷叶蛾、大造桥虫、美国白蛾、天幕毛虫、棉铃虫、刺蛾类、毒蛾类等　在幼虫孵化盛期至低龄幼虫期或钻蛀前进行喷药，药剂喷施倍数同"柑橘树上用药"。

（3）梨树的天幕毛虫、梨星毛虫、尺蠖、食心虫等　在幼虫孵化盛期至低龄幼虫期或钻蛀前进行喷药，药剂喷施倍数同"柑橘树上用药"。

（4）桃树的卷叶蛾、尺蠖、食心虫等　在幼虫孵化盛期至低龄幼虫期或钻蛀前进行喷药，药剂喷施倍数同"柑橘树上用药"。

（5）枣树的尺蠖、食心虫、棉铃虫　在幼虫孵化盛期至低龄幼虫期或钻蛀前进行喷药，药剂喷施倍数同"柑橘树上用药"。

注意事项　本剂为微生物制剂，防控鳞翅目害虫的幼虫时，施药期一般比常规化学农药应提早 2～3 天。不能与碱性药剂、内吸性有机磷杀虫剂、杀细菌剂、波尔多液及铜制剂混用。该药对家蚕毒力很强，施药时应远离桑蚕养殖区域。剩余药液及洗涤药械的废液，严禁污染河流、湖泊、池塘等水域及水产养殖区域。药剂应保存在低于 25℃ 的干燥阴凉仓库中，防止暴晒和潮湿。不同企业生产的制剂存在一定差异，具体使用倍数应参考产品说明书执行。

阿维菌素　abamectin

常见商品名称　阿捕郎、阿加莎、爱福丁、安杀宝、八戒虫、巴金斯、白虫得、保农丁、虫大司、虫螨光、大吊粉、大擒拿、蹈满地、稻不卷、定虫针、二三纵、法蓝迪、根线净、瓜呱叫、呱呱清、害极灭、好上佳、红尼诺、黄金眼、击亚特、吉事多、佳乐时、甲维猛、降顽灵、金德盛、金维林、金钟罩、劲利隆、卷必得、卡毒丁、卡冥西、凯米克、凯斯本、康赛德、克洛清、克线敌、酷地儿、蓝无敌、乐无线、利根砂、利时捷、隆维康、雷电火、禄满福、绿品来、满必服、满服锐、满克丁、亩适克、农安乐、农哈哈、农艺师、七彩马、奇立素、强维丁、擒得住、启明星、青海乐、萨克净、噻米啉、赛博罗、赛丽浓、扫线宝、上线散、盛风阿、速盾高、速锐达、五星散、秀潜净、要中要、一代好、一顶三、抑满止、银旋风、月季花、悦尽特、允发威、真家伙、阿尊、安龙、安锐、傲影、奥能、宝垠、标宽、标令、镖满、兵戈、博品、搏钻、锤炼、打破、稻贺、德灭、掉线、毒蛙、独高、杜决、端纵、封卷、富农、钢拳、高傲、高劲、高朗、高腾、高唯、格朗、更佳、冠格、广域、海亮、豪打、好得、黑盾、黑焰、宏剑、洪图、鸿锐、红截、吉绿、极打、极克、剑鼎、剑力、捷戈、捷特、金币、金钉、金星、精冠、拘螨、卷丹、决除、开迪、凯威、康星、科保、快枪、狂刀、狂卷、坤猛、蓝刀、蓝锋、蓝吉、蓝魅、蓝锐、蓝瑞、蓝玉、蓝悦、雷奇、雷伊、力克、利斧、良骏、亮剑、猎鹰、流金、绿爱、绿集、满除、满迪、满顿、曼舞、美星、猛哥、米赛、妙星、敏功、逆转、农慧、农狮、浓稠、朋克、普拿、畦丰、千刀、千斤、潜符、潜魁、强棒、强点、强盾、青苗、清佳、全铲、锐顿、锐宽、锐浪、锐硕、瑞柏、三斩、神野、胜冲、双赢、四润、肃威、特击、腾龙、滕冠、天弓、天将、天蝎、通尽、通灭、通田、同锐、透皮、完克、万克、维顶、维胜、仙耙、限终、享达、玄机、玄杀、炫剑、亿格、银狼、莺燕、盈锐、营利、战戟、战捷、战杀、喆燕、真巧、至极、中中、众锐、状蓝、准打、阿罗蒎兹、爱诺3号、爱诺4号、爱诺本色、爱诺奇迹、爱诺田秀、白刺木师、白红黄锈、拜克蓝天、碧奥克线、骠骑将军、滨农赛克、虫满克星、东生猛戈、东泰阿锐、佳田无限、京博蓝瑟、科润三星、圣丰横扫、世纪快手、世佳龙宝、双面奇攻、野田风暴、野田清快、野田先锋、正达反司、中航三利、安格诺日金、奥德利康戈、奥迪斯出色、宝丰金手指、碧奥碧螺春、博士微新科、东泰农敌斯、海利尔双瑞、海正大赢家、海正灭虫灵、快箭灭火龙、美尔果揽胜、悦联卷必净、中达蜘蛛侠、诺普信黑将军、诺普信金爱维丁等。

主要含量与剂型 0.5%、0.9%、1%、1.8%、2%、3.2%、5%、18克/升乳油，1.8%、3%、5%水乳剂，1.8%、3%、3.2%、4%、5%微乳剂，1.8%、3%、5%可湿性粉剂，2%、3%、5%微囊悬浮剂，3%、5%、10%悬浮剂，5%可溶液剂，10%水分散粒剂，0.1%浓饵剂。

产品特点 阿维菌素是一种农用抗生素类广谱杀虫、杀螨剂，属于昆虫神经毒剂，含有8个活性组分，其中阿维菌素 B_1 为主要成分，原药高毒，制剂低毒或中毒。对昆虫和螨类以触杀和胃毒作用为主，并有微弱的熏蒸作用，无内吸作用，但对叶片有很强的渗透性，并能在植物体内横向传导，可杀死表皮下的害虫，且持效期长。本剂杀虫（螨）活性高，对胚胎未发育的初产卵无毒杀作用，但对胚胎已发育的后期卵有较强的杀卵活性。其作用机理是干扰害虫神经生理活动，刺激释放 γ-氨基丁酸，抑制害虫神经传导，导致害虫在几小时内迅速麻痹、拒食、缓动或不动，2～4天后死亡。阿维菌素具有强烈杀虫、杀螨、杀线虫活性，农畜两用，杀虫谱广，使用安全，害虫不易产生耐药性；且因植物表面残留少，而对益虫及天敌损伤小。试验条件下对动物无致畸、致癌、致突变作用，对皮肤无刺激作用，对眼睛有轻微刺激作用，对蜜蜂和水生生物高毒，对鸟类低毒。

阿维菌素常与苏云金杆菌、印楝素、吡虫啉、啶虫脒、吡蚜酮、噻虫嗪、烯啶虫胺、氯氰菊酯、高效氯氰菊酯、高效氯氟氰菊酯、甲氰菊酯、联苯菊酯、氰戊菊酯、溴氰菊酯、丙溴磷、敌敌畏、毒死蜱、二嗪磷、马拉硫磷、噻唑磷、三唑磷、杀螟硫磷、辛硫磷、噻嗪酮、多杀霉素、虫酰肼、甲氧虫酰肼、灭幼脲、杀铃脲、除虫脲、氟铃脲、丁醚脲、抑食肼、氟苯虫酰胺、氯虫苯甲酰胺、氰氟虫腙、杀虫单、茚虫威、仲丁威、灭蝇胺、苯丁锡、联苯肼酯、哒螨灵、螺螨酯、炔螨特、噻螨酮、三唑锡、双甲脒、四螨嗪、唑螨酯、矿物油等杀虫剂成分混配，用于生产复配杀虫（螨）剂。

适用果树及防控对象 阿维菌素适用于多种果树，对许多种害虫（螨）均有较好的杀灭效果。目前果树生产中主要用于防控：柑橘树的红蜘蛛、黄蜘蛛、锈壁虱、潜叶蛾、鳞翅目食叶害虫、橘小实蝇、橘大实蝇，香蕉网蝽，杨梅果食蝇，苹果树的叶螨类（山楂叶螨、苹果全爪螨、二斑叶螨）、金纹细蛾、食心虫类（桃小食心虫、梨小食心虫、苹小食心虫等）、卷叶蛾类、鳞翅目食叶害虫，梨树的梨木虱、叶螨类（山楂叶螨、二斑叶螨等）、食心虫类，桃树的叶螨类（山楂叶螨、二斑叶螨等）、卷叶蛾类、食心虫类、桃线潜叶蛾，枣树的枣尺蠖、叶螨类（山楂叶螨、二斑叶螨等）、食心虫类、鳞翅目食叶害虫，核桃缀叶螟，葡萄虎蛾，樱桃果食蝇等。

使用技术

（1）柑橘红蜘蛛、黄蜘蛛、锈壁虱、潜叶蛾、鳞翅目食叶害虫 防控红蜘蛛、黄蜘蛛时，首先在春梢抽生前喷药清园，然后从生长期的害螨发生初期再次开始喷药，1～1.5个月后再喷药1次；防控锈壁虱时，在果实膨大期进行喷药，15～20天喷药1次，连喷2～3次；防控潜叶蛾时，在春梢抽生期、夏梢抽生期及秋梢抽生期各喷药1次即可；防控鳞翅目食叶害虫时，在害虫卵孵化盛期至低龄幼虫期喷药1次即可。一般使用0.5%乳油600～800倍液，或0.9%乳油或1%乳油1000～1500倍液，或1.8%乳油或1.8%水乳剂或1.8%微乳剂或1.8%可湿性粉剂或18克/升乳油2000～3000倍液，或2%乳油或2%微囊悬浮剂2500～3000倍液，或3%微乳剂或3%水乳剂或3%悬浮剂或3%微囊悬浮剂或3%可湿性粉剂3000～5000倍液，或3.2%乳油或3.2%微乳剂4000～5000倍液，或4%微乳剂5000～6000倍液，或5%乳油或5%悬浮剂或5%微囊悬浮剂或5%水乳剂或5%微乳剂或5%可溶液剂或5%可湿性粉剂6000～8000倍液，或10%悬浮剂或10%水分散粒剂10000～12000倍液均匀喷雾。需要注意，不同区域该药已使用年数或次数不同，耐药性存在一定差异，具体用药时还应根据当地实际情况酌情增减用药浓度，以保证防控效果。

（2）柑橘的橘小实蝇、橘大实蝇　从果实转色期开始用药，在果园内均匀喷布多点对果食蝇进行诱杀。一般每亩使用 0.1% 浓饵剂 180～270 克分多点均匀用药，7～10 天用药 1 次，连用 2～3 次。

（3）香蕉网蝽　在网蝽发生初期进行喷药，每次用药持效期约 1 个月。药剂喷施倍数同"柑橘红蜘蛛"。

（4）杨梅果实蝇　从果实近成熟期开始用药，在果园内均匀喷布多点对果食蝇进行诱杀，每株喷洒两点，7 天左右喷洒 1 次，连喷 2～3 次。一般每亩次使用 0.1% 浓饵剂 180～270 克分多点均匀用药。

（5）苹果叶螨类　首先在苹果萌芽期喷药 1 次，然后从害螨发生初盛期开始继续喷药，1～1.5 个月 1 次，连喷 2～3 次。药剂喷施倍数同"柑橘红蜘蛛"。

（6）苹果金纹细蛾、食心虫、卷叶蛾、鳞翅目食叶害虫　在害虫发生初期（卵孵化盛期至低龄幼虫期）进行喷药防控，每代喷药 1 次即可。药剂喷施倍数同"柑橘红蜘蛛"。

（7）梨树梨木虱　在每代若虫发生初期至未被黏液完全覆盖前及时喷药防控，每代均匀喷药 1 次即可。药剂喷施倍数同"柑橘红蜘蛛"。

（8）梨树叶螨类　首先在梨树萌芽期喷药 1 次，然后从叶螨发生初盛期开始继续喷药，1～1.5 个月 1 次，连喷 2～3 次。药剂喷施倍数同"柑橘红蜘蛛"。

（9）梨树食心虫　在害虫卵孵化盛期至幼虫蛀果前及时喷药防控，每代喷药 1 次即可。药剂喷施倍数同"柑橘红蜘蛛"。

（10）桃树叶螨类　首先在桃树萌芽期喷药 1 次，然后从叶螨发生初盛期开始继续喷药，1～1.5 个月 1 次，连喷 2 次左右。药剂喷施倍数同"柑橘红蜘蛛"。

（11）桃树卷叶蛾类、食心虫类　在害虫发生为害初期，或卵孵化盛期至幼虫卷叶前或蛀果前及时喷药防控，每代喷药 1 次即可。药剂喷施倍数同"柑橘红蜘蛛"。

（12）桃线潜叶蛾　在害虫发生为害初期或初见"虫道"时及时喷药防控，1 个月左右 1 次，连喷 2～4 次。药剂喷施倍数同"柑橘红蜘蛛"。

（13）枣树枣尺蠖、鳞翅目食叶害虫　在害虫发生为害初期或卵孵化盛期至低龄幼虫期及时喷药防控，每代喷药 1 次即可。药剂喷施倍数同"柑橘红蜘蛛"。

（14）枣树叶螨类　首先在枣树萌芽期喷药 1 次，并连同喷洒地面；然后从害螨发生初盛期开始继续喷药，1个月1次，连喷2次左右。药剂喷施倍数同"柑橘红蜘蛛"。

（15）枣树食心虫类　在害虫卵孵化盛期至幼虫蛀果为害前及时喷药，每代喷药1次即可。药剂喷施倍数同"柑橘红蜘蛛"。

（16）核桃缀叶螟　在害虫发生为害初期或卵孵化盛期至低龄幼虫期及时喷药防控，每代喷药1次即可。药剂喷施倍数同"柑橘红蜘蛛"。

（17）葡萄虎蛾　在害虫发生为害初期或卵孵化盛期至低龄幼虫期及时喷药防控，每代喷药1次即可。药剂喷施倍数同"柑橘红蜘蛛"。

（18）樱桃果食蝇　从果实近成熟期开始用药，在果园内均匀喷布多点对果食蝇进行诱杀，每株喷洒1～2点，7天左右喷洒1次，连喷2～3次。一般每亩次使用0.1%浓饵剂180～270克分多点均匀用药。

注意事项　为扩大杀虫谱，延缓害虫产生耐药性，具体用药时注意与其他不同类型药剂混合使用或交替使用。本剂对鱼类高毒，应避免污染河流、湖泊、池塘等水源地；对蜜蜂有毒，不要在果树开花期使用。用药时注意安全保护，如误服，应立即引吐并服用吐根糖浆或麻黄素，但不能给昏迷患者催吐或灌任何东西，并送医院对症治疗；抢救时不要给患者使用增强 γ -氨基丁酸活性的物质，如巴比妥等。本剂生产企业众多，相互间的产品存在一定差异，具体用药时请参考其说明书进行使用。

甲氨基阿维菌素苯甲酸盐
emamectin benzoate

常见商品名称　阿迪打、阿怕奇、阿锐钢、昂歌锐、冰锋剑、常胜剑、达优甲、迪哈哈、兑兑清、风向标、高威严、黑钻刚、红锐剑、今日清、金主力、金德益、金米尔、巨风斩、克奥丁、库克锐、连城剑、领天下、绿狂风、绿荫地、美科斯、农保赞、农舟行、扑五龄、七星拳、锐劲威、锐威特、萨克剑、赛迪生、施特丹、双合心、天子峰、田天健、统治者、威克达、新锐停、新长山、夜朗神、伊福丁、壹马定、执行力、助尔丰、助农兴、爱攻、傲甲、傲翔、靶定、百杰、百硕、百替、宝龙、保胜、碧绿、标驰、彪特、彪网、搏尔、博卡、超甲、超爽、超炫、程克、赤火、刺透、达宽、刀统、点将、顶贯、顶尊、独舞、多击、剁中、法决、方除、伏铃、盖击、高赢、格斗、功彪、攻溃、挂隆、冠剑、冠雄、广穗、黑敌、狠斗、鸿甲、鸿越、鸿钻、欢胜、幻神、惠威、击毙、吉盾、嘉奖、甲击、甲雄、尖钻、剑克、剑斩、捷品、金克、金宽、金收、金雨、劲铲、劲闪、劲翔、劲邮、精艳、竞标、九巧、九斩、久速、巨蛙、骏柏、凯将、凯腾、凯威、凯钻、康除、康欢、康斩、酷点、酷凯、宽广、宽润、宽扫、朗博、雷明、雷生、粒妙、凌越、领胜、龙魁、绿伟、绿铃、绿巧、美卷、美绝、美钻、猛盖、妙歼、妙锦、牛盾、农拳、农头、诸砍、欧腾、平甲、普广、普擒、齐丰、千敌、千卫、强镇、青雷、清欢、群战、韧剑、锐歌、锐力、锐猫、锐普、锐喜、锐兴、瑞飚、塞进、赛灭、山捕、山除、闪透、上标、胜格、胜凯、胜青、胜新、十环、世扬、势夺、索胜、泰猛、天打、天剑、天蝎、田狼、田神、通田、头甲、图胜、万铲、万腾、威彪、威控、围卷、维箭、伟鼎、喜粒、喜令、笑打、炫金、易康、银锐、勇帅、优喜、诱攻、玉晟、赞誉、斩浪、战标、战功、战诛、站成、主力、追打、卓电、尊典、尊魁、标正终极、拜克满益、碧奥嘉强、碧奥金锐、滨农四拳、电击小子、沪联狂击、华灵治精、火蓝刀锋、甲维锐特、金阿帕奇、金尔索朗、金甲弹头、京博保尔、京博灵驭、京博泰利、精诺五甲、康禾高卷、力智定夺、绿霸高端、美丰金刀、润生稳攻、威远定康、威远禾安、威远鸿基、委员金甲、野田金卫、野田骏捷、安格诺日清、安格诺田久、博瑞特标美、德丰富旗胜、海利尔欧凯、亨达甲威特、甲唯透披刹、金色眼镜蛇、凯源祥凯强、美尔果高冠、野田新快克、野田好神功等。

主要含量与剂型 0.5％、1％、2％、5％乳油，1％、2％、2.5％、3％、5％微乳剂，2％水乳剂，2.5％、3％、5％水分散粒剂，5％可溶粒剂。

产品特点 甲氨基阿维菌素苯甲酸盐是以阿维菌素 B_1 为基础，进行合成的一种半合成抗生素类高效低毒杀虫剂，以胃毒作用为主，兼有触杀活性，对作物无内吸性能，但可有效渗入施用作物的表皮组织，持效期较长。其作用机理是阻碍害虫运动神经信息传递而使虫体麻痹死亡，幼虫在接触药剂后很快停止取食，发生不可逆转的麻痹，在3～4天内达到死亡高峰。该药对鳞翅目昆虫的幼虫和其他许多害虫害螨具有极高活性，与其他杀虫剂无交互抗性，在常规剂量范围内对有益昆虫及天敌、人、畜安全。对鱼类高毒、对蜜蜂有毒。

甲氨基阿维菌素苯甲酸盐常与苏云金杆菌、甲氰菊酯、联苯菊酯、氯氰菊酯、高效氯氰菊酯、高效氯氟氰菊酯、吡丙醚、哒螨灵、虫螨腈、多杀霉素、氟苯虫酰胺、毒死蜱、丙溴磷、三唑磷、辛硫磷、茚虫威、丁硫克百威、仲丁威、吡虫啉、啶虫脒、杀虫单、杀虫双、灭幼脲、丁醚脲、氟啶脲、氟铃脲、杀铃脲、虱螨脲、虫酰肼、噻虫嗪等杀虫剂成分混配，用于生产复配杀虫剂。

适用果树及防控对象　甲氨基阿维菌素苯甲酸盐适用于多种果树，对许多鳞翅目害虫均具有较好的杀灭效果。目前果树生产中主要用于防控：苹果金纹细蛾，苹果、桃、枣、梨等果树的卷叶蛾、食心虫（桃小食心虫、梨小食心虫、桃蛀螟等）、美国白蛾、天幕毛虫、棉铃虫、刺蛾类等，桃线潜叶蛾，梨树梨木虱，柑橘潜叶蛾等。

使用技术

(1) 苹果金纹细蛾　从果园内初见虫斑时立即开始喷药，每代喷药 1 次即可。一般使用 0.5％乳油 800～1000 倍液，或 1％乳油或 1％微乳剂1500～2000 倍液，或 2％乳油或 2％微乳剂或 2％水乳剂 3000～4000 倍液，或 2.5％微乳剂或 2.5％水分散粒剂 4000～5000 倍液，或 3％微乳剂或 3％水分散粒剂 5000～6000 倍液，或 5％乳油或 5％微乳剂或 5％可溶粒剂或 5％水分散粒剂 8000～10000 倍液均匀喷雾。

(2) 苹果、桃、枣、梨等果树的卷叶蛾　果树发芽后开花前或落花后及时喷药，然后在果园内初见卷叶为害时再次喷药。药剂喷施倍数同"苹果金纹细蛾"。

(3) 苹果、桃、枣、梨等果树的食心虫　在害虫卵孵化盛期至幼虫蛀果为害前及时喷药，每代喷药 1 次。药剂喷施倍数同"苹果金纹细蛾"。

(4) 苹果、桃、枣、梨等果树的美国白蛾、天幕毛虫、棉铃虫、刺蛾类　在害虫发生为害初期，或害虫卵孵化盛期至低龄幼虫期及时喷药，每代喷药 1 次即可。药剂喷施倍数同"苹果金纹细蛾"。

(5) 桃线潜叶蛾　从桃树叶上初见虫斑时开始喷药，1 个月左右 1 次，连喷 2～4 次。药剂喷施倍数同"苹果金纹细蛾"。

(6) 梨树梨木虱　梨树落花后及时第 1 次喷药，以后在每代害虫卵孵化盛期至若虫完全被黏液覆盖前进行喷药，每代喷药 1 次即可。药剂喷施倍数同"苹果金纹细蛾"。

(7) 柑橘潜叶蛾　在柑橘嫩梢叶片上初见虫道时及时进行喷药，春梢生长期、夏梢生长期、秋梢生长期各喷药 1 次；若秋梢抽生不整齐，10～15 天后需增加喷药 1 次。药剂喷施倍数同"苹果金纹细蛾"。

注意事项　不能与碱性药剂及强酸性药剂混用。连续喷药时，注意与其他作用机理不同的药剂交替使用或混用，避免害虫产生耐药性。本剂对鱼类高毒，剩余药液及洗涤药械的废液严禁污染河流、湖泊、池塘等水源地；对蜜蜂有毒，禁止在果树花期和蜜源植物花期使用。用药时注意安全防护，如误服，立即引吐并给患者服用吐根糖浆或麻黄素，但不能给昏迷患者催吐或灌任何东西；抢救时避免给患者使用增强 γ-氨基丁酸活性的物质，如巴比妥等。

吡虫啉 imidacloprid ·····················

常见商品名称 艾金、艾腈、爱达、安诺、傲立、暴风、比冠、比乐、比巧、必林、必应、美乐、博农、博特、捕刺、超啉、彻净、虫愁、刺打、刺蓟、刺可、刺陵、刺择、大举、导施、典将、点清、点蚜、对决、放歌、飞达、飞戈、飞猎、飞跃、凤鸣、福蝶、复爱、富宝、富路、高保、高昌、高好、高猛、格卡、格巧、根思、攻虱、谷兴、刮风、骇浪、好捕、好击、禾展、横扫、轰狼、红裕、户晓、惠威、火电、加索、佳巧、歼除、剑祥、箭鲨、金吡、金刹、金角、金畏、金珠、劲刺、惊世、精悍、竞艳、矩阵、巨变、凯峰、科卫、可嘉、酷美、快报、快达、快枪、连胜、乐邦、力克、力盛、亮粒、燎牙、龙脊、满点、米乐、苗势、妙功、名魁、墨菊、牧龙、能打、逆火、诺漫、诺战、盼丰、谱克、齐能、奇招、千红、巧猛、巧取、巧收、清马、清闪、全击、全胜、拳尽、锐伏、锐歼、锐拳、锐牙、锐蚜、赛比、赛飞、赛朗、赛田、赛喜、闪介、施悦、帅方、双巧、天汇、天骏、天令、天扑、田鸟、田卿、霆击、挺丰、挺瑞、通捷、万喜、威陆、威信、枭首、效施、悬锐、迅克、蚜停、越众、允美、正猛、逐寇、庄爱、追命、卓耀、滋农、艾立发、艾美乐、安泰红、比其高、标正快、处决令、刺虱仔、达运来、大功略、代代清、德伦卫、多米乐、飞色尽、高飞比、高富乐、谷丰鸟、谷信来、光子箭、禾生康、红飘飘、加乐比、金康巧、金星豪、凯丰来、康福多、快优好、乐普生、立德康、连焕刀、联啉尽、漫天红、妙必特、纳艾虱、农得闲、农威龙、诺德士、霹雳马、扑虱蚜、萨克乐、虱灭灵、施可净、世纪通、特净虫、天地扫、铁掌风、万里红、万里旺、旺利发、喜打青、蚜克西、蚜虱毙、研实净、呀无行、一代好、一片青、益拌田、允重净、艾孚蓝刺、爱诺金典、安德瑞普、保丰一号、纯红蝎子、飞矢如电、海正必喜、黄龙鼎金、京博历蚜、梦幻组合、上格万紫、万象全红、威远蓝林、威远通达、五联定斩、五联烈火、享达劲灵、信丰高红、扬农丰源、野田美乐、大光明阿美、丰山利虫净、沪连爱美乐、沪联东方红、美尔果蓝剑、诺普信乐麦、外尔金点子、瑞德丰标胜、瑞德丰格猛、瑞德丰施非特等。

主要含量与剂型 5%乳油，5%、20%、200克/升可溶液剂，10%、20%、25%、50%、70%可湿性粉剂，200克/升、350克/升、480克/升、600克/升悬浮剂，30%微乳剂，70%水分散粒剂。

产品特点 吡虫啉是一种吡啶类低毒专性杀虫剂，专用于防控刺吸式口器害虫，具有内吸、胃毒、触杀、拒食及驱避作用，药效高、持效期长、残留低，使用安全。其杀虫机理是作用于昆虫的烟酸乙酰胆碱酯酶受体，进而干扰害虫运动神经系统。害虫接触药剂后，中枢神经正常传导受阻，使其麻痹死亡。该药速效性好，施药后1天即有较高的防效，且药效和温度呈正相关，温度高、杀虫效果好。药剂对兔眼睛有轻微刺激性，对皮肤无刺激性，试验条件下无致癌、致突变作用，对高等动物、鱼类、鸟类低毒，对蜜蜂高毒。

吡虫啉常与氯氰菊酯、高效氯氰菊酯、联苯菊酯、溴氰菊酯、高效氟氯氰菊酯、氰戊菊酯、阿维菌素、甲氨基阿维菌素苯甲酸盐、苏云金杆菌、多杀霉素、吡丙醚、哒螨灵、噻嗪酮、氟虫腈、矿物油、灭幼脲、三唑锡、杀虫单、杀虫双、敌敌畏、毒死蜱、辛硫磷、三唑磷、氧乐果、马拉硫磷、水胺硫磷、灭多威、抗蚜威、异丙威、仲丁威、丁硫克百威等杀虫剂成分混配，用于生产复配杀虫剂。

适用果树及防控对象 吡虫啉适用于多种果树，专用于防控刺吸式口器害虫。目前果树生产中主要用于防控：柑橘树的蚜虫、白粉虱、柑橘木虱、潜叶蛾及矢尖蚧等蚧壳虫，苹果树的绣线菊蚜、苹果绵蚜、苹果瘤蚜、绿盲蝽、烟粉虱，梨树的梨木虱、黄粉蚜、绿盲蝽、蚜虫（梨二叉蚜、绣线菊蚜等），桃、李、杏的蚜虫（桃蚜、桃粉蚜、桃瘤蚜），葡萄绿盲蝽，枣树的绿盲蝽、日本龟蜡蚧，柿树的血斑叶蝉、绿盲蝽、柿绵蚧，石榴绿盲蝽，樱桃瘤头蚜，山楂的梨网蝽，香蕉网蝽，芒果蚜虫，枸杞蚜虫等。

使用技术

（1）柑橘树蚜虫、白粉虱、柑橘木虱、潜叶蛾及矢尖蚧等介壳虫 防控蚜虫、柑橘木虱、潜叶蛾时，在春梢生长期、夏梢生长期、秋梢生长期及时喷药，秋梢抽生不整齐时10天左右后再喷施1次；防控白粉虱时，从白粉虱发生初盛期开始喷药，10天左右1次，连喷2～3次，重点喷洒叶片背面；防控矢尖蚧等蚧壳虫时，在一龄若虫扩散为害期及时喷药。一般使用5%乳油或5%可溶液剂600～800倍液，或10%可湿性粉剂1200～1500倍液，或20%可湿性粉剂或20%可溶液剂或200克/升悬浮剂或200克/升可溶液剂2500～3000倍液，或25%可湿性粉剂3000～3500倍液，或30%微乳剂3500～4000倍液，或350克/升悬浮剂4000～5000倍液，或480克/升悬浮剂或50%可湿性粉剂6000～7000倍液，或600克/升悬浮剂7000～8000倍液，或70%可湿性粉剂或70%水分散粒剂8000～10000倍液均匀喷雾。

（2）苹果树绣线菊蚜、苹果绵蚜、苹果瘤蚜、绿盲蝽、烟粉虱 防控绿盲蝽时，在苹果发芽后至花序分离期和落花后各喷药 1 次，兼防苹果瘤蚜、苹果绵蚜；防控苹果瘤蚜时，在苹果花序分离期喷药，兼防绿盲蝽、苹果绵蚜；防控绣线菊蚜时，在嫩梢上蚜虫数量较多时或开始上果为害时及时喷药，10～15 天 1 次，连喷 1～2 次；防控苹果绵蚜时，在绵蚜从越冬场所向树上幼嫩组织扩散为害期及时喷药，10～15 天 1 次，连喷 1～2 次；防控烟粉虱时，在烟粉虱发生初盛期及时喷药，10～15 天 1 次，连喷 1～2 次，重点喷洒叶片背面。药剂使用倍数同"柑橘树蚜虫"。

（3）梨树梨木虱、黄粉蚜、绿盲蝽、蚜虫　防控绿盲蝽时，在梨树铃铛球期和落花后各喷药 1 次，兼防梨木虱；防控蚜虫时，在嫩梢上蚜虫数量较多时或有卷叶为害时及时喷药，兼防梨木虱、黄粉蚜；防控梨木虱时，在每代梨木虱卵孵化盛期至若虫被黏液完全覆盖前及时喷药，每代喷药 1 次即可；防控黄粉蚜时，在黄粉蚜从树皮缝隙中向树上幼嫩组织转移期及时喷药，10 天左右 1 次，连喷 2～3 次。药剂喷施倍数同"柑橘树蚜虫"。

（4）桃、李、杏的蚜虫　发芽后开花前第 1 次喷药，落花后及时进行第 2 次喷药，以后 10～15 天喷药 1 次，再需喷药 2 次左右。药剂喷施倍数同"柑橘树蚜虫"。

（5）葡萄绿盲蝽　葡萄萌芽后开始喷药，7～10 天 1 次，连喷 2～3 次。药剂喷施倍数同"柑橘树蚜虫"，与触杀性药剂混喷效果更好。

（6）枣树绿盲蝽、日本龟蜡蚧　防控绿盲蝽时，从枣树萌芽后开始喷药，7～10 天 1 次，连喷 2～4 次，与触杀性药剂混喷效果更好；防控日本龟蜡蚧时，在初孵若虫扩散为害至若虫被蜡粉覆盖前及时喷药，与触杀性药剂混喷效果更好。吡虫啉喷施倍数同"柑橘树蚜虫"。

（7）柿树血斑叶蝉、绿盲蝽、柿绵蚧　防控绿盲蝽时，在柿树发芽后及时喷药，10 天左右 1 次，连喷 2 次左右；防控血斑叶蝉时，从害虫发生为害初盛期（叶片正面出现较多黄白色小点时）开始喷药，10 天左右 1 次，连喷 2 次左右，重点喷洒叶片背面；防控柿绵蚧时，在初孵若虫扩散为害至若虫被蜡粉覆盖前及时喷药，与触杀性药剂混喷效果更好。吡虫啉喷施倍数同"柑橘树蚜虫"。

（8）石榴绿盲蝽　从石榴发芽后开始喷药，10 天左右 1 次，连喷 2 次左右，与触杀性药剂混喷效果更好。吡虫啉喷施倍数同"柑橘树蚜虫"。

（9）樱桃瘤头蚜　从瘤头蚜发生为害初期开始喷药，10 天左右 1 次，连喷 2 次左右，与触杀性药剂混喷效果更好。吡虫啉喷施倍数同"柑橘树蚜虫"。

（10）山楂梨网蝽　从梨网蝽发生为害初盛期开始喷药，10 天左右 1 次，连喷 2 次左右，重点喷洒叶片背面，与触杀性药剂混喷效果更好。吡虫啉喷施倍数同"柑橘树蚜虫"。

(11) 香蕉网蟎　从香蕉网蟎发生为害初期开始喷药，10 天左右 1 次，连喷 2 次左右，与触杀性药剂混喷效果更好。吡虫啉喷施倍数同"柑橘树蚜虫"。

(12) 芒果蚜虫　从蚜虫发生为害初盛期开始喷药，10 天左右 1 次，连喷 2 次左右，与触杀性药剂混喷效果更好。吡虫啉喷施倍数同"柑橘树蚜虫"。

(13) 枸杞蚜虫　从蚜虫发生为害初盛期开始喷药，10 天左右 1 次，连喷 2 次左右，与触杀性药剂混喷效果更好。吡虫啉喷施倍数同"柑橘树蚜虫"。

注意事项　不能与碱性药剂及强酸性药剂混用。连续喷药时，注意与其他不同作用机理的药剂交替使用或混用，以延缓害虫产生耐药性。该药在许多地区已使用多年，许多害虫均产生了不同程度的耐药性，因此具体用药时需根据当地实际情况适当增减用药量，或交替用药。吡虫啉为温度敏感型药剂，高温时药效发挥充分，因此尽量选择晴朗无风的上午喷药较好。该药对眼睛有轻微刺激作用，用药时注意安全保护；对蜜蜂有毒，禁止在果树花期和养蜂场所使用。吡虫啉无特效解毒剂，如发生中毒应及时送医院对症治疗。

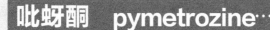

吡蚜酮　pymetrozine

常见商品名称　紫电、快电、赤电、贺电、扫电、飞电、飞冠、飞控、飞宽、飞掠、飞能、飞破、飞巧、巴鹰、穿扬、稻凯、滴净、顶峰、鼎铜、富宝、坚守、锦顶、妙捕、奇才、清扫、刃飞、诛飞、闪扑、世骄、势灭、速腾、欣喜、斩克、主动、阿捕郎、八喜狼、飞斯净、飞状元、福瑞龙、谷丰鸟、好身手、疾雷将、金子弹、力天能、锐扫乐、圣西罗、圣约翰、苏福稼、天之蛙、农见农爱、盈辉刺飞、润生飞闪、康禾飞落、双宁万紫、威远核利、美邦金点子、双宁迅锐敏、升华拜克彩霞等。

主要含量与剂型　25％悬浮剂，25％、30％、40％、50％、70％可湿性粉剂，50％、60％、70％、75％水分散粒剂。

产品特点　吡蚜酮是一种吡啶三嗪酮类低毒专性杀虫剂，专用于防治刺吸式口器害虫，具有触杀作用和内吸活性，在植物体内既能于木质部输导，也能于韧皮部输导，具有良好的输导特性，茎叶喷雾后新长出的枝叶也能得到有效保护。该药对刺吸式口器害虫表现出优异的防控效果，并有良好的阻断昆虫传毒功能，防效高，选择性强，对环境及生态安全。

吡蚜酮常与烯啶虫胺、阿维菌素、噻嗪酮、噻虫嗪、噻虫啉、啶虫脒、毒死蜱、高效氯氟氰菊酯、醚菊酯、异丙威、仲丁威、速灭威、甲萘威等杀虫剂成分混配，用于生产复配杀虫剂。

适用果树及防控对象 吡蚜酮适用于多种果树，对刺吸式口器害虫具有良好的防控效果。目前果树生产中主要用于防控：柑橘树的柑橘木虱、各种蚜虫、白粉虱，苹果树的绣线菊蚜、苹果瘤蚜，桃树蚜虫（桃蚜、桃瘤蚜、桃粉蚜），葡萄绿盲蝽、枣树绿盲蝽等。

使用技术

（1）柑橘树柑橘木虱、各种蚜虫、白粉虱　在春梢抽生期、夏梢抽生期、秋梢抽生期分别及时喷药1～2次，间隔期10～15天，有效防控柑橘木虱和各种蚜虫；防控白粉虱时，从白粉虱发生初盛期开始喷药，10～15天1次，连喷2次左右，重点喷洒叶片背面。一般使用25%悬浮剂或25%可湿性粉剂1500～2000倍液，或30%可湿性粉剂2000～2500倍液，或40%可湿性粉剂2500～3000倍液，或50%可湿性粉剂或50%水分散粒剂3000～4000倍液，或60%水分散粒剂4000～5000倍液，或70%可湿性粉剂或70%水分散粒剂或75%水分散粒剂5000～6000倍液均匀喷雾。

（2）苹果树绣线菊蚜、苹果瘤蚜　防控苹果瘤蚜时，在苹果花序分离期和苹果落花后各喷药1次；防控绣线菊蚜时，在嫩梢上蚜虫发生初盛期或蚜虫开始向幼果转移为害时及时喷药，10天左右1次，连喷1～2次。药剂喷施倍数同"柑橘木虱"的防控。

（3）桃树蚜虫　首先在桃芽露红期喷药1次，然后从桃树落花后开始连续喷药，10～15天1次，连喷2～3次。药剂喷施倍数同"柑橘木虱"的防控。

（4）葡萄绿盲蝽　从葡萄萌芽后开始喷药，10～15天1次，连喷2～4次，与触杀性杀虫剂混合喷施效果最好。吡蚜酮喷施倍数同"柑橘木虱"的防控。

（5）枣树绿盲蝽　从枣树萌芽后开始喷药，10～15天1次，连喷2～4次，与触杀性杀虫剂混合喷施效果最好。吡蚜酮喷施倍数同"柑橘木虱"的防控。

注意事项 不能与碱性药剂及强酸性药剂混用。喷药应及时均匀周到，尤其要喷洒到害虫为害部位。连续喷药时，注意与不同类型药剂交替使用，或与不同类型药剂混合使用，以延缓害虫产生耐药性，并提高对害虫的杀灭效果。用药时注意安全防护，避免药液溅及皮肤或眼睛。

啶虫脒　acetaniprid

常见商品名称　莫比朗、阿拉特、安乐使、安杀宝、比锐特、大地红、迪力泰、敌蚜虱、福阿盯、甲多丹、金搏虎、金斗芽、金伏牙、金剑神、金世纪、卡拉丁、卡玛斯、雷速登、快又静、龙卷风、马尚青、蒙托亚、霹雳火、七品红、青青乐、顷刻间、赛特生、三连击、三沙灵、斯诺灯、喜得冠、自由舰、爱打、傲蚜、奥斩、伴友、标冠、标龙、标能、沧佳、察爽、崇刻、刺彪、赐福、翠豹、翠击、得到、顶势、定刺、定威、定秀、抖落、断蚜、恩朗、法灵、凡打、飞跃、废刺、封飞、锋冠、斧创、高优、戈甲、广刹、寒刺、昊锐、红胖、红绣、怀庆、活穗、激荡、吉朗、极克、蓟戈、坚定、剑喜、剑指、金锐、金特、锦标、劲喜、惊喜、净辽、举猛、决吸、俊彪、凯欢、康矛、库蓟、酷豹、酷胜、昆牙、蓝啶、蓝旺、蓝喜、狼奔、乐收、雷奇、力克、利器、领驭、陆尊、美格、抢秒、巧刺、全刺、全猛、赛安、赛田、上劲、尚能、胜券、首击、夙行、腾龙、天风、铁靳、挺克、通刺、通天、拓田、万决、万克、万马、威打、闲尊、信锐、牙跑、雅克、亚亮、银啶、银珠、永斗、佑华、战客、针刺、镇蚜、专刺、庄喜、爱诺超越、碧奥狂风、碧奥旋风、博嘉福粒、海正金宁、恒天黑打、虎娃金科、京博擂战、康禾金令、绿霸闪剑、生农诺吉、兴农飞抗、威远塞林、安格诺高啶、安格诺命令、绿士下山虎、美尔果刺虎、美尔果金喜、野田好实惠、野田金诺神、祥龙乐百农等。

主要含量与剂型　5％、10％、15％、25％乳油，5％、10％、20％微乳剂，5％、10％、20％、60％可湿性粉剂，10％水乳剂，20％、40％可溶粉剂，20％可溶液剂，40％、50％、70％水分散粒剂。

产品特点　啶虫脒是一种氯代烟碱类低毒杀虫剂，专用于防控刺吸式口器害虫，以触杀和胃毒作用为主，兼有卓越的内吸活性，杀虫活性高、用量少、持效期长。其杀虫机理主要作用于昆虫神经接合部后膜，通过与乙酰受体结合使昆虫异常兴奋，全身痉挛、麻痹而死亡。对有机磷类、氨基甲酸酯类及拟除虫菊酯类有抗性的害虫也具有很好的防控效果，特别对半翅目害虫效果好。其药效和温度呈正相关，温度高杀虫活性强。制剂对人畜低毒，对天敌杀伤力小，对鱼类毒性较低，对蜜蜂影响小。

啶虫脒常与阿维菌素、甲氨基阿维菌素苯甲酸盐、氰氟虫腙、吡蚜酮、哒螨灵、毒死蜱、氯氰菊酯、高效氯氰菊酯、高效氯氟氰菊酯、联苯菊酯、氟氯氰菊酯、杀虫单、杀虫环、辛硫磷、丁硫克百威、仲丁威等杀虫剂成分混配,用于生产复配杀虫剂。

适用果树及防控对象 啶虫脒适用于多种果树,对刺吸式口器害虫具有很好的防控效果。目前果树生产中主要用于防控:柑橘树的潜叶蛾、蚜虫类、柑橘木虱,苹果树的绣线菊蚜、苹果绵蚜,桃、李、杏树的蚜虫(桃蚜、桃瘤蚜、桃粉蚜),梨树的梨木虱、梨二叉蚜、黄粉蚜,芒果蚜虫,石榴蚜虫等。

使用技术

(1)柑橘树潜叶蛾、蚜虫类、柑橘木虱 在春梢抽生期、夏梢抽生期、秋梢抽生期及时喷药防控,10~15天1次,每期喷药1~2次;秋梢抽生持续时间较长时,可适当增加1次喷药。一般使用5%乳油或5%微乳剂或5%可湿性粉剂1500~2000倍液,或10%乳油或10%微乳剂或10%水乳剂或10%可湿性粉剂3000~4000倍液,或15%乳油4500~5000倍液,或20%可溶粉剂或20%可溶液剂或20%微乳剂或20%可湿性粉剂6000~8000倍液,或25%乳油8000~10000倍液,或40%可溶粉剂或40%水分散粒剂12000~15000倍液,或50%水分散粒剂15000~18000倍液,或60%可湿性粉剂18000~20000倍液,或70%水分散粒剂20000~25000倍液均匀喷雾。

(2)苹果树绣线菊蚜、苹果绵蚜 防控绣线菊蚜时,在新梢上蚜虫数量较多时,或蚜虫开始向幼果扩散为害时及时喷药,10天左右1次,连喷1~2次;防控苹果绵蚜时,在苹果绵蚜从越冬场所向幼嫩组织扩散为害时及时喷药,10天左右1次,连喷1~2次。药剂喷施倍数同"柑橘树潜叶蛾"。

(3)桃、李、杏树蚜虫 首先在萌芽后开花前(花露红期)喷药1次,然后在落花后开始连续喷药,10~15天1次,连喷2~3次。药剂喷施倍数同"柑橘树潜叶蛾"。

(4)梨树梨木虱、梨二叉蚜、黄粉蚜 防控梨木虱时,在各代若虫孵化盛期至虫体被黏液全部覆盖前及时喷药,每代喷药1次即可;防控梨二叉蚜时,在蚜虫为害初期或初见卷叶时及时喷药,7~10天1次,连喷1~2次;防控黄粉蚜时,在黄粉蚜从越冬场所向幼嫩组织转移时及时喷药,7~10天1次,连喷2次左右。药剂喷施倍数同"柑橘树潜叶蛾"。

(5)芒果蚜虫 从蚜虫发生为害初盛期开始喷药,10天左右1次,连喷2~3次。药剂喷施倍数同"柑橘树潜叶蛾"。

(6)石榴蚜虫 从蚜虫发生为害初盛期开始喷药,10天左右1次,连喷2~3次。药剂喷施倍数同"柑橘树潜叶蛾"。

注意事项 不能与碱性药剂(波尔多液、石硫合剂等)和强酸性药剂混用。连续喷药时,注意与不同类型药剂交替使用或混合使用,与触杀性杀虫剂混用效果更好。啶虫脒与吡虫啉属同类型药剂，两者不易混合使用或交替使用。啶虫脒对桑蚕高毒，桑园内及其附件禁止使用。剩余药液及洗涤药械的废液，严禁污染河流、湖泊、池塘等水域及水源地，避免对鱼类及水生生物造成毒害。

烯啶虫胺　nitenpyram

常见商品名称　爱谷、刺袭、斗志、框住、米旺、师凯、新秀、耀杨、索飞、卓飞、飞太郎、飞特佳等。

主要含量与剂型　10％、20％水剂，10％可溶液剂，20％、50％、60％可湿性粉剂，20％、30％水分散粒剂，25％、50％可溶粉剂，50％、60％可溶粒剂。

产品特点　烯啶虫胺是一种新型烟碱类低毒杀虫剂，属昆虫乙酰胆碱酯酶抑制剂，对害虫具有触杀和胃毒作用，并具有良好的内吸活性，专用于防控刺吸式口器害虫。其杀虫机理主要是作用于害虫的神经系统，阻断害虫的神经信息传导，进而导致害虫死亡。本剂杀虫活性高，低毒、低残留，持效期长，可混用性好，对作物安全，对鱼类低毒，试验条件下未见致畸、致突变、致癌作用。

烯啶虫胺可与吡蚜酮、噻虫啉、噻嗪酮、联苯菊酯、异丙威、阿维菌素等杀虫剂成分混配，用于生产复配杀虫剂。

适用果树及防控对象　烯啶虫胺适用于多种果树，对许多种刺吸式口器害虫具有良好的防控效果。目前果树生产中主要用于防控：柑橘树的各种蚜虫、柑橘木虱、潜叶蛾、烟粉虱，苹果树的绣线菊蚜、苹果绵蚜，梨树的梨木虱、各种蚜虫，桃、李、杏树的各种蚜虫（桃蚜、桃粉蚜、桃瘤蚜），葡萄的绿盲蝽，枣树的绿盲蝽，石榴树的蚜虫，柿树的柿绵蚧等。

使用技术

（1）柑橘树各种蚜虫、柑橘木虱、潜叶蛾、烟粉虱　在春梢抽生期内、夏梢抽生期内、秋梢抽生期内分别及时喷药，10天左右1次，每期连喷1～2次，有效防控各种蚜虫、柑橘木虱、潜叶蛾，与触杀性杀虫剂混用对蚜虫和柑橘木虱的防效更好。防控烟粉虱时，在烟粉虱发生为害初盛期开始喷药，10天左右1次，连喷2次左右，重点喷洒叶片背面。一般使用10％水剂或10％可溶液剂2000～2500倍液，或20％水剂或20％可湿性粉剂或20％水分散粒剂4000～5000倍液，或25％可溶粉剂5000～6000倍液，或

30％水分散粒剂 6000～7000 倍液，或 50％可溶粉剂或 50％可溶粒剂或 50％可湿性粉剂 10000～12000 倍液，或 60％可溶粒剂或 60％可湿性粉剂 12000～15000 倍液均匀喷雾。

（2）苹果树绣线菊蚜、苹果绵蚜　防控绣线菊蚜时，在嫩梢上蚜虫数量较多时，或开始向幼果转移扩散为害时及时喷药，10 天左右 1 次，连喷 1～2 次；防控苹果绵蚜时，在绵蚜从越冬场所向树上幼嫩组织转移扩散为害时及时喷药，10 天左右 1 次，连喷 1～2 次。药剂喷施倍数同"柑橘树蚜虫"。

（3）梨树梨木虱、各种蚜虫　防控梨木虱时，在各代梨木虱卵孵化盛期至初孵若虫被黏液全部覆盖前及时喷药，每代喷药 1 次即可；防控蚜虫时，在蚜虫发生为害初盛期或受害叶片卷叶初期及时喷药，10 天左右 1 次，连喷 1～2 次。药剂喷施倍数同"柑橘树蚜虫"。

（4）桃、李、杏树的各种蚜虫　首先在萌芽后开花前喷药 1 次，然后在落花后开始继续喷药，10 天左右 1 次，连喷 2～3 次。药剂喷施倍数同"柑橘树蚜虫"。

（5）葡萄绿盲蝽　从葡萄萌芽后开始喷药，10 天左右 1 次，连喷 2～4 次，与触杀性杀虫剂混合喷施效果更好。烯啶虫胺喷施倍数同"柑橘树蚜虫"。

（6）枣树绿盲蝽　从枣树萌芽后开始喷药，10 天左右 1 次，连喷 2～4 次，与触杀性杀虫剂混合喷施效果更好。烯啶虫胺喷施倍数同"柑橘树蚜虫"。

（7）石榴树蚜虫　从蚜虫发生为害初盛期开始喷药，10 天左右 1 次，连喷 2～3 次，与触杀性杀虫剂混合喷施效果更好。烯啶虫胺喷施倍数同"柑橘树蚜虫"。

（8）柿树柿绵蚧　在柿绵蚧每代卵孵化盛期至低龄若虫期（若虫被蜡粉完全覆盖前）及时进行喷药，每代喷药 1 次即可。药剂喷施倍数同"柑橘树蚜虫"。

注意事项　不能与碱性药剂及强酸性药剂混用。连续喷药时，注意与其他不同作用机理的药剂交替使用或混合使用，以延缓害虫产生耐药性。用药时注意安全保护，避免药液溅及皮肤及眼睛。每季果树使用次数不能超过 3 次。

噻虫嗪　thiamethoxam

常见商品名称　阿克泰、阿克速、露科特、爱打米、倍乐泰、毕卡奇、大功牛、斗招净、鸣天下、蚜乐斯、艾朗、锐胜、翠剑、飞狼、菲翔、锋格、豪格、挂帅、和欣、卉健、江钧、凯标、朗易、灵韵、猛丁、吸奇等。

主要含量与剂型 10％微乳剂，10％、25％、30％、50％、70％水分散粒剂，21％、25％、30％悬浮剂，25％可湿性粉剂。

产品特点 噻虫嗪是一种新型烟碱类高效低毒杀虫剂，具有良好的胃毒和触杀活性，内吸传导性强，植物叶片吸收后迅速传导到各部位。害虫吸食药剂后，通过干扰虫体内神经信息的传导而起作用，其杀虫机理是模仿乙酰胆碱刺激受体蛋白，而这种模仿的乙酰胆碱又不会被乙酰胆碱酯酶所降解，使昆虫迅速停止取食，活动受抑制，并一直处于高度兴奋中，直到死亡。对刺吸式口器害虫及潜叶害虫施药后死亡高峰在 2～3 天，持效期可达 1 个月左右，具有防效高、持效期长、用药量低等特点。与其他烟碱类杀虫剂相比，噻虫嗪活性更高，安全性更好，杀虫谱更广，且无交互抗性。是取代有机磷类、氨基甲酸酯类、拟除虫菊酯类、有机氯类杀虫剂的最佳品种之一。制剂对兔眼睛和皮肤无刺激作用，但对蜜蜂有毒。

噻虫嗪常与毒死蜱、敌敌畏、异丙威、茚虫威、氟虫腈、联苯菊酯、高效氯氟氰菊酯、哒螨灵、吡蚜酮、阿维菌素、甲氨基阿维菌素苯甲酸盐、氯虫苯甲酰胺、溴氰虫酰胺、多杀霉素等杀虫剂成分混配，用于生产复配杀虫剂。

适用果树及防控对象 噻虫嗪适用于多种果树，对许多种刺吸式口器害虫和潜叶害虫均具有良好的防控效果。目前果树生产中主要用于防控：柑橘树的蚧壳虫（矢尖蚧、红蜡蚧、红圆蚧、康片蚧等）、潜叶蛾、蚜虫类、柑橘木虱、黑刺粉虱、白粉虱，葡萄的蚧壳虫（康氏粉蚧、东方奎蚧等），桃、李、杏树的桑白蚧、球坚蚧，苹果树绣线菊蚜，梨树梨木虱等。

使用技术

（1）柑橘树蚧壳虫、潜叶蛾、蚜虫类、柑橘木虱、黑刺粉虱、白粉虱 防控蚧壳虫时，在各代蚧壳虫卵孵化盛期至低龄若虫期及时喷药，每代喷药 1 次即可；防控潜叶蛾、蚜虫类及柑橘木虱时，在春梢抽生期内、夏梢抽生期内、秋梢抽生期内分别及时喷药，10～15 天 1 次，每期连喷 1～2次；防控黑刺粉虱时，在各代卵孵化盛期至低龄若虫期及时喷药，每代喷药 1 次即可；防控白粉虱时，在白粉虱发生为害初盛期及时开始喷药，10～15天 1 次，连喷 2 次左右。一般使用 10％微乳剂或 10％水分散粒剂 1500～2000 倍液，或 21％悬浮剂 3000～4000 倍液，或 25％悬浮剂或 25％可湿性粉剂或 25％水分散粒剂 4000～5000 倍液，或 30％悬浮剂或 30％水分散粒剂 5000～6000 倍液，或 50％水分散粒剂 8000～10000 倍液，或 70％水分散粒剂 12000～15000 倍液均匀喷雾。

（2）葡萄蚧壳虫　在蚧壳虫卵孵化盛期至低龄若虫期及时喷药，每代喷药 1 次即可。药剂喷施倍数同"柑橘树蚧壳虫"。

（3）桃、李、杏树桑白蚧、球坚蚧　在蚧壳虫卵孵化盛期至低龄若虫期（若虫固定为害前）及时喷药，每代喷药 1 次即可。药剂喷施倍数同"柑橘树蚧壳虫"。

（4）苹果树绣线菊蚜　在嫩梢上蚜虫数量较多时，或蚜虫开始向幼果转移为害时开始喷药，10～15 天 1 次，连喷 1～2 次。药剂喷施倍数同"柑橘树蚧壳虫"。

（5）梨树梨木虱　在各代梨木虱卵孵化盛期至若虫被黏液完全覆盖前及时喷药，每代喷药 1 次即可。药剂喷施倍数同"柑橘树蚧壳虫"。

注意事项　不能与碱性药剂、强酸性药剂混用。连续喷药时，注意与不同杀虫机理药剂交替使用或混合使用，以提高杀虫效果并延缓害虫产生耐药性。害虫接触药剂后立即停止取食等为害活动，但死亡速度较慢，死虫高峰通常在施药后 2～3 天出现。本剂对蜜蜂有毒，不要在果树花期和养蜂场所使用。不能在低于 -10℃ 和高于 35℃ 的场所贮存。本剂没有专门解毒药剂，误服后请立即送医院对症治疗。

噻嗪酮　buprofezin

常见商品名称　优乐得、比丹灵、大功达、稻飞宝、飞虱宝、飞虱仔、介虱通、吉来佳、劲克泰、妙必特、诺德仕、萨克电、天医阵、星飞克、抑虱特、振敌虱、澳威、标楷、达令、大榜、定歼、防空、飞斗、飞迁、飞悬、富宝、盖虱、格去、豪斩、极度、嫁乐、剑威、介奔、介威、蚧溢、举鼎、壳虱、狂轰、力歌、立强、灵珊、扑思、巧彻、群达、闪打、神通、虱戒、双珠、泰歌、统卡、喜朗、醒捕、银刀、择先、庄巧、尊驰、爱诺引领、先农介扑、安格诺击打、丰山扑虱灵、兴农吉事能、悦联稻虱净等。

主要含量与剂型　25％、37％、40％、50％悬浮剂，25％、50％、65％、75％、80％可湿性粉剂，40％、70％水分散粒剂。

产品特点　噻嗪酮是一种噻二嗪类昆虫生长调节剂型低毒仿生杀虫剂，属昆虫蜕皮抑制剂，以触杀作用为主，兼有一定的胃毒作用，具有杀虫活性高、选择性强、持效期长等特点。通过抑制壳多糖合成和干扰新陈代谢，使害虫不能正常蜕皮和变态而逐渐死亡。该药作用较慢，一般施药后 3～7 天才能看出效果，对若虫表现为直接作用，对成虫没有直接杀伤力，但可以缩短成虫寿命，减少产卵量，且所产卵多为不育卵，即使孵化出若虫也很快死亡。对半翅目的飞虱、叶蝉、粉虱有特效，对矢尖蚧、长白蚧等一些蚧壳虫也有较好效果，持效期长达 30 天以上。试验条件下未见致畸、致癌、致突变作用，对水生动物、家蚕及天敌安全，对蜜蜂无直接作用，对眼睛、皮肤有轻微的刺激作用。

噻嗪酮常与阿维菌素、杀虫单、毒死蜱、三唑磷、杀扑磷、氧乐果、异丙威、仲丁威、速灭威、混灭威、烯啶虫胺、吡蚜酮、吡虫啉、醚菊酯、高效氯氰菊酯、高效氯氟氰菊酯、哒螨灵等杀虫剂成分混配，用于生产复配杀虫剂。

适用果树及防控对象 噻嗪酮适用于多种果树，对蚧壳虫类、飞虱、叶蝉、粉虱等刺吸式口器害虫具有很好的杀灭效果。目前果树生产中主要用于防控：柑橘树的矢尖蚧等蚧壳虫、白粉虱，桃、李、杏树的桑白蚧等蚧壳虫、小绿叶蝉，枣树日本龟蜡蚧等。

使用技术

（1）柑橘树矢尖蚧等蚧壳虫、白粉虱　防控矢尖蚧等蚧壳虫时，在害虫出蛰前或若虫发生初期进行喷药，每代喷药 1 次即可；防控白粉虱时，从白粉虱发生初盛期开始喷药，15 天左右 1 次，连喷 2 次，重点喷洒叶片背面。一般使用 25％悬浮剂或 25％可湿性粉剂 800～1200 倍液，或 37％悬浮剂 1200～1500 倍液，或 40％悬浮剂或 40％水分散粒剂 1300～1800 倍液，或 50％可湿性粉剂或 50％悬浮剂 1500～2000 倍液，或 65％可湿性粉剂 2000～3000 倍液，或 70％水分散粒剂 2500～3000 倍液，或 75％可湿性粉剂或 80％可湿性粉剂 3000～3500 倍液均匀喷雾。

（2）桃、李、杏树桑白蚧等蚧壳虫、小绿叶蝉　防控桑白蚧等蚧壳虫时，在若虫孵化后至低龄若虫期及时喷药，每代喷药 1 次即可；防控小绿叶蝉时，在害虫发生初盛期或叶片正面出现较多黄绿色小点时及时喷药，15 天左右 1 次，连喷 2 次，重点喷洒叶片背面。药剂喷施倍数同"柑橘树矢尖蚧"。

（3）枣树日本龟蜡蚧　在若虫孵化后至低龄若虫期及时喷药，每代喷药 1 次即可。药剂喷施倍数同"柑橘树矢尖蚧"。

注意事项 不能与碱性药剂、强酸性药剂混用。连续喷药时，注意与不同杀虫机理的药剂交替使用或混合使用，以延缓害虫产生耐药性。本剂对白菜、萝卜比较敏感，接触后将出现褐色斑及绿叶白化等药害表现，用药时应特别注意。人类无全身中毒反应；如误服，应立即催吐，并送医院对症治疗，没有特殊解毒药剂。

灭幼脲　chlorbenzuron ·················

常见商品名称　中健、中讯、吉绿、劲隆、京博抑丁保等。

主要含量与剂型　20％、25％悬浮剂，25％可湿性粉剂。

产品特点　灭幼脲是一种苯甲酰脲类特异性低毒杀虫剂，属昆虫生长调节剂类，以胃毒作用为主，兼有触杀作用，无内吸传导作用，但有一定渗透性。通过抑制昆虫壳多糖合成，阻碍幼虫蜕皮，使虫体发育不正常而死亡。该药耐雨水冲刷，降解速度慢，持效期15～20天，但药效速度较慢，一般施药后3～4天开始见效。对有益昆虫和有益生物安全，对蜜蜂安全，对蚕高毒。

灭幼脲常与阿维菌素、甲氨基阿维菌素苯甲酸盐、高效氯氰菊酯、吡虫啉、哒螨灵等杀虫剂成分混配，用于生产复配杀虫剂。

适用果树及防控对象　灭幼脲适用于多种果树，对鳞翅目害虫具有很好的杀灭效果。目前果树生产中主要用于防控：苹果树金纹细蛾，桃树桃线潜叶蛾，苹果、梨、桃、李、杏、枣等落叶果树的卷叶蛾、美国白蛾、天幕毛虫、造桥虫、刺蛾类，核桃缀叶螟，柑橘树潜叶蛾等。

使用技术

（1）苹果树金纹细蛾　在各代幼虫初发期或初见虫斑时进行喷药，每代喷药1次；或在落花后、落花后40天左右及以后35天左右各喷药1次。一般使用20％悬浮剂1200～1500倍液，或25％悬浮剂或25％可湿性粉剂1500～2000倍液均匀喷雾。

（2）桃树桃线潜叶蛾　从果园内初见虫道时开始喷药，20天左右1次，连喷2～4次，注意与不同类型药剂交替使用。药剂喷施倍数同"苹果树金纹细蛾"。

（3）苹果、梨、桃、李、杏、枣等落叶果树的卷叶蛾、美国白蛾、天幕毛虫、造桥虫、刺蛾类　防控卷叶蛾时，在害虫卷叶前至卷叶初期及时喷药，每代喷药1次；防控其他鳞翅目害虫时，在害虫发生为害初期（低龄幼虫期）及时喷药，每代喷药1次即可。药剂喷施倍数同"苹果树金纹细蛾"。

（4）核桃缀叶螟　在害虫发生为害初期或低龄幼虫期及时喷药，每代喷药1次即可。药剂喷施倍数同"苹果树金纹细蛾"。

（5）柑橘树潜叶蛾　在春梢生长期内、夏梢生长期内、秋梢生长期内，均从初见虫道时开始喷药，每期喷药1～2次，间隔期10～15天。一般使用

20％悬浮剂 1000～1200 倍液，或 25％悬浮剂或 25％可湿性粉剂 1200～1500 倍液均匀喷雾。

注意事项　不能与碱性药剂、强酸性药剂混用。桑园内及其附近区域禁止使用。悬浮剂可能会有沉淀现象，使用前要先充分摇匀。本剂为迟效型药剂，施药后 3～4 天开始见效，所以应尽量在害虫发生早期使用。喷药时应均匀周到，以保药剂防控效果。

除虫脲　diflubenzuron

常见商品名称　范标、虎姿、惊天、聚和、绿戈、魔凯、潜威、全锐、锐马、退宝、福禄美、普锐宁、射天狼、中保凯旋等。

主要含量与剂型　5％乳油，5％、25％、75％可湿性粉剂，20％、40％悬浮剂。

产品特点　除虫脲是一种苯甲酰脲类低毒杀虫剂，属昆虫几丁质合成抑制剂，以胃毒作用为主，兼有触杀作用，专用于防控鳞翅目害虫。害虫取食或接触药剂后，其几丁质合成受到抑制，使害虫不能形成新表皮，导致虫体畸形而死亡。该药作用缓慢，但持效期较长，使用安全，对鱼类、蜜蜂及天敌无不良影响。对皮肤和眼睛有轻微刺激作用，土壤中半衰期小于 7 天，对环境残留低。

除虫脲常与阿维菌素、毒死蜱、辛硫磷、氰戊菊酯、高效氯氰菊酯等杀虫剂成分混配，用于生产复配杀虫剂。

适用果树及防控对象　除虫脲适用于多种果树，对鳞翅目害虫具有良好的防控效果。目前果树生产中主要用于防控：苹果树金纹细蛾，柑橘树的潜叶蛾、柑橘锈壁虱，桃树的桃线潜叶蛾，苹果、桃、枣等落叶果树的卷叶蛾、美国白蛾、尺蠖类、刺蛾类等食叶毛虫。

使用技术

（1）苹果树金纹细蛾　在害虫卵孵化高峰期至低龄幼虫期或初见虫斑时及时进行喷药，每代喷药 1 次即可。一般使用 5％乳油或 5％可湿性粉剂 300～400 倍液，或 20％悬浮剂 800～1000 倍液，或 25％可湿性粉剂 1000～1500 倍液，或 40％悬浮剂 1500～2000 倍液，或 75％可湿性粉剂 3000～4000 倍液均匀喷雾。

（2）柑橘树潜叶蛾　在春梢抽生期内、夏梢抽生期内、秋梢抽生期内，均从初见虫道时开始喷药，10～15 天 1 次，每期喷药 1～2 次。药剂喷施倍数同"苹果树金纹细蛾"。

（3）柑橘锈壁虱　从果实膨大中后期开始喷药，半月左右 1 次，连喷 2～3 次。一般使用 5％乳油或 5％可湿性粉剂 600～800 倍液，或 20％悬浮剂 2500～3000 倍液，或 25％可湿性粉剂 3000～4000 倍液，或 40％悬浮剂 5000～6000 倍液，或 75％可湿性粉剂 8000～10000 倍液均匀喷雾。

（4）桃树桃线潜叶蛾　从桃树叶片上初见虫道时开始喷药，20 天左右 1 次，连喷 2～4 次。药剂喷施倍数同"苹果树金纹细蛾"。

（5）苹果、桃、枣等落叶果树的卷叶蛾、美国白蛾、尺蠖类、刺蛾类等食叶毛虫　防控卷叶蛾时，在果园内初见卷叶时或害虫发生为害初期进行喷药，每代喷药 1 次；防控美国白蛾等其他食叶鳞翅目害虫时，在害虫发生为害初期或低龄幼虫期及时进行喷药，每代喷药 1 次。一般使用 5％乳油或 5％可湿性粉剂 400～500 倍液，或 20％悬浮剂 1500～2000 倍液，或 25％可湿性粉剂 2000～2500 倍液，或 40％悬浮剂 3000～4000 倍液，或 75％可湿性粉剂 6000～7000 倍液均匀喷雾。

注意事项　不能与碱性药剂、强酸性药剂混用。本剂药效发挥较慢，用药时应尽量在卵孵化期或低龄幼虫期进行，且喷药应均匀周到。除虫脲对虾、蟹幼体有毒，剩余药液及洗涤药械的废液严禁污染河流、湖泊、池塘等水域；对家蚕高毒，桑园及其附近区域禁止使用。用药时注意安全保护，避免皮肤及眼睛溅及药液；如误服，立即送医院对症治疗，无特殊解毒药剂。

氟虫脲　flufenoxuron

常见商品名称　卡死克、宝丰等。

主要含量与剂型　50 克/升可分散液剂。

产品特点　氟虫脲是一种苯甲酰脲类低毒杀虫杀螨剂，具有触杀和胃毒作用。其作用机理是通过抑制昆虫表皮几丁质的合成，使昆虫不能正常蜕皮或变态而死亡。成虫接触药剂后，所产卵不能孵化，即使少数能孵化出幼虫（若虫）也会很快死亡。本剂对多种害螨的幼螨、若螨杀伤效果好，虽不能直接杀死成螨，但接触药剂后的雌成螨产卵量减少，并可导致不育。另外，氟虫脲对害虫具有明显的拒食作用。对叶螨天敌安全。

氟虫脲可与阿维菌素、炔螨特等杀虫（螨）剂成分混配，用于生产复配杀虫（螨）剂。

适用果树及防控对象　氟虫脲适用于多种果树，对叶螨类、锈螨类及潜叶害虫具有较好的防控效果。目前果树生产中主要用于防控：苹果树红蜘蛛（山楂叶螨、苹果全爪螨），柑橘树红蜘蛛、柑橘锈壁虱、潜叶蛾等。

使用技术

(1) 苹果树红蜘蛛 在害螨越冬代卵孵化盛期和第1代若螨集中发生期开始喷药，1个月左右1次，连喷3次左右。一般使用50克/升可分散液剂700～1000倍液均匀喷雾，并注意喷洒叶片背面。

(2) 柑橘树红蜘蛛 从害螨卵孵化盛期开始喷药，1个月左右1次，连喷2～3次。药剂喷施倍数同"苹果树红蜘蛛"。

(3) 柑橘锈壁虱 从柑橘果实膨大中后期开始喷药，15～20天1次，连喷2～3次。一般使用50克/升可分散液剂800～1000倍液均匀喷雾，重点喷洒果实表面。

(4) 柑橘潜叶蛾 在春梢抽生期内、夏梢抽生期内、秋梢抽生期内，分别从嫩叶上初见虫道时及时开始喷药，10～15天1次，每期连喷1～2次。一般使用50克/升可分散液剂1000～1300倍液均匀喷雾，重点喷洒幼嫩枝梢。

注意事项 不能与碱性药剂、强酸性药剂混用。连续喷药时，注意与不同类型药剂交替使用或混用，以延缓害虫（螨）耐药性的产生。本剂对甲壳纲水生生物毒性较高，剩余药液及洗涤药械的废液严禁污染河流、湖泊、池塘等水域。

杀铃脲 triflumuron

常见商品名称 通杀化、胜慷宽、施驱等。

主要含量与剂型 5%、20%、40%悬浮剂，5%乳油等。

产品特点 杀铃脲是一种苯甲酰脲类低毒杀虫剂，属昆虫几丁质合成抑制剂，以胃毒作用为主，兼有一定的触杀作用，无内吸性，专用于防控鳞翅目害虫。幼虫接触或取食药剂后，几丁质合成受到抑制，导致幼虫不能正常蜕皮而死亡。不同龄期的幼虫对药剂敏感性没有明显差异，各龄期使用效果基本相同。该药剂选择性强、活性高、持效期长、残留低，并具有一定杀卵活性，适用于防治咀嚼式口器害虫，对刺吸式口器昆虫无效。杀铃脲对皮肤和眼睛有轻微刺激作用，对虾、蟹幼体有毒。

杀铃脲常与阿维菌素、甲氨基阿维菌素苯甲酸盐、辛硫磷等杀虫剂成分混配，用于生产复配杀虫剂。

适用果树及防控对象　杀铃脲适用于多种果树，对鳞翅目害虫具有很好的防控效果。目前果树生产中主要用于防控：苹果树金纹细蛾，桃树桃线潜叶蛾，柑橘树潜叶蛾，苹果、梨、桃、李、杏、枣等落叶果树的卷叶蛾、棉铃虫、美国白蛾、天幕毛虫、斜纹夜蛾、造桥虫、刺蛾类等。

使用技术

（1）苹果树金纹细蛾　在卵孵化盛期至低龄幼虫期或田间初见虫斑时及时进行喷药，每代喷药1次即可；也可在苹果落花后、落花后40天左右及落花后2.5个月左右各喷药1次。一般使用5%乳油或5%悬浮剂800～1000倍液，或20%悬浮剂3000～4000倍液，或40%悬浮剂6000～8000倍液均匀喷雾。

（2）桃树桃线潜叶蛾　从叶片上初见虫道时开始喷药，20天左右1次，连喷2～4次。药剂喷施倍数同"苹果树金纹细蛾"。

（3）柑橘树潜叶蛾　在春梢抽生期内、夏梢抽生期内、秋梢抽生期内，从嫩叶上初见虫道时及时开始喷药，10～15天1次，每期连喷1～2次。一般使用5%乳油或5%悬浮剂500～600倍液，或20%悬浮剂2000～2500倍液，或40%悬浮剂4000～5000倍液均匀喷雾。

（4）苹果、梨、桃、李、杏、枣等落叶果树的卷叶蛾、棉铃虫、美国白蛾、天幕毛虫、斜纹夜蛾、造桥虫、刺蛾类　防控卷叶蛾时，在果园内初见卷叶时，或卵孵化盛期至卷叶为害前及时喷药，每代幼虫喷药1次即可。防控棉铃虫、美国白蛾等其他鳞翅目害虫时，在害虫卵孵化盛期至低龄幼虫期，或发生为害初期及时喷药，每代幼虫喷药1次即可。药剂喷施倍数同"苹果树金纹细蛾"。

注意事项　不能与碱性药剂混用。悬浮剂型长时间存放可能会有沉淀，摇匀后使用不影响药效。杀铃脲为迟效型药剂，施药后3～4天才能见效，因此尽量在害虫发生早期使用。本剂对虾、蟹幼体有毒，剩余药液及洗涤药械的废液严禁污染河流、湖泊、池塘等水域；对家蚕高毒，桑园及其附近区域禁止使用。

虱螨脲　lufenuron

常见商品名称　美除、旗诺、护航等。

主要含量与剂型　5%、50克/升乳油，5%、10%悬浮剂。

产品特点　虱螨脲是一种抑制昆虫蜕皮的高效广谱低毒杀虫剂，以胃毒作用为主，兼有一定的触杀作用，没有内吸性，但有良好的杀卵效果。其杀虫机理是通过抑制幼虫几丁质合成酶的形成而发生作用，干扰几丁质在表皮的沉积，导致昆虫不能正常蜕皮变态而死亡。虱螨脲对低龄幼虫效果优异，害虫取食喷有药剂的植物组织后，2小时停止取食，2～3天进入死虫高峰。该药药效作用缓慢，持效期长，对多种天敌安全。

虱螨脲常与甲氨基阿维菌素苯甲酸盐、毒死蜱、丙溴磷等杀虫剂成分混配，用于生产复配杀虫剂。

适用果树及防控对象 虱螨脲适用于多种果树，对鳞翅目害虫和锈壁虱具有很好的防控效果。目前果树生产中主要用于防控：苹果树及桃树的卷叶蛾（苹小卷叶蛾、苹褐卷叶蛾、顶梢卷叶蛾等），苹果、桃、枣等落叶果树的食叶鳞翅目害虫（美国白蛾、天幕毛虫、造桥虫、刺蛾类等），柑橘树潜叶蛾、锈壁虱等。

使用技术

(1) 苹果树及桃树的卷叶蛾 在害虫卵孵化高峰期至低龄幼虫期，或害虫发生为害初期及时喷药，每代用药1次即可。一般使用5％乳油或50克/升乳油或5％悬浮剂1000～1500倍液，或10％悬浮剂2000～2500倍液均匀喷雾。

(2) 苹果、桃、枣等落叶果树的食叶鳞翅目害虫 在害虫发生为害初期，或卵孵化盛期至低龄幼虫期及时进行喷药，每代喷药1次即可。一般使用5％乳油或50克/升乳油或5％悬浮剂1200～1500倍液，或10％悬浮剂2500～3000倍液均匀喷雾。

(3) 柑橘树潜叶蛾、锈壁虱 防控潜叶蛾时，在春梢抽生期内、夏梢抽生期内、秋梢抽生期内，从嫩叶上初见虫道时及时开始喷药，10～15天1次，每期连喷1～2次；防控锈壁虱时，在果实膨大中后期开始喷药，10～15天1次，连喷2～3次。一般使用5％乳油或50克/升乳油或5％悬浮剂1200～1500倍液，或10％悬浮剂2500～3000倍液均匀喷雾。

注意事项 不能与碱性药剂混用。连续喷药时，注意与不同杀虫机理的药剂交替使用或混用，以延缓害虫产生耐药性。本剂对甲壳类动物高毒，剩余药液及洗涤药械的废液严禁污染河流、湖泊、池塘等水域；对蜜蜂微毒，用药时应加以注意。

虫酰肼 tebufenozide

常见商品名称 米满、咪姆、大击、道高、峨冠、飞拳、福治、高虎、格歼、禾亭、和欣、捷尔、金米、禁界、科宽、能赢、强力、赛田、泰好、网青、韦打、中招、金博星、卷易清、追天雷、绿霸泰保等。

主要含量与剂型 10％、20％、24％、30％、200 克/升悬浮剂，10％乳油等。

产品特点 虫酰肼是一种蜕皮激素类低毒杀虫剂，以胃毒作用为主，通过促进鳞翅目幼虫蜕皮，干扰昆虫的正常生长发育，促使害虫蜕皮而死亡。幼虫取食药剂后，在未进入蜕皮时产生蜕皮反应，开始蜕皮，由于不能完全蜕皮而导致幼虫脱水、饥饿而死亡。与其他抑制幼虫蜕皮的杀虫剂的作用机理相反，对高龄和低龄幼虫均有良好效果，适用于害虫抗性的综合治理。幼虫食取药剂后 6～8 小时停止取食，不再进行为害，比蜕皮抑制剂的作用更迅速，3～4 天后开始死亡。该药使用安全，无毒副作用，无残留药斑，对人、哺乳动物、鱼类和蚯蚓安全无害，对环境安全，但对家蚕高毒。

虫酰肼可与阿维菌素、甲氨基阿维菌素苯甲酸盐、虫螨腈、辛硫磷、毒死蜱、氯氰菊酯、高效氯氰菊酯、高效氯氟氰菊酯、苏云金杆菌等杀虫剂成分混配，用于生产复配杀虫剂。

适用果树及防控对象 虫酰肼适用于多种果树，对鳞翅目害虫具有良好的防控效果。目前果树生产中主要用于防控：苹果树、桃树、枣树等落叶果树的卷叶蛾类、刺蛾类、尺蠖类、美国白蛾等鳞翅目食叶害虫，核桃缀叶螟、核桃细蛾，柑橘树的柑橘凤蝶、玉带凤蝶等鳞翅目食叶害虫等。

使用技术

（1）苹果树、桃树、枣树等落叶果树的卷叶蛾类 在害虫发生初期或卷叶发生前及时喷药，每代喷药 1 次即可。一般使用 20％悬浮剂或 200 克/升悬浮剂 1500～2000 倍液，或 24％悬浮剂 1800～2400 倍液，或 30％悬浮剂 2400～3000 倍液，或 10％悬浮剂或 10％乳油 800～1000 倍液均匀喷雾。

（2）苹果树、桃树、枣树等落叶果树的刺蛾类、尺蠖类、美国白蛾等鳞翅目食叶害虫 在害虫发生为害初期或卵孵化盛期至低龄幼虫期及时喷药，每代喷药 1 次即可。药剂喷施倍数同"苹果树卷叶蛾"。

（3）核桃缀叶螟、核桃细蛾 在害虫卵孵化盛期至低龄幼虫期或幼虫发生为害初期及时喷药，每代喷药 1 次即可。药剂喷施倍数同"苹果树卷叶蛾"。

（4）柑橘树的柑橘凤蝶、玉带凤蝶等鳞翅目食叶害虫在害虫 发生为害初期或卵孵化盛期至低龄幼虫期及时喷药，每代喷药 1 次即可。药剂喷施倍数同"苹果树卷叶蛾"。

注意事项 不能与碱性药剂、强酸性药剂混用。虫酰肼对害虫卵杀灭效果较差，在幼虫发生初期喷药防控效果最好。该药对鱼类等水生脊椎动物有毒，用药时严禁将剩余药液及洗涤药械的废液污染水源；对家蚕高毒，严禁在桑蚕养殖区使用。

甲氧虫酰肼　methoxyfenozide

常见商品名称　美满、雷通等。

主要含量与剂型　24％、240 克/升悬浮剂。

产品特点　甲氧虫酰肼是一种二芳酰肼类低毒杀虫剂，属昆虫生长调节剂促蜕皮激素类，为虫酰肼的高效结构，具有触杀作用和内吸性，通过干扰昆虫的正常生长发育而发挥作用。幼虫取食药剂后，促使其在非蜕皮期进行蜕皮，由于蜕皮不完全而导致幼虫脱水、饥饿而死亡。该药选择性强，只对鳞翅目幼虫有效，对益虫、益螨安全，对环境友好，但对家蚕高毒。

甲氧虫酰肼常与阿维菌素、甲氨基阿维菌素苯甲酸盐、虫螨腈、茚虫威、乙基多杀菌素等杀虫剂成分混配，用于生产复配杀虫剂。

适用果树及防控对象　甲氧虫酰肼适用于多种果树，对鳞翅目的食叶害虫具有良好防控效果。目前果树生产中主要用于防控：苹果树金纹细蛾，苹果树、桃树、枣树等落叶果树的卷叶蛾类、刺蛾类、尺蠖类、美国白蛾、天幕毛虫等鳞翅目食叶害虫，核桃缀叶螟、核桃细蛾，柑橘树的潜叶蛾、柑橘凤蝶、玉带凤蝶等鳞翅目食叶害虫。

使用技术

（1）苹果树金纹细蛾　在害虫发生为害初期或初见虫斑时进行喷药，每代喷药 1 次即可。一般使用 24％悬浮剂或 240 克/升悬浮剂 1500～2000 倍液均匀喷雾。

（2）苹果树、桃树、枣树等落叶果树的卷叶蛾类　在害虫发生初期或卷叶发生前及时喷药，每代喷药 1 次即可。一般使用 24％悬浮剂或 240 克/升悬浮剂 2500～3000 倍液均匀喷雾。

（3）苹果树、桃树、枣树等落叶果树的刺蛾类、尺蠖类、美国白蛾、天幕毛虫等鳞翅目食叶害虫　在害虫发生为害初期或卵孵化盛期至低龄幼虫期及时喷药，每代喷药 1 次即可。一般使用 24％悬浮剂或 240 克/升悬浮剂 3000～4000 倍液均匀喷雾。

（4）核桃缀叶螟、核桃细蛾　在害虫卵孵化盛期至低龄幼虫期或幼虫发生为害初期及时喷药，每代喷药 1 次即可。一般使用 24％悬浮剂或 240 克/升悬浮剂 3000～4000 倍液均匀喷雾。

（5）柑橘树潜叶蛾　在春梢生长期内、夏梢生长期内、秋梢生长期内，分别从嫩叶上初见虫道时及时开始喷药，10天左右1次，连喷1～2次。一般使用24％悬浮剂或240克/升悬浮剂2000～2500倍液均匀喷雾。

（6）柑橘树的柑橘凤蝶、玉带凤蝶等鳞翅目食叶害虫　在害虫发生为害初期或卵孵化盛期至低龄幼虫期及时喷药，每代喷药1次即可。一般使用24％悬浮剂或240克/升悬浮剂3000～4000倍液均匀喷雾。

注意事项　不能与碱性药剂、强酸性药剂混用。本剂对害虫的卵防效较差，在幼虫发生初期喷药防控效果最好。药剂对鱼类等水生脊椎动物有毒，剩余药液及洗涤药械的废液严禁污染河流、湖泊、池塘等水源地及水产养殖区域；对家蚕高毒，严禁在桑蚕养殖区使用。

溴氰菊酯　deltamethrin

常见商品名称　敌杀死、虫赛死、富右旋、惠光灵、凯安保、速保克、允敌杀、达喜、敌泰、方冠、福令、击冠、雷雾、赛敌、钻峰、美邦敌杀、志信敌杀、中新锐宝、万克敌杀尽等。

主要含量与剂型　2.5％、25克/升、50克/升乳油，2.5％微乳剂，2.5％水乳剂，5％可湿性粉剂，10％悬浮剂。

产品特点　溴氰菊酯是一种拟除虫菊酯类高效广谱中毒杀虫剂，属神经性毒剂，以触杀和胃毒作用为主，对害虫有一定的驱避与拒食作用，但无内吸和熏蒸作用，具有杀虫活性高、杀虫谱广、击倒速度快、对作物安全等特点。其杀虫机理是作用于昆虫的神经系统，使昆虫过度兴奋、麻痹而死亡。主要用于防控鳞翅目害虫、半翅目害虫、直翅目害虫和蚜虫类，对螨类、蚧类效果较差，并与其他拟除虫菊酯类杀虫剂有交互抗性。试验条件下无致畸、致癌、致突变作用，对蜜蜂和家蚕剧毒，对鸟类毒性很低。

溴氰菊酯常与阿维菌素、敌敌畏、毒死蜱、乐果、氧乐果、马拉硫磷、杀螟硫磷、辛硫磷、甲基嘧啶磷、高效氯氰菊酯、高效氯氟氰菊酯、矿物油、硫丹、仲丁威、吡虫啉、噻虫啉、八角茴香油等杀虫剂成分混配，用于生产复配杀虫剂。

适用果树及防控对象　溴氰菊酯适用于多种果树，对许多种害虫均具有较好的防控效果。目前果树生产中常用于防控：苹果树、梨树、桃树、枣树等落叶果树的蚜虫类（绣线菊蚜、苹果瘤蚜、梨二叉蚜、桃蚜、桃粉蚜、桃瘤蚜等）、食心虫类（桃小食心虫、梨小食心虫、桃蛀螟、苹果蠹蛾等）、卷叶蛾类（苹小卷叶蛾、苹褐卷叶蛾、顶梢卷叶蛾、黄斑长翅卷蛾等）、棉铃虫、斜纹夜蛾、舟形毛虫、美国白蛾、天幕毛虫、梨星毛虫、造桥虫、尺蠖、刺蛾类（黄刺蛾、绿刺蛾、扁刺蛾等）、绿盲蝽等，梨茎蜂，桃树、李树、杏树的桃小绿叶蝉，柿树的柿血斑叶蝉，核桃缀叶螟，柑橘树的蚜虫、潜叶蛾、柑橘凤蝶、玉带凤蝶、蝗虫等，荔枝树蝽蟓等。

使用技术 溴氰菊酯主要在害虫发生为害初期或卵孵化盛期至低龄幼虫期喷雾使用，为延缓害虫耐药性的产生和发展，建议与其他作用机理不同的杀虫剂混合使用，且喷药应均匀周到。

（1）落叶果树害虫 落叶果树全生长期均可使用。防控苹果瘤蚜时，在苹果花序分离期和落花后各喷药 1 次；防控苹果树、梨树的绣线菊蚜时，在苹果树或梨树嫩梢上蚜虫数量较多时，或开始向幼果转移为害时及时喷药，10 天左右 1 次，连喷 1～2 次；防控桃树、杏树及李树蚜虫时，首先在萌芽后开花前喷药 1 次，然后从落花后开始连续喷药，10 天左右 1 次，连喷 2～3 次；防控食心虫时，在害虫产卵盛期至孵化盛期（幼虫钻蛀前）及时喷药，产卵期不整齐时需连续喷药 2 次，间隔期 7 天左右；防控卷叶蛾时，在害虫发生为害初期或卷叶为害前及时喷药，每代喷药 1～2 次；防控棉铃虫、斜纹夜蛾时，在害虫卵孵化盛期至低龄幼虫期及时喷药，每代喷药 1～2 次；防控舟形毛虫、美国白蛾等鳞翅目食叶类害虫时，在害虫卵孵化盛期至低龄幼虫期及时喷药，一般每代喷药 1 次即可；防控绿盲蝽时，在果树发芽至嫩梢生长期内的绿盲蝽发生为害初期及时喷药，7～10 天 1 次，连喷 2 次左右。一般使用 2.5%乳油或 2.5%微乳剂或 2.5%水乳剂或 25 克/升乳油 1200～1500 倍液，或 50 克/升乳油或 5%可湿性粉剂 2500～3000 倍液，或 10%悬浮剂 5000～6000 倍液均匀喷雾。

（2）梨茎蜂 在梨树外围嫩梢长 10～15 厘米时或果园内初见受害嫩梢时及时开始喷药，7～10 天 1 次，连喷 2 次，以上午 10 时前喷药防控效果最好。药剂喷施倍数同上述“落叶果树害虫”。

（3）桃小绿叶蝉 在害虫发生为害初期或叶片正面黄绿色小点较多时及时开始喷药，10 天左右 1 次，连喷 2～3 次，重点喷洒叶片背面。上午 10 时前或下午 4 时后喷药防控效果较好。药剂喷施倍数同上述“落叶果树害虫”。

（4）柿血斑叶蝉 在害虫发生为害初期或叶片正面黄绿色小点较多时及时开始喷药，10 天左右 1 次，连喷 2 次左右，重点喷洒叶片背面。药剂喷施倍数同上述“落叶果树害虫”。

（5）核桃缀叶螟 在害虫卵孵化盛期至低龄幼虫期或害虫发生为害初期及时喷药，每代喷药 1 次即可。药剂喷施倍数同上述“落叶果树害虫”。

（6）柑橘树的蚜虫、潜叶蛾、柑橘凤蝶、玉带凤蝶、蝗虫 防控柑橘树蚜虫时，在每期嫩梢上蚜虫发生为害初盛期或蚜虫数量较多时及时进行喷药，7～10 天 1 次，连喷 1～2 次；防控潜叶蛾时，在每次嫩梢生长期（春梢期、夏梢期、秋梢期）内的嫩叶上初见虫道时及时进行喷药，7～10 天 1次，每期连喷 1～2 次；防控柑橘凤蝶、玉带凤蝶等鳞翅目食叶害虫时，在害虫卵孵化盛期至低龄幼虫期及时喷药，每代喷药 1 次即可；防控蝗虫时，从害虫发生为害初期开始喷药，7～10 天 1 次，连喷 1～2 次。一般使用2.5％乳油或 2.5％微乳剂或 2.5％水乳剂或 25 克/升乳油 1000～1500 倍液，或 50 克/升乳油或 5％可湿性粉剂 2500～3000 倍液，或 10％悬浮剂 5000～6000 倍液均匀喷雾。

（7）荔枝树蜡蚧　在害虫发生为害初期开始喷药，7～10 天 1 次，连喷2 次左右，以早、晚气温较低时喷药效果较好。药剂喷施倍数同"柑橘树蚜虫"。

注意事项　不能与碱性药剂、强酸性药剂混用。连续喷施易诱使害虫产生耐药性，建议与其他不同作用机理的药剂交替使用或混合使用。本剂对鱼类等水生生物有毒，用药时严禁污染河流、湖泊、池塘等水域；对家蚕高毒，桑蚕养殖场所禁止使用；对蜜蜂高毒，养蜂场所及果树花期禁止使用。用药时注意安全防护，不慎中毒，立即送医院对症治疗。不要在高温天气使用。本剂对螨类防效很差，如虫、螨混发时，注意与优质杀螨剂混合使用。

S-氰戊菊酯　esfenvalerate

常见商品名称　来福灵、莱就灵、天行箭、天王百得等。

主要含量与剂型　5％、50 克/升乳油，5％、50 克/升水乳剂。

产品特点　S-氰戊菊酯是一种拟除虫菊酯类高效广谱中毒杀虫剂，仅含有氰戊菊酯中的高活性异构体（顺式异构体），又称"顺式氰戊菊酯"、"高效氰戊菊酯"，以触杀和胃毒作用为主，无内吸和熏蒸作用，活性比氰戊菊酯高约 4 倍，使用剂量也较氰戊菊酯低。其杀虫机理与氰戊菊酯相同，作用于害虫的神经系统，使害虫过度兴奋、麻痹而死亡。对鳞翅目幼虫、双翅目、直翅目、半翅目等害虫均有较好防控效果，但对螨类无效。试验条件下无致畸、致癌、致突变作用，对兔眼睛无刺激性，对鱼类等水生生物有毒，对蜜蜂高毒。

S-氰戊菊酯常与阿维菌素、辛硫磷、吡虫啉、马拉硫磷、硫丹等杀虫剂成分混配，用于生产复配杀虫剂。

适用果树及防控对象 S-氰戊菊酯适用于多种果树，对许多种害虫均具有较好的防控效果。目前果树生产中常用于防控：苹果树、梨树、桃树、枣树等落叶果树的蚜虫类（绣线菊蚜、苹果瘤蚜、梨二叉蚜、桃蚜、桃粉蚜、桃瘤蚜等）、食心虫类（桃小食心虫、梨小食心虫、桃蛀螟、苹果蠹蛾等）、卷叶蛾类（苹小卷叶蛾、苹褐卷叶蛾、顶梢卷叶蛾、黄斑长翅卷蛾等）、棉铃虫、斜纹夜蛾、舟形毛虫、美国白蛾、天幕毛虫、梨星毛虫、造桥虫、尺蠖、刺蛾类（黄刺蛾、绿刺蛾、扁刺蛾等）、梨网蝽、绿盲蝽等，梨茎蜂、梨瘿蚊、枣瘿蚊、梨、桃、杏等果实的蝽蟓类（麻皮蝽、茶翅蝽等）、桃树、李树、杏树的桃小绿叶蝉，柿树的柿血斑叶蝉，核桃缀叶螟，柑橘树的蚜虫、潜叶蛾、柑橘凤蝶、玉带凤蝶、蝗虫等，荔枝树蝽蟓，香蕉冠网蝽等。

使用技术 S-氰戊菊酯主要用于喷雾，在害虫发生为害初期或卵孵化盛期至低龄幼虫期及时喷药，且喷药应均匀周到。

(1) 落叶果树害虫 落叶果树全生长期均可使用。防控苹果瘤蚜时，在苹果花序分离期和落花后各喷药 1 次；防控苹果树、梨树的绣线菊蚜时，在苹果树或梨树嫩梢上蚜虫数量较多时，或开始向幼果转移为害时及时喷药，10 天左右 1 次，连喷 1～2 次；防控桃树、杏树及李树蚜虫时，首先在萌芽后开花前喷药 1 次，然后从落花后开始连续喷药，10 天左右 1 次，连喷 2～3 次；防控食心虫时，在害虫产卵盛期至孵化盛期（幼虫钻蛀前）及时喷药，产卵期不整齐时需连续喷药 2 次，间隔期 7 天左右；防控卷叶蛾时，在害虫发生为害初期或卷叶为害前及时喷药，每代喷药 1～2 次；防控棉铃虫、斜纹夜蛾时，在害虫卵孵化盛期至低龄幼虫期及时喷药，每代喷药 1～2 次；防控舟形毛虫、美国白蛾等鳞翅目食叶类害虫时，在害虫卵孵化盛期至低龄幼虫期及时喷药，一般每代喷药 1 次即可；防控梨网蝽时，在害虫发生为害初期或叶正面初显退绿黄点时及时喷药，7～10 天 1 次，连喷 1～2 次，重点喷洒叶片背面；防控绿盲蝽时，在果树发芽至嫩梢生长期内的绿盲蝽发生为害初期及时喷药，7～10 天 1 次，连喷 2 次左右。一般使用 5% 乳油或 50 克/升乳油或 5% 水乳剂或 50 克/升水乳剂 1500～2000 倍液均匀喷雾。

(2) 梨茎蜂、梨瘿蚊 防控梨茎蜂时，在梨树外围嫩梢长 10～15 厘米时或果园内初见受害嫩梢时及时开始喷药，7～10 天 1 次，连喷 2 次，以上午 10 时前喷药防控效果最好；防控梨瘿蚊时，在新梢生长期内从梨瘿蚊发生为害初期开始喷药，7～10 天 1 次，连喷 2 次。一般使用 5% 乳油或 50 克/升乳油或 5% 水乳剂或 50 克/升水乳剂 1500～2000 倍液均匀喷雾。

(3) 枣瘿蚊 从害虫发生为害初期开始喷药，7～10 天 1 次，连喷 2～3 次，重点防控期为萌芽后至开花期。一般使用 5% 乳油或 50 克/升乳油或

5％水乳剂或 50 克/升水乳剂 1500～2000 倍液均匀喷雾。

（4）梨、桃、杏等果实的蝽蟓类　多从小麦蜡黄期（麦穗变黄后）开始在果园内喷药，7～10 天 1 次，连喷 2 次左右。较大果园也可重点喷洒果园外围的几行树，阻止蝽蟓进入果园。一般使用 5％乳油或 50 克/升乳油或 5％水乳剂或 50 克/升水乳剂 1500～2000 倍液均匀喷雾。

（5）桃小绿叶蝉　在害虫发生为害初期或叶片正面黄绿色小点较多时及时开始喷药，10 天左右 1 次，连喷 2～3 次，重点喷洒叶片背面。上午 10 时前或下午 4 时后喷药防控效果较好。一般使用 5％乳油或 50 克/升乳油或 5％水乳剂或 50 克/升水乳剂 1500～2000 倍液均匀喷雾。

（6）柿血斑叶蝉　在害虫发生为害初期或叶片正面黄绿色小点较多时及时开始喷药，10 天左右 1 次，连喷 2 次左右，重点喷洒叶片背面。一般使用 5％乳油或 50 克/升乳油或 5％水乳剂或 50 克/升水乳剂 1500～2000 倍液均匀喷雾。

（7）核桃缀叶螟　在害虫卵孵化盛期至低龄幼虫期或害虫发生为害初期及时喷药，每代喷药 1 次即可。一般使用 5％乳油或 50 克/升乳油或 5％水乳剂或 50 克/升水乳剂 1500～2000 倍液均匀喷雾。

（8）柑橘树的蚜虫、潜叶蛾、柑橘凤蝶、玉带凤蝶、蝗虫　防控柑橘树蚜虫时，在每期嫩梢上蚜虫发生为害初盛期或蚜虫数量较多时及时进行喷药，7～10 天 1 次，连喷 1～2 次；防控潜叶蛾时，在每次嫩梢生长期（春梢期、夏梢期、秋梢期）内的嫩叶上初见虫道时及时开始喷药，7～10 天 1 次，每期连喷 1～2 次；防控柑橘凤蝶、玉带凤蝶等鳞翅目食叶害虫时，在害虫卵孵化盛期至低龄幼虫期及时喷药，每代喷药 1 次即可；防控蝗虫时，从害虫发生为害初期开始喷药，7～10 天 1 次，连喷 1～2 次。一般使用 5％乳油或 50 克/升乳油或 5％水乳剂或 50 克/升水乳剂 1500～2000 倍液均匀喷雾。

（9）荔枝树蝽蟓　在害虫发生为害初期开始喷药，7～10 天 1 次，连喷 2 次左右，以早、晚气温较低时喷药效果较好。一般使用 5％乳油或 50 克/升乳油或 5％水乳剂或 50 克/升水乳剂 1500～2000 倍液均匀喷雾。

（10）香蕉冠网蝽　在害虫发生为害初期开始喷药，10 天左右 1 次，连喷 1～2 次。一般使用 5％乳油或 50 克/升乳油或 5％水乳剂或 50 克/升水乳剂 1500～2000 倍液均匀喷雾。

注意事项　不能与碱性药剂、强酸性药剂混合使用。具体用药时，尽量与其他不同类型杀虫剂混合使用，以提高杀虫效果，并避免害虫产生耐药性。该药对螨类无效，在害虫、害螨同时发生时要混配杀螨剂使用，以免螨害猖獗发生。本剂对鱼类等水生生物、家蚕、蜜蜂等有毒，使用时严禁污染河流、湖泊、池塘等水域及桑园与养蜂场所。用药时注意安全防护，避免皮肤及眼睛溅及药剂；不慎误服，立即送医院对症治疗。

甲氰菊酯 fenpropathrin

常见商品名称 灭扫利、阿托力、青龙敌、攻略、金雀、开弓、满通、刨哥、勇哥、全击、大光明农宝、蜘蛛蚧快杀等。

主要含量与剂型 20％、10％乳油，20％、10％水乳剂，10％微乳剂。

产品特点 甲氰菊酯是一种拟除虫菊酯类高效广谱中毒杀虫、杀螨剂，具有触杀、胃毒和一定的驱避作用，无内吸、熏蒸作用。其杀虫机理是作用于昆虫的神经系统，害虫取食或接触药剂后过度兴奋、麻痹而死亡。该药对鳞翅目幼虫高效，对双翅目和半翅目害虫也有很好的防控效果，并对多种果树的叶螨具有较好的防效，所以具有虫螨兼防的优点。本剂试验条件下无致畸、致癌、致突变作用，对鱼类、蜜蜂、家蚕高毒。

甲氰菊酯常与阿维菌素、甲氨基阿维菌素苯甲酸盐、单甲脒盐酸盐、敌敌畏、辛硫磷、毒死蜱、乐果、氧乐果、马拉硫磷、三唑磷、噻螨酮、哒螨灵、炔螨特、吡虫啉、丁醚脲、柴油、矿物油、三氯杀螨醇等杀虫（螨）剂成分混配，用于生产复配杀虫（螨）剂。

适用果树及防控对象 甲氰菊酯适用于多种果树，对许多种害虫、叶螨均具有较好的防控效果。目前果树生产中常用于防控：苹果树、梨树、桃树、枣树等落叶果树的叶螨类（山楂叶螨、苹果全爪螨等）、蚜虫类（绣线菊蚜、苹果瘤蚜、梨二叉蚜、桃蚜、桃粉蚜、桃瘤蚜等）、食心虫类（桃小食心虫、梨小食心虫、桃蛀螟等）、卷叶蛾类（苹小卷叶蛾、苹褐卷叶蛾、顶梢卷叶蛾、黄斑长翅卷蛾等）、棉铃虫、舟形毛虫、美国白蛾、天幕毛虫、梨星毛虫、造桥虫、尺蠖、刺蛾类（黄刺蛾、绿刺蛾、扁刺蛾等）、绿盲蝽等，梨茎蜂、梨瘿蚊、枣瘿蚊、梨、桃、杏等果实的蝽蟓类（麻皮蝽、茶翅蝽等）、桃树、李树、杏树的桃小绿叶蝉，柿树的柿血斑叶蝉，核桃缀叶螟，柑橘树的红蜘蛛、蚜虫、潜叶蛾、柑橘凤蝶等鳞翅目食叶害虫、蝗虫等，荔枝树蝽蟓，香蕉冠网蝽等。

使用技术

（1）落叶果树叶螨类 从害螨发生为害初盛期开始喷药，15～20天1次，连喷3～4次。一般使用20％乳油或20％水乳剂1500～2000倍液，或10％乳油或10％水乳剂或10％微乳剂800～1000倍液均匀喷雾。叶螨发生较重时，建议与专性杀螨剂混合喷雾，以增加防控效果。

（2）落叶果树害虫　防控苹果瘤蚜时，在苹果花序分离期和落花后各喷药1次；防控苹果树、梨树的绣线菊蚜时，在苹果树或梨树嫩梢上蚜虫数量较多时，或蚜虫开始向幼果转移为害时及时喷药，10天左右1次，连喷1～2次；防控桃树、杏树及李树蚜虫时，首先在萌芽后开花前喷药1次，然后从落花后开始连续喷药，10天左右1次，连喷2～3次；防控食心虫时，在害虫产卵盛期至孵化盛期（幼虫钻蛀前）及时喷药，产卵期不整齐时需连续喷药2次，间隔期7天左右；防控卷叶蛾时，在害虫发生为害初期或卷叶为害前及时喷药，每代喷药1～2次；防控棉铃虫时，在害虫卵孵化盛期至低龄幼虫期及时喷药，每代喷药1～2次；防控舟形毛虫、美国白蛾等鳞翅目食叶类害虫时，在害虫卵孵化盛期至低龄幼虫期及时喷药，一般每代喷药1次即可；防控绿盲蝽时，在果树发芽至嫩梢生长期内的绿盲蝽发生为害初期及时喷药，7～10天1次，连喷2次左右，早、晚喷药效果较好。一般使用20％乳油或20％水乳剂1500～2000倍液，或10％乳油或10％水乳剂或10％微乳剂800～1000倍液均匀喷雾。

（3）梨茎蜂、梨瘿蚊　防控梨茎蜂时，在梨树外围嫩梢长10～15厘米时或果园内initial见受害嫩梢时及时开始喷药，7～10天1次，连喷2次，以上午10时前喷药防控效果最好；防控梨瘿蚊时，在新梢生长期内从梨瘿蚊发生为害初期开始喷药，7～10天1次，连喷2次。药剂喷施倍数同“落叶果树害虫”。

（4）枣瘿蚊　在枣树萌芽后至开花期，从害虫发生为害初期开始均匀喷药，7～10天1次，连喷2～3次。药剂喷施倍数同“落叶果树害虫”。

（5）梨、桃、杏等果实的蝽蟓类　多从小麦蜡黄期（麦穗变黄后）开始在果园内喷药，7～10天1次，连喷2次左右。较大果园也可重点喷洒果园外围的几行树，阻止蝽蟓进入果园。药剂喷施倍数同“落叶果树害虫”。

（6）桃小绿叶蝉　在害虫发生为害初期或叶片正面黄绿色小点较多时及时开始喷药，10天左右1次，连喷2～3次，重点喷洒叶片背面。上午10时前或下午4时后喷药防控效果较好。药剂喷施倍数同“落叶果树害虫”。

（7）柿血斑叶蝉　在害虫发生为害初期或叶片正面黄绿色小点较多时及时开始喷药，10天左右1次，连喷2次左右，重点喷洒叶片背面。药剂喷施倍数同“落叶果树害虫”。

（8）核桃缀叶螟　在害虫卵孵化盛期至低龄幼虫期或害虫发生为害初期及时喷药，每代喷药1次即可。药剂喷施倍数同“落叶果树害虫”。

（9）柑橘树红蜘蛛　主要用于柑橘生长期喷药。从红蜘蛛发生为害初盛期及时开始喷药，15～20天1次，连喷2～3次。一般使用20％乳油或20％

水乳剂 1500～2000 倍液，或 10％乳油或 10％水乳剂或 10％微乳剂 800～1000 倍液均匀喷雾。红蜘蛛发生较重时，建议与专性杀螨剂混合喷雾，以增加防控效果。

（10）柑橘树的蚜虫、潜叶蛾、柑橘凤蝶等鳞翅目食叶害虫、蝗虫　防控柑橘树蚜虫时，在每期嫩梢上蚜虫发生为害初盛期或蚜虫数量较多时及时进行喷药，7～10 天 1 次，连喷 1～2 次；防控潜叶蛾时，在每次嫩梢生长期（春梢期、夏梢期、秋梢期）内的嫩叶上初见虫道时及时开始喷药，7～10 天 1 次，每期连喷 1～2 次；防控柑橘凤蝶等鳞翅目食叶害虫时，在害虫卵孵化盛期至低龄幼虫期及时喷药，每代喷药 1 次即可；防控蝗虫时，从害虫发生为害初期开始喷药，7～10 天 1 次，连喷 1～2 次。药剂喷施倍数同"柑橘树红蜘蛛"。

（11）荔枝树蝽蟓　在害虫发生为害初期开始喷药，7～10 天 1 次，连喷 2 次左右，以早、晚气温较低时喷药效果较好。药剂喷施倍数同"柑橘树红蜘蛛"。

（12）香蕉冠网蝽　在害虫发生为害初期开始喷药，10 天左右 1 次，连喷 1～2 次。药剂喷施倍数同"柑橘树红蜘蛛"。

注意事项　不能与碱性药剂或肥料混用。注意与不同作用机理的杀虫（螨）剂交替使用或混合使用，以降低或延缓害虫（螨）耐药性的产生。本剂药效不受低温环境影响，低温下使用持效期更长、药效更高，特别适合早春和秋季使用。苹果树上使用的安全采收间隔期为 14 天。该药对鱼类、家蚕、蜜蜂高毒，严禁药液及洗涤药械的废液污染河流、湖泊、池塘等水域，并避免在桑园及养蜂区域施药，果树花期禁止用药。

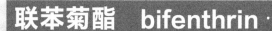

联苯菊酯　bifenthrin ·····················

常见商品名称　天王星、阿弗铃、案盖康、奥克泰、百户喜、茶果威、茶乐星、茶逍遥、护卫鸟、金茶星、凯福隆、力比泰、派田得、天罡星、一千年、真力害、安通、博奇、茶海、茶魁、茶靓、茶优、茶雨、茶悦、婵翠、婵茚、婵指、翠虎、当真、刀哥、点亮、高联、攻势、冠联、贵星、护园、击马、佳普、洁悦、惊速、乐收、力克、联杰、联喜、千力、千灵、锐春、瑞灭、赛彤、闪通、首功、双屠、硕田、速博、速闪、特勒、响铃、信打、星点、休斯、玄锋、勇胜、战灭、真狠、争胜、川东博茶、春甲无回、华灵力士、上格采喜、威灵斯顿、兴农卡努、正业圣龙、中保力驰、力智狮

禅灵、美尔果联欢、美尔果天宝、奥迪斯欧冠、碧奥茶多宝、标正大茶
举等。

主要含量与剂型 25克/升、100克/升乳油，2.5％、10％、25克/升
微乳剂，2.5％、4.5％、10％、20％、100克/升水乳剂。

产品特点 联苯菊酯是一种拟除虫菊酯类高效广谱中毒杀虫、杀螨剂，
以触杀和胃毒作用为主，无内吸作用，具有击倒作用强、速度快、持效期长
等特点。其杀虫机理是作用于昆虫的神经系统，使昆虫过度兴奋、麻痹而死
亡。本剂对环境安全，在气温较低条件下更能发挥药效，特别适用于虫、螨
混合发生时使用，具有一药多治、省工、省时、省药等特点。试验条件下未
见致畸、致癌、致突变作用，但对蜜蜂、家蚕、部分天敌及水生生物毒
性高。

联苯菊酯常与虫螨腈、烯啶虫胺、吡虫啉、啶虫脒、噻虫啉、噻虫嗪、
噻虫胺、丁醚脲、阿维菌素、甲氨基阿维菌素苯甲酸盐、哒螨灵、炔螨特、
三唑锡、马拉硫磷、三唑磷等杀虫（螨）剂成分混配，用于生产复配杀虫
（螨）剂。

适用果树及防控对象 联苯菊酯适用于多种果树，对许多种害虫、害螨
均具有较好的防控效果。目前果树生产中常用于防控：柑橘树的红蜘蛛、柑
橘木虱、潜叶蛾、白粉虱、黑刺粉虱，苹果树的红蜘蛛、桃小食心虫及美国
白蛾、舟形毛虫、刺蛾类等鳞翅目食叶害虫，桃树、杏树、李树的桃小绿叶
蝉、桃线潜叶蛾，柿血斑叶蝉，枸杞木虱等。

使用技术

（1）柑橘树红蜘蛛、柑橘木虱、潜叶蛾、白粉虱、黑刺粉虱 防控红蜘
蛛时，在红蜘蛛为害初盛期开始喷药，10～15天1次，连喷2～3次；防控
柑橘木虱时，在春梢生长期内、夏梢生长期内及秋梢生长期内，分别从柑橘
木虱发生初期开始喷药，10天左右1次，每期连喷2～3次；防控潜叶蛾
时，在春梢生长期内、夏梢生长期内及秋梢生长期内，分别从嫩叶上初见虫
道时开始喷药，10天左右1次，每期连喷2～3次；防控白粉虱、黑刺粉虱
时，从害虫发生为害初盛期或若虫发生初盛期开始喷药，10天左右1次，
连喷2次左右。一般使用25克/升乳油或25克/升微乳剂或2.5％微乳剂或
2.5％水乳剂800～1000倍液，或4.5％水乳剂1500～2000倍液，或10％水
乳剂或10％微乳剂或100克/升乳油或100克/升水乳剂3000～4000倍液，
或20％水乳剂6000～8000倍液均匀喷雾。

（2）苹果树红蜘蛛、桃小食心虫及美国白蛾、舟形毛虫、刺蛾类等鳞翅
目食叶害虫 防控红蜘蛛时，从红蜘蛛为害初盛期开始喷药，10～15天1
次，连喷2～3次；防控桃小食心虫时，在害虫卵盛期及时喷药，发生整齐

时每代喷药1次即可，发生不整齐时需7天后再喷药1次；防控美国白蛾、舟形毛虫等鳞翅目食叶害虫时，在害虫卵孵化盛期至低龄幼虫期及时喷药，每代喷药1次即可。药剂喷施倍数同“柑橘树红蜘蛛”。

（3）桃树、杏树、李树的桃小绿叶蝉、桃线潜叶蛾　防控桃小绿叶蝉时，在叶片正面初见黄绿色小点时或害虫发生为害初盛期开始喷药，10天左右1次，连喷2次左右；防控桃线潜叶蛾时，在叶片上初见虫道时开始喷药，10～15天1次，连喷2～4次。药剂喷施倍数同“柑橘树红蜘蛛”。

（4）柿血斑叶蝉　从叶片正面初见黄绿色小点时开始喷药，10天左右1次，连喷2次左右。药剂喷施倍数同“柑橘树红蜘蛛”。

（5）枸杞木虱　从害虫发生为害初期开始喷药，10天左右1次，连喷2～4次。药剂喷施倍数同“柑橘树红蜘蛛”。

注意事项　不能与碱性药剂混用。害虫发生较重时与其他不同作用机理的药剂混用防控效果较好，害螨发生较重时最好与专用杀螨剂混用。本剂对家蚕、蜜蜂、天敌昆虫及水生生物毒性较高，用药时注意不要污染水源、桑园、养蜂场所等，并禁止在果树花期使用。果树上的安全采收间隔期一般为15天。

高效氯氰菊酯　beta-…

常见商品名称　阿锐宝、安赛达、安泰绿、丛金光、大功达、高乐福、攻下塔、红缟福、护田箭、佳维绿、雷龙宝、利果兴、绿百事、绿可安、绿杀丹、赛氟青、施得果、探照灯、仙隆宝、斜甜净、一刺清、一片天、助农兴、安治、高歼、高进、高清、戈功、攻敌、禾护、红福、虎击、虎蛙、佳田、剪清、解爽、锦功、凯击、凯杰、凯战、科坦、克怕、克严、快斩、拉威、劳获、美蔬、牧龙、诺卡、盼丰、普砍、千刃、强高、清灭、权豹、全收、锐打、上夺、速透、万毒、威甲、幽菊、原白、战尔、长戈、正反、智海、碧奥利剑、大方速扑、美邦蓝剑、中保蓝科、中保杀虫、桃小蛑虱威、安泰高绿宝、大光明绿福、龙灯天龙宝、美尔果快扫、诺普信白隆、瑞德丰绿爽、苏化高绿宝、扬农农拜它、悦联兴绿宝、悦联杀灭菊酯等。

主要含量与剂型　2.5%、4.5%、10%乳油，3%、4.5%水乳剂，3%微囊悬浮剂，4.5%、5%、10%微乳剂，5%可湿性粉剂等。

产品特点　高效氯氰菊酯是一种拟除虫菊酯类高效广谱中毒杀虫剂，属氯氰菊酯的高效异构体，具有良好的触杀和胃毒作用，无内吸性，杀虫谱广，击倒速率快，生物活性高。其杀虫机理是通过与害虫神经系统的钠离子通道相互作用，破坏其功能，使害虫过度兴奋、麻痹而死亡。该药对兔皮肤和眼睛有轻微刺激，对水生生物、蜜蜂、家蚕有毒。

高效氯氰菊酯常与敌敌畏、毒死蜱、丙溴磷、辛硫磷、氧乐果、三唑磷、马拉硫磷、水胺硫磷、亚胺硫磷、乙酰甲胺磷、矿物油、硫丹、灭多威、仲丁威、杀虫单、胺菊酯、虫酰肼、灭幼脲、氟啶脲、氟铃脲、吡虫啉、啶虫脒、噻嗪酮、阿维菌素、甲氨基阿维菌素苯甲酸盐、氯虫苯甲酰胺、斜纹夜蛾核型多角体病毒、棉铃虫核型多角体病毒、苏云金杆菌等杀虫剂成分混配，用于生产复配杀虫剂。

适用果树及防控对象 高效氯氰菊酯适用于多种果树，对许多种害虫均具有较好的防控效果。目前果树生产中常用于防控：苹果树、梨树、桃树、枣树等落叶果树的蚜虫类（绣线菊蚜、苹果瘤蚜、梨二叉蚜、桃蚜、桃粉蚜、桃瘤蚜等）、食心虫类（桃小食心虫、梨小食心虫、桃蛀螟、苹果蠹蛾等）、卷叶蛾类（苹小卷叶蛾、苹褐卷叶蛾、顶梢卷叶蛾、黄斑长翅卷蛾等）、棉铃虫、舟形毛虫、美国白蛾、天幕毛虫、梨星毛虫、造桥虫、尺蠖类、刺蛾类（黄刺蛾、绿刺蛾、扁刺蛾等）、绿盲蝽等，梨木虱、梨茎蜂、梨瘿蚊、枣瘿蚊、梨、桃、杏等果实的蝽蟓类（麻皮蝽、茶翅蝽等），桃树、李树、杏树的桃小绿叶蝉，柿树的柿血斑叶蝉、柿蒂虫，核桃缀叶螟、核桃举肢蛾、柑橘树的柑橘木虱、蚜虫、潜叶蛾、柑橘凤蝶及玉带凤蝶等鳞翅目食叶害虫、蝗虫等，荔枝树蝽蟓、蒂蛀虫，香蕉冠网蝽，枸杞瘿蚊、枸杞木虱、蚜虫等。

使用技术 高效氯氰菊酯在果树生长期均可用于喷雾，主要在害虫发生初期或卵孵化盛期至低龄幼虫期使用，与其他不同作用机理杀虫剂混用效果更好，且喷药应均匀周到。

（1）落叶果树害虫 防控苹果瘤蚜时，在苹果花序分离期和落花后各喷药1次；防控苹果树、梨树的绣线菊蚜时，在苹果树或梨树嫩梢上蚜虫数量较多时，或蚜虫开始向幼果转移为害时及时喷药，10天左右1次，连喷1～2次；防控梨二叉蚜时，在蚜虫发生为害初盛期或受害叶片卷曲前及时喷药，10天左右1次，连喷1～2次；防控桃树、杏树及李树蚜虫时，首先在萌芽后开花前喷药1次，然后从落花后开始连续喷药，10天左右1次，连喷2～3次；防控食心虫时，在害虫产卵盛期至孵化盛期（幼虫钻蛀前）及时喷药，产卵期不整齐时需连续喷药2次，间隔期7天左右；防控卷叶蛾时，在害虫发生为害初期或卷叶为害前及时喷药，每代喷药1～2次；防控棉铃虫时，在害虫卵孵化盛期至低龄幼虫期及时喷药，每代喷药1～2次；防控舟形毛虫、美国白蛾等鳞翅目食叶类害虫时，在害虫卵孵化盛期至低龄幼虫期及时喷药，一般每代喷药1次即可；防控绿盲蝽时，在果树发芽至嫩梢生长期内的绿盲蝽发生为害初期及时喷药，7~10天1次，连喷2次左右，早、晚喷药效果较好。一般使用2.5%乳油或3%水乳剂或3%微囊悬浮剂800~1000倍液，或4.5%乳油或4.5%微乳剂或4.5%水乳剂或5%微乳剂或5%可湿性粉剂1500~2000倍液，或10%乳油或10%微乳剂3000~4000倍液均匀喷雾。

（2）梨木虱、梨茎蜂、梨瘿蚊　防控梨木虱时，主要用于杀灭成虫，首先在梨树萌芽期的晴朗无风天在园内喷药，杀灭越冬成虫；然后在每代成虫发生初盛期及时再次喷药，7天左右1次，连喷1~2次。防控梨茎蜂时，在梨树外围嫩梢长10~15厘米时或果园内初见受害嫩梢时及时开始喷药，7~10天1次，连喷2次，以上午10时前喷药防控效果最好。防控梨瘿蚊时，在新梢生长期内从梨瘿蚊发生为害初期开始喷药，7~10天1次，连喷2次。药剂喷施倍数同"落叶果树害虫"。

（3）枣瘿蚊　在枣树萌芽后至开花期，从害虫发生为害初期开始均匀喷药，7~10天1次，连喷2~3次。药剂喷施倍数同"落叶果树害虫"。

（4）梨、桃、杏等果实的蝽蟓类　多从小麦蜡黄期（麦穗变黄后）开始在果园内喷药，7~10天1次，连喷2次左右。较大果园也可重点喷洒果园外围的几行树，阻止蝽蟓进入果园。药剂喷施倍数同"落叶果树害虫"。

（5）桃小绿叶蝉　在害虫发生为害初期或叶片正面黄绿色小点较多时及时开始喷药，10天左右1次，连喷2~3次，重点喷洒叶片背面。上午10时前或下午4时后喷药防控效果较好。药剂喷施倍数同"落叶果树害虫"。

（6）柿血斑叶蝉、柿蒂虫　防控柿血斑叶蝉时，在害虫发生为害初期或叶片正面黄绿色小点较多时及时开始喷药，10天左右1次，连喷2次左右，重点喷洒叶片背面；防控柿蒂虫时，在害虫产卵盛期及时喷药，一般每代喷药1次，发生不整齐时7天后再喷药1次。药剂喷施倍数同"落叶果树害虫"。

（7）核桃缀叶螟、核桃举肢蛾　防控核桃缀叶螟时，在害虫卵孵化盛期至低龄幼虫期或害虫发生为害初期及时喷药，每代喷药1次即可；防控核桃举肢蛾时，在害虫产卵盛期及时喷药，一般每代喷药1次，发生不整齐时7天后再喷药1次。药剂喷施倍数同"落叶果树害虫"。

（8）柑橘树的柑橘木虱、蚜虫、潜叶蛾、柑橘凤蝶及玉带凤蝶等鳞翅目食叶害虫、蝗虫　防控柑橘木虱时，在每期嫩梢（春梢期、夏梢期、秋梢期）上初见木虱时及时开始喷药，7~10天1次，每期喷药2次左右；防控蚜虫时，在每期嫩梢上蚜虫发生为害初盛期或蚜虫数量较多时及时进行喷药，7~10天1次，连喷1~2次；防控潜叶蛾时，在每次嫩梢生长期（春梢期、夏梢期、秋梢期）内的嫩叶上初见虫道时及时开始喷药，7～10天1次，每期连喷1～2次；防控柑橘凤蝶等鳞翅目食叶害虫时，在害虫卵孵化盛期至低龄幼虫期及时喷药，每代喷药1次即可；防控蝗虫时，从害虫发生为害初期开始喷药，7～10天1次，连喷1～2次。药剂喷施倍数同"落叶果树害虫"。

（9）荔枝树蜉蝣、蒂蛀虫　防控蜉蝣时，在害虫发生为害初期开始喷药，7～10天1次，连喷2次左右，以早、晚气温较低时喷药效果较好；防控蒂蛀虫时，在害虫产卵盛期及时喷药，7天左右1次，连喷1～2次。药剂喷施倍数同"落叶果树害虫"。

（10）香蕉冠网蝽　在害虫发生为害初期开始喷药，10天左右1次，连喷1～2次。药剂喷施倍数同"落叶果树害虫"。

（11）枸杞瘿蚊、枸杞木虱、蚜虫　从害虫发生为害初期开始喷药，10天左右1次，连喷2～4次。药剂喷施倍数同"落叶果树害虫"。

注意事项　不能与碱性药剂混用。连续用药时，注意与不同杀虫机理药剂交替使用或混用，以延缓害虫产生耐药性，并提高防控效果。本剂对蜜蜂、鱼类、家蚕、鸟类均为高毒，使用时严禁污染水源地，避免污染桑蚕养殖场所，禁止在果树开花期使用。用药时注意安全保护，不慎中毒，立即送医院对症治疗，本药无特效解毒剂。

高效氯氟氰菊酯 *lambda-* ·········

常见商品名称　功夫、功得、功猎、功灭、功扑、功千、安斩、碧宝、彪戈、波澜、博得、搏刀、曾功、超功、创功、大功、顶瑞、方捕、福达、高捷、高氟、高功、红威、皇功、击断、极功、剑光、捷功、捷生、金尔、金功、巨氟、克从、雷格、厉功、利歼、农旺、千速、强攻、强力、强镇、锐彪、锐隆、锐宁、上功、神功、速决、睢农、随化、天利、天宁、天瑞、稳功、希利、玄功、迅虎、真功、正锐、主唱、钻残、超星神、妙克特、速洛宁、剑力达、旺杀螟、天山斧、优锐特、正业泰龙、佳田奔腾、佳田庚夫等。

主要含量与剂型　2.5%、25克/升、50克/升乳油，2.5%、5%、10%水乳剂，2.5%、5%、8%、15%、25克/升微乳剂，2.5%、5%、10%悬浮剂，2.5%微囊悬浮剂，2.5%、10%、15%、25%可湿性粉剂。

产品特点　高效氯氟氰菊酯是一种拟除虫菊酯类速效型高效广谱中毒杀

虫剂，对害虫具有强烈的触杀和胃毒作用，并有一定的驱避作用，无内吸作用，耐雨水冲刷能力强。其杀虫机理是作用于昆虫的神经系统，使昆虫过度兴奋、麻痹而死亡。与其他拟除虫菊酯类药剂相比，该药杀虫谱更广、杀虫活性更高、药效更迅速、并具有强烈的渗透作用，耐雨水冲刷能力更强。具有用量少、药效快、击倒力强、害虫产生耐药性缓慢、残留低、使用安全等优点。试验条件下未见致畸、致癌、致突变作用，药剂对蜜蜂、家蚕、鱼类及水生生物剧毒。

高效氯氟氰菊酯常与阿维菌素、甲氨基阿维菌素苯甲酸盐、氯虫苯甲酰胺、噻嗪酮、吡虫啉、啶虫脒、吡蚜酮、噻虫嗪、辛硫磷、丙溴磷、敌敌畏、毒死蜱、马拉硫磷、杀螟硫磷、三唑磷、乐果、杀虫单、双甲脒、丁醚脲、虫酰肼、灭多威等杀虫剂成分混配，用于生产复配杀虫剂。

适用果树及防控对象　高效氟氯氰菊酯适用于多种果树，对许多种果树害虫均具有很好的防控效果。目前果树生产中常用于防控：苹果树、梨树、桃树、枣树等落叶果树的蚜虫类（绣线菊蚜、苹果瘤蚜、梨二叉蚜、桃蚜、桃粉蚜、桃瘤蚜等）、食心虫类（桃小食心虫、梨小食心虫、桃蛀螟、苹果蠹蛾等）、卷叶蛾类（苹小卷叶蛾、苹褐卷叶蛾、顶梢卷叶蛾、黄斑长翅卷蛾等）、棉铃虫、美国白蛾、天幕毛虫、舟形毛虫、梨星毛虫、造桥虫、尺蠖类、刺蛾类（黄刺蛾、绿刺蛾、扁刺蛾等）、绿盲蝽等，梨木虱、梨茎蜂、梨瘿蚊、枣瘿蚊，梨、桃、杏等果实的蝽蟓类（麻皮蝽、茶翅蝽等），桃树、李树、杏树的桃小绿叶蝉、桃线潜叶蛾、桑白蚧壳虫，柿树的柿血斑叶蝉、柿蒂虫、核桃缀叶螟、核桃举肢蛾，柑橘树的柑橘木虱、蚜虫、潜叶蛾、蚧壳虫、黑刺粉虱、柑橘凤蝶及玉带凤蝶等鳞翅目食叶害虫、蝗虫等，荔枝树蝽蟓、蒂蛀虫，香蕉冠网蝽，枸杞瘿蚊、枸杞木虱、蚜虫等。

使用技术

（1）落叶果树害虫　防控苹果瘤蚜时，在苹果花序分离期和落花后各喷药1次；防控苹果树、梨树的绣线菊蚜时，在苹果树或梨树嫩梢上蚜虫数量较多时，或蚜虫开始向幼果转移为害时及时喷药，10天左右1次，连喷1～2次；防控梨二叉蚜时，在蚜虫发生为害初盛期或受害叶片卷曲前及时喷药，10天左右1次，连喷1～2次；防控桃树、杏树及李树蚜虫时，首先在萌芽后开花前喷药1次，然后从落花后开始连续喷药，10天左右1次，连喷2～3次；防控食心虫时，在害虫产卵盛期至孵化盛期（幼虫钻蛀前）及时喷药，产卵期不整齐时需连续喷药2次，间隔期7天左右；防控卷叶蛾时，在害虫发生为害初期或卷叶为害前及时喷药，每代喷药1～2次；防控棉铃虫时，在害虫卵孵化盛期至低龄幼虫期及时喷药，每代喷药1～2次；

防控美国白蛾、天幕毛虫等鳞翅目食叶类害虫时，在害虫卵孵化盛期至低龄幼虫期及时喷药，一般每代喷药 1 次即可；防控绿盲蝽时，在果树发芽至嫩梢生长期内的绿盲蝽发生为害初期及时喷药，7～10 天 1 次，连喷 2 次左右，早、晚喷药效果较好。一般使用 2.5％乳油或 2.5％水乳剂或 2.5％微乳剂或 2.5％悬浮剂或 2.5％微囊悬浮剂或 2.5％可湿性粉剂或 25 克/升乳油或 25 克/升微乳剂 1200～1500 倍液、或 5％水乳剂或 5％微乳剂或 5％悬浮剂或 50 克/升乳油 2500～3000 倍液、或 8％微乳剂 3500～4000 倍液、或 10％水乳剂或 10％悬浮剂或 10％可湿性粉剂 5000～6000 倍液、或 15％微乳剂或 15％可湿性粉剂 7000～8000 倍液、或 25％可湿性粉剂 12000～15000 倍液均匀喷雾。

（2）梨木虱、梨茎蜂、梨瘿蚊　防控梨木虱时，主要用于杀灭成虫，首先在梨树萌芽期的晴朗无风天在园内喷药，杀灭越冬成虫；然后在每代成虫发生初盛期及时再次喷药，7 天左右 1 次，每代连喷 1～2 次。防控梨茎蜂时，在梨树外围嫩梢长 10～15 厘米时或果园内初见受害嫩梢时及时开始喷药，7～10 天 1 次，连喷 2 次，以上午 10 时前喷药防控效果最好。防控梨瘿蚊时，在新梢生长期内从梨瘿蚊发生为害初期开始喷药，7～10 天 1 次，连喷 2 次。药剂喷施倍数同"落叶果树害虫"。

（3）枣瘿蚊　在枣树萌芽后至开花期，从害虫发生为害初期开始均匀喷药，7～10 天 1 次，连喷 2～3 次。药剂喷施倍数同"落叶果树害虫"。

（4）梨、桃、杏等果实的蝽蟓类　多从小麦蜡黄期（麦穗变黄后）开始在果园内喷药，7～10 天 1 次，连喷 2 次左右。较大果园也可重点喷洒果园外围的几行树，阻止蝽蟓进入果园。药剂喷施倍数同"落叶果树害虫"。

（5）桃树、李树、杏树的桃小绿叶蝉、桃线潜叶蛾、桑白蚧壳虫　防控桃小绿叶蝉时，在害虫发生为害初期或叶片正面黄绿色小点较多时及时开始喷药，10 天左右 1 次，连喷 2～3 次，重点喷洒叶片背面，上午 10 时前或下午 4 时后喷药防控效果较好；防控桃线潜叶蛾时，从叶片上初见虫道时开始喷药，10～15 天 1 次，连喷 2～4 次；防控桑白蚧壳虫时，在 1 龄若虫扩散为害期及时喷药，一般喷药 1 次即可。药剂喷施倍数同"落叶果树害虫"。

（6）柿血斑叶蝉、柿蒂虫　防控柿血斑叶蝉时，在害虫发生为害初期或叶片正面黄绿色小点较多时及时开始喷药，10 天左右 1 次，连喷 2 次左右，重点喷洒叶片背面；防控柿蒂虫时，在害虫产卵盛期及时喷药，一般每代喷药 1 次，发生不整齐时 7 天后再喷药 1 次。药剂喷施倍数同"落叶果树害虫"。

（7）核桃缀叶螟、核桃举肢蛾　防控核桃缀叶螟时，在害虫卵孵化盛期至低龄幼虫期或害虫发生为害初期及时喷药，每代喷药1次即可；防控核桃举肢蛾时，在害虫产卵盛期及时喷药，一般每代喷药1次，发生不整齐时7天后再喷药1次。药剂喷施倍数同"落叶果树害虫"。

（8）柑橘树的柑橘木虱、蚜虫、潜叶蛾、蚧壳虫、黑刺粉虱、柑橘凤蝶及玉带凤蝶等鳞翅目食叶害虫、蝗虫　防控柑橘木虱时，在每期嫩梢（春梢期、夏梢期、秋梢期）上初见木虱时及时开始喷药，7~10天1次，每期喷药2次左右；防控蚜虫时，在每期嫩梢上蚜虫发生为害初盛期或蚜虫数量较多时及时进行喷药，7~10天1次，连喷1~2次；防控潜叶蛾时，在每次嫩梢生长期（春梢期、夏梢期、秋梢期）内的嫩叶上初见虫道时及时开始喷药，7~10天1次，每期连喷1~2次；防控蚧壳虫时，在1龄若虫分散期及时喷药，每代喷药1次即可；防控黑刺粉虱时，在每代害虫1~2龄期及时喷药，每代喷药1~2次，间隔期7~10天；防控柑橘凤蝶等鳞翅目食叶害虫时，在害虫卵孵化盛期至低龄幼虫期及时喷药，每代喷药1次即可；防控蝗虫时，从害虫发生为害初期开始喷药，7~10天1次，连喷1~2次。药剂喷施倍数同"落叶果树害虫"。

（9）荔枝树蝽蟓、蒂蛀虫　防控蝽蟓时，在害虫发生为害初期开始喷药，7~10天1次，连喷2次左右，以早、晚气温较低时喷药效果较好；防控蒂蛀虫时，在害虫产卵盛期及时喷药，7天左右1次，连喷1~2次。药剂喷施倍数同"落叶果树害虫"。

（10）香蕉冠网蝽　在害虫发生为害初期开始喷药，10天左右1次，连喷1~2次。药剂喷施倍数同"落叶果树害虫"。

（11）枸杞瘿蚊、枸杞木虱、蚜虫　从害虫发生为害初期开始喷药，10天左右1次，连喷2~4次。药剂喷施倍数同"落叶果树害虫"。

注意事项　不能与碱性药剂、强酸性药剂混用。用药时注意与其他不同作用机理杀虫剂交替使用或混合使用，喷药应均匀周到。本剂对鱼类等水生生物、蜜蜂、家蚕剧毒，用药时严禁污染河流、湖泊、池塘等水域，不能在桑蚕养殖场所及其附近使用，禁止在果树开花期和蜜源植物上使用。用药时注意安全保护，避免药液溅及皮肤及眼睛；不慎中毒，立即送医院对症治疗，本药无特效解毒剂。

敌敌畏　dichlorvos ···················

常见商品名称　艾民克、金眼彪、龙咆哮、蚜虱斩、都克、豪打、骄阳、金浪、康丰、渠光、仙捕、圣丹光光等。

主要含量与剂型 90％、80％、77.5％、50％、48％乳油，90％、80％可溶液剂。

产品特点 敌敌畏是一种有机磷类高效广谱中毒杀虫剂，具有触杀、胃毒和熏蒸作用，由于蒸气压较高，对咀嚼式口器和刺吸式口器害虫均具有很强的击倒力。触杀作用比敌百虫效果好，对害虫击倒力强而快。其杀虫机理是通过抑制害虫体内乙酰胆碱酯酶的活性，使害虫过度兴奋而死亡。施药后降解快，持效期短，残留很低。制剂对天敌、鱼类毒性较高，对蜜蜂剧毒。

敌敌畏可与阿维菌素、氰戊菊酯、溴氰菊酯、氯氰菊酯、高效氯氰菊酯、高效氯氟氰菊酯、甲氰菊酯、乐果、氧乐果、马拉硫磷、辛硫磷、毒死蜱、吡虫啉、噻虫嗪、仲丁威、氟铃脲、矿物油等杀虫剂成分混配，用于生产复配杀虫剂。

适用果树及防控对象 敌敌畏适用于多种果树，对许多种害虫均具有较好的防控效果。目前果树生产中常用于防控：苹果树的绣线菊蚜、苹果瘤蚜、卷叶蛾类、鳞翅目食叶害虫（美国白蛾、天幕毛虫、舟形毛虫、刺蛾类等），柑橘树的蚜虫、花蕾蛆、潜叶蛾、介壳虫类，香蕉冠网蝽，桑葚尺蠖等。

使用技术

（1）苹果树的绣线菊蚜、苹果瘤蚜、卷叶蛾类、鳞翅目食叶害虫　防控苹果瘤蚜时，在苹果花序分离期及时喷药；防控绣线菊蚜时，在嫩梢上蚜虫数量开始快速增加时、或蚜虫向幼果转移为害时及时喷药；防控卷叶蛾时，在开花前、落花后各喷药1次，或在害虫卵孵化期至卷叶前喷药；防控鳞翅目食叶害虫时，在害虫卵孵化盛期至低龄幼虫期及时喷药。一般使用90％乳油或90％可溶液剂1500～2000倍液，或80％乳油或80％可溶液剂或77.5％乳油1200～1500倍液，或50％乳油或48％乳油800～1000倍液均匀喷雾。

（2）柑橘树的蚜虫、花蕾蛆、潜叶蛾、蚧壳虫类　防控蚜虫时，在嫩梢（春梢、或夏梢、或秋梢）长5～10厘米、新梢蚜害率达25％时进行喷药；防控花蕾蛆时，在花蕾由绿转白时进行喷药；防控潜叶蛾时，在嫩梢（春梢、或夏梢、或秋梢）上初见虫道时及时喷药；防控蚧壳虫时，在害虫出蛰期或发生初期或低龄若虫期及时喷药。药剂喷施浓度同"苹果害虫"。害虫发生不整齐时，7天左右后再喷施1次。

（3）香蕉冠网蝽　在害虫发生为害初期及时喷药。药剂喷施倍数同"苹果害虫"。

（4）桑椹尺蠖　在害虫发生为害初期，或低龄幼虫期及时喷药。一般使用 90％乳油或 90％可溶液剂 1800～2000 倍液，或 80％乳油或 80％可溶液剂或 77.5％乳油 1500～1800 倍液，或 50％乳油或 48％乳油 1000～1200 倍液均匀喷雾。

注意事项　不能与碱性农药或肥料混用。本剂对桃、李、杏等核果类果树较敏感，易产生药害，用药时需要注意；豆类和瓜类的幼苗易产生药害，高粱易产生药害，玉米、柳树也较敏感，用药时均需特别注意。敌敌畏对人畜毒性大，挥发性强，施药时注意不要污染皮肤；中午高温时不宜施药，以防中毒。该药水溶液分解快，应随配随用。

辛硫磷　phoxim

常见商品名称　白斯特、大地主、地侠克、好椿光、稼可钦、凯米克、农迅富、穿线、毒虎、戈击、关铃、获丰、狂拳、冷爆、冷酷、靓士、猎打、猛手、胜任、世功、双攻、沃派、大方卷除、丰山农舒、绿地丛清、胜邦绿鹰、斯普瑞丹、丰农富地丹等。

主要含量与剂型　40％、56％、70％、600 克/升乳油，30％、35％微囊悬浮剂，3％、5％、10％颗粒剂等。

产品特点　辛硫磷是一种有机磷类广谱高效低毒杀虫剂，以触杀和胃毒作用为主，无内吸作用，但有一定熏蒸作用和渗透性，击倒力强，速效性高。对磷翅目幼虫、双翅目和同翅目害虫都有很好的防控效果。其杀虫机理是通过抑制昆虫体内乙酰胆碱酯酶的活性，使害虫过度兴奋、麻痹而死亡。该成分对光不稳定，见光很快分解，田间持效期短、残留风险小，但药剂施入土中持效期较长，适用于防控地下害虫。对鱼类、蜜蜂及天敌昆虫毒性较大，但施药 2～3 天后对蜜蜂和天敌昆虫影响很小。

辛硫磷常与氰戊菊酯、S-氰戊菊酯、溴氰菊酯、氯氰菊酯、高效氯氰菊酯、高效氯氟氰菊酯、甲氰菊酯、阿维菌素、甲氨基阿维菌素苯甲酸盐、棉铃虫核型多角体病毒、鱼藤酮、丙溴磷、敌百虫、敌敌畏、毒死蜱、二嗪磷、马拉硫磷、三唑磷、杀螟硫磷、水胺硫磷、喹硫磷、氧乐果、除虫脲、氟铃脲、虫酰肼、吡虫啉、啶虫脒、柴油、矿物油、丁硫克百威、灭多威、仲丁威、哒螨灵等杀虫剂成分混配，用于生产复配杀虫剂。

适用果树及防控对象　辛硫磷适用于多种果树，对许多种害虫均具有较好的防控效果。目前果树生产中常用于防控：苹果树的绣线菊蚜、卷叶蛾类、鳞翅目食叶害虫（天幕毛虫、美国白蛾、星毛虫、舞毒蛾、造桥虫、刺蛾类等）、大青叶蝉，梨树的梨二叉蚜、梨瘿蚊、梨星毛虫，桃树、杏树的桃小绿叶蝉、桃剑纹夜蛾、刺蛾类，枣树的枣瘿蚊、尺蠖、造桥虫、刺蛾类，苹果、梨、桃、枣、山楂的桃小食心虫，柑橘树的花蕾蛆、潜叶蛾、蚜虫，荔枝叶瘿蚊、龙眼蚁舟蛾等。

使用技术

（1）苹果树害虫　防控绣线菊蚜时，在嫩梢上蚜虫数量较多时，或开始向幼果转移为害时及时喷药；防控卷叶蛾类害虫时，首先在花序分离期和落花后各喷药1次，然后再于各代害虫卵孵化盛期至幼虫卷叶为害前及时喷药；防控鳞翅目食叶害虫时，在害虫卵孵化盛期至低龄幼虫期进行喷药；防控大青叶蝉时，在秋季害虫开始向果树上转移时及时喷药，5～7天1次，连喷2次左右。一般使用40％乳油1000～1500倍液、或56％乳油或600克/升乳油1500～2000倍液，或70％乳油2000～2500倍液，或30％微囊悬浮剂800～1000倍液，或35％微囊悬浮剂1000～1200倍液均匀喷雾。以傍晚树上喷药效果较好。

（2）梨树害虫　防控梨二叉蚜时，在受害叶片开始卷曲时及时喷药；防控梨瘿蚊时，在嫩叶上初显受害时及时喷药；防控梨星毛虫时，在害虫卵孵化盛期或园内初见卷叶虫苞时及时喷药。药剂喷施倍数同"苹果树害虫"。

（3）桃树、杏树的桃小绿叶蝉、桃剑纹夜蛾、刺蛾类　防控桃小绿叶蝉时，在叶面上显现黄白色受害小点时及时喷药，重点喷洒叶片背面；防控桃剑纹夜蛾及刺蛾类食叶害虫时，在害虫卵孵化盛期至低龄幼虫期及时喷药。一般使用40％乳油1200～1500倍液，或56％乳油或600克/升乳油1600～2000倍液，或70％乳油2000～2500倍液，或30％微囊悬浮剂800～1000倍液，或35％微囊悬浮剂1000～1200倍液均匀喷雾。以傍晚树上喷药效果较好。

（4）枣树枣瘿蚊、尺蠖、造桥虫、刺蛾类　防控枣瘿蚊时，在嫩梢生长期，或嫩梢上出现受害状时及时喷药；防控尺蠖、造桥虫及刺蛾类食叶害虫时，在害虫卵孵化盛期至低龄幼虫期及时喷药。药剂喷施倍数同"苹果树害虫"。

（5）苹果、梨、桃、枣、山楂的桃小食心虫　在越冬幼虫出土期地面用药，土表喷雾或撒施颗粒剂均可。土表喷雾时，一般使用40％乳油300～400倍液，或56％乳油或600克/升乳油400～500倍液，或70％乳油500～700倍液，或30％微囊悬浮剂200～250倍液，或35％微囊悬浮剂250～300倍液对地面进行喷雾，将表层土壤喷湿，然后耙松土表；撒施颗粒剂时，一般每亩使用3％颗粒剂5～7千克、或5％颗粒剂3～4千克、或10％颗粒剂

1.5～2千克，均匀撒施于地面，然后耙松表层土壤，使药剂与土壤混合。

（6）柑橘树的花蕾蛆、潜叶蛾、蚜虫　防控花蕾蛆时，一方面可以在花蕾由绿转白时树上喷药，另一方面也可以地面用药；树上喷药时，药剂喷施倍数同"苹果树害虫"；地面用药时，用药方法及用药量同"桃小食心虫"。防控潜叶蛾时，在嫩梢（春梢、或夏梢、或秋梢）上初见虫道时及时喷药；防控蚜虫时，在嫩梢（春梢、或夏梢、或秋梢）长5～10厘米、新梢蚜害率达25％时进行喷药；药剂喷施倍数同"苹果树害虫"。

（7）荔枝叶瘿蚊　在3月下旬老熟幼虫羽化出土前地面用药，既可地面喷雾，又可撒施颗粒剂。具体用药方法及用药量同"桃小食心虫"。

（8）龙眼蚁舟蛾　在害虫卵孵化盛期至低龄幼虫期及时喷药。药剂喷施倍数同"苹果树害虫"。

注意事项　不能与碱性药剂混合使用。该药见光易分解，果园用药时最好在傍晚进行。高粱、豆类、瓜类对辛硫磷敏感，易产生药害，果园用药时需要注意。用药时注意安全保护，中毒症状、急救措施与其他有机磷类杀虫剂相同。

毒死蜱　chlorpyrifos

常见商品名称　乐斯本、安乐斯、安民乐、保地乐、贝科达、别样红、迪芬德、地贝得、地力高、地侠克、毒丝本、富春江、盖伦本、吉本斯、蚧壳净、金搏乐、金劲克、金一佳、卡斯它、康禾本、快莎灵、蓝脱介、乐思耕、乐溴本、绵尔得、冥虫落、农斯福、农斯利、农新乐、欧路本、扑立净、撒斯丹、赛农斯、省时本、施来乐、斯达速、速盾高、陶斯仙、维特斯、新农宝、兴侬保、易道刹、银搏乐、银一佳、追天雷、傲成、澳喜、邦踪、搏乐、裁决、曹锐、摧锋、翠微、地盾、地将、地佬、地龙、地网、顶胜、顶勇、鼎佳、毒本、毒蜂、毒火、独傲、多打、飞清、丰赞、奉农、干练、高替、格击、攻陷、好霸、和欣、佳通、剑盛、介击、介决、金蛇、劲隆、净介、巨捷、巨雷、飓锋、卷功、卷洁、倦难、决斗、叩击、酷龙、雷尔、厉战、连击、粮欣、亮剑、猎获、绿憬、孟克、米歌、名捕、默斩、农宝、渠光、锐爱、锐斧、锐乐、锐扫、瑞蛙、撒旺、赛本、神蛙、生金、圣赞、胜尔、胜任、斯朗、太奔、田选、铁星、痛击、万穿、网能、望绿、维农、握手、喜康、巡捕、炎爆、永扫、允乐、正将、指敌、众夸、紫丹、金尔地霸、现代格杀、现代捷锐、正业主攻、标正乐斯农等。

主要含量与剂型　40％、45％、400 克/升、480 克/升乳油，40％、50％微乳剂，30％、40％水乳剂，30％、36％微囊悬浮剂，30％可湿性粉剂，5％、10％、15％、25％颗粒剂等。

产品特点　毒死蜱是一种有机磷类高效广谱中毒杀虫剂，具有触杀、胃毒和熏蒸作用，无内吸作用。其杀虫机理是作用于害虫的乙酰胆碱酯酶，使害虫持续兴奋、麻痹而死亡。该药在叶片上的持效期较短，在土壤中的持效期较长，因此对地下害虫具有很好的防控效果。药剂无致畸、致癌、致突变作用，在动物体内能很快解毒，对鱼和水生动物毒性较高，对蜜蜂有毒。

毒死蜱常与阿维菌素、甲氨基阿维菌素苯甲酸盐、敌敌畏、敌百虫、辛硫磷、丙溴磷、三唑磷、杀扑磷、杀虫单、杀虫双、灭多威、异丙威、仲丁威、丁硫克百威、溴氰菊酯、氯氰菊酯、高效氯氰菊酯、高效氯氟氰菊酯、高效氟氯氰菊酯、氯氟氰菊酯、除虫脲、氟铃脲、虱螨脲、吡虫啉、啶虫脒、吡蚜酮、噻虫嗪、噻嗪酮、乙虫腈、氟虫腈、氰氟虫腙、矿物油等杀虫剂成分混配，用于生产复配杀虫剂。

适用果树及防控对象　毒死蜱适用于多种果树，对许多种害虫均具有很好的防控效果。目前果树生产中常用于防控：苹果树的苹果绵蚜、苹果瘤蚜、绣线菊蚜、卷叶蛾类、金龟子类、鳞翅目食叶害虫类，梨树的梨茎蜂、梨瘿蚊、梨木虱、黄粉蚜、梨冠网蝽，桃树、李树、杏树的蚜虫（桃蚜、桃粉蚜、桃瘤蚜）、桑白蚧壳虫，葡萄的绿盲蝽、葡萄虎蛾，枣树的绿盲蝽、食芽象甲、枣瘿蚊、日本龟蜡蚧，苹果、梨、桃、枣、山楂等果树的桃小食心虫、梨小食心虫、核桃的核桃举肢蛾、核桃缀叶螟、刺蛾类，柿树的柿蒂虫、柿绵蚧、柿血斑叶蝉，山楂树的梨冠网蝽、山楂风蝶、柑橘树的潜叶蛾、蚜虫、黑刺粉虱、蚧壳虫类、花蕾蛆、柑橘木虱、柑橘凤蝶、玉带凤蝶，荔枝、龙眼的蒂蛀虫、蝽蟓、瘿螨（毛毡病），香蕉冠网蝽等。

使用技术

（1）苹果树害虫　防控苹果绵蚜时，首先在苹果发芽期淋洗式喷雾 1 次，重点喷洒树干基部、枝干伤口部位；然后在苹果落花后半月左右再全树淋洗式喷药 1 次；7～9 月份，幼嫩组织部位出现群生绵蚜时，再酌情喷药防控。防控苹果瘤蚜时，在苹果花序分离期喷药 1 次，往年瘤蚜严重果园，苹果落花后再喷药 1 次。防控绣线菊蚜时，在嫩梢上蚜虫数量较多时，或蚜虫开始向幼果转移为害时进行喷药。防控卷叶蛾类害虫时，首先在苹果花序分离期和落花后各喷药 1 次，然后再于卷叶蛾卵孵化期至幼虫卷叶为害前及时喷药。防控鳞翅目食叶类害虫时，在害虫卵孵化盛期至低龄幼虫期及时喷药。树上喷药一般使用 480 克/升乳油或 45％乳油或 50％微乳剂 1200～1500 倍液，或 40％乳油或 400 克/升乳油或 40％微乳剂或 40％水乳剂

1000～1200 倍液，或 30％水乳剂或 36％微囊悬浮剂 800～1000 倍液，或 30％微囊悬浮剂或 30％可湿性粉剂 700～800 倍液均匀喷雾。防控金龟子类害虫时，最好在苹果发芽后地面用药；一般使用 480 克/升乳油或 45％乳油或 50％微乳剂 400～500 倍液，或 40％乳油或 400 克/升乳油或 40％微乳剂或 40％水乳剂 300～400 倍液，或 30％水乳剂或 36％微囊悬浮剂 250～300 倍液，或 30％微囊悬浮剂或 30％可湿性粉剂 200～250 倍液喷洒地面，将表层土壤喷湿，然后耙松土表；土壤有一定湿度的果园，也可每亩使用 5％颗粒剂 1～1.5 千克，或 10％颗粒剂 0.6～0.8 千克，或 15％颗粒剂 0.3～0.5 千克，或 25％颗粒剂 0.2～0.3 千克均匀撒施于树冠下，然后浅混土即可。

(2) 梨树害虫　防控梨茎蜂时，在梨树外围嫩梢长 10～15 厘米时，或果园内出现受害新梢时及时喷药，5～7 天 1 次，连喷 1～2 次；防控梨瘿蚊时，在嫩叶上初显受害状时及时喷药；防控梨木虱时，首先在梨树萌芽期的晴朗无风天进行喷药，杀灭越冬成虫，然后在落花后的每代梨木虱发生初期及时喷药；防控黄粉蚜时，华北梨区的套袋果园一般在 5 月中下旬进行 2 次左右淋洗式喷药，间隔期 7 天；防控梨冠网蝽时，在叶片正面初显受害虫斑（浅黄绿色小点）时，或梨冠网蝽发生为害初期进行喷药，重点喷洒叶片背面。一般使用 480 克/升乳油或 45％乳油或 50％微乳剂 1500～2000 倍液，或 40％乳油或 400 克/升乳油或 40％微乳剂或 40％水乳剂 1200～1500 倍液，或 30％水乳剂或 36％微囊悬浮剂 1000～1200 倍液，或 30％微囊悬浮剂或 30％可湿性粉剂 800～1000 倍液均匀喷雾。

(3) 桃树、李树、杏树的蚜虫、桑白蚧壳虫　防控蚜虫时，首先在发芽后开花前喷药 1 次，然后从落花后 5 天左右开始连续喷药，7～10 天 1 次，连喷 2～3 次；药剂喷施倍数同"梨树害虫"生长期喷药。防控桑白蚧壳虫时，首先在树体发芽前喷药清园 1 次，一般使用 480 克/升乳油或 45％乳油或 50％微乳剂 800～1000 倍液，或 40％乳油或 400 克/升乳油或 40％微乳剂或 40％水乳剂 600～800 倍液，或 30％水乳剂或 36％微囊悬浮剂 500～600 倍液，或 30％微囊悬浮剂或 30％可湿性粉剂 400～500 倍液对树体淋洗式喷雾；然后再于生长期的初孵若虫扩散转移期（1～2 龄期）喷药 1 次，生长期药剂喷施倍数同"防控蚜虫"。

(4) 葡萄绿盲蝽、葡萄虎蛾　防控绿盲蝽时，从葡萄芽露绿时开始喷药，7～10 天 1 次，连喷 2～4 次；防控葡萄虎蛾时，在低龄幼虫期及时喷药。药剂喷施倍数同"苹果树害虫"树上喷药。

(5) 枣树绿盲蝽、食芽象甲、枣瘿蚊、日本龟蜡蚧　防控绿盲蝽、食芽象甲时，从枣树芽露绿时开始喷药，7～10 天 1 次，连喷 2～4 次；防控枣瘿蚊时，在嫩芽或嫩梢上初显受害状时进行喷药；药剂喷施倍数同"苹果树害虫"树上喷药。防控日本龟蜡蚧时，首先在枣树发芽前喷药清园 1 次，药剂喷施倍数同"桃树桑白蚧壳虫"清园喷药；然后再于生长期的初孵若虫扩散转移期（1～2 龄期）喷药 1 次，生长期药剂喷施倍数同"绿盲蝽"

（6）苹果、梨、桃、枣、山楂等果实的桃小食心虫、梨小食心虫　防控桃小食心虫时，在越冬幼虫出土化蛹前（多为 5 月下旬至 6 月上旬浇地后或下透雨后）地面用药，既可使用 480 克/升乳油或 45％乳油或 50％微乳剂 400～500 倍液，或 40％乳油或 400 克/升乳油或 40％微乳剂或 40％水乳剂 300～400 倍液，或 30％水乳剂或 36％微囊悬浮剂 250～300 倍液，或 30％微囊悬浮剂或 30％可湿性粉剂 200～250 倍液喷洒地面，将表层土壤喷湿，然后耙松土表；又可在有一定土壤湿度的果园，每亩使用 5％颗粒剂 1～1.5 千克，或 10％颗粒剂 0.6～0.8 千克，或 15％颗粒剂 0.3～0.5 千克、或 25％颗粒剂 0.2～0.3 千克，均匀撒施于树冠下，然后浅锄混土。防控食心虫蛀食果实时，在害虫产卵盛期至初孵幼虫钻蛀前进行喷药，药剂喷施倍数同"梨树害虫"。

（7）核桃举肢蛾、核桃缀叶螟、刺蛾类　防控核桃举肢蛾时，在害虫卵盛期至钻蛀前及时喷药；防控核桃缀叶螟及刺蛾类食叶害虫时，在低龄幼虫期及时喷药。药剂喷施倍数同"苹果树害虫"树上喷药。

（8）柿树柿蒂虫、柿绵蚧、柿血斑叶蝉　防控柿蒂虫时，在害虫卵盛期至钻蛀前及时喷药；防控柿绵蚧时，在低龄（1～2 龄）若虫期及时喷药；防控柿血斑叶蝉时，在叶面上浅黄绿色小点（虫斑）较多时及时喷药，重点喷洒叶片背面。药剂喷施倍数同"梨树害虫"。

（9）山楂树梨冠网蝽、山楂凤蝶　防控梨冠网蝽时，在叶片正面初显受害虫斑（浅黄绿色小点）时，或梨冠网蝽发生为害初期进行喷药，重点喷洒叶片背面；防控山楂凤蝶时，在害虫低龄幼虫期及时喷药。药剂喷施倍数同"梨树害虫"。

（10）柑橘树害虫　防控潜叶蛾时，在各季新梢（春梢、夏梢、秋梢）抽生期内初见虫道时及时喷药，7～10 天 1 次，每期连喷 1～2 次；防控蚜虫时，在各季新梢上蚜虫数量较多时及时喷药；防控柑橘木虱时，在各季新梢抽生期内初见木虱为害时及时喷药；防控花蕾蛆时，在花蕾由绿转白时及时喷药；防控黑刺粉虱、蚧壳虫类时，在各代若虫发生初期及时喷药；防控柑橘凤蝶、玉带凤蝶等鳞翅目食叶害虫时，在害虫卵孵化盛期至低龄幼虫期及时喷药。一般使用 480 克/升乳油或 45％乳油或 50％微乳剂 1200～1500 倍液，或 40％乳油或 400 克/升乳油或 40％微乳剂或 40％水乳剂 1000～1200 倍液，或 30％水乳剂或 36％微囊悬浮剂 800～1000 倍液，或 30％微囊悬浮剂或 30％可湿性粉剂 700～800 倍液均匀喷雾。

221

（11）荔枝、龙眼的蒂蛀虫、蝽蟓、瘿螨（毛毡病）　防控蒂蛀虫时，在果实采收前20天左右喷药1次；防控蝽蟓时，在蝽蟓发生为害初期及时喷药，7天左右1次，连喷1～2次；防控瘿螨时，在新梢抽发至嫩叶展开期进行喷药。药剂喷施倍数同"柑橘树害虫"。

（12）香蕉冠网蝽　在害虫发生为害初期及时喷药。药剂喷施倍数同"柑橘树害虫"。

注意事项　不能与碱性药剂混用。害虫发生较重时，最好与相应不同类型药剂混合使用。本剂在推荐剂量下使用安全，但不同企业的产品质量存在差异，具体使用时以参考其说明书为准；烟草、瓜类较敏感，果园用药时须注意对周边作物的影响。本剂对蜜蜂敏感，果树开花期禁止使用；对鱼类等水生生物有毒，剩余药液及洗涤药械的废液严禁污染河流、湖泊、池塘等水域。用药时注意安全保护，不慎中毒立即送医院对症治疗，可用阿托品解毒。

丙溴磷　profenofos

常见商品名称　冰刀、大凯、帝戈、高明、库顶、库龙、酷达、千剑、锐盾、万令、喜龙、迅抗、二三净、破天荒、扫叶害、速灭抗、兴农勇猛、豫珠劲虎、中达全诛、瑞德丰黑金占等。

主要含量与剂型　20％、40％、50％、500克/升、720克/升乳油，50％水乳剂，20％微乳剂。

产品特点　丙溴磷是一种不对称有机磷类广谱速效杀虫、杀螨剂，低毒至中等毒性，具有触杀和胃毒作用，无内吸作用，但在植物叶片上有较好的渗透性。其杀虫机理是通过抑制昆虫体内乙酰胆碱酯酶的活性，使害虫过度兴奋、麻痹而死亡。对其他有机磷类、拟除虫菊酯类产生耐药性的害虫仍然有效，是综合防控抗性害虫的有效药剂之一。与菊酯类药剂混用具有显著的增效作用。制剂有大蒜味，对鱼类、鸟类高毒。

丙溴磷可与敌百虫、毒死蜱、辛硫磷、阿维菌素、甲氨基阿维菌素苯甲酸盐、氰戊菊酯、氯氰菊酯、高效氯氰菊酯、高效氯氟氰菊酯、氟铃脲、氟啶脲、炔螨特、灭多威、矿物油等杀虫剂成分混配，用于生产复配杀虫剂。

适用果树及防控对象　丙溴磷在果树上主要适用于苹果树和柑橘树，用于防控苹果树绣线菊蚜、红蜘蛛，柑橘树红蜘蛛等。

使用技术

(1) 苹果树绣线菊蚜、红蜘蛛　防控绣线菊蚜时，在嫩梢上蚜虫数量开始快速增多时，或开始向幼果上转移为害时进行喷药；防控红蜘蛛时，在螨类数量开始较快增多时进行喷药。一般使用40%乳油800～1200倍液，或50%乳油或500克/升乳油或50%水乳剂1000～1500倍液，或20%乳油或20%微乳剂500～600倍液，或720克/升乳油1500～2000倍液均匀喷雾。

(2) 柑橘树红蜘蛛　在害螨数量开始较快增多时进行喷药，药剂喷施倍数同“苹果树红蜘蛛”。

注意事项　严禁与碱性农药混合使用。螨类发生较重时，与专用杀螨剂混合使用效果更好。本剂在苜蓿和高粱上易产生药害，果园内使用时应特别注意。用药时注意安全保护，不慎中毒，立即送医院对症治疗，解毒药物可选用阿托品或解磷定。

杀螟硫磷　fenitrothion

常见商品名称　利隼、利器、卷纵等。

主要含量与剂型　45%、50%乳油。

产品特点　杀螟硫磷是一种有机磷类广谱中毒杀虫剂，具有强烈的触杀作用和良好的胃毒作用，无内吸和熏蒸作用，但对植物体有一定渗透性，杀卵活性低。其杀虫机理是通过抑制害虫体内乙酰胆碱酯酶的活性，使害虫过渡兴奋、麻痹而死亡。该药持效期短，5天后药效显著下降，10天后完全无效。制剂对鱼类毒性低，对青蛙安全，对蜜蜂毒性高。

杀螟硫磷常与马拉硫磷、三唑磷、辛硫磷、阿维菌素、溴氰菊酯、氰戊菊酯、高效氯氟氰菊酯等杀虫剂成分混配，用于生产复配杀虫剂。

适用果树及防控对象　杀螟硫磷适用于多种果树，对许多种鳞翅目害虫、直翅目害虫及刺吸式口器害虫均具有较好的防控效果。目前果树生产中主要用于防控：柑橘树的蝗虫、蟋蟀、潜叶蛾、蚜虫、柑橘木虱，苹果树的卷叶蛾、鳞翅目食叶害虫（舟形毛虫、天幕毛虫、美国白蛾、金毛虫、造桥虫、刺蛾类等），枣树的尺蠖、造桥虫、刺蛾类等。

使用技术

(1) 柑橘树的蝗虫、蟋蟀、潜叶蛾、蚜虫、柑橘木虱　防控蝗虫、蟋蟀时，在害虫发生为害初期及时喷药；防控潜叶蛾时，在各季新梢（春梢、夏梢、秋梢）生长期内嫩叶上初见虫道时及时喷药；防控蚜虫时，在各季新梢

（春梢、夏梢、秋梢）上蚜虫数量较快增多时及时喷药；防控柑橘木虱时，在各季新梢（春梢、夏梢、秋梢）生长期内的木虱发生为害初期及时喷药。一般使用45％乳油1000～1200倍液，或50％乳油1200～1500倍液均匀喷雾。

（2）苹果树的卷叶蛾、鳞翅目食叶害虫　防控卷叶蛾时，首先在花序分离期和落花后各喷药1次，然后再于各代幼虫发生初期（卷叶为害前）及时喷药；防控其他鳞翅目食叶害虫时，在害虫卵孵化盛期至低龄幼虫期及时喷药。一般使用45％乳油1000～1200倍液，或50％乳油1200～1500倍液均匀喷雾。

（3）枣树的尺蠖、造桥虫、刺蛾类　在害虫卵孵化盛期至低龄幼虫期及时喷药。一般使用45％乳油1000～1200倍液，或50％乳油1200～1500倍液均匀喷雾。

注意事项　不能与碱性药剂混用。本剂对高粱、十字花科蔬菜易产生药害，叶片或嫩叶接触药剂后出现紫红色斑点或条纹，甚至枯死，果园用药时需要注意。果树花期禁止使用。用药时注意安全保护，避免药剂溅及皮肤及眼睛；不慎中毒，立即携带标签送医院对症治疗。

螺虫乙酯　spirotetramat

常见商品名称　亩旺特等。

主要含量与剂型　22.4％悬浮剂。

产品特点　螺虫乙酯是一种特窗酸类新型内吸性广谱低毒杀虫剂，以内吸胃毒作用为主，触杀效果较差，作用速度慢，但持效期长。其杀虫机理是通过抑制害虫体内脂肪合成过程中乙酰辅酶A羧化酶的活性，进而抑制脂肪的合成，阻断害虫正常的能量代谢，而导致害虫死亡。害虫幼虫或若虫取食药剂后不能正常蜕皮，2～5天内死亡。同时，其还能降低雌成虫的繁殖能力和幼若虫存活率，进而有效压低害虫种群数量。由于其独特的杀虫机理，所以能有效地防控对现有杀虫剂产生抗性的害虫，特别适用于抗性害虫的综合治理。螺虫乙酯能在木质部和韧皮部内双向内吸传导，可在整个植物体内向上向下移动，抵达叶面和树皮，进而有效防控隐藏为害的害虫，并有效保护新生芽、叶和根部，阻止害虫卵的发育和幼虫生长。

螺虫乙酯可与毒死蜱、吡虫啉、啶虫脒、吡蚜酮、噻虫嗪、噻虫啉、呋虫胺、氟啶虫酰胺、阿维菌素、乙螨唑、联苯肼酯、吡丙醚等杀虫剂成分混配，用于生产复配杀虫剂。

适用果树及防控对象 螺虫乙酯适用于多种果树，对多种刺吸式口器害虫具有良好的防控效果。目前果树生产中主要用于防控：柑橘树的蚧壳虫类、柑橘木虱、蚜虫、烟粉虱，苹果树的苹果绵蚜、绣线菊蚜，梨树的梨木虱，桃树的桑白蚧壳虫等。

使用技术

（1）柑橘树的蚧壳虫类、柑橘木虱、蚜虫、烟粉虱　防控蚧壳虫类害虫时，在若虫发生初期进行喷药；防控柑橘木虱时，在各季新梢（春梢、夏梢、秋梢）生长期内，木虱发生初期及时喷药；防控蚜虫时，在各季新梢（春梢、夏梢、秋梢）生长期内，蚜虫数量开始较快增多时及时喷药；防控烟粉虱时，在粉虱数量较快增长初期及时喷药，重点喷洒叶片背面。一般使用 22.4％悬浮剂 4000～5000 倍液均匀喷雾。

（2）苹果树的苹果绵蚜、绣线菊蚜　防控苹果绵蚜时，首先在苹果落花后半月左右，或绵蚜开始从越冬场所向幼嫩枝条转移时进行喷药，其次在新生幼嫩枝条上看到绵蚜为害时及时喷药；防控绣线菊蚜时，在嫩梢上蚜虫数量增长较快时，或有蚜虫开始向幼果转移为害时及时喷药。一般使用 22.4％悬浮剂 3000～3500 倍液均匀喷雾。

（3）梨树梨木虱　在各代木虱若虫发生初期或低龄若虫期进行喷药，每代用药 1 次即可。一般使用 22.4％悬浮剂 3000～4000 倍液均匀喷雾。

（4）桃树桑白蚧壳虫　在蚧壳虫若虫发生初期（分散转移期）进行喷药，每代用药 1 次即可。一般使用 22.4％悬浮剂 3000～4000 倍液均匀喷雾。

注意事项 不能与碱性药剂混合使用。每季果树用药次数较多时，注意与不同类型药剂交替使用，以延缓害虫产生耐药性。超低容量喷雾时，混加有机硅类或矿物油类农药助剂可显著提高防控效果。

丁硫克百威　crbosulfan ················

常见商品名称 好年冬、好年景、好运年、好德力、金德益、金消康、安棉特、护卫鸟、快丁牙、新力拓、英赛丰、允灭多、春发、定落、风落、驾驭、铃遁、巧捷、威夺、禾田金戈等。

主要含量与剂型 20％、200 克/升乳油，40％水乳剂，40％悬浮剂，5％颗粒剂等。

产品特点 丁硫克百威是一种氨基甲酸酯类内吸性广谱中毒杀虫剂，属克百威的低毒化品种，在昆虫体内代谢为高毒的克百威起杀虫作用。其杀虫机理是作用于昆虫的神经系统，抑制昆虫体内乙酰胆碱酯酶的活性，使昆虫的肌肉及腺体持续兴奋，而导致死亡。药剂对害虫具有触杀和胃毒作用，内吸渗透性强，持效期长，杀虫谱广。

丁硫克百威常与吡虫啉、啶虫脒、马拉硫磷、辛硫磷、毒死蜱、阿维菌素、甲氨基阿维菌素苯甲酸盐、仲丁威、矿物油等杀虫剂成分混配，用于生产复配杀虫剂。

适用果树及防控对象 丁硫克百威适用于多种果树，对许多种害虫均具有较好的防控效果。目前果树生产中主要用于防控：柑橘树的蚜虫、潜叶蛾、柑橘木虱、锈壁虱（锈螨），苹果树的绣线菊蚜、桃小食心虫，梨树二叉蚜等。

使用技术

（1）柑橘树的蚜虫、潜叶蛾、柑橘木虱、锈壁虱　防控蚜虫时，在各季新梢（春梢、夏梢、秋梢）生长期内，蚜虫数量开始较快增多时及时喷药；防控潜叶蛾时，在各季新梢（春梢、夏梢、秋梢）嫩梢上出现虫道时开始喷药，7～10天1次，每季连喷1～2次；防控柑橘木虱时，在各季新梢（春梢、夏梢、秋梢）生长期内，木虱发生为害初期及时喷药，7～10天1次，每季连喷1～2次；防控锈壁虱时，在果实膨大期（约为7月份）进行喷药，10天左右1次，连喷2～3次。一般使用20％乳油或200克/升乳油1500～2000倍液，或40％水乳剂或40％悬浮剂2500～3000倍液均匀喷雾。喷药应均匀周到，新梢或幼嫩组织生长较快时适当增加喷药次数，以确保防控效果。

（2）苹果树的绣线菊蚜、桃小食心虫　防控绣线菊蚜时，在嫩梢上蚜虫数量较多时，或蚜虫开始向幼果转移为害时及时喷药，一般使用20％乳油或200克/升乳油1500～2000倍液，或40％悬浮剂或40％水乳剂2500～3000倍液均匀喷雾，严重时10天后再喷药1次。防控桃小食心虫时，主要为地面用药，即在越冬幼虫出土前地面撒施颗粒剂，一般每亩均匀撒施5％颗粒剂3～5千克，然后浅锄混土。

（3）梨树二叉蚜　在蚜虫为害嫩叶初显卷叶时及时进行喷药。一般使用20％乳油或200克/升乳油1500～2000倍液，或40％悬浮剂或40％水乳剂2500～3000倍液均匀喷雾。

注意事项 不能与碱性药剂、肥料混用。连续喷药时，注意与其他不同类型药剂交替使用或混用，以延缓害虫产生耐药性。丁硫克百威制剂毒性通常较高，用药时注意安全保护，避免皮肤及眼睛溅及药剂。剩余药液及洗涤药械的废液严禁污染河流、湖泊、池塘等水域。果树上使用的安全采收间隔期一般为 25 天。

氯虫苯甲酰胺　chlorantraniliprole

常见商品名称　康宽、普尊、奥得腾等。

主要含量与剂型　5%、200 克/升悬浮剂，35%水分散粒剂。

产品特点　氯虫苯甲酰胺是一种新型苯甲酰胺类高效微毒杀虫剂，专用于防控鳞翅目害虫，以胃毒作用为主，兼有触杀作用，并有很强的渗透性和内吸传导性，药剂喷施后易被内吸，均匀分布在植物体内，害虫食取药剂后迅速停止取食，慢慢死亡。其杀虫机理是通过激活昆虫体内鱼尼丁受体，使钙离子通道长时间非正常开放，导致钙离子无限制释放，引起钙库衰竭，致使肌肉调节衰弱、麻痹，直至最后害虫死亡。该药对初孵幼虫具有强力杀伤性，初孵幼虫咬破卵壳接触卵面药剂后会中毒死亡。药剂持效性好，耐雨水冲刷，对环境、哺乳动物及其他脊椎动物安全友好。

氯虫苯甲酰胺常与阿维菌素、高效氯氟氰菊酯、噻虫嗪等杀虫剂成分混配，用于生产复配杀虫剂。

适用果树及防控对象　氯虫苯甲酰胺适用于多种果树，对鳞翅目害虫具有良好的防控效果。目前果树生产中可用于防控：苹果树的金纹细蛾、桃小食心虫、卷叶蛾、鳞翅目食叶害虫（天幕毛虫、舟形毛虫、美国白蛾、盗毒蛾、刺蛾类等），桃线潜叶蛾，核桃缀叶螟，柑橘树的潜叶蛾、柑橘凤蝶、玉带凤蝶等。

使用技术

（1）苹果树的金纹细蛾、桃小食心虫、卷叶蛾、鳞翅目食叶害虫　防控金纹细蛾时，在卵孵化期或初见虫斑时进行喷药，每代喷药 1 次即可；防控桃小食心虫时，在卵盛期至钻蛀前及时喷药；防控卷叶蛾时，首先在开花前或落花后喷药 1 次，然后再在每代幼虫发生初期及时喷药；防控其他鳞翅目食叶类害虫时，在卵孵化盛期至低龄幼虫期进行喷药。一般使用 5%悬浮剂 1000～1500 倍液，或 200 克/升悬浮剂 4000～5000 倍液，或 35%水分散粒剂 7000～10000 倍液均匀喷雾。

（2）桃线潜叶蛾　在叶片上初显虫道时开始喷药，1 个月左右 1 次（即为每代 1 次），连喷 3～5 次。一般使用 5%悬浮剂 1200～1600 倍液，或 200克/升悬浮剂 5000～7000 倍液，或 35%水分散粒剂 8000～12000 倍液均匀喷雾。

（3）核桃缀叶螟　在害虫低龄幼虫期进行喷药，每代喷药 1 次。药剂喷施倍数同"桃线潜叶蛾"。

（4）柑橘树的潜叶蛾、柑橘凤蝶、玉带凤蝶　防控潜叶蛾时，在各季嫩梢（春梢、夏梢、秋梢）生长期内，嫩叶上初见虫道时进行喷药，抽梢期持续时间较长时，10～15 天后再喷用 1 次；防控柑橘凤蝶、玉带凤蝶等鳞翅目食叶害虫时，在低龄幼虫期进行喷药。药剂喷施倍数同"桃线潜叶蛾"。

注意事项　不能与碱性药剂及肥料混用。该药虽有一定内吸传导性，喷药时还应均匀周到。连续用药时，注意与其他不同类型药剂交替使用，每季果树使用本剂建议不超过 2 次，以延缓害虫产生耐药性。剩余药液及洗涤药械的废液，严禁倒入河流、湖泊、池塘等水域，避免对水生生物造成毒害。本剂对家蚕高毒，桑蚕养殖区禁止使用。

氟苯虫酰胺　flubendiamide

常见商品名称　垄歌、龙灯福先安、护城等。

主要含量与剂型　20％水分散粒剂，20％、10％悬浮剂。

产品特点　氟苯虫酰胺是一种新型邻苯二甲酰胺类高效低毒杀虫剂，属鱼尼丁受体激活剂，以胃毒作用为主，兼有触杀作用，药剂渗透植物体后通过木质部略有传导，耐雨水冲刷。其杀虫机理主要是通过激活依赖兰尼碱受体的细胞内钙释放通道，使细胞内钙离子呈失控性释放，导致害虫身体逐渐萎缩、活动放缓、不能取食、最终饥饿而死。该药作用速度快、持效期长，对鳞翅目害虫的幼虫具有非常突出的防效，但没有杀卵作用，与常规杀虫剂无交互抗性，适用于抗性害虫的综合治理。药剂对高等生物、害虫天敌、田间有益生物高度安全。

氟苯虫酰胺常与阿维菌素、甲氨基阿维菌素苯甲酸盐、杀虫单、毒死蜱、丙溴磷、噻虫啉等杀虫剂成分混配，用于生产复配杀虫剂。

适用果树及防控对象　氟苯虫酰胺适用于多种果树，对鳞翅目害虫具有良好的防控效果。目前果树生产中可用于防控：苹果树的卷叶蛾、鳞翅目食叶害虫（天幕毛虫、舟形毛虫、美国白蛾、盗毒蛾、刺蛾类等），桃线潜叶蛾，核桃缀叶螟，柑橘树的潜叶蛾、柑橘凤蝶、玉带凤蝶等。

使用技术

（1）苹果树的卷叶蛾、鳞翅目食叶害虫　防控卷叶蛾时，首先在开花前或落花后喷药 1 次，然后再于每代幼虫发生初期及时喷药；防控其他鳞翅目食叶类害虫时，在卵孵化盛期至低龄幼虫期进行喷药。一般使用20％水分散粒剂或20％悬浮剂3000～4000倍液，或10％悬浮剂1500～2000倍液均匀喷雾。

（2）桃线潜叶蛾　在叶片上初显虫道时开始喷药，1个月左右1次（即为每代1次），连喷3～5次。药剂喷施倍数同"苹果树卷叶蛾"。

（3）核桃缀叶螟　在害虫低龄幼虫期进行喷药，每代喷药1次。药剂喷施倍数同"苹果树卷叶蛾"。

（4）柑橘树的潜叶蛾、柑橘凤蝶、玉带凤蝶　防控潜叶蛾时，在各季嫩梢（春梢、夏梢、秋梢）生长期内，嫩叶上初见虫道时进行喷药，抽梢期持续时间较长时，10～15天后再喷用1次；防控柑橘凤蝶、玉带凤蝶等鳞翅目食叶害虫时，在低龄幼虫期进行喷药。药剂喷施倍数同"苹果树卷叶蛾"。

注意事项　不能与碱性药剂混用。连续喷药时，注意与其他不同类型药剂交替使用，以延缓害虫耐药性的产生。本剂对家蚕高毒，桑蚕养殖区禁止使用。

氟啶虫胺腈　sulfoxaflor ··············

常见商品名称　特福力、可立施等。

主要含量与剂型　22％悬浮剂，50％水分散粒剂等。

产品特点　氟啶虫胺腈是一种磺酰亚胺类新型高效低毒杀虫剂，具有内吸传导性，可经叶、茎、根吸收而进入植物体内，高效、快速、持效期长、残留低，能有效防控对烟碱类、菊酯类、有机磷类和氨基甲酸酯类农药产生抗性的蚧壳虫、蚜虫、盲蝽蟓、粉虱等刺吸式口器类害虫。其杀虫机理是作用于昆虫的神经系统，具有全新独特的作用机制，通过作用于烟碱类乙酰胆碱受体（nAChR）内独特的结合位点而发挥杀虫功能。试验条件下无生殖毒性，无致突变、致畸、致癌作用，无神经毒作用。土壤中可被微生物迅速分解，无残留，不会污染地下水及地表水，在空气中存在浓度非常低，且不会在动物脂肪组织内累积。

氟啶虫胺腈常与毒死蜱、乙基多杀菌素等杀虫剂成分混配，用于生产复配杀虫剂。

适用果树及防控对象　氟啶虫胺腈适用于多种果树，对许多种刺吸式口器害虫及锉吸式害虫均具有很好的防控效果。目前果树生产中主要用于防控：柑橘树的矢尖蚧等蚧壳虫类、蚜虫、烟粉虱，苹果树的绣线菊蚜、烟粉虱，桃树的桃蚜、桃粉蚜、桃瘤蚜，葡萄的绿盲蝽、蓟马等。

使用技术

（1）柑橘树的矢尖蚧等蚧壳虫类、蚜虫、烟粉虱　防控矢尖蚧等蚧壳虫类时，首先在蚧壳虫出蛰早期喷药 1 次，然后再于各代若虫发生初期进行喷药，每代喷药 1 次；防控蚜虫时，在各季新梢（春梢、夏梢、秋梢）生长期内，嫩叶上蚜虫数量较多时进行喷药；防控烟粉虱时，在橘园内粉虱发生初盛期进行喷药，重点喷洒叶片背面。一般使用 22％悬浮剂 4000～5000 倍液，或 50％水分散粒剂 8000～10000 倍液均匀喷雾。

（2）苹果树的绣线菊蚜、烟粉虱　防控绣线菊蚜时，在嫩梢上蚜虫数量增长较快时，或蚜虫开始向幼果转移扩散时及时喷药；防控烟粉虱时，在果园内粉虱发生初盛期进行喷药，重点喷洒叶片背面。一般使用 22％悬浮剂 4000～6000 倍液，或 50％水分散粒剂 10000～12000 倍液均匀喷雾。

（3）桃树的桃蚜、桃粉蚜、桃瘤蚜　桃树发芽后开花前或落花后喷药 1 次，然后再于落花后 15～20 天喷药 1 次。药剂喷施倍数同"苹果树的绣线菊蚜"。

（4）葡萄的绿盲蝽、蓟马　防控绿盲蝽时，从葡萄萌芽初期开始喷药，15 天左右 1 次，连喷 2～3 次；防控蓟马时，在花蕾穗期和落花后各喷药 1 次。一般使用 22％悬浮剂 4000～5000 倍液，或 50％水分散粒剂 8000～10000 倍液均匀喷雾。

注意事项　不能与碱性药剂及肥料混用。连续喷药时，注意与不同类型药剂交替使用，以延缓害虫产生耐药性。本剂对蜜蜂、家蚕等有毒，施药时应避免影响周围蜂群，并禁止在开花植物花期、蚕室和桑园附近使用，且天敌放飞区域禁用。在柑橘树上使用的安全采收间隔期为 14 天。

哒螨灵　pyridaben ·····················

常见商品名称　牵牛星、阿满丰、百灵树、苯双得、穿金甲、伏螨安、果尔康、果螨特、好满益、甲无踪、金果园、金炫目、克斯曼、乐多年、立打满、赛扑满、扫螨净、韦甲将、新无忧、阿哒、灿红、超强、赤焰、钉满、飞香、高品、好讯、红达、劲击、快丁、快讯、亮满、螨巴、平刀、扑甲、双勇、霆击、威喷、智剑、诛粉、蛛杰、蛛网、白红威利、宝治满优、横瞒无立、华特赛路、绿士先扫、螨净果丰、正业落红、东生金流星、虎蛙螨灵克等。

主要含量与剂型 15％、20％乳油，15％微乳剂，15％水乳剂，20％、40％可湿性粉剂，30％、40％、45％悬浮剂。

产品特点 哒螨灵是一种哒嗪类广谱速效杀螨剂，低毒至中等毒性，触杀性强，无内吸、传导和熏蒸作用，对螨卵、幼螨、若螨、成螨都有很好的杀灭效果，对活动态螨作用迅速，持效期长，一般可达 1～2 月。药效受温度影响小，无论早春或秋季使用均可获得满意效果。与苯丁锡、噻螨酮等常用杀螨剂无交互抗性，对瓢虫、草蛉、寄生蜂等生敌较安全。

哒螨灵常与阿维菌素、甲氨基阿维菌素苯甲酸盐、苯丁锡、丁醚脲、螺螨酯、炔螨特、噻螨酮、联苯肼酯、三唑锡、四螨嗪、甲氰菊酯、联苯菊酯、单甲脒盐酸盐、三氯杀螨醇、吡虫啉、啶虫脒、噻虫嗪、噻嗪酮、异丙威、茚虫威、乐果、辛硫磷、灭幼脲、矿物油等杀虫、杀螨剂成分混配，用于生产复配杀螨剂或杀螨、杀虫剂。

适用果树及防控对象 哒螨灵适用于多种果树，对多种叶螨类、锈螨类均具有较好的防控效果。目前果树生产中常用于防控：柑橘树的红蜘蛛、黄蜘蛛、锈蜘蛛（锈螨），苹果树、梨树、桃树、山楂树、板栗树等落叶果树的红蜘蛛（山楂红蜘蛛、苹果全爪螨等）、二斑叶螨，草莓红蜘蛛等。

使用技术

（1）柑橘树红蜘蛛、黄蜘蛛、锈蜘蛛 防控红蜘蛛、黄蜘蛛时，在害螨发生初盛期或开始扩散为害期开始喷药，1 个月左右 1 次，连喷 2 次左右；防控锈蜘蛛时，在果实膨大期（约为 7 月上旬）进行喷药，1 个月左右 1 次，连喷 1～2 次。一般使用 15％乳油或 15％微乳剂或 15％水乳剂 1000～1500 倍液，或 20％乳油或 20％可湿性粉剂 1500～2000 倍液，或 30％悬浮剂 2000～3000 倍液，或 40％悬浮剂或 40％可湿性粉剂 3000～4000 倍液，或 45％悬浮剂 3500～4500 倍液均匀喷雾。

（2）苹果树等落叶果树的红蜘蛛、二斑叶螨 从害螨发生初期到始盛期开始喷药，1 个月左右 1 次，连喷 2～3 次。药剂喷施倍数同"柑橘树红蜘蛛"。

（3）草莓红蜘蛛 在害螨发生初期进行喷药。药剂喷施倍数同"柑橘树红蜘蛛"。

注意事项 可与大多数杀虫剂混用，但不能与石硫合剂、波尔多液等强碱性药剂混用。哒螨灵无内吸作用，喷药时尽量喷洒均匀周到。本剂对鱼类毒性较高，剩余药液及洗涤药械的废液严禁污染河流、池塘、湖泊等水域。果树开花前后尽量不要用药，避免对蜜蜂造成影响。

四螨嗪 clofentezine ·····················

常见商品名称　阿波罗、捕满天、克虫孵、满可爱、满早早、无限好、安扫、爆卵、红暴、红卵、红息、红焰、剑创、净达、满丹、满骇、满欧、清卵、韦卵、终卵、绿丰日昇、庆丰佳友、美尔果锐界、瑞德丰破卵等。

主要含量与剂型　20％、50％、200克/升、500克/升悬浮剂，10％、20％可湿性粉剂，75％、80％水分散粒剂等。

产品特点　四螨嗪是一种四嗪有机氯类低毒杀螨剂，属胚胎发育抑制剂，主要为触杀作用，对螨卵杀灭效果好（冬卵、夏卵都能毒杀），对幼螨、若螨也有一定效果，对成螨无效；但接触药液后的成螨，可导致产卵量下降，所产卵大都不能孵化，个别孵化出的幼螨也很快死亡。其药效发挥较慢，施药后7～10天才能达到最高杀螨效果，但持效期较长，达50～60天。对捕食性螨和有益昆虫安全，对皮肤有轻度刺激性。

四螨嗪常与阿维菌素、哒螨灵、炔螨特、三唑锡、苯丁锡、丁醚脲、联苯肼酯、唑螨酯等杀螨剂成分混配，用于生产复配杀螨剂。

适用果树及防控对象　四螨嗪适用于多种果树，专用于防控叶螨类为害，对多种叶螨均具有较好的防控效果。目前果树生产中主要用于防控：苹果树、梨树、枣树等落叶果树的红蜘蛛（苹果全爪螨、山楂叶螨等）、白蜘蛛（二斑叶螨），柑橘树的红蜘蛛、黄蜘蛛等。

使用技术

（1）苹果树、梨树、枣树等落叶果树的红蜘蛛、白蜘蛛　首先在发芽期或发芽后早期喷药1次；然后再于叶片上害螨数量较多时或开始扩散为害时进行喷药，1～1.5个月1次，连喷2次左右，与能杀活动态螨的药剂混合喷施效果更好。一般使用50％悬浮剂或500克/升悬浮剂3000～3500倍液，或20％悬浮剂或200克/升悬浮剂或20％可湿性粉剂1200～1500倍液，或75％水分散粒剂4000～5500倍液，或80％水分散粒剂5000～6000倍液，或10％可湿性粉剂600～700倍液均匀喷雾。

（2）柑橘树红蜘蛛、黄蜘蛛　首先在春芽萌动期或通过预测预报在螨高峰期喷药1次，然后再于叶片上害螨数量较多时或开始扩散为害时进行喷药。药剂喷施倍数同"苹果树红蜘蛛"。

注意事项　不能与碱性药剂及肥料混用。连续喷药时，注意与不同类型杀螨剂交替使用或混用，但不能与噻螨酮交替使用或混用（四螨嗪与噻螨酮有交互抗性）。本剂的主要作用是杀灭螨卵，对成螨无效，在螨卵初孵期用药效果最佳。在气温低（15℃左右）和螨口密度小时施用效果好，且持效期长；但当螨量较多或温度较高时，最好与其他杀成螨药剂混用。

炔螨特 propargite ·····················

常见商品名称　奥美特、邦杀满、独缺满、果满园、红白克、卡客满、克螨特、快好佳、满碧克、满害怕、满速朗、螨堂荒、诺满宁、排满灵、萨克特、田园乐、迅飞特、呀满狂、益显得、奥习、博满、捕龙、策力、穿越、翠马、斗敌、革满、冠快、红艳、辉煌、即行、劲隆、朗傲、玛星、满定、满撼、判螨、桑好、速刺、腾满、围满、轩锐、易攻、勇吉、勇强、御斩、摘红、战红、征伐、志俊、蛛侠、醉红、丰山灭螨尽、华特百分百、诺普信高顶等。

主要含量与剂型　40％、57％、73％、570 克/升、730 克/升乳油、40％水乳剂，40％微乳剂等。

产品特点　炔螨特是一种有机硫类高效广谱专性杀螨剂，低毒至中等毒性，具有触杀和胃毒作用，无内吸和渗透传导作用。能杀灭多种害螨，对成螨、若螨、幼螨效果较好，对螨卵效果较差，连续使用不易产生耐药性。27℃以上施用具有触杀和熏蒸作用，杀螨效果好，20℃以下使用效果较差。该药持效期长、残留低、药效好，但在较高浓度和高温下使用对有些作物可能会产生药害。药剂对蜜蜂和天敌安全，但对皮肤有刺激性。

炔螨特常与阿维菌素、甲氰菊酯、联苯菊酯、哒螨灵、噻螨酮、四螨嗪、溴螨酯、唑螨酯、苯丁锡、丙溴磷、氟虫脲、柴油、矿物油等杀螨剂成分混配，用于生产复配杀螨剂。

适用果树及防控对象　炔螨特适用于多种果树，对多种害螨均具有较好的防控效果。目前果树生产中主要用于防控：柑橘树的红蜘蛛、黄蜘蛛、锈蜘蛛，苹果树的红蜘蛛（山楂叶螨、苹果全爪螨等）、白蜘蛛（二斑叶螨），葡萄瘿螨（毛毡病）等。

使用技术

（1）柑橘树红蜘蛛、黄蜘蛛、锈蜘蛛　防控红蜘蛛、黄蜘蛛时，从害螨发生为害初期（螨量开始较快增多时）开始喷药；防控锈蜘蛛时，多在果实膨大期进行喷药。一般使用 73％乳油或 730 克/升乳油 2000～3000 倍液，或 57％乳油或 570 克/升乳油 1500～2000 倍液，或 40％乳油或 40％水乳剂或

40％微乳剂 1200～1500 倍液均匀喷雾。

（2）苹果树红蜘蛛、白蜘蛛　从树冠下部内膛叶片上害螨数量较多时，或螨量开始较快增多时开始进行喷药。药剂喷施倍数同"柑橘树红蜘蛛"。

（3）葡萄瘿螨　在葡萄新梢长 15～20 厘米时喷药防治。一般使用 73％乳油或 730 克/升乳油 2000～2500 倍液，或 57％乳油或 570 克/升乳油 1500～1800 倍液，或 40％乳油或 40％水乳剂或 40％微乳剂 1000～1200 倍液均匀喷雾。

注意事项　不能与强酸性药剂及碱性药剂混用。高温、高湿条件下，本剂对某些果树品种的幼苗及新梢嫩叶可能会产生药害，用药时需要注意。在柑橘新梢嫩叶期使用时，73％乳油或 730 克/升乳油的喷施倍数不宜低于 2000 倍液。本剂对梨树的有些品种较敏感，易造成叶片药害，梨树上应当慎用。用药时注意安全保护，避免皮肤及眼睛触及药剂。柑橘树上的安全采收间隔期为 30 天。

三唑锡　azocyclotin

常见商品名称　倍乐霸、锉满特、红尔满、红秀宁、科螨特、满粒清、秒果灵、辟蛛得、全安乐、全月宁、世加克、弯弓射、绣朱沙、亚满宁、除红、登极、蹬腿、红尊、快沙、满标、满戈、满击、满爽、满悦、猛满、尼彩、诺捕、网盖、锡阿、响雷、纵满、上格红翻、诺普信红锐等。

主要含量与剂型　20％、30％、40％悬浮剂，20％、25％、70％可湿性粉剂、50％、80％水分散粒剂等。

产品特点　三唑锡是一种有机锡类中毒杀螨剂，具有较好的触杀作用，可杀灭若螨、成螨和夏卵，对冬卵无效。该药抗光解，耐雨水冲刷，持效期较长；温度越高杀螨、杀卵效果越强，是高温季节对害螨控制期较长的杀螨剂。常用浓度下对作物安全，对人皮肤和眼黏膜有刺激性，对蜜蜂毒性极低，对鱼类高毒。

三唑锡常与阿维菌素、哒螨灵、四螨嗪、丁醚脲、联苯菊酯、螺螨酯、唑螨酯、吡虫啉等杀螨（虫）剂成分混配，用于生产复配杀螨（虫）剂。

适用果树及防控对象　三唑锡适用于多种果树，对多种叶螨均具有较好的防控效果。目前果树生产中主要用于防控：苹果树及梨树的红蜘蛛（山楂叶螨、苹果全爪螨、苜蓿苔螨等）、白蜘蛛（二斑叶螨），柑橘树的红蜘蛛、黄蜘蛛等。

使用技术

（1）苹果树及梨树的红蜘蛛、白蜘蛛 在害螨发生为害初期或内膛叶片上害螨数量开始较快增加时进行喷药。一般使用20％悬浮剂或20％可湿性粉剂800～1000倍液，或25％可湿性粉剂1000～1200倍液，或30％悬浮剂1200～1500倍液，或40％悬浮剂1500～2000倍液，或50％水分散粒剂2000～2500倍液，或70％可湿性粉剂3000～3500倍液，或80％水分散粒剂3000～4000倍液均匀喷雾。

（2）柑橘树红蜘蛛、黄蜘蛛 从害螨发生为害初期或叶片上害螨数量开始较快增多时开始喷药。药剂喷施倍数同"苹果树红蜘蛛"。

注意事项 可与有机磷杀虫剂及代森锌、克菌丹等杀菌剂混用，但不能与波尔多液、石硫合剂等碱性农药混用。连续喷药时，注意与不同类型杀螨剂交替使用。用药时注意安全保护，避免皮肤和眼睛接触药液。剩余药液及洗涤药械的废液，严禁污染河流、湖泊、池塘等水域。

苯丁锡 fenbutatin oxide ··············

常见商品名称 托尔克、满得斯、满莎德、全克宁、世伏宁、奥靓、满归等。

主要含量与剂型 20％、40％、50％悬浮剂，25％、50％可湿性粉剂等。

产品特点 苯丁锡是一种有机锡类广谱长效低毒杀螨剂，以触杀作用为主，通过抑制害螨神经系统而发挥药效，对幼螨、若螨和成螨杀伤力较强，对螨卵的杀伤力较小。施药后药效作用发挥较慢，3天后活性开始增强，14天达到高峰，持效期可达2～5个月。本剂属感温型杀螨剂，气温在22℃以上时药效增加，22℃以下时活性降低，15℃以下时药效较差，因此不宜在冬季使用。该药使用安全，对害螨天敌影响很小，对蜜蜂和鸟类低毒，对鱼类高毒，对眼睛黏膜、皮肤和呼吸道刺激性较大，试验条件下未见致畸、致突变、致癌作用。

苯丁锡常与阿维菌素、哒螨灵、四螨嗪、联苯肼酯、炔螨特、硫黄等杀螨剂成分混配，用于生产复配杀螨剂。

适用果树及防控对象 苯丁锡适用于多种果树，对多种叶螨和锈螨均具有较好的防控效果。目前果树生产中主要用于防控：柑橘树的红蜘蛛、黄蜘蛛、锈蜘蛛（锈壁虱），苹果树、梨树及桃树的红蜘蛛（山楂叶螨、苹果全爪螨、苜蓿苔螨）、白蜘蛛（二斑叶螨）等。

使用技术

（1）柑橘树红蜘蛛、黄蜘蛛、锈蜘蛛　防控红蜘蛛、黄蜘蛛时，在害螨发生为害初期或叶片上害螨数量开始较快增多时进行喷药；防控锈蜘蛛时，在果实膨大期或果实上螨量开始增加时进行喷药。一般使用 20％悬浮剂600～800 倍液，或 25％可湿性粉剂 800～1000 倍液，或 40％悬浮剂 1200～1500 倍液，或 50％悬浮剂或 50％可湿性粉剂 1500～2000 倍液均匀喷雾。

（2）苹果树、梨树及桃树的红蜘蛛、白蜘蛛　在害螨发生为害初期或树体内膛叶片上螨量开始较快增多时进行喷药。药剂喷施倍数同"柑橘树红蜘蛛"。

注意事项　可与有机磷杀虫剂及代森锌、克菌丹等杀菌剂混用，但不能与波尔多液、石硫合剂等碱性农药混用。用药时注意安全保护，避免皮肤和眼睛接触药液。剩余药液及洗涤药械的废液，严禁倒入河流、湖泊、池塘等水域。柑橘树上使用的安全采收间隔期为 14 天以上。

噻螨酮　hexythiazox

常见商品名称　尼索朗、持力宝、冲洗满、大螨冠、卵标朗、尼满浪、尼螨郎、索满卵、天王威、阿朗、卵朗、天朗、特高、特危、佳顺、拥果、大方豪顿、中保时杰等。

主要含量与剂型　5％乳油，5％可湿性粉剂，5％水乳剂。

产品特点　噻螨酮是一种噻唑烷酮类广谱低毒杀螨剂，以触杀作用为主，对植物表皮层有较好的穿透性，但无内吸传导作用。对多种叶螨类具有强烈的杀卵、杀幼螨、杀若螨特性，对成螨无效，但对接触到药液的雌成螨所产的卵具有抑制孵化作用。该药对环境温度不敏感，在高温或低温时使用的效果无显著差异；持效期长，药效可保持 50 天左右。噻螨酮没有杀成螨活性，故药效显现较迟缓。本剂对叶螨类防效好，对锈螨、瘿螨防效较差。对天敌、蜜蜂及捕食螨影响很小，对水生动物毒性低，常规使用浓度下对作物安全。

噻螨酮常与阿维菌素、炔螨特、哒螨灵、甲氰菊酯、三氯杀螨醇等杀螨剂成分混配，用于生产复配杀螨剂。

适用果树及防控对象　噻螨酮适用于多种果树，对多种叶螨均具有较好的防控效果。目前果树生产中主要用于防控：柑橘树的红蜘蛛、黄蜘蛛，苹果树及山楂树的红蜘蛛（山楂叶螨、苹果全爪螨等）、白蜘蛛（二斑叶螨），板栗树红蜘蛛等。

使用技术

（1）柑橘树的红蜘蛛、黄蜘蛛　在春季害螨发生始盛期，平均每叶有螨2～3头时或内膛叶片上螨量开始较快增多时开始喷药。一般使用5％乳油或5％可湿性粉剂或5％水乳剂1000～1500倍液均匀喷雾。

（2）苹果树及山楂树的红蜘蛛、白蜘蛛　在苹果或山楂开花前后（幼螨、若螨盛发初期），平均每叶有螨3～4头时或内膛叶片上螨量开始较快增多时进行喷药。一般使用5％乳油或5％可湿性粉剂或5％水乳剂1000～1500倍液均匀喷雾。

（3）板栗树红蜘蛛　在内膛叶片上螨量开始较快增多时，或叶螨开始向周围叶片扩散为害时进行喷药。一般使用5％乳油或5％可湿性粉剂或5％水乳剂1000～1500倍液均匀喷雾。

注意事项　可与波尔多液、石硫合剂等多种药剂现混现用，但不宜与菊酯类药剂混用。本剂无内吸性，喷药时必须均匀周到。噻螨酮对成螨无杀伤作用，用药时应比其他杀螨剂要稍早些使用，或与其他杀成螨药剂混合使用。噻螨酮在许多果区已使用多年，普遍存在不同程度的耐药性问题，因此建议尽量与不同类型杀螨剂混配使用，以提高杀螨效果。枣树对本剂较敏感，易造成药害。梨树的有些品种上使用不安全，用药时需要慎重。

螺螨酯　spirodiclofen

常见商品名称　螨危、满归、彪满、帅满、金脆、魔介、小危、阻止、毕满清、默赛福卫等。

主要含量与剂型　24％、29％、34％、40％、240克/升悬浮剂。

产品特点　螺螨酯是一种全新结构的广谱专性低毒杀螨剂，以触杀和胃毒作用为主，无内吸性，对螨卵、幼螨、若螨、成螨均有效，但不能较快杀死雌成螨，不过对雌成螨有很好的绝育作用，雌成螨接触药剂后所产的卵有96％不能孵化，死于胚胎后期。其作用机理是抑制害螨体内的脂肪合成，阻止能量代谢，而导致害螨死亡。与常规杀螨剂无交互抗性。该药持效期长，一般可达40～50天；在不同气温条件下对作物非常安全，对蜜蜂低毒，对人畜安全，适合于无公害生产。

螺螨酯常与阿维菌素、联苯肼酯、哒螨灵、乙螨唑、四螨嗪、苯丁锡、三唑锡、丁醚脲、甲氰菊酯等杀螨剂成分混配，用于生产复配杀螨剂。

适用果树及防控对象　螺螨酯适用于多种果树，对多种害螨类（叶螨类、锈螨类）均具有良好的防控效果。目前果树生产中常用于防控：柑橘树的红蜘蛛、黄蜘蛛、锈蜘蛛（锈壁虱），苹果树、梨树及桃树的红蜘蛛（山楂叶螨、苹果全爪螨等）、白蜘蛛（二斑叶螨），枣树的红蜘蛛、白蜘蛛，板栗树红蜘蛛等。

使用技术

（1）柑橘树红蜘蛛、黄蜘蛛、锈蜘蛛　防控红蜘蛛、黄蜘蛛时，在害螨发生为害初期（春梢萌发前）或叶片上害螨数量开始较快增多时进行喷药；防控锈蜘蛛时，在果实膨大期或果实上螨量开始增加时进行喷药。一般使用24%悬浮剂或240克/升悬浮剂4000～5000倍液，或29%悬浮剂5000～6000倍液，或34%悬浮剂6000～7000倍液，或40%悬浮剂7000～8000倍液均匀喷雾。

（2）苹果树、梨树及桃树的红蜘蛛、白蜘蛛　在害螨发生为害初期（开花前或落花后），或树体内膛叶片上螨量开始较快增多时进行喷药。药剂喷施倍数同"柑橘树红蜘蛛"。

（3）枣树红蜘蛛、白蜘蛛　在害螨发生为害初期（发芽前后），或树体内膛下部叶片上螨量开始较快增多时进行喷药。药剂喷施倍数同"柑橘树红蜘蛛"。

（4）板栗树红蜘蛛　在内膛叶片上螨量开始较快增多时、或叶螨开始向周围叶片扩散为害时进行喷药。药剂喷施倍数同"柑橘树红蜘蛛"。

注意事项　不能与铜制剂及碱性药剂混用。连续喷药时，注意与其他不同类型杀螨剂交替使用，以延缓害螨产生耐药性，本剂在一个生长季节最多使用次数不超过2次。喷药应均匀周到，使全株均被药液覆盖，特别是叶背。不要在果树开花期用药。螺螨酯对鱼类等水生生物有毒，剩余药液及洗涤药械的废液严禁倒入河流、湖泊、池塘等水域。柑橘树上使用的安全采收间隔期为30天。

溴螨酯　bromopropylate

常见商品名称　螨代治、镖满、填满等。

主要含量与剂型　500克/升乳油。

产品特点　溴螨酯是一种含有卤素的专性广谱低毒杀螨剂，具有较强的触杀作用，无内吸作用。对若螨、幼螨、成螨和卵均有较高活性，其药效基本不受温度变化影响。本剂持效期长，对作物、天敌、蜜蜂安全，与三氯杀螨醇有交互抗性。

溴螨酯常与炔螨特混配，用于生产复配杀螨剂。

适用果树及防控对象 溴螨酯适用于多种果树，对许多叶螨类（红蜘蛛、白蜘蛛）、瘿螨类均具有较好的防控效果。目前果树生产中常用于防控：柑橘树的红蜘蛛、黄蜘蛛，苹果树的红蜘蛛（山楂叶螨、苹果全爪螨等）、白蜘蛛（二斑叶螨），葡萄瘿螨（毛毡病）等。

使用技术

（1）柑橘树红蜘蛛、黄蜘蛛 在害螨发生为害初期（春梢萌发前）或叶片上害螨数量开始较快增多时进行喷药。一般使用 500 克/升乳油 800～1000 倍液均匀喷雾。

（2）苹果树红蜘蛛、白蜘蛛 在害螨发生为害初期（开花前或落花后），或树体内膛叶片上螨量开始较快增多时进行喷药。一般使用 500 克/升乳油 1000～1500 倍液均匀喷雾。

（3）葡萄瘿螨 在葡萄新梢长 15～20 厘米时喷药防治。一般使用 500 克/升乳油 1200～1500 倍液均匀喷雾。

注意事项 不能与碱性药剂混用。该药无内吸作用，喷雾时必须均匀周到，使药液全部覆盖树体。果树上使用时，安全采收间隔期为 21 天以上。用药时注意安全保护，避免皮肤及眼睛溅及药液；本剂无专用解毒剂，不慎中毒后立即携带标签送医院对症治疗。

乙螨唑 etoxazole

常见商品名称 来福禄等。

主要含量与剂型 110 克/升、20％悬浮剂。

产品特点 乙螨唑是一种二苯基恶唑衍生物类选择性杀螨剂，属几丁质合成抑制剂，以触杀和胃毒作用为主。其作用机理主要是抑制螨卵的胚胎形成和从若螨、幼螨到成螨的蜕皮过程，因此对害螨从卵、幼螨、若螨到蛹的不同阶段均有杀伤作用，但对成螨的防治效果较差。对噻螨酮产生耐药性的螨类也有很好的防控效果。

乙螨唑常与阿维菌素、螺螨酯、联苯肼酯、丁醚脲、螺虫乙酯、哒螨灵、三唑锡、甲氰菊酯等杀螨剂成分混配，用于生产复配杀螨剂。

适用果树及防控对象　乙螨唑适用于多种果树，对许多种叶螨均具有良好的防控效果。目前果树生产中主要用于防控：柑橘树的红蜘蛛、黄蜘蛛，苹果树、梨树及桃树的红蜘蛛（山楂叶螨、苹果全爪螨等）、白蜘蛛（二斑叶螨），枣树红蜘蛛，草莓红蜘蛛等。

使用技术

（1）柑橘树红蜘蛛、黄蜘蛛　在害螨发生为害初期（春梢萌发前）或叶片上害螨数量开始较快增多时进行喷药。一般使用 110 克/升悬浮剂 3500～4000 倍液，或 20％悬浮剂 6000～8000 倍液均匀喷雾。

（2）苹果树、梨树及桃树的红蜘蛛、白蜘蛛　在害螨发生为害初期（开花前或落花后），或树体内膛叶片上螨量开始较快增多时进行喷药。一般使用 110 克/升悬浮剂 4000～5000 倍液，或 20％悬浮剂 8000～10000 倍液均匀喷雾。

（3）枣树红蜘蛛　在害螨发生为害初期（发芽前后），或树体内膛下部叶片上螨量开始较快增多时进行喷药。药剂喷施倍数同"苹果树红蜘蛛"。

（4）草莓红蜘蛛　在害螨卵孵化高峰期至幼螨期及若螨始盛期及时进行喷药。一般每亩使用 110 克/升悬浮剂 8～10 毫升，或 20％悬浮剂 4～5 毫升，兑水 30～45 千克均匀喷雾。

注意事项　乙螨唑在碱性条件下容易分解，不能和波尔多液等碱性药剂混用。连续喷药时，注意与不同作用机理的杀螨剂交替使用，以延缓害螨产生耐药性。本剂没有内吸性，喷药时必须均匀周到。乙螨唑对蚕毒性较高，用药时避免对蚕室和桑园造成影响。

联苯肼酯　bifenazate ·················

常见商品名称　爱卡螨、满天堂、高喜满等。

主要含量与剂型　24％、43％悬浮剂。

产品特点　联苯肼酯是一种新型选择性肼酯类低毒杀螨剂，专用于叶面喷雾，以触杀作用为主，无内吸性，具有杀卵活性和对成螨的击倒活性。其作用机理是对螨类中枢神经传导系统的氨基丁酸受体的独特作用。对害螨的各生长发育阶段均有效，害螨接触药剂后很快停止取食、运动和产卵，48～72 小时内死亡，持效期 14 天左右。本剂对蜜蜂、捕食性螨影响极小，特别适用于害螨的综合治理。对作物使用安全。

联苯肼酯常与阿维菌素、螺螨酯、乙螨唑、哒螨灵、四螨嗪、苯丁锡、螺虫乙酯等杀螨剂成分混配，用于生产复配杀螨剂。

适用果树及防控对象　联苯肼酯适用于多种果树，对许多种叶螨均具有良好的防控效果。目前果树生产中主要用于防控：柑橘树的红蜘蛛、黄蜘蛛，苹果树、梨树及桃树的红蜘蛛（山楂叶螨、苹果全爪螨等）、白蜘蛛（二斑叶螨），枣树红蜘蛛，草莓红蜘蛛等。

使用技术

（1）柑橘树红蜘蛛、黄蜘蛛　在害螨发生为害初期（春梢萌发前），或螨卵孵化期至若螨及幼螨盛发初期，或叶片上害螨数量开始较快增多时进行喷药。一般使用24％悬浮剂1000~1500倍液，或43％悬浮剂2000~2500倍液均匀喷雾。

（2）苹果树、梨树及桃树的红蜘蛛、白蜘蛛　在害螨发生为害初期（开花前或落花后），或螨卵孵化盛期至若螨及幼螨盛发初期，或树体内膛叶片上螨量开始较快增多时进行喷药。一般使用24％悬浮剂1000~1500倍液，或43％悬浮剂2000~2500倍液均匀喷雾。

（3）枣树红蜘蛛　在害螨发生为害初期（发芽前后），或螨卵孵化盛期至若螨及幼螨盛发初期，或树体内膛下部叶片上螨量开始较快增多时进行喷药。药剂喷施倍数同"苹果树红蜘蛛"。

（4）草莓红蜘蛛　在害螨卵孵化高峰期至幼螨期及若螨始盛期及时进行喷药。一般每亩使用24％悬浮剂30~40毫升，或43％悬浮剂18~22毫升，兑水30~45千克均匀喷雾。

注意事项　不能与碱性药剂及肥料混用。连续喷药时，注意与不同作用机理的杀螨剂交替使用，以延缓害螨产生耐药性，联苯肼酯每季果树最多使用2次。本剂没有内吸性，喷药必须做到均匀周到。在推荐剂量内使用对作物安全，避免随意加大用药量。果树开花期禁止使用，桑园及蚕室附近严禁使用。苹果树上使用的安全采收间隔期为7天，柑橘树上为30天。本剂对鱼类等水生生物高毒，用药时严禁污染河流、湖泊、池塘等水域。

唑螨酯　fenpyroximate

常见商品名称　霸螨灵、红嘉奇、季满止、科赛飞、满轻快、杀达满、喜上梢、角逐、绝秒、狼势、绿敏、满环、满靓、满钻、闪满、施标、铁踏、华特满威等。

主要含量与剂型　5％、20％、28％悬浮剂，8％微乳剂。

产品特点　唑螨酯是一种苯氧吡唑类中毒杀螨剂，属线粒体膜电子转移抑制剂，以触杀作用为主，兼有胃毒作用，无内吸作用。速效性好，持效期较长，对害螨的各生长发育阶段均有良好的防控效果。高剂量时可直接杀死螨类，低剂量时能够抑制螨类蜕皮或产卵。与其他类型杀螨剂无交互抗性。对鸟类毒性低，对鱼类等水生生物毒性较高，对眼睛和皮肤有轻微刺激性。

唑螨酯常与阿维菌素、四螨嗪、三唑锡、炔螨特、乙螨唑、苯丁锡等杀螨剂成分混配，用于生产复配杀螨剂。

适用果树及防控对象 唑螨酯适用于多种果树，对许多种叶螨类和锈螨类均有较好的防控效果。目前果树生产中主要用于防控：柑橘树的红蜘蛛、黄蜘蛛、锈蜘蛛，苹果树的红蜘蛛（山楂叶螨、苹果全爪螨等）、白蜘蛛（二斑叶螨）等。

使用技术

(1) 柑橘树红蜘蛛、黄蜘蛛、锈蜘蛛 防控红蜘蛛、黄蜘蛛时，在害螨发生为害初期（春梢萌发前），或螨卵孵化期至若螨及幼螨盛发初期，或叶片上害螨数量开始较快增多时进行喷药；防控锈蜘蛛时，在果实膨大期或果实上锈螨开始增加时进行喷药。一般使用 5% 悬浮剂 1000～1500 倍液，或 20% 悬浮剂 4000～6000 倍液，或 28% 悬浮剂 6000～8000 倍液，或 8% 微乳剂 1500～2000 倍液均匀喷雾。

(2) 苹果树红蜘蛛、白蜘蛛 在害螨发生为害初期（开花前或落花后），或螨卵孵化盛期至若螨及幼螨盛发初期，或树体内膛叶片上螨量开始较快增多时进行喷药。药剂喷施倍数同"柑橘树红蜘蛛"。

注意事项 可与波尔多液等多种农药混用，但不能与石硫合剂等强碱性农药混合使用。连续喷药时，注意与不同作用机理的杀螨剂交替使用，以减缓害螨产生耐药性。本剂无内吸作用，喷药应均匀周到。喷药时防止药液飘移到附近桑园内，家蚕喂食被污染的桑叶后，会产生拒食现象。剩余药液及洗涤药械的废液，严禁污染河流、湖泊、池塘等水域。果树上使用的安全采收间隔期为 25 天。

第二节　混配制剂

阿维·吡虫啉 ··························

有效成分 阿维菌素 （abamectin）＋吡虫啉 （imidacloprid）。

常见商品名称 阿维·吡虫啉、安劲、巴鹰、百击、奔雷、穿梭、飞迁、高针、佳杰、凯旺、怒杀、双挂、威制、炫火、用爽、吸汁净、金卫丹、施能净、一击棒、月月丰、康禾攻杀、纯红蝎子、海正喜洋洋等。

主要含量与剂型 1%（0.1%＋0.9%）、1.5%（0.1%＋1.4%）、1.8%（0.1%＋1.7%）、2%（0.2%＋1.8%）、2.2%（0.2%＋2%）、2.5%（0.1%＋2.4%）、3%（0.27%＋2.73%）、3.15%（0.15%＋3%）、5%（0.5%＋4.5%）乳油，1.45%（0.45%＋1%）、1.8%（0.1%＋1.7%）、4.5%（0.5%＋4%）、18%（1%＋17%）、27%（1.5%＋25.5%）可湿性粉剂，1.7%（0.2%＋1.5%）微乳剂，5%（0.5%＋4.5%）、8%（0.5%＋7.5%）、29%（2.5%＋26.5%）悬浮剂，36%（0.3%＋35.7%）水分散粒剂等。括号内有效成分含量均为阿维菌素的含量加吡虫啉的含量。

产品特点 阿维·吡虫啉是由阿维菌素与吡虫啉按一定比例混配的一种高效广谱低毒复合杀虫剂，以触杀和胃毒作用为主，兼有一定的内吸、渗透作用，耐雨水冲刷。两种有效成分作用机理优势互补、协同增效，既能作用于害虫乙酰胆碱酯酶受体，又能刺激害虫释放γ-氨基丁酸，抑制害虫神经传导，进而导致害虫麻痹死亡；并能显著延缓害虫产生耐药性，是害虫抗性治理的优势组合之一。

阿维菌素是一种农用抗生素类广谱高效低毒（原药高毒）杀虫（螨）剂成分，属昆虫神经毒剂，为大环内酯双糖类化合物，对昆虫和螨类具有触杀和胃毒作用，并有微弱的熏蒸作用，无内吸作用，但对叶片有很强的渗透性，并能在植物体内横向传导，可杀死表皮下的害虫，且持效期较长。该成分杀虫（螨）谱广，活性高，对胚胎已发育的后期卵有较强的杀卵活性，但对胚胎未发育的初产卵无毒杀作用；使用安全，害虫不易产生耐药性；因在植物表面残留少，而对益虫及天敌损伤小。其作用机理是干扰害虫神经生理活动，刺激释放γ-氨基丁酸，抑制害虫神经传导，致使害虫在几小时内迅速麻痹、拒食、缓动或不动，2～4天后死亡。吡虫啉是一种吡啶类高效低毒杀虫剂成分，具有内吸、胃毒、触杀、拒食及驱避作用，杀虫谱广、持效期长、残留低。其杀虫机理是作用于昆虫的烟酸乙酰胆碱酯酶受体，干扰害虫运动神经系统，使害虫中枢神经信息传导受阻，而导致其麻痹死亡。

适用果树及防控对象 阿维·吡虫啉适用于多种果树，对许多种刺吸式口器害虫及潜叶性害虫均具有较好的防控效果。目前果树生产中主要用于防控：梨树的梨木虱、梨瘿蚊，柑橘树的潜叶蛾、蚜虫、柑橘木虱，桃线潜叶蛾等。

使用技术

（1）梨树梨木虱、梨瘿蚊 防控梨木虱时，主要用于防控梨木虱若虫，在害虫卵孵化盛期至若虫被黏液全部覆盖前进行喷药，每代用药 1 次；防控梨瘿蚊时，在嫩叶上初显受害状（叶缘卷曲）时及时喷药。一般使用 1％乳油 400～600 倍液，或 1.8％乳油或 1.8 可湿性粉剂 600～800 倍液，或 2％乳油 800～1000 倍液，或 5％乳油或 5％悬浮剂 1800～2000 倍液，或 29％悬浮剂 5000～6000 倍液均匀喷雾。

（2）柑橘树潜叶蛾、蚜虫、柑橘木虱　防控潜叶蛾时，在各季新梢（春梢、夏梢、秋梢）生长期内，嫩叶上初见虫道时及时喷药；防控蚜虫时，在各季新梢嫩叶上蚜虫数量较多时及时进行喷药；防控柑橘木虱时，在各季新梢生长期内，初见木虱为害时及时喷药。一般使用 1.45％可湿性粉剂 600～800 倍液，或 2.2％乳油 1000～1200 倍液，或 3％乳油 1200～1500 倍液，或 8％悬浮剂 1500～2000 倍液，或 27％可湿性粉剂 4000～5000 倍液均匀喷雾。

（3）桃线潜叶蛾　从叶片上初见虫道时开始喷药，1 个月左右 1 次，连喷 3～4 次。药剂喷施倍数同"梨树梨木虱"。

注意事项　不能与碱性药剂混用。喷药尽量均匀周到。不同企业生产的产品含量及组分比例不尽相同，具体使用时还应以该产品的标签说明为主要参考。本剂对蜜蜂、家蚕有毒，果树开花期禁止使用，蚕室及桑园附近禁用；对鱼类等水生生物有毒，应远离水产养殖区施药，并禁止在河塘等水域内清洗施药器具。梨树上使用的安全采收间隔期为 20 天，每季果树最多使用 2 次。

阿维·啶虫脒 ····················

有效成分　阿维菌素（abamectin）＋啶虫脒（acetaniprid）。

常见商品名称　阿维·啶虫脒、骠兵、断剑、联剑、剑雨、剑诛、封暴、给力、加喜、蓝云、闪彪、闪甲、双魁、振落、格刹风、力乐泰等。

主要含量与剂型　1.5％（0.2％＋1.3％）、1.8％（0.3％＋1.5％）、4％（0.5％＋3.5％）、5％（0.5％＋4.5％）、12.5％（2.5％＋10％）微乳剂，6％（0.6％＋5.4％）水乳剂，4％（1％＋3％）、8.8％（0.4％＋8.4％）乳油，10％（2％＋8％）、30％（2％＋28％）水分散粒剂等。括号内有效成分含量均为阿维菌素的含量加啶虫脒的含量。

产品特点　阿维·啶虫脒是由阿维菌素与啶虫脒按一定比例混配的一种高效广谱低毒复合杀虫剂，以触杀和胃毒作用为主，兼有一定的内吸、渗透作用，耐雨水冲刷，专用于防控刺吸式口器害虫。两种成分优势互补、协同增效，对抗性害虫具有很好的防控效果，并能显著延缓害虫产生耐药性，是害虫抗性综合治理的优势组合之一。

阿维菌素是一种农用抗生素类广谱高效低毒（原药高毒）杀虫（螨）剂成分，属昆虫神经毒剂，为大环内酯双糖类化合物，对昆虫和螨类具有触杀和胃毒作用，并有微弱的熏蒸作用，无内吸作用，但对叶片有很强的渗透性，并能在植物体内横向传导，可杀死表皮下的害虫，且持效期较长。该成分杀虫（螨）谱广，活性高，对胚胎已发育的后期卵有较强的杀卵活性，但对胚胎未发育的初产卵无毒杀作用；使用安全，害虫不易产生耐药性；因在植物表面残留少，而对益虫及天敌损伤小。其作用机理是干扰害虫神经生理活动，刺激释放 γ-氨基丁酸，抑制害虫神经传导，致使害虫在几小时内迅速麻痹、拒食、缓动或不动，2～4 天后死亡。啶虫脒是一种新烟碱类广谱高效低毒杀虫剂成分，具有胃毒、触杀、内吸、拒食及驱避作用，持效期长、残留低，对刺吸式口器害虫具有很好的防控效果。其杀虫机理是作用于昆虫的烟酸乙酰胆碱酯酶受体，干扰害虫运动神经系统，使中枢神经信息传导受阻，而导致其麻痹死亡。

适用果树及防控对象 阿维·啶虫脒适用于多种果树，对许多种刺吸式口器害虫均具有很好的防控效果。目前果树生产中常用于防控：苹果树绣线菊蚜，柑橘树的蚧壳虫类、蚜虫、黑刺粉虱，梨树梨木虱，葡萄绿盲蝽，枣树绿盲蝽，香蕉冠网蝽等。

使用技术

（1）苹果树绣线菊蚜 在嫩梢上蚜虫数量较多时，或嫩梢蚜虫开始向幼果转移扩散时及时喷药。一般使用 1.5% 微乳剂 600～800 倍液，4% 乳油或 4% 微乳剂 1500～2000 倍液，或 6% 水乳剂 2500～3000 倍液，或 8.8% 乳油或 10% 水分散粒剂 5000～6000 倍液，或 12.5% 微乳剂 6000～8000 倍液均匀喷雾。

（2）柑橘树的蚧壳虫类、蚜虫、黑刺粉虱 防控蚧壳虫类害虫时，在初孵若虫分散转移时（1～2 龄若虫）进行喷药；防控蚜虫时，在各季新梢（春梢、夏梢、秋梢）嫩叶上蚜虫数量较多时进行喷药；防控黑刺粉虱时，在卵孵化盛期至低龄若虫期进行喷药。一般使用 1.8% 微乳剂 600～800 倍液，或 6% 水乳剂 1500～2000 倍液，或 10% 水分散粒剂 3000～4000 倍液，或 30% 水分散粒剂 8000～10000 倍液均匀喷雾。

（3）梨树梨木虱 主要用于防控梨木虱若虫，在害虫卵孵化盛期至若虫被黏液全部覆盖前进行喷药，每代用药 1 次。一般使用 1.8% 微乳剂 800～1000 倍液，或 4% 乳油或 4% 微乳剂 1500～2000 倍液，或 5% 微乳剂 2000～2500 倍液，或 10% 水分散粒剂 4000～5000 倍液，或 12.5% 微乳剂 5000～

6000 倍液均匀喷雾。

（4）葡萄绿盲蝽 从葡萄芽露绿时开始喷药，10 天左右 1 次，连喷 2～4 次。药剂喷施倍数同"梨树梨木虱"。

（5）枣树绿盲蝽 从枣树芽露绿时开始喷药，10 天左右 1 次，连喷 3～4 次。药剂喷施倍数同"梨树梨木虱"。

（6）香蕉冠网蝽 在害虫发生为害初期进行喷药。一般使用 1.8％微乳剂 500～700 倍液，或 6％水乳剂 1500～2000 倍液，或 8.8％乳油 3000～3500 倍液，或 10％水分散粒剂 3000～4000 倍液，或 12.5％微乳剂 4000～5000 倍液，或 30％水分散粒剂 8000～10000 倍液均匀喷雾。

注意事项 不能与碱性药剂混用，喷药时尽量均匀周到。本剂对蜜蜂、家蚕及许多天敌昆虫有毒，施药期间应避免对周围蜂群的影响，果树开花期禁止使用，蚕室和桑园附近禁用，赤眼蜂、瓢虫等天敌放飞区域禁用；对鱼类等水生生物有毒，用药时严禁污染河流、湖泊、池塘等水域。不同企业生产的产品含量及组分比例不尽相同，具体使用时还应以该产品的标签说明为主要参考。苹果树上使用的安全采收间隔期为 14 天，每季最多使用 2 次。

阿维·毒死蜱 ·······························

有效成分 阿维菌素（abamectin）＋毒死蜱（chlorpyrifos）。

常见商品名称 阿维·毒死蜱、爱福丁、大统管、多靶标、广捕乐、强力源、绿仙安、安宽、挫敌、独灵、飞斧、富宝、尖鹰、剑旺、军星、锐电、润锐、舒农、正帅、重歼、力智雷腾等。

主要含量与剂型 5.5％（0.1％＋5.4％）、10％（0.1％＋9.9％；1％＋9％）、15％（0.1％＋14.9％；0.2％＋14.8％）、17％（0.1％＋16.9％）、24％（0.15％＋23.85％；1％＋23％）、25％（0.2％＋24.8％；1％＋24％）、26.5％（0.5％＋26％）、32％（2％＋30％）、41％（1％＋40％）、42％（0.2％＋41.8％）、50％（0.5％＋49.5％）乳油，15％（0.2％＋14.8％；0.7％＋14.3％）、20％（0.2％＋19.8％）、25％（1％＋24％）、42％（2％＋40％）水乳剂，15％（0.1％＋14.9％）、20％（0.5％＋19.5％）、21％（1％＋20％）、30％（0.5％＋29.5％）、30.2％（0.2％＋30％）、42％（1％＋41％）微乳剂，30％（0.3％＋29.7％）可湿性粉剂等。括号内有效成分含量均为阿维菌素的含量加毒死蜱的含量。

产品特点 阿维·毒死蜱是由阿维菌素与毒死蜱按一定比例混配的一种

广谱杀虫剂，低毒至中等毒性，以触杀和胃毒作用为主，兼有一定的熏蒸作用。两种成分优势互补，协同增效，渗透性强，速效性好，持效期较长。

阿维菌素是一种农用抗生素类广谱高效低毒（原药高毒）杀虫（螨）剂成分，属昆虫神经毒剂，为大环内酯双糖类化合物，对昆虫和螨类具有触杀和胃毒作用，并有微弱的熏蒸作用，无内吸性，但对叶片有很强的渗透性，可杀死表皮下的害虫，且持效期较长。该成分杀虫（螨）谱广，活性高，对胚胎已发育的后期卵有较强的杀卵活性，但对胚胎未发育的初产卵无毒杀作用；使用安全，害虫不易产生耐药性；因在植物表面残留少，而对益虫及天敌损伤小。其作用机理是干扰害虫神经生理活动，刺激释放 γ-氨基丁酸，抑制害虫神经信息传导，致使害虫在几小时内迅速麻痹、拒食、缓动或不动，2～4 天后死亡。毒死蜱是一种有机磷类高效广谱中毒杀虫剂成分，具有触杀、胃毒和熏蒸作用，无内吸活性，残留量低；在动物体内能很快解毒，对鱼类和水生动物毒性较高，对蜜蜂有毒。其杀虫机理是作用于害虫的乙酰胆碱酯酶，使害虫持续兴奋、麻痹而死亡。

适用果树及防控对象 阿维·毒死蜱适用于多种果树，对许多种害虫均具有较好的防控效果。目前果树生产中主要用于防控：苹果树、梨树、桃树及枣树的桃小食心虫，桃树桑白蚧壳虫，枣树日本龟蜡蚧，梨树梨木虱，柑橘树的蚧壳虫类、潜叶蛾、柑橘木虱等。

使用技术

（1）苹果树、梨树、桃树及枣树的桃小食心虫 在食心虫卵孵化盛期至初孵幼虫蛀果前及时喷药。一般使用 15％乳油或 15％微乳剂或 15％水乳剂 600～800 倍液，或 20％水乳剂或 20％微乳剂 800～1000 倍液，或 30％微乳剂或 30％可湿性粉剂 1000～1200 倍液，或 42％乳油或 42％微乳剂 1500～2000 倍液，或 42％水乳剂 2500～3000 倍液，或 50％乳油 2000～2500 倍液均匀喷雾。

（2）桃树桑白蚧壳虫 主要用于防控低龄若虫期，在初孵若虫分散转移期进行喷药。一般使用 20％水乳剂或 20％微乳剂 800～1000 倍液，或 30％微乳剂或 30.2％微乳剂 1200～1500 倍液，或 41％乳油或 42％乳油或 42％微乳剂 1500～2000 倍液，或 50％乳油 2000～2500 倍液均匀喷雾。

（3）枣树日本龟蜡蚧 主要用于防控低龄若虫期，在初孵若虫或 1 龄若虫分散转移期进行喷药。药剂喷施倍数同"桃树桑白蚧壳虫"。

（4）梨树梨木虱 防控梨木虱成虫时，在成虫发生盛期及时喷药，早、晚喷药效果较好；防控梨木虱若虫时，在每代若虫孵化盛期至若虫被黏液全部覆盖前及时喷药。一般使用 24％乳油或 25％乳油或 25％水乳剂 1000～1200 倍液，或 26.5％乳油或 30％微乳剂 1200～1500 倍液，或 41％乳油或

42％微乳剂 1500～2000 倍液均匀喷雾。

（5）柑橘树的蚧壳虫类、潜叶蛾、柑橘木虱　防控蚧壳虫类害虫时，在各代若虫发生初期（1 龄若虫期）进行喷药；防控潜叶蛾时，在各季新梢（春梢、夏梢、秋梢）生长期内，嫩叶上初见虫道时进行喷药；防控柑橘木虱时，在各季新梢生长期内，嫩梢上初见木虱为害时及时喷药。一般使用 20％水乳剂或 20％微乳剂 600～800 倍液，或 30％微乳剂或 30％可湿性粉剂 800～1000 倍液，或 42％乳油或 42％微乳剂 1500～1800 倍液，或 42％水乳剂 1500～2000 倍液，或 50％乳油 2000～2500 倍液均匀喷雾。

注意事项　不能与碱性药剂混用，喷药时尽量均匀周到。本剂对蜜蜂、家蚕及鱼类剧毒，不能在果树开花期喷施，养蜂场所、桑园及其周边地区禁止使用，并避免药液污染河流、湖泊、池塘等水域。不同企业生产的产品含量及组分比例不尽相同，具体使用时还应以该产品的标签说明为主要参考。用药时注意个人安全保护，并避免在高温或中午时段用药。

阿维·高氯

有效成分　阿维菌素（abamectin）＋高效氯氰菊酯（*beta*-cypermethrin）。

常见商品名称　阿维·高氯、阿巴丁、蛾灭顶、利根砂、利时捷、立诺净、开三掌、破纪录、启明星、稻金蛙、万虫灵、星之杰、保打、贝雷、博臣、刺透、击毙、高吊、恒诚、剑蛙、皆能、金雀、金芮、劲星、拒食、骏锐、凯威、夸尔、力顶、龙脊、猛奥、诺丹、全宽、三发、胜任、帅方、搏潜、封潜、索潜、天猎、透捕、飞网、万刀、威克、鲜绿、中健、准秀、非常一刻、金尔盲斩、阿维新索朗、碧奥潜无影、丰邦虫蜕清、金尔穿甲弹、绿士我能行、瑞德丰金福丁等。

主要含量与剂型　1％（0.2％＋0.8％；0.3％＋0.7％）、1.1％（0.1％＋1％）、1.2％（0.2％＋1％）、1.5％（0.45％＋1.05％）、1.65％（0.15％＋1.5％）、1.8％（0.3％＋1.5％）、2％（0.2％＋1.8％）、2.4％（0.4％＋2％）、2.5％（0.2％＋2.3％）、2.8％（0.3％＋2.5％）、3％（0.2％＋2.8％）、3.3％（0.8％＋2.5％）、4.2％（0.3％＋3.9％）、5％（0.5％＋4.5％）、5.2％（0.4％＋4.8％）、5.4％（0.9％＋4.5％）、6％（0.4％＋5.6％）、9％（0.6％＋8.4％）乳油，1.8％（0.3％＋1.5％）水乳剂，1.1％（0.1％＋1％）、1.8％（0.6％＋1.2％）、2％（0.2％＋1.8％）、

3％（0.6％＋2.4％）、7％（1％＋6％）微乳剂，1.65％（0.15％＋1.5％）、2.4％（0.3％＋2.1％）、3％（0.2％＋2.8％）、6.3％（0.7％＋5.6％）可湿性粉剂等。括号内有效成分含量均为阿维菌素的含量加高效氯氰菊酯的含量。

产品特点　阿维·高氯是由阿维菌素与高效氯氰菊酯混配的一种高效广谱杀虫剂，低毒至中等毒性，以触杀和胃毒作用为主，渗透性较强，药效较迅速，使用安全，但对鸟类、鱼类、蜜蜂高毒。

阿维菌素是一种农用抗生素类广谱高效低毒（原药高毒）杀虫（螨）剂成分，属昆虫神经毒剂，对昆虫和螨类具有触杀和胃毒作用，并有微弱的熏蒸作用，无内吸性，但对叶片有很强的渗透性，可杀死表皮下的害虫，且持效期较长。该成分杀虫（螨）谱广，活性高，对胚胎已发育的后期卵有较强的杀卵活性，但对胚胎未发育的初产卵无毒杀作用；使用安全，害虫不易产生耐药性；因在植物表面残留少，而对益虫及天敌损伤小。其作用机理是干扰害虫神经生理活动，刺激释放 γ-氨基丁酸，抑制害虫神经信息传导，致使害虫在几小时内迅速麻痹、拒食、缓动或不动，2～4 天后死亡。高效氯氰菊酯是一种拟除虫菊酯类高效广谱中毒杀虫剂成分，是氯氰菊酯的高效异构体，以触杀和胃毒作用为主，生物活性高，杀虫谱广，击倒速度快。其杀虫机理是作用于害虫的神经系统，抑制乙酰胆碱酯酶活性，使害虫持续兴奋麻痹而死亡。

适用果树及防控对象　阿维·高氯适用于多种果树，对许多种果树害虫均具有较好的防控效果。目前果树生产中常用于防控：苹果树、梨树、桃树及枣树的卷叶蛾、鳞翅目食叶类害虫（天幕毛虫、舟形毛虫、美国白蛾、金毛虫、刺蛾类等），梨树梨木虱，核桃缀叶螟，柑橘树的潜叶蛾、柑橘木虱、柑橘凤蝶、玉带凤蝶，荔枝树蝽蟓等。

使用技术

（1）苹果树、梨树、桃树及枣树的卷叶蛾、鳞翅目食叶类害虫　防控卷叶蛾时，在幼虫卷叶前或卷叶初期及时喷药；防控鳞翅目食叶类害虫时，在害虫卵孵化盛期至低龄幼虫期进行喷药。一般使用 1％乳油 500～600 倍液，或 1.1％乳油或 1.1％微乳剂 400～500 倍液，或 1.8％乳油或 1.8％水乳剂 800～1000 倍液，或 2％乳油或 2％微乳剂 800～1000 倍液，或 3％乳油或 3％可湿性粉剂 1000～1500 倍液，或 5％乳油或 5.2％乳油 2000～2500 倍液，或 7％微乳剂 2500～3000 倍液均匀喷雾。

（2）梨树梨木虱　防控成虫时，在成虫发生初盛期进行喷药；防控若虫时，在各代卵孵化盛期至低龄若虫期（若虫虫体被黏液全部覆盖前）进行喷药。一般使用 1.5％乳油 600～700 倍液，或 1.8％微乳剂 1000～1200 倍液，或 2.8%乳油 1200～1500 倍液，或 5%乳油 1800～2000 倍液，或 6%乳油 2000～2500 倍液，或 9%乳油 3000～4000 倍液均匀喷雾。

(3) 核桃缀叶螟 在害虫卵孵化盛期至低龄幼虫期进行喷药。药剂喷施倍数同"苹果树卷叶蛾"。

(4) 柑橘树潜叶蛾、柑橘木虱、柑橘凤蝶、玉带凤蝶 防控潜叶蛾时，在各季新梢（春梢、夏梢、秋梢）生长期内，嫩叶上初见虫道时进行喷药；防控柑橘木虱时，在各季新梢生长期内，嫩梢上初见木虱为害时进行喷药；防控凤蝶为害时，在卵孵化盛期至低龄幼虫期进行喷药。一般使用 1.5%乳油 600～800 倍液，或 2%乳油或 2%微乳剂 800～1000 倍液，或 2.4%乳油 1000～1200 倍液，或 3%微乳剂 1200～1500 倍液，或 5%乳油 1800～2000 倍液，或 6%乳油 2000～2500 倍液，或 9%乳油 3000～4000 倍液均匀喷雾。

(5) 荔枝树蜻蟓 在害虫发生为害初期进行喷药，药剂喷施倍数同"柑橘树潜叶蛾"。

注意事项 不能与碱性药剂及肥料混用，喷药时应均匀周到。果树开花期禁止使用，桑园及蚕室附近禁止使用。药液严禁污染江河、湖泊、池塘等水域。本剂含量、组分比例及剂型相对较多，不同企业的产品其含量及组分比例多不相同，具体使用时还应以该产品的标签说明为主要参考。用药时注意安全保护，避免皮肤及眼睛溅及药液。

阿维·氟铃脲

有效成分 阿维菌素（abamectin）＋氟铃脲（hexaflumuron）。

常见商品名称 阿维·氟铃脲、打螟纵、金全铲、凯氟隆、面面杀、新铃美、宝击、顺打、直攻、极治、天攻、义星等。

主要含量与剂型 1.8%（0.5%＋1.3%）、2.5%（0.4%＋2.1%）、3%（1%＋2%）、5%（2%＋3%）乳油，3%（1%＋2%）悬浮剂，3%（0.5%＋2.5%）可湿性粉剂，11%（1%＋10%）水分散粒剂。括号内有效成分含量均为阿维菌素的含量加氟铃脲的含量。

产品特点 阿维·氟铃脲是由阿维菌素和氟铃脲按一定比例混配的一种高效低毒复合杀虫剂，以胃毒作用为主，兼有一定的触杀作用，速效性好，持效期长。两种杀虫作用机理，优势互补，协同增效，害虫不易产生耐药性。制剂使用安全，但对家蚕高毒。

阿维菌素是一种农用抗生素类广谱高效低毒（原药高毒）杀虫剂成分，

属昆虫神经毒剂，具有触杀和胃毒作用，并有微弱的熏蒸作用，无内吸性，但对叶片有很强的渗透性，可杀死表皮下的害虫，且持效期较长。该成分杀虫谱广，活性高，对胚胎已发育的后期卵有较强的杀卵活性，但对胚胎未发育的初产卵无毒杀作用；使用安全，害虫不易产生耐药性；因在植物表面残留少，而对益虫及天敌损伤小。其作用机理是干扰害虫神经生理活动，刺激释放 γ-氨基丁酸，抑制害虫神经信息传导，致使害虫在几小时内迅速麻痹、拒食、缓动或不动，2～4 天后死亡。氟铃脲是一种苯甲酰脲类低毒杀虫剂成分，属昆虫生长调节剂类，以触杀作用为主，击倒力强，具有较高的杀卵活性，特别对鳞翅目害虫效果好。其杀虫机理是通过抑制昆虫几丁质合成，使幼虫不能正常蜕皮，而导致幼虫死亡。

适用果树及防控对象　阿维·氟铃脲适用于多种果树，对许多种鳞翅目害虫均具有较好的防控效果。目前果树生产中主要用于防控：苹果树、梨树、桃树及枣树的食心虫类（桃小食心虫、梨小食心虫、桃蛀螟等）、卷叶蛾类（顶梢卷叶蛾、苹小卷叶蛾、苹褐卷叶蛾、长翅卷叶蛾等）、鳞翅目食叶类害虫（美国白蛾、舟形毛虫、天幕毛虫、舞毒蛾、造桥虫、刺蛾类等），柑橘树的潜叶蛾、柑橘凤蝶、玉带凤蝶，核桃缀叶螟等。

使用技术

（1）苹果树、梨树、桃树及枣树的食心虫类、卷叶蛾类、鳞翅目食叶类害虫　防控食心虫时，在卵孵化盛期至钻蛀前及时喷药；防控卷叶蛾类害虫时，在幼虫卷叶前或卷叶初期及时喷药；防控鳞翅目食叶类害虫时，在害虫卵孵化盛期至低龄幼虫期进行喷药。一般使用 1.8％乳油 500～600 倍液，或 2.5％乳油 600～800 倍液，或 3％乳油或 3％悬浮剂或 3％可湿性粉剂 1000～1200 倍液，或 5％乳油 2000～2500 倍液，或 11％水分散粒剂 2000～2500 倍液均匀喷雾。

（2）柑橘树潜叶蛾、柑橘凤蝶、玉带凤蝶　防控潜叶蛾时，在各季新梢（春梢、夏梢、秋梢）生长期内，嫩叶上初见虫道时进行喷药；防控凤蝶类时，在害虫卵孵化盛期至低龄幼虫期进行喷药。药剂喷施倍数同"苹果树食心虫类"。

（3）核桃缀叶螟　在害虫卵孵化盛期至低龄幼虫期进行喷药。药剂喷施倍数同"苹果树食心虫类"。

注意事项　不能与强酸性及碱性药剂混用。喷药时应均匀周到，并尽量在早期喷药。本剂对家蚕高毒，桑园及蚕室附近禁止使用。不同企业的产品其含量及组分比例多不相同，具体使用时还应以该产品的标签说明为主要参考。

阿维·哒螨灵 ···

有效成分 阿维菌素（abamectin）+哒螨灵（pyridaben）。

常见商品名称 阿维·哒螨灵、阿四满、阿无珠、白红战、白极灭、白加绣、卵满霸、满元清、尼满诺、亚戈农、班能、夺满、伐满、方满、红屠、红朗、逢时、高营、击落、雅满、满办、满功、满江、满力、满网、满征、清佳、三捷、迅屠、中保杀螨、安格诺红白灭等。

主要含量与剂型 3.2%（0.2%＋3%）、5%（0.2%＋4.8%）、6%（0.15%＋5.85%；0.2%＋5.8%）、6.78%（0.11%＋6.67%）、6.8%（0.1%＋6.7%）、8%（0.2%＋7.8%）、10%（0.2%＋9.8%；0.3%＋9.7%）、10.2%（0.2%＋10%）、10.5%（0.3%＋10.2%；0.25%＋10.25%）、16%（1%＋15%）乳油，5.6%（0.6%＋5%）、6%（0.6%＋5.4%）、10%（0.4%＋9.6%）、10.5%（0.3%＋10.2%；0.5%＋10%）微乳剂，10.5%（0.3%＋10.2%）水乳剂，10.8%（0.8%＋10%）悬浮剂，10.5%（0.5%＋10%）、12.5%（0.25%＋12.25%）可湿性粉剂。括号内有效成分含量均为阿维菌素的含量加哒螨灵的含量。

产品特点 阿维·哒螨灵是由阿维菌素与哒螨灵按一定比例混配的一种广谱复合杀螨剂，低毒至中等毒性，以触杀和胃毒作用为主，兼有微弱的熏蒸作用，对成螨、若螨、幼螨及卵均有较好的防控效果。喷施后作用速度较快，对叶片渗透性强，持效期较长。两者混配，优势互补，协同增效，并能显著延缓害螨产生耐药性，是害螨抗性治理的优势组合之一。

阿维菌素是一种农用抗生素类广谱高效低毒（原药高毒）杀虫（螨）剂成分，属昆虫神经毒剂，具有触杀和胃毒作用，并有微弱的熏蒸作用，无内吸性，但有较强的渗透性，持效期较长。该成分使用安全，杀虫（螨）谱广，活性高，对胚胎已发育的后期卵有较强的杀卵活性，但对胚胎未发育的初产卵无毒杀作用；因在植物表面残留少，而对益虫及天敌损伤小。其作用机理是干扰害虫神经生理活动，刺激释放 γ-氨基丁酸，抑制害虫神经信息传导，致使害虫在几小时内迅速麻痹、拒食、缓动或不动，2～4 天后死亡。哒螨灵是一种哒嗪类广谱速效低毒杀螨剂成分，以触杀作用为主，无内吸、传导和熏蒸作用，对螨卵、幼螨、若螨、成螨都有较好的杀灭效果。喷施后作用迅速，持效期长，药效受温度影响小，无论早春或秋季使用均可获得良好效果。

适用果树及防控对象　阿维·哒螨灵适用于多种果树，对许多种叶螨和锈螨均具有较好的防控效果。目前果树生产中主要用于防控：苹果树、梨树及桃树的红蜘蛛（山楂叶螨、苹果全爪螨等）、白蜘蛛（二斑叶螨），枣树的红蜘蛛、白蜘蛛，柑橘树的红蜘蛛、黄蜘蛛、锈蜘蛛（锈壁虱），板栗树红蜘蛛等。

使用技术

（1）苹果树、梨树及桃树的红蜘蛛、白蜘蛛　在害螨发生为害初期（开花前或落花后），或螨卵孵化盛期至若螨及幼螨盛发初期，或树体内膛叶片上螨量开始较快增多时进行喷药。一般使用5%乳油500～600倍液，或6%乳油或6%微乳剂600～700倍液，或6.78%乳油或6.8%乳油700～800倍液，或8%乳油800～1000倍液，或10%乳油或10%微乳剂或10.2%乳油1000～1200倍液，或10.5%乳油或10.5%水乳剂或10.5%微乳剂或10.5%可湿性粉剂1200～1500倍液，或16%乳油1500～2000倍液均匀喷雾。

（2）枣树红蜘蛛、白蜘蛛　在害螨发生为害初期（发芽前后），或螨卵孵化盛期至若螨及幼螨盛发初期，或树体内膛下部叶片上螨量开始较快增多时进行喷药。药剂喷施倍数同"苹果树红蜘蛛"。

（3）柑橘树红蜘蛛、黄蜘蛛、锈蜘蛛　防控红蜘蛛、黄蜘蛛时，在害螨发生为害初期（春梢萌发前）或叶片上害螨数量开始较快增多时进行喷药；防控锈蜘蛛时，在果实膨大期或果实上螨量开始增加时进行喷药。药剂喷施倍数同"苹果树红蜘蛛"。

（4）板栗树红蜘蛛　在内膛叶片上螨量开始较快增多时，或叶螨开始向周围叶片上扩散为害时进行喷药。药剂喷施倍数同"苹果树红蜘蛛"。

注意事项　不能与碱性药剂混用，喷药应均匀周到。本剂对蜜蜂、家蚕及鱼类毒性高，不能在果树开花期使用，养蜂场所、蚕室、桑园及其附近使用时需要慎重，剩余药液及洗涤药械的废液严禁污染河流、湖泊、池塘等水域。本剂含量、组分比例及剂型相对较多，不同企业的产品其含量及组分比例多不相同，具体使用时还应以该产品的标签说明为主要参考。苹果树上使用的安全采收间隔期为14天，柑橘树上为20天，每季果树最多使用2次。

阿维·四螨嗪 ·····························

有效成分　阿维菌素（abamectin）＋四螨嗪（clofentezine）。
常见商品名称　阿维·四螨嗪、安雷特、瀚生锐击等。

主要含量与剂型 5.1%（0.1%＋5%）可湿性粉剂，10%（0.1%＋9.9%）、20%（0.5%＋19.5%）、20.8%（0.5%＋20.3%；0.8%＋20%）、40%（0.5%＋39.5%）悬浮剂。括号内有效成分含量均为阿维菌素的含量加四螨嗪的含量。

产品特点 阿维·四螨嗪是由阿维菌素与四螨嗪按一定比例混配的一种广谱低毒复合杀螨剂，以触杀和胃毒作用为主，兼有微弱的熏蒸作用，具有杀卵、幼螨、若螨和成螨的功效，对叶片渗透性较强，致死作用较慢，但害螨接触药剂后即出现麻痹症状，不食不动，2～4天后死亡，持效期较长。

阿维菌素是一种农用抗生素类广谱高效低毒（原药高毒）杀虫（螨）剂成分，属神经毒剂，具有触杀和胃毒作用，并有微弱的熏蒸作用，无内吸性，但对叶片有很强的渗透性，持效期较长。该成分杀虫（螨）谱广，活性高，对胚胎已发育的后期卵有较强的杀卵活性，但对胚胎未发育的初产卵无毒杀作用，使用安全；因在植物表面残留少，而对益虫及天敌损伤小。其作用机理是干扰害虫神经生理活动，刺激释放 γ-氨基丁酸，抑制害虫神经信息传导，致使害虫在几小时内迅速麻痹、拒食、缓动或不动，2～4天后死亡。四螨嗪是一种四嗪有机氮类低毒专用杀螨剂成分，属胚胎发育抑制剂，以触杀作用为主，对螨卵杀灭效果好（冬卵、夏卵都能毒杀），对幼螨也有一定效果，对成螨无效。但接触药液后的成螨产卵量下降，且所产卵大都不能孵化，个别孵化出的幼螨也很快死亡。其药效发挥较慢，施药后7～10天才能达到最高杀螨效果，但持效期较长，达50～60天。

适用果树及防控对象 阿维·四螨嗪适用于多种果树，对许多种叶螨均有较好的防控效果。目前果树生产中主要用于防控：苹果树、梨树及桃树的红蜘蛛（山楂叶螨、苹果全爪螨等）、白蜘蛛（二斑叶螨），枣树的红蜘蛛、白蜘蛛，柑橘树的红蜘蛛、黄蜘蛛，板栗树红蜘蛛等。

使用技术

（1）苹果树、梨树及桃树的红蜘蛛、白蜘蛛 在害螨发生为害初期（开花前或落花后），或螨卵孵化盛期至若螨及幼螨盛发初期，或树体内腔叶片上螨量开始较快增多时进行喷药。一般使用5.1%可湿性粉剂400～500倍液，或10%悬浮剂800～1000倍液，或20%悬浮剂或20.8%悬浮剂1500～2000倍液，或40%悬浮剂3000～4000倍液均匀喷雾。

（2）枣树红蜘蛛、白蜘蛛 在害螨发生为害初期（发芽前后），或螨卵孵化盛期至若螨及幼螨盛发初期，或树体内腔下部叶片上螨量开始较快增多时进行喷药。药剂喷施倍数同"苹果树红蜘蛛"。

（3）柑橘树红蜘蛛、黄蜘蛛 在害螨发生为害初期（春梢萌发前）或叶片上害螨数量开始较快增多时进行喷药。药剂喷施倍数同"苹果树红蜘蛛"。

（4）板栗树红蜘蛛　在内膛叶片上螨量开始较快增多时，或叶螨开始向周围叶片上扩散为害时进行喷药。药剂喷施倍数同"苹果树红蜘蛛"。

注意事项　不能与碱性药剂混用，喷药应均匀周到。本剂对蜜蜂、家蚕及鱼类毒性较高，不能在果树开花期使用，不能在养蜂场所、蚕室及桑园附近使用，剩余药液及洗涤药械的废液严禁污染河流、湖泊、池塘等水域。不同企业的产品其含量及组分比例多不相同，具体使用时还应以该产品的标签说明为主要参考。苹果树上使用的安全采收间隔期为 30 天，柑橘树上为 21 天，每季果树最多使用 2 次。

阿维·炔螨特 ·······

有效成分　阿维菌素（abamectin）＋炔螨特（propargite）。

常见商品名称　阿维·炔螨特、奥满特、迪哈哈、尼尔诺、全灭红、满可以、惠尔满、摧满、垒满、伐满、踩红、卡戈、凯击、迷杀、千慧等。

主要含量与剂型　30％（0.3％＋29.7％）、40％（0.3％＋39.7％；0.5％＋39.5％）水乳剂，40％（0.3％＋39.7％）、56％（0.3％＋55.7％）乳油，40.6％（0.6％＋40％）、56％（0.3％＋55.7％）微乳剂。括号内有效成分含量均为阿维菌素的含量加炔螨特的含量。

产品特点　阿维·炔螨特是由阿维菌素与炔螨特按一定比例混配的一种广谱高效复合杀螨剂，低毒至中等毒性，以触杀和胃毒作用为主，兼有微弱的熏蒸作用，对幼螨、若螨和成螨防效较好，对螨卵防效较差。对作物叶片有渗透性，持效期较长。

阿维菌素是一种农用抗生素类广谱高效低毒（原药高毒）杀虫（螨）剂成分，属神经毒剂，具有触杀和胃毒作用，并有微弱的熏蒸作用，无内吸性，但有很强的叶片渗透性，持效期较长。该成分使用安全，杀虫（螨）谱广，活性高，对胚胎已发育的后期卵有较强的杀卵活性，但对胚胎未发育的初产卵无毒杀作用；因在植物表面残留少，而对益虫及天敌损伤小。其作用机理是干扰害虫神经生理活动，刺激释放 γ-氨基丁酸，抑制害虫神经信息传导，致使害虫在几小时内迅速麻痹、拒食、缓动或不动，2～4 天后死亡。炔螨特是一种有机硫类高效广谱专性杀螨剂，具有触杀和胃毒作用，无内吸和渗透传导作用，对成螨、若螨、幼螨防效较好，对螨卵效果较差，连续使用不易产生耐药性，27℃以上施用触杀和熏蒸活性较高，杀螨效果好，20℃以下使用效果较差。

适用果树及防控对象　阿维·炔螨特适用于多种果树，对许多种叶螨、锈螨及瘿螨均具有较好的防控效果。目前果树生产中主要用于防控：苹果树的红蜘蛛（山楂叶螨、苹果全爪螨等）、白蜘蛛（二斑叶螨），柑橘树的红蜘蛛、黄蜘蛛、锈蜘蛛（锈壁虱），葡萄瘿螨（毛毡病）等。

使用技术

（1）苹果树红蜘蛛、白蜘蛛　在害螨发生为害初期（开花前或落花后），或螨卵孵化盛期至若螨及幼螨盛发初期，或树体内膛叶片上螨量开始较快增多时进行喷药。一般使用 30％水乳剂 800～1000 倍液，或 40％水乳剂或40％乳油或 40.6％微乳剂 1200～1500 倍液，或 56％乳油或 56％微乳剂1500～2000 倍液均匀喷雾。

（2）柑橘树红蜘蛛、黄蜘蛛、锈蜘蛛　防控红蜘蛛、黄蜘蛛时，在害螨发生为害初期（春梢萌发前）或叶片上害螨数量开始较快增多时进行喷药；防控锈蜘蛛时，在果实膨大期或果实上螨量开始增加时进行喷药。药剂喷施倍数同"苹果树红蜘蛛"。

（3）葡萄瘿螨　在葡萄新梢长 15～20 厘米时，或嫩叶上初显瘿螨为害状时进行喷药。药剂喷施倍数同"苹果树红蜘蛛"。

注意事项　不能与碱性药剂混用，喷药应均匀周到。本剂对蜜蜂、家蚕及鱼类毒性较高，不能在果树开花期使用，不能在养蜂场所、蚕室及桑园附近使用，用药时严禁污染河流、湖泊、池塘等水域。脐橙、柚类、柠檬等敏感橘类只限清园使用，以免导致出现花果现象。梨树的有些品种对炔螨特敏感，需要慎重使用。苹果树上和柑橘树上使用的安全采收间隔期均为 30 天，每季果树最多使用 2 次。不同企业的产品其含量及组分比例多不相同，具体使用时还应以该产品的标签说明为主要参考。

阿维·三唑锡 ·······························

有效成分　阿维菌素（abamectin）＋三唑锡（azocyclotin）。

常见商品名称　阿维·三唑锡、白满锐、蛛锈龙、高信、瀚锋、红诛、爱诺满溢等。

主要含量与剂型　5.5％（0.2％＋5.3％）乳油，12.15％（0.15％＋12％）、12.5％（0.25％＋12.25％）、16.8％（0.3％＋16.5％）、20％（0.3％＋19.7％）可湿性粉剂，11％（0.4％＋10.6％）、20％（0.5％＋19.5％）、21％（1％＋20％）悬浮剂。括号内有效成分含量均为阿维菌素的

含量加三唑锡的含量。

产品特点 阿维·三唑锡是由阿维菌素与三唑锡按一定比例混配的一种广谱低毒复合杀螨剂，以触杀和胃毒作用为主，兼有微弱的熏蒸作用，对幼螨、若螨、成螨和夏卵均有较好的防控效果。叶片渗透性较强，持效期较长，使用安全。

阿维菌素是一种农用抗生素类广谱高效低毒（原药高毒）杀虫（螨）剂成分，属神经毒剂，具有触杀和胃毒作用，并有微弱的熏蒸作用，无内吸性，对叶片渗透性较强，持效期较长。该成分使用安全，杀虫（螨）谱广，活性高，对胚胎已发育的后期卵有较强的杀卵活性，但对胚胎未发育的初产卵无毒杀作用；因在植物表面残留少，而对益虫及天敌损伤小。其作用机理是干扰害虫神经生理活动，刺激释放 γ-氨基丁酸，抑制害虫神经信息传导，致使害虫在几小时内迅速麻痹、拒食、缓动或不动，2～4 天后死亡。三唑锡是一种有机锡类广谱中毒杀螨剂成分，具有很好的触杀作用，可杀灭若螨、成螨和夏卵，对冬卵无效，耐雨水冲刷，持效期较长，使用较安全。温度越高杀螨杀卵效果越强，属高温季节对害螨控制期较长的杀螨剂成分。

适用果树及防控对象 阿维·三唑锡适用于多种果树，对许多种叶螨、锈螨均具有较好的防控效果。目前果树生产中主要用于防控：苹果树、梨树及桃树的红蜘蛛（山楂叶螨、苹果全爪螨等）、白蜘蛛（二斑叶螨），枣树的红蜘蛛、白蜘蛛，柑橘树的红蜘蛛、黄蜘蛛、锈蜘蛛（锈壁虱）等。

使用技术

（1）苹果树、梨树及桃树的红蜘蛛、白蜘蛛 在害螨发生为害初期（开花前或落花后），或螨卵孵化盛期至若螨及幼螨盛发初期，或树体内膛叶片上螨量开始较快增多时进行喷药。一般使用 5.5％乳油 400～500 倍液，或 11％悬浮剂 800～1000 倍液，或 12.15％可湿性粉剂或 12.5％可湿性粉剂 1000～1200 倍液，或 16.8％可湿性粉剂 1200～1500 倍液，或 20％可湿性粉剂或 20％悬浮剂 1500～1800 倍液，或 21％悬浮剂 1800～2000 倍液均匀喷雾。

（2）枣树红蜘蛛、白蜘蛛 在害螨发生为害初期（发芽前后），或螨卵孵化盛期至若螨及幼螨盛发初期，或树体内膛下部叶片上螨量开始较快增多时进行喷药。药剂喷施倍数同"苹果树红蜘蛛"。

（3）柑橘树红蜘蛛、黄蜘蛛、锈蜘蛛 防控红蜘蛛、黄蜘蛛时，在害螨发生为害初期（春梢萌发前）或叶片上害螨数量开始较快增多时进行喷药；防控锈蜘蛛时，在果实膨大期（约为 7 月份）或果实上螨量开始增加时进行喷药。药剂喷施倍数同"苹果树红蜘蛛"。

注意事项 不能与碱性药剂混用，喷药应均匀周到。本剂对蜜蜂、家蚕及鱼类毒性较高，不能在果树开花期使用，不能在养蜂场所、蚕室、桑园及其周边地区使用，剩余药液及洗涤药械的废液严禁污染河流、湖泊、池塘等水域。用药时注意安全保护，避免皮肤及眼睛溅及药液。不同企业的产品其含量及组分比例多不相同，具体使用时还应以该产品的标签说明为主要参考。苹果树上使用的安全采收间隔期为 14 天，柑橘树上为 30 天，每季果树最多使用 2 次。

阿维·苯丁锡

有效成分　阿维菌素（abamectin）＋苯丁锡（fenbutatin oxide）。

常见商品名称　阿维·苯丁锡、农欢乐、久久安等。

主要含量与剂型　10%（0.5%＋9.5%）乳油，10.6%（0.6%＋10%）、10.8%（0.8%＋10%）、21%（1%＋20%）悬浮剂。括号内有效成分含量均为阿维菌素的含量加苯丁锡的含量。

产品特点　阿维·苯丁锡是由阿维菌素与苯丁锡按一定比例混配的一种广谱低毒复合杀螨剂，以触杀作用为主，兼有微弱的熏蒸作用，对幼螨、若螨、成螨防效较好，对螨卵效果一般，叶片渗透性较强，持效期较长。

阿维菌素是一种农用抗生素类广谱高效低毒（原药高毒）杀虫（螨）剂成分，属神经毒剂，具有触杀和胃毒作用，并有微弱的熏蒸作用，无内吸性，但叶片渗透性较强，持效期较长。该成分使用安全，对益虫及天敌损伤小，杀虫（螨）谱广，活性高，对胚胎已发育的后期卵有较强的杀卵活性，但对胚胎未发育的初产卵无毒杀作用。其作用机理是干扰害虫神经生理活动，刺激释放 γ-氨基丁酸，抑制害虫神经信息传导，致使害虫在几小时内迅速麻痹、拒食、缓动或不动，2～4 天后死亡。苯丁锡是一种有机锡类广谱长效低毒杀螨剂成分，以触杀作用为主，通过抑制害螨神经系统而发挥药效，对幼螨、若螨和成螨杀伤力较强，对螨卵药效较低。施药后药效发挥较慢，3 天后活性开始增强，14 天达到高峰，持效期长达 2 个月。本剂药效对温度敏感，气温在 22℃ 以上时药效增加，22℃ 以下时活性降低。

适用果树及防控对象　阿维·苯丁锡适用于多种果树，对许多种叶螨、锈螨均具有较好的防控效果。目前果树生产中主要用于防控：柑橘树的红蜘蛛、黄蜘蛛、锈蜘蛛（锈壁虱），苹果树及梨树的红蜘蛛（山楂叶螨、苹果全爪螨等）、白蜘蛛（二斑叶螨）等。

使用技术

（1）柑橘树红蜘蛛、黄蜘蛛、锈蜘蛛　防控红蜘蛛、黄蜘蛛时，在害螨发生为害初期（春梢萌发前）或叶片上害螨数量开始较快增多时进行喷药，生长期喷施效果更好；防控锈蜘蛛时，在果实膨大期（约为7月份）或果实上螨量开始增加时进行喷药。一般使用10%乳油或10.6%悬浮剂或10.8%悬浮剂800～1000倍液，或21%悬浮剂1500～2000倍液均匀喷雾。

（2）苹果树及梨树的红蜘蛛、白蜘蛛　在害螨发生为害初期（开花前或落花后），或螨卵孵化盛期至若螨及幼螨盛发初期，或树体内膛叶片上螨量开始较快增多时进行喷药，落花后喷施效果更好。药剂喷施倍数同"柑橘树红蜘蛛"。

注意事项　不能与碱性药剂及肥料混用，喷药应均匀周到。本剂对蜜蜂、家蚕及鱼类毒性较高，不能在果树开花期使用，不能在养蜂场所、蚕室及桑园附近使用，用药时严禁药液污染河流、湖泊、池塘等水域。不同企业的产品其含量及组分比例稍有不同，具体使用时还应以该产品的标签说明为主要参考。柑橘树上使用的安全采收间隔期为21天，每季果树最多使用2次。

阿维·唑螨酯 ·····················

有效成分　阿维菌素（abamectin）＋唑螨酯（fenpyroximate）。

常见商品名称　阿维·唑螨酯、满沙、诛红、伏诛等。

主要含量与剂型　4%（1%＋3%）水乳剂，5%（0.5%＋4.5%）、10%（2%＋8%）悬浮剂。括号内有效成分含量均为阿维菌素的含量加唑螨酯的含量。

产品特点　阿维·唑螨酯是由阿维菌素与唑螨酯按一定比例混配的一种广谱高效低毒复合杀螨剂，具有击倒、触杀、胃毒和熏蒸作用，对幼螨、若螨、成螨和螨卵均有较好的防控效果，叶片渗透性较强，持效期较长，使用安全。

阿维菌素是一种农用抗生素类广谱高效低毒（原药高毒）杀虫（螨）剂成分，属神经毒剂，具有触杀和胃毒作用，及微弱的熏蒸作用，无内吸性，叶片渗透性较强，持效期较长。该成分使用安全，对益虫及天敌损伤小，杀虫（螨）谱广，活性高，对胚胎已发育的后期卵有较强的杀卵活性，但对胚胎未发育的初产卵无毒杀作用。其作用机理是干扰害虫神经生理活动，刺激

释放 γ-氨基丁酸，抑制害虫神经信息传导，致使害虫在几小时内迅速麻痹、拒食、缓动或不动，2～4 天后死亡。唑螨酯是一种苯氧吡唑类广谱中毒杀螨剂成分，属线粒体膜电子转移抑制剂，以触杀作用为主，兼有胃毒作用，无内吸作用。速效性好，持效期较长，对害螨的各生长发育阶段均有良好的防控效果。高剂量时可直接杀死螨类，低剂量时能够抑制螨类蜕皮或产卵。与其他类型杀螨剂无交互抗性。

适用果树及防控对象 阿维·唑螨酯适用于多种果树，对许多种叶螨、锈螨均具有较好的防控效果。目前果树生产中主要用于防控：柑橘树的红蜘蛛、黄蜘蛛、锈蜘蛛（锈壁虱），苹果树的红蜘蛛（山楂叶螨、苹果全爪螨等）、白蜘蛛（二斑叶螨）等。

使用技术

（1）柑橘树红蜘蛛、黄蜘蛛、锈蜘蛛　防控红蜘蛛、黄蜘蛛时，在害螨发生为害初期（春梢萌发前）或叶片上害螨数量开始较快增多时进行喷药；防控锈蜘蛛时，在果实膨大期（约为 7 月份）或果实上螨量开始增加时进行喷药。一般使用 4% 水乳剂 1200～1500 倍液，或 5% 悬浮剂 1500～2000 倍液，或 10% 悬浮剂 3000～4000 倍液均匀喷雾。

（2）苹果树红蜘蛛、白蜘蛛　在害螨发生为害初期（开花前或落花后），或螨卵孵化盛期至若螨及幼螨盛发初期，或树体内膛叶片上螨量开始较快增多时进行喷药。药剂喷施倍数同"柑橘树红蜘蛛"。

注意事项 不能与碱性药剂及肥料混用，喷药应均匀周到。本剂对蜜蜂、家蚕及鱼类毒性较高，不能在果树开花期使用，不能在养蜂场所、蚕室及桑园附近使用，用药时严禁药液污染河流、湖泊、池塘等水域。不同企业的产品其含量及组分比例多不相同，具体使用时还应以该产品的标签说明为主要参考。柑橘树上使用的安全采收间隔期为 21 天，每季果树最多使用 2 次。

阿维·螺螨酯

有效成分 阿维菌素（abamectin）＋螺螨酯（spirodiclofen）。

常见商品名称 阿维·螺螨酯、阿危、满灿、满荒、满势、全爪满、鑫拿满等。

主要含量与剂型 13%（1%＋12%）水乳剂，18%（3%＋15%）、20%（2%＋18%；1%＋19%）、21%（1%＋20%）、22%（2%＋20%）、

24％（3％＋21％）、25％（1％＋24％）、27％（2％＋25％）、28％（4％＋24％）、30％（3％＋27％）、33％（3％＋30％）、35％（5％＋30％）悬浮剂。括号内有效成分含量均为阿维菌素的含量加螺螨酯的含量。

产品特点 阿维·螺螨酯是由阿维菌素与螺螨酯按一定比例混配的一种高效广谱低毒复合杀螨剂，具有触杀、胃毒和熏蒸作用，及一定的渗透作用，可杀灭成螨、若螨、幼螨和夏卵，黏附性好，持效期长，使用安全。两种作用机理，优势互补，协同增效，防控效果更好。

阿维菌素是一种农用抗生素类广谱高效低毒（原药高毒）杀虫（螨）剂成分，属神经毒剂，具有触杀和胃毒作用，及微弱的熏蒸作用，无内吸性，叶片渗透性较强，持效期较长。该成分使用安全，对益虫及天敌损伤小，杀虫（螨）谱广，活性高，对胚胎已发育的后期卵有较强的杀卵活性，但对胚胎未发育的初产卵无毒杀作用。其作用机理是干扰害虫神经生理活动，刺激释放 γ-氨基丁酸，抑制害虫神经信息传导，致使害虫在几小时内迅速麻痹、拒食、缓动或不动，2～4 天后死亡。螺螨酯是一种全新结构的广谱专性低毒杀螨剂成分，以触杀作用为主，对螨卵、幼螨、若螨、成螨均有防效，但不能较快杀死雌成螨，而对雌成螨有很好的绝育作用，雌成螨接触药剂后所产卵 96％不能孵化，死于胚胎后期。其作用机理是通过抑制害螨体内的脂肪合成，而导致害螨死亡。与常规杀螨剂无交互抗性，持效期长，可达40～50 天；对作物使用安全，对人畜安全，适用于无公害生产。

适用果树及防控对象 阿维·螺螨酯适用于多种果树，对许多种叶螨、锈螨均具有很好的防控效果。目前果树生产中主要用于防控：柑橘树的红蜘蛛、黄蜘蛛、锈蜘蛛（锈壁虱），苹果树、梨树及桃树的红蜘蛛（山楂叶螨、苹果全爪螨等）、白蜘蛛（二斑叶螨），枣树的红蜘蛛、白蜘蛛，板栗树红蜘蛛等。

使用技术

（1）柑橘树红蜘蛛、黄蜘蛛、锈蜘蛛 防控红蜘蛛、黄蜘蛛时，在害螨发生为害初期（春梢萌发前）或叶片上害螨数量开始较快增多时进行喷药；防控锈蜘蛛时，在果实膨大期（约为 7 月份）或果实上螨量开始增加时进行喷药。一般使用 13％水乳剂 1500～2000 倍液，或 18％悬浮剂 3000～4000倍液，或 20％悬浮剂 3000～3500 倍液，或 21％悬浮剂 3000～3500 倍液，或 22％悬浮剂 3500～4000 倍液，或 24％悬浮剂 4000～5000 倍液，或 25％悬浮剂 3500～4000 倍液，或 27％悬浮剂 4500～5000 倍液，或 28％悬浮剂5000～6000 倍液，或 30％悬浮剂 5000～6000 倍液，或 33％悬浮剂 5000～6000 倍液，或 35％悬浮剂 6000～7000 倍液均匀喷雾。

（2）苹果树、梨树及桃树的红蜘蛛、白蜘蛛 在害螨发生为害初期（开花前或落花后），或螨卵孵化盛期至若螨及幼螨盛发初期，或树体内膛叶片上螨量开始较快增多时进行喷药。药剂喷施倍数同"柑橘树红蜘蛛"。

（3）枣树红蜘蛛、白蜘蛛　在害螨发生为害初期（发芽前后），或树体内膛下部叶片上螨量开始较快增多时进行喷药。药剂喷施倍数同"柑橘树红蜘蛛"。

（4）板栗树红蜘蛛　在内膛叶片上螨量开始较快增多时，或叶螨开始向周围叶片扩散为害时进行喷药。药剂喷施倍数同"柑橘树红蜘蛛"。

注意事项　不能与碱性药剂及肥料混用，喷药应均匀周到。本剂对蜜蜂、家蚕及鱼类毒性较高，不能在果树开花期使用，不能在养蜂场所、蚕室及桑园附近使用，用药时严禁药液污染河流、湖泊、池塘等水域。本剂含量、组分比例及剂型相对较多，不同企业的产品其含量及组分比例多不相同，具体使用时还应以该产品的标签说明为主要参考。柑橘树上使用的安全采收间隔期为 30 天，每季果树最多使用 2 次。

苯丁·炔螨特 ·······························

有效成分　苯丁锡（fenbutatin oxide）＋炔螨特（propargite）。

常见商品名称　苯丁·炔螨特、满贝乐、锐索等。

主要含量与剂型　38％（8％＋30％）、40％（10％＋30％）乳油。括号内有效成分含量均为苯丁锡的含量加炔螨特的含量。

产品特点　苯丁·炔螨特是由苯丁锡与炔螨特按一定比例混配的一种广谱低毒复合杀螨剂，以触杀作用为主，兼有一定胃毒作用，速效性较快，持效期较长。

苯丁锡是一种有机锡类广谱长效低毒杀螨剂成分，以触杀作用为主，无内吸性，通过抑制害螨神经系统而发挥药效，对幼螨、若螨和成螨杀伤力较强，对螨卵的杀伤力较小。施药后药效作用发挥较慢，3 天后活性开始增强，14 天达到高峰，持效期达 2 个月。气温在 22℃以上时药效增加，22℃以下时活性降低。炔螨特是一种有机硫类高效广谱专性低毒杀螨剂成分，以触杀和胃毒作用为主，无内吸和渗透传导作用，对成螨、若螨、幼螨防控效果较好，对螨卵效果较差，连续使用不易产生耐药性。27℃以上使用药效高、杀螨效果好，20℃以下使用效果较差。

适用果树及防控对象　苯丁·炔螨特适用于多种果树，对许多种害螨均有较好的防控效果。目前果树生产中主要用于防控：柑橘树的红蜘蛛、黄蜘蛛，苹果树的红蜘蛛（山楂叶螨、苹果全爪螨）、白蜘蛛（二斑叶螨）等。

使用技术

（1）柑橘树红蜘蛛、黄蜘蛛　主要适用于生长期用药，在柑橘生长期的害螨发生为害初期或叶片上害螨数量开始较快增多时进行喷药。一般使用38％乳油 1500～2000 倍液，或 40％乳油 1500～2000 倍液均匀喷雾。

（2）苹果树红蜘蛛、白蜘蛛　主要适用于苹果落花后喷雾，在苹果落花后的害螨发生为害初期，或螨卵孵化盛期至若螨及幼螨盛发初期，或树体内膛叶片上螨量开始较快增多时进行喷药。一般使用 38％乳油 1500～2000 倍液，或 40％乳油 1500～2000 倍液均匀喷雾。

注意事项　不能与碱性药剂及肥料混用，喷药应均匀周到。本剂对蜜蜂、家蚕及鱼类高毒，不能在果树开花期使用，不能在养蜂场所、蚕室及桑园附近使用，用药时避免药液污染河流、湖泊、池塘等水域。不同企业的产品其含量及组分比例多不相同，具体使用时还应以该产品的标签说明为主要参考。用药时注意安全保护，避免皮肤及眼睛溅及药液。柑橘树上使用的安全采收间隔期为 28 天，每季果树最多使用 2 次。

吡虫·毒死蜱

有效成分　吡虫啉（imidacloprid）＋毒死蜱（chlorpyrifos）。

常见商品名称　吡虫·毒死蜱、奔特、盾介、拂光、歼威、千祥、双品、比本胜、杀虫猛、速克猛等。

主要含量与剂型　13％（3％＋10％）、22％（2％＋20％）、30％（3％＋27％）、45％（5％＋40％）乳油，25％（5％＋20％）微胶囊悬浮剂，30％（5％＋25％）微乳剂，33％（3％＋30％）可湿性粉剂。括号内有效成分含量均为吡虫啉的含量加毒死蜱的含量。

产品特点　吡虫·毒死蜱是由吡虫啉与毒死蜱按一定比例混配的一种广谱高效中毒复合杀虫剂，以触杀和胃毒作用为主，兼有一定的内吸和熏蒸作用，渗透性强，作用速度快，持效期较长，使用安全。两种作用机理，优势互补，协同增效，能显著延缓害虫产生耐药性，是害虫抗性治理的优势组合之一。

吡虫啉是一种吡啶类专用低毒杀虫剂成分，具有内吸、胃毒、触杀、拒食及驱避作用，杀虫谱广、药效高、持效期长、残留低，对刺吸式口器害虫具有特效。其杀虫机理是作用于昆虫的烟酸乙酰胆碱酯酶受体，干扰害虫运动神经系统的信息传递，使害虫麻痹而死亡。毒死蜱是一种有机磷类高效广谱中毒杀虫剂成分，具有触杀、胃毒和熏蒸作用，无内吸性，速效性好，持效期较长，残留量低。其杀虫机理是作用于害虫的乙酰胆碱酯酶，使害虫持续兴奋、麻痹而死亡。在动物体内解毒很快，对鱼类等水生物毒性较高，对蜜蜂有毒。

适用果树及防控对象 吡虫·毒死蜱适用于多种果树，对许多种害虫均具有较好的防控作用，特别对刺吸式口器害虫防控效果很好。目前果树生产中主要用于防控：苹果树的苹果绵蚜、绣线菊蚜，梨树的梨木虱、蚜虫，柑橘树的蚜虫、柑橘木虱、介壳虫类、烟粉虱，枣树绿盲蝽，葡萄绿盲蝽，柿血斑叶蝉等。

使用技术

（1）苹果树苹果绵蚜、绣线菊蚜　防控苹果绵蚜时，首先在花序分离期喷药1次，重点喷洒树干基部、主干主枝及枝干伤口部位；然后从苹果落花后半月左右（绵蚜转移扩散期）开始继续喷药，10天左右1次，连喷2次，防控苹果绵蚜向幼嫩组织扩散；第三，发现枝梢等幼嫩组织部位产生白色絮状物时，再次进行喷药。防控绣线菊蚜时，在嫩梢上蚜虫数量较多时，或嫩梢蚜虫开始向幼果转移为害时及时喷药。一般使用13％乳油500～600倍液，或22％乳油或25％微胶囊悬浮剂800～1000倍液，或30％乳油或30％微乳剂或33％可湿性粉剂1000～1200倍液，或45％乳油1500～2000倍液均匀喷雾。

（2）梨树梨木虱、蚜虫　防控梨木虱时，主要用于落花后喷药，在每代成虫发生盛期至低龄若虫期（虫体被黏液全部覆盖前）进行喷药，10天左右1次，每代连喷1～2次；防控蚜虫时，在嫩叶上初显蚜虫为害状（叶片向上纵卷）时及时喷药。药剂喷施倍数同"苹果绵蚜"。

（3）柑橘树蚜虫、柑橘木虱、蚧壳虫类、烟粉虱　防控蚜虫时，在各季新梢（春梢、夏梢、秋梢）生长期内，嫩梢上蚜虫数量较多时及时进行喷药；防控柑橘木虱时，在各季新梢生长期内，嫩梢上初见木虱为害时及时喷药；防控蚧壳虫类时，在各代若虫发生初期及时进行喷药；防控烟粉虱时，在粉虱发生初盛期进行喷药，重点喷洒叶片背面。药剂喷施倍数同"苹果绵蚜"。

（4）枣树绿盲蝽　从枣树芽露绿时开始喷药，7～10天1次，连喷3～4次。药剂喷施倍数同"苹果绵蚜"。

（5）葡萄绿盲蝽　从葡萄芽露绿时开始喷药，7～10天1次，连喷3～4次。药剂喷施倍数同"苹果绵蚜"。

（6）柿血斑叶蝉　从柿树叶片上（正面）显出较多黄白色小点时及时进

行喷药，重点喷洒叶片背面，7～10天1次，连喷1～2次。药剂喷施倍数同"苹果绵蚜"。

注意事项 不能与碱性药剂及肥料混用，喷药应均匀周到。连续喷药时，注意与其他不同类型药剂交替使用。本剂对蜜蜂、家蚕及鱼类毒性很高，不能在果树开花期使用，不能在养蜂场所、蚕室及桑园附近使用，用药时严禁药液污染河流、湖泊、池塘等水域。本剂含量、组分比例及剂型相对较多，不同企业的产品其含量及组分比例多不相同，具体使用时还应以该产品的标签说明为主要参考。苹果树上使用的安全采收间隔期为14天，梨树上为7天，柑橘树上为28天，每季果树最多使用2次。

氯氰·毒死蜱 ·······························

有效成分 氯氰菊酯（cypermethrin）+毒死蜱（chlorpyrifos）。

常见商品名称 氯氰·毒死蜱、农地乐、虫农特、迪比奇、好灭丹、威利丹、劈地雷、扑介脱、鑫毒清、穿敌、金浪、劲雷、强雷、雷创、农蛙、千能、青苗、锐刀、锐伏、闪锐、田盾、透胜、赢钻、华特钻雷、亿马天龙等。

主要含量与剂型 20%（2%+18%；1.2%+18.8%）、22%（2%+20%）、24%（4%+20%）、25%（2.5%+22.5%；3.5%+21.5%）、47.7%（4.3%+43.4%）、50%（5%+45%）、52.25%（4.5%+47.75%）、55%（5%+50%）、220克/升（20克/升+200克/升）、522.5克/升（47.5克/升+475克/升）乳油，22%（2%+20%）、44%（4%+40%）水乳剂，20%（1%+19%）、44.5%（3%+41.5%）微乳剂。括号内有效成分含量均为氯氰菊酯的含量加毒死蜱的含量。

产品特点 氯氰·毒死蜱是由氯氰菊酯与毒死蜱按一定比例混配的一种广谱高效中毒复合杀虫剂，是拟除虫菊酯类农药与有机磷类农药的优质混剂之一，以胃毒、触杀作用为主，兼有熏蒸作用，药效迅速，使用安全，对多种鳞翅目害虫、潜叶类害虫、刺吸式口器害虫等均具有较好的防控效果，但对家蚕、鸟类、鱼类、蜜蜂高毒。两种杀虫机理，优势互补，具有显著的协同增效作用，害虫不易产生耐药性。

氯氰菊酯是一种拟除虫菊酯类广谱高效中毒杀虫剂成分，以触杀和胃毒作用为主，兼有一定的杀卵作用，药效迅速，击倒力强，能有效防治多种害虫的成虫、幼虫，并对某些害虫的卵具有杀伤作用，持效期较长；其杀虫机理是作用于害虫的神经系统，抑制神经信息传导，使害虫持续兴奋麻痹而死亡。毒死蜱是一种有机磷类优质广谱高效中毒杀虫剂成分，具有触杀、胃毒和熏蒸作用，无内吸性，但有一定渗透作用，持效期较短，残留量低；其杀虫机理是抑制害虫体内的乙酰胆碱酯酶，使神经信息传导受阻，害虫过度兴奋麻痹而死亡。

适用果树及防控对象　氯氰·毒死蜱适用于多种果树，对许多种害虫均具有较好的防控效果。目前果树生产中可用于防控：苹果树的苹果绵蚜、苹果瘤蚜、绣线菊蚜、卷叶蛾类、桃小食心虫、鳞翅目食叶类害虫，梨树的梨木虱、黄粉蚜、梨瘿蚊，桃树、杏树、李树的蚜虫类（桃蚜、桃粉蚜、桃瘤蚜）、蚧壳虫、桃小绿叶蝉，柑橘树的矢尖蚧等蚧壳虫、柑橘木虱、潜叶蛾、蚜虫，荔枝、龙眼的蒂蛀虫、蝽蟓，葡萄绿盲蝽，核桃举肢蛾，柿树的柿蒂虫、柿血斑叶蝉，枣树的绿盲蝽、食芽象甲、桃小食心虫、造桥虫、刺蛾类，香蕉树冠网蝽等。

使用技术

（1）苹果树苹果绵蚜、苹果瘤蚜、绣线菊蚜、卷叶蛾类、桃小食心虫、鳞翅目食叶类害虫　防控苹果绵蚜时，首先在花序分离期喷药1次，重点喷洒树干基部、主干主枝及枝干伤口部位；然后从苹果落花后半月左右（绵蚜转移扩散期）开始继续喷药，10天左右1次，连喷2次，防控苹果绵蚜向幼嫩组织扩散；第三，发现枝梢等幼嫩组织部位产生白色絮状物时，再次进行喷药。防控苹果瘤蚜时，在花序分离期和落花后各喷药1次。防控绣线菊蚜时，在嫩梢上蚜虫数量较多时，或嫩梢蚜虫开始向幼果转移为害时及时喷药。防控卷叶蛾类时，首先在花序分离期和落花后各喷药1次，然后在各代害虫卵孵化盛期至卷叶为害前及时喷药，每代喷药1次。防控桃小食心虫时，根据虫情测报，在卵盛期至幼虫钻蛀前及时喷药。防控鳞翅目食叶类害虫时，在卵孵化盛期至低龄幼虫期进行喷药。一般使用20％乳油或20％微乳剂或22％乳油或220克/升乳油或22％水乳剂700～800倍液，或24％乳油或25％乳油800～1000倍液，或44％水乳剂或44.5％微乳剂1200～1500倍液，或47.7％乳油1500～1800倍液，或50％乳油或52.25％乳油或522.5克/升乳油1500～2000倍液，或55％乳油2000～2500倍液均匀喷雾。

（2）梨树梨木虱、黄粉蚜、梨瘿蚊　防控梨木虱成虫时，在萌芽期的晴朗无风天和各代成虫发生期进行喷药；防控梨木虱若虫时，在各代若虫孵化后至低龄若虫期（虫体未被黏液完全覆盖前）进行喷药；防控黄粉蚜时，在梨树落花后1～2个月内（黄粉蚜从树皮缝隙内爬出，向幼嫩组织转移扩散期）进行淋洗式喷药，10天左右1次，连喷2～3次；防控梨瘿蚊时，在嫩叶上初显为害状时及时喷药。药剂喷施倍数同"苹果树害虫"。

（3）桃树、杏树、李树的蚜虫类、蚧壳虫、桃小绿叶蝉　防控蚜虫时，首先在萌芽后开花前喷药1次，然后从落花后开始继续喷药，10天左右1次，连喷2～3次；防控蚧壳虫时，在初孵若虫开始向外扩散至低龄若虫期（虫体被蜡质完全覆盖前）进行喷药，7～10天1次，连喷1～2次；防控桃小绿叶蝉时，在叶片正面黄白色退绿小点较多时进行喷药，重点喷洒叶片背面。药剂喷施倍数同"苹果树害虫"。

（4）柑橘树矢尖蚧等蚧壳虫、柑橘木虱、潜叶蛾、蚜虫　防控蚧壳虫时，在各代若虫低龄期（初孵若虫至虫体被蜡质覆盖前）及时喷药，每代喷药1次；防控柑橘木虱时，在各季新梢（春梢、夏梢、秋梢）生长期内，嫩叶上初见木虱为害时及时喷药；防控潜叶蛾时，在各季新梢生长期内，嫩叶上初见虫道时进行喷药；防控蚜虫时，在各季新梢生长期内，嫩叶及新梢上蚜虫数量较多时及时进行喷药。药剂喷施倍数同"苹果树害虫"。

（5）荔枝、龙眼的蒂蛀虫、蝽蟓　防控蒂蛀虫时，在果实采收前20天左右喷药1次；防控蝽蟓时，在开花前、落花后各喷药1次。药剂喷施倍数同"苹果树害虫"。

（6）葡萄绿盲蝽　从葡萄芽露绿时开始喷药，7～10天1次，连喷2～4次。药剂喷施倍数同"苹果树害虫"。

（7）核桃举肢蛾　在害虫产卵盛期至幼虫钻蛀为害前及时喷药，每代喷药1次。药剂喷施倍数同"苹果树害虫"。

（8）柿树柿蒂虫、柿血斑叶蝉　防控柿蒂虫时，在害虫产卵盛期至幼虫钻蛀为害前及时喷药，每代喷药1次；防控柿血斑叶蝉时，在叶面上黄白色退绿小点较多时及时喷药，重点喷洒叶片背面。药剂喷施倍数同"苹果树害虫"。

（9）枣树绿盲蝽、食芽象甲、桃小食心虫、造桥虫、刺蛾类　防控绿盲蝽时，从枣树芽露绿时开始喷药，7～10天1次，连喷2～4次，兼防食芽象甲；防控桃小食心虫时，根据虫情测报，在卵盛期至幼虫钻蛀前及时喷药；防控造桥虫及刺蛾类害虫时，在卵孵化盛期至低龄幼虫期及时喷药。药剂喷施倍数同"苹果树害虫"。

（10）香蕉树冠网蝽　在网蝽发生为害初期进行喷药。药剂喷施倍数同"苹果树害虫"。

注意事项　不能与碱性农药及肥料混用，喷药应均匀周到。连续喷药时，注意与不同类型药剂交替使用。本剂对鱼类有毒，避免药液污染河流、湖泊、池塘等水域；对蜜蜂、家蚕高毒，不能在果树开花期使用，蚕室及桑园附近用药时应当慎重。本剂含量、组分比例及剂型相对较多，不同企业的产品其含量及组分比例多不相同，具体使用时还应以该产品的标签说明为主要参考。用药时注意安全保护，避免药液溅及皮肤及眼睛。

高氯·毒死蜱 ··

有效成分　高效氯氰菊酯（*beta*-cypermethrin）＋毒死蜱（chlorpyrifos）。

常见商品名称　高氯·毒死蜱、独division威、农思佳、锐毒杀、对决、歼除、清丹、确威、施闲、速击、万猛、迅克、青斜极灭等。

主要含量与剂型　12％（2.5％＋9.5％）、15％（1.5％＋13.5％）、20％（2％＋18％）、44.5％（3％＋41.5％）、51.5％（1.5％＋50％）、52.25％（2.25％＋50％）乳油，44.5％（3％＋41.5％）微乳剂。括号内有效成分含量均为高效氯氰菊酯的含量加毒死蜱的含量。

产品特点　高氯·毒死蜱是由高效氯氰菊酯与毒死蜱按一定比例混配的一种高效广谱中毒复合杀虫剂，以触杀和胃毒作用为主，兼有一定渗透性，耐雨水冲刷，速效性好，击倒力强，是拟除虫菊酯类农药与有机磷类农药的优质混剂之一。

高效氯氰菊酯是一种拟除虫菊酯类高效广谱中毒杀虫剂成分，属氯氰菊酯的高效异构体，具有良好的触杀和胃毒作用，无内吸性，杀虫谱广，击倒速度快，生物活性高。其杀虫机理是通过与害虫神经系统的钠离子通道相互作用，破坏其功能，使害虫过度兴奋、麻痹而死亡。毒死蜱是一种有机磷类优质广谱高效中毒杀虫剂成分，具有触杀、胃毒和熏蒸作用，无内吸性，但有一定渗透作用，持效期较短，残留量低；其杀虫机理是作用于害虫的乙酰胆碱酯酶，使害虫持续兴奋、麻痹而死亡。

适用果树及防控对象　高氯·毒死蜱适用于多种果树，对许多种害虫均具有较好的防控效果。目前果树生产中可用于防控：柑橘树的蚧壳虫、黑刺粉虱、潜叶蛾、柑橘木虱、蚜虫、柑橘凤蝶、蝗虫，荔枝、龙眼的蒂蛀虫、蜡蝉，香蕉树冠网蝽，苹果树的苹果绵蚜、苹果瘤蚜、绣线菊蚜、卷叶蛾类、桃小食心虫、鳞翅目食叶类（美国白蛾、天幕毛虫、舟形毛虫、金毛虫、刺蛾类等）害虫，梨树的梨木虱、蚜虫、黄粉蚜、梨瘿蚊、梨星毛虫，葡萄的绿盲蝽、葡萄虎蛾，桃树、杏树及李树的蚜虫类（桃蚜、桃粉蚜、桃瘤蚜）、蚧壳虫、桃小绿叶蝉、桃剑纹夜蛾、刺蛾类，核桃的核桃举肢蛾、核桃缀叶螟，柿树的柿蒂虫、柿血斑叶蝉，枣树的绿盲蝽、食芽象甲、桃小食心虫、造桥虫、刺蛾类，山楂食心虫（桃小食心虫、桃蛀螟等）等。

使用技术

（1）柑橘树蚧壳虫、黑刺粉虱、潜叶蛾、柑橘木虱、蚜虫、柑橘凤蝶、

蝗虫　防控蚧壳虫时，在各代若虫低龄期（初孵若虫至虫体被蜡质覆盖前）及时喷药，每代喷药1次；防控黑刺粉虱时，在若虫发生初期及时喷药；防控潜叶蛾时，在各季新梢（春梢、夏梢、秋梢）生长期内，嫩叶上初见虫道时进行喷药；防控柑橘木虱时，在各季新梢生长期内，嫩叶上初见木虱为害时及时喷药；防控蚜虫时，在各季新梢生长期内，嫩叶及新梢上蚜虫数量较多时及时进行喷药；防控柑橘凤蝶时，在卵孵化盛期至低龄幼虫期进行喷药；防控蝗虫时，在若虫发生为害初期及时喷药。一般使用12％乳油800～1000倍液，或15％乳油600～700倍液，或20％乳油700～900倍液，或44.5％乳油或44.5％微乳剂1200～1500倍液，或51.5％乳油或52.25％乳油1500～2000倍液均匀喷雾。

（2）荔枝、龙眼的蒂蛀虫、蝽蟓　防控蒂蛀虫时，在果实采收前20天左右喷药1次；防控蝽蟓时，在开花前、落花后各喷药1次。药剂喷施倍数同"柑橘树害虫"。

（3）香蕉树冠网蝽　在网蝽发生为害初期进行喷药。药剂喷施倍数同"柑橘树害虫"。

（4）苹果树苹果绵蚜、苹果瘤蚜、绣线菊蚜、卷叶蛾类、桃小食心虫、鳞翅目食叶类　防控苹果绵蚜时，首先在花序分离期喷药1次，重点喷洒树干基部、主干主枝及枝干伤口部位；然后从苹果落花后半月左右（绵蚜转移扩散期）开始继续喷药，10天左右1次，连喷2次，防控苹果绵蚜向幼嫩组织扩散；第三，发现枝梢等幼嫩组织部位产生白色絮状物时，再次进行喷药。防控苹果瘤蚜时，在花序分离期和落花后各喷药1次。防控绣线菊蚜时，在嫩梢上蚜虫数量较多时，或嫩梢蚜虫开始向幼果转移为害时及时喷药。防控卷叶蛾类时，首先在花序分离期和落花后各喷药1次，然后在各代害虫卵孵化盛期至卷叶为害前及时喷药，每代喷药1次。防控桃小食心虫时，根据虫情测报，在卵盛期至幼虫钻蛀前及时喷药。防控鳞翅目食叶类害虫时，在卵孵化盛期至低龄幼虫期及时喷。药剂喷施倍数同"柑橘树害虫"。

（5）梨树梨木虱、蚜虫、黄粉蚜、梨瘿蚊、梨星毛虫　防控梨木虱成虫时，在萌芽期的晴朗无风天和各代成虫发生期进行喷药；防控梨木虱若虫时，在各代若虫孵化后至低龄若虫期（虫体未被黏液完全覆盖前）进行喷药；防控蚜虫时，在嫩叶上初显蚜虫为害时及时喷药；防控黄粉蚜时，在梨树落花后1～2个月内（黄粉蚜从树皮缝隙内爬出，向幼嫩组织转移扩散期）进行淋洗式喷药，10天左右1次，连喷2～3次；防控梨瘿蚊时，在嫩叶上初显为害状时及时喷药；防控梨星毛虫时，在害虫卵孵化盛期至苞叶前及时喷药。药剂喷施倍数同"柑橘树害虫"。

（6）葡萄绿盲蝽、葡萄虎蛾　防控绿盲蝽时，从葡萄芽露绿时开始喷药，7～10天1次，连喷2～4次；防控葡萄虎蛾时，在卵孵化盛期至低龄幼虫期及时喷药。药剂喷施倍数同"柑橘树害虫"。

（7）桃树、杏树及李树的蚜虫、蚧壳虫、桃小绿叶蝉、桃剑纹夜蛾、刺蛾类　防控蚜虫时，首先在萌芽后开花前喷药1次，然后从落花后开始继续喷药，10天左右1次，连喷2～3次；防控蚧壳虫时，在初孵若虫开始向外扩散至低龄若虫期（虫体被蜡质完全覆盖前）及时喷药，7～10天1次，连喷1～2次；防控桃小绿叶蝉时，在叶片正面黄白色退绿小点较多时进行喷药，重点喷洒叶片背面；防控桃剑纹夜蛾及刺蛾类害虫时，在卵孵化盛期至低龄幼虫期及时喷药。药剂喷施倍数同"柑橘树害虫"。

（8）核桃举肢蛾、核桃缀叶螟　防控核桃举肢蛾时，在害虫产卵盛期至幼虫钻蛀为害前及时喷药，每代喷药1次；防控核桃缀叶螟时，在卵孵化盛期至低龄幼虫期及时喷药。药剂喷施倍数同"柑橘树害虫"。

（9）柿蒂虫、柿血斑叶蝉　防控柿蒂虫时，在害虫产卵盛期至幼虫钻蛀为害前及时喷药，每代喷药1次；防控柿血斑叶蝉时，在叶面上黄白色退绿小点较多时及时喷药，重点喷洒叶片背面。药剂喷施倍数同"柑橘树害虫"。

（10）枣树绿盲蝽、食芽象甲、桃小食心虫、造桥虫、刺蛾类　防控绿盲蝽时，从枣树芽露绿时开始喷药，7～10天1次，连喷2～4次，兼防食芽象甲；防控桃小食心虫时，根据虫情测报，在卵盛期至幼虫钻蛀前及时喷药；防控造桥虫及刺蛾类害虫时，在卵孵化盛期至低龄幼虫期及时喷药。药剂喷施倍数同"柑橘树害虫"。

（11）山楂食心虫　根据虫情测报，在卵盛期至幼虫钻蛀前及时喷药，每代喷药1次即可。药剂喷施倍数同"柑橘树害虫"。

注意事项　不能与碱性药剂及肥料混用，喷药应均匀周到。连续喷药时，注意与其他不同类型药剂交替使用。本剂对蜜蜂、家蚕及鱼类高毒，不能在果树开花期使用，不能在养蜂场所、蚕室及桑园附近使用，用药时严禁药液污染河流、湖泊、池塘等水域。本剂含量、组分比例及剂型相对较多，不同企业的产品其含量及组分比例多不相同，具体使用时还应以该产品的标签说明为主要参考。用药时注意安全保护，避免药液溅及皮肤及眼睛。

高氯·吡虫啉

有效成分　高效氯氰菊酯（*beta*-cypermethrin）＋吡虫啉（imidacloprid）。

常见商品名称 高氯·吡虫啉、鼎鸿、防佳、卡麟、速猎等。

主要含量与剂型 3%（1.5%＋1.5%）、4%（2.2%＋1.8%）、5%（4%＋1%；3%＋2%；2.5%＋2.5%）、7.5%（5%＋2.5%）乳油，30%（10%＋20%）悬浮剂。括号内有效成分含量均为高效氯氰菊酯的含量加吡虫啉的含量。

产品特点 高氯·吡虫啉是由高效氯氰菊酯与吡虫啉按一定比例混配的一种高效广谱复合杀虫剂，低毒至中等毒性，以触杀和胃毒作用为主，兼有一定的内吸性，速效性较好，使用安全，耐雨水冲刷，对刺吸式口器害虫具有较好的防控效果。两种作用机理，优势互补，协同增效，能显著延缓害虫产生耐药性，是害虫抗性治理的优势组合之一。

高效氯氰菊酯是一种拟除虫菊酯类高效广谱中毒杀虫剂成分，为氯氰菊酯的高效异构体，具有良好的触杀和胃毒作用，无内吸性，杀虫谱广，击倒速度快，生物活性高。其杀虫机理是作用于害虫的神经信息传递系统，破坏其功能，使害虫过度兴奋、麻痹而死亡。吡虫啉是一种吡啶类高效低毒杀虫剂成分，具有内吸、胃毒、触杀、拒食及驱避作用，使用安全，药效高，持效期长，残留低，特别对刺吸式口器害虫具有良好防效。其杀虫机理是作用于昆虫的烟酸乙酰胆碱酯酶受体，干扰运动神经信息传递，使害虫麻痹死亡。

适用果树及防控对象 高氯·吡虫啉适用于多种果树，对许多种害虫均具有较好的防控效果，特别对刺吸式口器害虫防效良好。目前果树生产中主要用于防控：苹果树绣线菊蚜，梨树的梨木虱、蚜虫，桃树、杏树及李树的蚜虫类（桃蚜、桃粉蚜、桃瘤蚜）、桃小绿叶蝉，葡萄绿盲蝽，枣树绿盲蝽，柿血斑叶蝉，柑橘树的蚜虫、柑橘木虱，香蕉树冠网蝽，枸杞蚜虫等。

使用技术

（1）苹果树绣线菊蚜　在嫩梢上蚜虫数量较多时，或嫩梢蚜虫开始向幼果转移为害时及时喷药。一般使用 3%乳油 500～600 倍液，或 4%乳油 800～1000 倍液，或 5%乳油 1500～2000 倍液，或 7.5%乳油 2000～2500 倍液，或 30%悬浮剂 4000～5000 倍液均匀喷雾。

（2）梨树梨木虱、蚜虫　防控梨木虱成虫时，在萌芽期的晴朗无风天和各代成虫发生期进行喷药；防控梨木虱若虫时，在各代若虫孵化后至低龄若虫期（虫体未被黏液完全覆盖前）进行喷药；防控蚜虫时，在嫩叶上初显蚜虫为害时及时喷药。药剂喷施倍数同"苹果树害虫"。

（3）桃树、杏树及李树的蚜虫、桃小绿叶蝉　防控蚜虫时，首先在萌芽后开花前喷药 1 次，然后从落花后开始继续喷药，10 天左右 1 次，连喷 2～3 次；防控桃小绿叶蝉时，在叶片正面黄白色退绿小点较多时进行喷药，重点喷洒叶片背面。药剂喷施倍数同"苹果树害虫"。

（4）葡萄绿盲蝽 从葡萄芽露绿时开始喷药，7~10天1次，连喷2~4次。药剂喷施倍数同"苹果树害虫"。

（5）枣树绿盲蝽 从枣树芽露绿时开始喷药，7~10天1次，连喷2~4次。药剂喷施倍数同"柑橘苹果树害虫"。

（6）柿血斑叶蝉 在叶片正面黄白色退绿小点较多时开始喷药，7~10天1次，连喷1~2次，重点喷洒叶片背面。药剂喷施倍数同"苹果树害虫"。

（7）柑橘树蚜虫、柑橘木虱 防控蚜虫时，在各季新梢（春梢、夏梢、秋梢）生长期内，嫩叶及新梢上蚜虫数量较多时及时进行喷药；防控柑橘木虱时，在各季新梢生长期内，嫩叶上初见木虱为害时及时喷药。药剂喷施倍数同"苹果树害虫"。

（8）香蕉树冠网蝽 在网蝽发生为害初期进行喷药。药剂喷施倍数同"苹果树害虫"。

（9）枸杞蚜虫 在枸杞嫩梢上蚜虫数量较多时及时喷药。药剂喷施倍数同"苹果树害虫"。

注意事项 不能与碱性药剂及肥料混用，喷药应均匀周到。连续喷药时，注意与不同类型药剂交替使用。本剂对蜜蜂、家蚕及鱼类毒性很高，不能在果树开花期使用，不能在养蜂场所、蚕室及桑园附近使用，用药时禁止药液污染河流、湖泊、池塘等水域。本剂含量、组分比例及剂型相对较多，不同企业的产品其含量及组分比例多不相同，具体使用时还应以该产品的标签说明为主要参考。用药时注意安全保护，避免药液溅及皮肤及眼睛。

高氯·甲维盐

有效成分 高效氯氰菊酯（*beta*-cypermethrin）＋甲氨基阿维菌素苯甲酸盐（emamectin benzoate）。

常见商品名称 高氯·甲维盐、虫秋、法标、疾箭、金功、珏妙、快佳、妙全、闪刀、思音、万克、星驰、迅驰、英皇、优钻、展博、加马定、甲维剑、金福丁、绿荫地、每施加、爱诺超达、粤科阿虫、正业天打等。

主要含量与剂型 1.1%（1%＋0.1%）、2%（1.8%＋0.2%；1.9%＋0.1%）、2.02%（1.9%＋0.12%）、3%（2.5%＋0.5%）、3.8%（3.7%＋0.1%）、4.2%（4%＋0.2%）、4.3%（4.2%＋0.1%）乳油，2%

（1.9％+0.1％）、3％（2.5％+0.5％；2.7％+0.3％）、3.2％（3％+0.2％）、3.5％（3％+0.5％）、4％（3.7％+0.3％）、4.2％（4％+0.2％）、4.5％（4.3％+0.2％）、4.8％（4.5％+0.3％）、5％（4％+1％；4.5％+0.5％；4.8％+0.2％）、5.5％（5％+0.5％）微乳剂，4.2％（4％+0.2％）、5％（4％+1％）水乳剂。括号内有效成分含量均为高效氯氰菊酯的含量加甲氨基阿维菌素苯甲酸盐的含量。

产品特点 高氯·甲维盐是由高效氯氰菊酯与甲氨基阿维菌素苯甲酸盐按一定比例混配的一种高效广谱复合杀虫剂，低毒至中等毒性，以触杀和胃毒作用为主，渗透性强，耐雨水冲刷，使用安全。两种杀虫作用机理成分，优势互补，协同增效，能显著延缓害虫产生耐药性，是害虫抗性治理的优势组合之一。

高效氯氰菊酯是一种拟除虫菊酯类高效广谱中毒杀虫剂成分，为氯氰菊酯的高效异构体，具有良好的触杀和胃毒作用，无内吸性，杀虫谱广，击倒速度快，生物活性高。其杀虫机理是作用于害虫的神经信息传递系统，破坏其功能，使害虫过度兴奋、麻痹而死亡。甲氨基阿维菌素苯甲酸盐是一种在生物源发酵成分的基础上进行合成的半合成抗生素类高效广谱低毒杀虫剂成分，以胃毒作用为主，兼有触杀活性，无内吸性，叶片渗透性强，持效期较长。其作用机理是阻碍害虫运动神经信息传递而使虫体麻痹死亡，幼虫在接触药剂后很快停止取食，发生不可逆转的麻痹，在3～4天内达到死亡高峰。

适用果树及防控对象 高氯·甲维盐适用于多种果树，对许多种害虫均具有较好的防控效果。目前果树生产中主要用于防控：苹果树、梨树、桃树及枣树等落叶果树的卷叶蛾类（苹小卷叶蛾、顶梢卷叶蛾、褐带卷叶蛾等）、食心虫类（桃小食心虫、梨小食心虫、桃蛀螟等）、鳞翅目食叶害虫类（舟形毛虫、天幕毛虫、美国白蛾、金毛虫、盗毒蛾、桃剑纹夜蛾、造桥虫、刺蛾类等）、桃线潜叶蛾，柑橘树的潜叶蛾、柑橘凤蝶、玉带凤蝶等。

使用技术

（1）落叶果树的卷叶蛾类、食心虫类、鳞翅目食叶害虫类 防控卷叶蛾类时，首先在苹果、梨等果树的花序分离期和落花后各喷药1次，然后再于各代害虫卵孵化盛期至卷叶为害前及时喷药，每代喷药1次；防控食心虫类时，根据虫情测报，在卵盛期至幼虫钻蛀前及时喷药；防控鳞翅目食叶类害虫时，在卵孵化盛期至低龄幼虫期及时喷药。一般使用1.1％乳油400～500倍液，或2％乳油或2％微乳剂或2.02％乳油800～1000倍液，或3％乳油或3％微乳剂或3.2％微乳剂1000～1200倍液，或3.5％乳油或3.8％乳油或4％微乳剂1200～1500倍液，或4.2％乳油或4.2％微乳剂或4.2％水乳剂或4.3％乳油1500～1800倍液，或4.5％微乳剂或4.8％微乳剂1800～

2000 倍液，或 5% 微乳剂或 5% 水乳剂 2500～3000 倍液，或 5.5% 微乳剂 2000～2500 倍液均匀喷雾。

（2）桃线潜叶蛾　在叶片上初显潜叶蛾虫道时开始喷药，约 1 个月 1 次，连喷 3～5 次。药剂喷施倍数同"落叶果树的卷叶蛾类"。

（3）柑橘树的潜叶蛾、柑橘凤蝶、玉带凤蝶　防控潜叶蛾时，在各季新梢（春梢、夏梢、秋梢）生长期内，嫩叶上初见虫道时进行喷药；防控凤蝶类时，在卵孵化盛期至低龄幼虫期进行喷药。药剂喷施倍数同"落叶果树的卷叶蛾类"。

注意事项　不能与碱性药剂及肥料混用，喷药应均匀周到。连续喷药时，注意与不同类型药剂交替使用。本剂对蜜蜂、家蚕及鱼类高毒，不能在果树开花期使用，不能在养蜂场所、蚕室及桑园附近使用，用药时严禁使药液污染河流、湖泊、池塘等水域。本剂含量、组分比例及剂型相对较多，不同企业的产品其含量及组分比例多不相同，具体使用时还应以该产品的标签说明为主要参考。

第三章

除草剂

百草枯 paraquat ······

常见商品名称 百草枯、克无踪、阿罡割、巴拉刈、邦节工、高而远、好宜稼、家家火、金丝冠、龙旋风、广锄、零锄、迅锄、拔青、军刀、农亨、天盖、泰禾一把火等。

主要含量与剂型 200 克/升、250 克/升水剂，20％可溶胶剂，50％可溶粒剂。

产品特点 百草枯是一种吡啶类触杀型速效灭生性中毒除草剂，无内吸传导作用，采用茎叶喷雾法施药，对绿色植物组织均具有快速杀灭效果。药液喷施后，药剂中联吡啶阳离子迅速被植物组织吸收，而后在绿色组织中通过光合和呼吸作用被还原成联吡啶游离基，又经自氧化作用使茎、叶组织中的水和氧形成过氧化氢和过氧游离基，这类物质对叶绿体层膜破坏力极强，使光合作用和叶绿素合成很快中止。绿色组织着药后 2～3 小时即开始受害变色，杂草 1～2 天后枯萎死亡。药液与土壤接触后，即被吸附钝化，失去杀草活性，不会损坏土壤内潜藏的种子，对植物根部及多年生地下茎及宿根无效。百草枯对单子叶和双子叶植物的绿色组织均有很强的破坏作用，无内吸传导，只能使着药部位受害，不能穿透栓质化后的树皮。

百草枯有时与敌草快、2 甲 4 氯、2 甲 4 氯钠、2,4-滴二甲铵盐等除草剂成分混配，用于生产复配除草剂。

适用果树及防除对象 百草枯适用于多种果园，对绝大多数单子叶和双子叶杂草地上部的绿色组织均具有很好的杀灭效果，并对果树的绿色部位也有杀伤作用，但对多年生杂草及果树的地下部分（根部）没有杀灭效果。目前果树生产中，苹果园、梨园、葡萄园、桃园、杏园、李园、樱桃园、核桃园、板栗园、柿园、枣园、石榴园、猕猴桃园、柑橘园、荔枝园、龙眼园、香蕉园、芒果园等落叶果树园和常绿果树园均常使用百草枯除草。

使用技术 在果园内杂草出苗后至开花前（杂草生长旺盛期）用药，对地面杂草进行定向喷雾，避免药液喷洒到果树上。一般每亩使用 200 克/升水剂 200～300 毫升，或 20％可溶胶剂 200～300 毫升，或 250 克/升水剂 150～200 毫升，或 50％可溶粒剂 80～100 克，兑水 30～45 千克，向杂草茎叶均匀定向喷雾。杂草植株高大时，最好在杂草株高 15 厘米左右时施药。杂草小或密度低时用低剂量，杂草大或密度高时用高剂量。在气温高、雨量充沛时，施药后 3 周部分杂草可能开始再生，应根据杂草危害情况，决定是否再次用药。

注意事项　百草枯属灭生性除草剂，果园内使用时必须定向喷雾，严禁将药剂漂移或溅到果树上，以免造成药害。该药对高等动物及人类高毒，且没有特效解毒药剂，搬运、使用中必须做好安全防护，避免误服、误用。光照可加速药效发挥，蔽阴或阴天虽然延缓药效速度，但不影响最终除草效果，施药后30分钟遇雨时基本不影响药效。

草铵膦 glufosinate-ammonium

常见商品名称　阿凡达、百闪达、百速刀、百速顿、保多多、保试达、博施德、步步封、草安清、草翻天、草乐思、草师傅、法姆乐、金安威、康赛德、乐思顿、绿枯沙、牛魔王、农捷龙、农威龙、农爵爷、锐草特、瑞立博、银快达、战鼓擂、指挥者、德锄、善锄、锋耕、好灵、高火、坤火、田火、旺火、统焚、劲拔、侨雷、闲牛、银耙、金尔扫荒、乐吉奇好、绿野红火、绿野速净、宇龙美达、紫电青霜、七洲惊天地等。

主要含量与剂型　10%、18%、23%、30%、50%、200克/升水剂，18%可溶液剂，88%可溶粒剂。

产品特点　草铵膦是一种膦酸类非选择性触杀型低毒除草剂，属谷氨酰胺合成抑制剂，施药后短时间内，受药植物即逐渐表现出中毒症状。其杀草机理是通过对谷氨酰胺合成酶（GS）不可逆的抑制和破坏其后谷氨酰胺合成酶的有关过程，使植物体内的铵代谢陷于紊乱，细胞毒剂铵离子在植物体内累积，导致细胞膜受破坏；同时，快速抑制光合作用的CO_2固定，并使叶绿体永久性损坏，光合作用被严重抑制，最终导致植株枯死。该药杀草谱广，杀草速度快，持效期长，耐雨水冲刷，药液接触土壤后快速分解，无土壤活性，不易漂移，对作物安全，对土壤、有益生物及生态环境友好。

草铵膦可与乙氧氟草醚、乙羧氟草醚、草甘膦、草甘膦铵盐、草甘膦异丙铵盐、高效氟吡甲禾灵、2甲4氯、2甲4氯钠、丙炔氟草胺、灭草松、莠去津等除草剂成分混配，用于生产复配除草剂。

适用果树及防除对象　草铵膦适用于多种果树，对绝大多数一年生和多年生禾本科杂草及阔叶杂草均具有很好的杀灭效果，尤其是对草甘膦和百草枯生产抗性的杂草效果很好。目前果树生产中，香蕉园、柑橘园、芒果园、苹果园、梨园、葡萄园等许多果园均常使用草铵膦除草。

使用技术 草铵膦通过杂草茎叶吸收而发挥除草活性，施药时应喷雾均匀周到，确保杂草叶片充分均匀着药。高温、高湿、强光可增进杂草对草铵膦的吸收，进而显著提高活性。

在杂草出苗后生长旺盛期进行用药，根据杂草和果树的高度位差，在果树行间或树下向杂草茎叶进行定向喷雾处理。一般每亩使用10%水剂700～1000毫升，或18%水剂或18%可溶液剂400～600毫升，或200克/升水剂或23%水剂350～500毫升，或30%水剂250～350毫升，或50%水剂150～200毫升，或88%可溶粒剂80～120克，兑水30～45千克均匀定向喷雾。杂草密度大或草龄大时选用高剂量，杂草密度小或草龄小时选用低剂量。

注意事项 不能与强酸、碱性物质混用。草铵膦为非选择性除草剂，用药时必须定向喷雾，并防止药液喷洒到或淋溅到果树的绿色部位，以免造成药害。该药遇土钝化，配置药液时应使用清水，严禁使用浑浊的河水或沟渠水配药。草铵膦对蜜蜂、家蚕及鱼类等水生生物有毒，果树开花期禁止使用，蚕室及桑园附近不能使用，用药时严禁药液污染河流、湖泊、池塘等水域。喷药时应选择晴天露水干后进行，大风天或预计1小时内降雨时请勿施药，施药后6小时下雨不影响药效。

草甘膦 glyphosate

草 甘 膦 铵 盐 glyhosate

草甘膦异丙铵盐 glyphosate-isopropylammonium

常见商品名称 草甘膦胺盐、草甘膦异丙胺盐、艾利耕、安士切、贝利来、毕力封、遍地黄、不铲地、草称臣、草圈狼、草最怕、锄当家、川福华、寸寸光、达中达、大当家、大砍刀、大收成、多收成、飞达红、风火龙、伏多展、富锐达、给力火、耕得乐、光秃秃、好活道、好立达、红而远、红灵达、红战鼓、欢乐颂、甲老大、见绿煞、金草龙、金福气、金苏灵、卡利塔、开路虎、开路生、可灵达、快达红、快迊精、蓝草荣、丽园春、连根除、垄上闲、绿宝来、绿见愁、绿围宗、麻俐手、满锐达、漫天焦、美利达、免耕乐、拿得静、年年春、纽力马、农百金、农富翁、农稼露、农民乐、农轻松、农兴旺、农迅富、奇斯特、千里火、巧利乐、秦天豹、清园春、擎天柱、全地通、锐厉达、瑞立博、三晶兴、桑瑞司、舍得利、生命线、施而净、收成多、收成红、收成旺、收成兴、太赛农、泰草达、泰达丰、天王剑、田精灵、田园豹、万草狄、万得乐、旺年春、稳力捷、无不克、先利达、闲迪乐、闲工夫、响尾龙、小镰刀、笑更好、兴农春、旋草风、艳阳田、一把手、一包好、一对红、一可灭、一千年、易达斯、意年收、银收成、英格蓝、霸除、包助、宝刀、保戈、保泰、毕休、飙风、草恨、铲根、乘可、惩草、持速、除得、创刀、达迈、大乘、刀刃、道猛、迪草、迪红、电根、都达、独秀、飞锄、丰秋、戈盾、耕达、功深、攻白、果宝、旱焚、和欣、亨达、红狐、红金、欢田、黄袍、火锄、火锋、火耕、火急、火雨、佳铲、佳田、佳闲、骄锄、金割、金将、金浪、巨镰、巨能、炬腾、聚和、绝绿、砍荒、康刀、酷克、快革、快火、快使、旷腾、力锄、立威、连虎、镰歌、镰捷、亮点、燎草、燎野、龙达、绿爱、绿笛、绿丰、蒙锐、妙达、灭荒、明火、摩拉、农达、农打、飘火、拼达、谱极、奇峰、奇绩、旗化、巧除、巧戈、青干、清地、清田、庆田、全迪、泉溶、却锄、锐普、锐删、润杰、赛割、扫荒、杀青、烧荒、深铲、神火、神闲、舒农、帅刀、双火、双镰、速爵、速星、坦途、天火、停锄、统闲、屠达、屠敌、屠欢、拓垦、万锄、万胜、忘锄、旺安、威耙、苇戈、稳虎、息锄、喜地、喜牛、仙闲、闲宝、闲耙、闲适、一割、赢达、优溶、优士、友达、渝西、悦戈、耘乐、长镰、正劲、众烁、重锄、庄闲、灼净、卓锄、紫火、踪灭、爱诺园净、滨农雳害、刀光剑影、迪林飞达、丰乐龙达、红色年代、黄龙烈焰、金普锐斯、金色沙滩、京博福田、开普力博、娄农金达、绿邦金膘、绿色梦想、绿野高歌、绿野红火、绿野杰达、圣丹光光、树荣浓达、现代金火、远见助农、悦联美达、宝丰新利达、德丰富锄爽、格林治生物、乐吉杀草宝、农博士克荒、瑞邦新农乐、世佳粒粒亮、维多利草迪、燕化国美达、中农季季红、中农年年春、诺普信易快净等。

主要含量与剂型 30％、35％、41％、46％、62％、450 克/升水剂、30％、50％、58％、65％、68％、80％可溶粉剂，50％、58％、63％、68％、70％、70.9％、75.7％、80％、86％、86.3％可溶粒剂，50％水分散粒剂等。

产品特点 草甘膦是一种有机磷类广谱灭生性低毒除草剂，不仅能有效杀灭植物的地上绿色组织，还对地下根部组织有很好的杀灭效果。其杀草机理主要是通过抑制植物体内烯醇丙酮基莽草素磷酸合成酶，进而抑制莽草素向苯丙氨酸、酪氨酸及色氨酸的转化，使蛋白质合成受干扰，最终导致植物死亡。草甘膦的内吸传导性极强，不但能通过茎叶吸收传导到地下部分，而且在同一植株的不同分蘖间也能进行传导，对多年生深根杂草的地下组织杀灭力很强，能达到一般农业机械无法达到的深度。该药进入土壤后很快与土壤中的铁、镁、铝等金属离子结合而失去活性，对土壤中的种子及微生物无不良影响，对天敌及有益生物安全。

草甘膦及其铵盐、异丙铵盐常与 2,4-滴（及其钠盐）、2 甲 4 氯（及其钠盐、异丙铵盐）、吡草醚、苄嘧磺隆、丁草胺、甲嘧磺隆、精吡氟禾草灵、精喹禾灵、氯氟吡氧乙酸（及其异辛酯）、麦草畏、三氯吡氧乙酸、乙草胺、乙羧氟草醚、乙氧氟草醚、异丙甲草胺、莠去津、唑草酮等除草剂成分进行混配，用于生产复配除草剂。

适用果树及防除对象 草甘膦适用于多种果树，对多种一年生及多年生禾本科杂草、阔叶杂草和莎草科杂草均具有很好的防除效果。目前果树生产中，苹果园、梨园、葡萄园、桃园、枣园、柑橘园、香蕉园、芒果园等几乎所有果园均常用草甘膦进行果园除草。

使用技术 根据位差选择性，在杂草出苗后至开花前的旺盛生长期进行定向喷药。一般每亩使用30％水剂300～500毫升，或30％可溶粉剂300～500克，或35％水剂300～450毫升，或41％水剂或450克/升水剂250～380毫升，或46％水剂200～330毫升，或50％可溶粉剂或50％可溶粒剂或50％水分散粒剂200～300克，或58％可溶粉剂或58％可溶粒剂160～260克，或62％水剂150～250毫升，或63％可溶粒剂150～250克，或65％可溶粉剂150～230克，或68％可溶粉剂或68％可溶粒剂140～220克，或70％可溶粒剂或70.9％可溶粒剂130～220克，或75.7％可溶粒剂120～200克，或80％可溶粉剂或80％可溶粒剂120～190克，或86％可溶粒剂或86.3％可溶粒剂110～180克，兑水30～45千克，均匀定向喷雾。喷药时应保证药液充分喷洒在杂草茎叶上，并避免药液飞溅或漂移到果树及周边绿色作物上，以免造成药害。兑于恶性杂草或小灌木可适当加大用药剂量。

注意事项 不能与碱性药剂及肥料混用。配制药液时，应选用干净的清水，使用污浊水时会降低药效。本剂在土壤中没有残效作用，对未出土的杂草无效。施药后3天内请勿割草、放牧和翻地。水剂低温贮存时可能会有结晶析出，使用时应充分摇动容器使结晶溶解。草甘膦对金属制成的镀锌容器有腐蚀作用，容易引起火灾，贮运及应用时应当注意。

莠去津 atrazine ·····················

常见商品名称 棒棒宝、苞玉隆、贝它津、超铲净、福缘乐、富地老、富玉宝、盖地津、盖萨林、高老头、给力火、好德利、好轻松、好玉来、磺飞红、吉施福、浇玉露、金铲净、金满垄、金玉成、金玉达、金玉伞、久久红、苗后乐、农得益、农裕春、普天乐、施来乐、束拿草、田精灵、艳阳田、一犁雨、一喷净、亿尔福、亿尔禄、玉玲珑、玉满楼、玉普瑞、玉舒心、玉田净、玉亿来、阿佬、艾锄、苞锄、苞保、苞福、苞好、苞浪、苞喜、彪涂、铲净、乘可、锄哥、翠灿、丰米、丰秋、高封、红金、欢杰、欢腾、惠威、吉帝、杰收、金浪、金莠、巨能、郎才、朗玉、力锄、弃锄、停锄、响锄、梁丰、林禾、美地、明火、侨剑、勤耕、神莠、速闲、天火、统庆、惜玉、迎丰、优信、莠巧、莠王、玉伴、玉成、玉驰、玉雕、玉发、玉贵、玉杰、玉隆、玉奇、玉收、长镰、紫火、金秀佰乐、金玉良田、绿邦福缘、苗后伴侣、野田苗乐、玉亩粮靓、长青苗乐、金尔玉来福、金尔玉施乐、科赛蓝精灵、绿野金阿胶、中禾景阳丰、瀚生金枝玉叶等。

主要含量与剂型 20％、38％、45％、50％、55％、60％、500 克/升悬浮剂，25％、50％可分散油悬浮剂，48％、80％可湿性粉剂，90％水分散粒剂等。

产品特点 莠去津是一种三嗪类选择性内吸传导型低毒除草剂，苗前、苗后均可使用。以根部吸收为主，茎叶吸收很少，药剂被吸收后迅速传导到分生组织及叶部，通过干扰光合作用，使杂草逐渐死亡。该药水溶性大，易被雨水淋洗至较深层，所以对某些深根性杂草也有较好的抑制作用；但药剂在土壤中能被微生物分解，残效期根据用药剂量、土壤质地等约达半年左右，田间半衰期 35～50 天。在玉米等抗性作物体内，被玉米酮酶分解成无毒物质，所以玉米田使用安全。在果园内使用时，由于果树根部绝大部分都在深层，根部接触药剂很少，所以果园内正常使用对果树安全。该药适用于玉米、高粱、果园、林地、苗圃、甘蔗等田地，用于防除马唐、稗草、狗尾草、莎草、看麦娘、藜、蓼、十字花科、豆科等一年生及二年生单子叶杂草和阔叶杂草，对某些多年生杂草也有一定抑制作用。

莠去津常与 2,4-滴丁酯、2,4-滴异辛酯、2 甲 4 氯（或其钠盐）、草甘膦、二甲戊灵、丁草胺、乙草胺、异丙草胺、甲草胺、异丙甲草胺、精异丙甲草胺、克草胺、砜嘧磺隆、烟嘧磺隆、绿麦隆、敌草隆、氯氟吡氧乙酸

（或其异辛酯）、麦草畏钾盐、灭草松、扑草净、嗪草酸甲酯、氰草津、磺草酮、硝磺草酮、辛酰溴苯腈、莠灭净等除草剂成分进行混配，用于生产复配除草剂。果园内使用时，需特别注意其混配成分。

适用果树及防除对象　莠去津适用于多种果园，对许多种杂草均具有封闭防除效果。目前果树生产中常用于：苹果园、梨园、葡萄园、枣园、柑橘园等多年生木本果树的果园除草，对多种一年生杂草具有很好的防除效果。

使用技术　在苹果树、梨树、葡萄树、枣树、柑橘树等多年生木本果树进入盛果期后，开始使用莠去津封闭除草。一般果园可以分别在春季杂草出土前和夏季杂草出土前各喷药 1 次，每次喷药前最好先将已经出土的杂草清除干净，或使用灭生性除草剂与莠去津混合喷施。一般每亩次使用莠去津20％悬浮剂 800～1000 毫升，或 25％可分散油悬浮剂 700～800 毫升，或38％悬浮剂 450～550 毫升，或 45％悬浮剂 400～500 毫升，或 48％可湿性粉剂 350～450 克，或 50％悬浮剂或 500 克/升悬浮剂或 50％可分散油悬浮剂 350～450 毫升、55％悬浮剂 300～400 毫升，或 60％悬浮剂 250～300 毫升，或 80％可湿性粉剂 200～250 克，或 90％水分散粒剂 150～200 克，兑水 30～45 千克，均匀向地面定向喷雾。

注意事项　不能与碱性药剂混用。土壤有机质含量超过 6％的果园，不宜使用。用药前最好将土壤进行整平。桃树对该药较敏感，不宜使用。严格按照规定剂量使用，不要盲目加大用药剂量。本剂生产企业较多，不同企业产品药效可能存在一定差异，具体选用时最好参考其标签说明。莠去津对鱼类、蜜蜂及家蚕有毒，用药时避免药液污染河流、湖泊、池塘等水域，不能在果树开花期使用，在蚕室及桑园附近使用时应当慎重。

二甲戊灵　pendimethalin ·········

常见商品名称　施田补、施草扑、施地隆、施来乐、施灵通、施普乐、除芽通、蔡垄通、捍直卜、快乐园、玛莉乐、灭绝清、农得锄、普斯达、瑞立博、意比西、允立净、田普、田闲、爱封、安实、彪锄、京锄、美锄、苗锄、替锄、菜庆、菜壮、草根、封收、富宝、盖博、盖耙、广封、秘施、苗闲、蒜迪、稳捷、闲尔、新封、芽涧、乐施天普、先达八瓣、逍遥懒汉、燕化农闲、吉化广田通、金尔蒜农闲、绿野菜草清、先达蒜金刚、兴农好时机等。

主要含量与剂型　20％、30％、35％、40％悬浮剂，30％、33％、330

克/升乳油，450 克/升微囊悬浮剂等。

产品特点　二甲戊灵是一种二硝基苯胺类封闭型选择性低毒除草剂，芽前芽后均可使用，可选择性封闭防除一年生禾本科杂草、部分阔叶杂草和莎草。该药主要抑制分生组织细胞分裂，不影响杂草种子的萌发。在杂草种子萌发过程中，杂草幼芽、茎和根吸收药剂后而起作用。双子叶植物吸收部位为下胚轴，单子叶植物为幼芽，受害症状是幼芽和次生根被抑制。其除草原理是进入植物体内的药剂与微管蛋白结合，通过抑制植物细胞的有丝分裂，而造成杂草死亡。该药除草谱广，持效期长达 40 天以上，使用方式灵活，混用方便，易被土壤吸附，不易淋溶，在土壤中移动性小，对环境安全性高，但土壤长期干旱，除草效果较差。药剂在试验条件下未见致畸、致癌、致突变作用，对蜜蜂和鸟类低毒，对鱼类及水生生物高毒。果园内使用时，对虎尾草、马唐、稗草、牛筋草、早熟禾、狗尾草、苋、蒿蓄、看麦娘、猪殃殃、荠、蓼、鸭舌草、婆婆纳、藜、马齿苋、反枝苋、雀舌草、繁缕、辣蓼、碎米莎草等杂草均有良好的防除效果，且对禾本科杂草的防除效果优于阔叶杂草，但对多年生杂草效果较差。

二甲戊灵常与乙草胺、丁草胺、异丙甲草胺、扑草净、乙氧氟草醚、异噁草松、莠去津、吡嘧磺隆、苄嘧磺隆、咪唑乙烟酸、烯效唑、异丙隆等除草剂成分进行混配，用于生产复配除草剂。

适用果树及防除对象　二甲戊灵适用于多种果园，对许多种杂草均具有封闭防除效果。目前果树生产中常用于：苹果园、梨园、葡萄园、桃园、枣园、柑橘园等果园的封闭除草，对多种一年生杂草具有很好的防除效果。

使用技术　在苹果、梨、葡萄、桃、枣、柑橘等果园内，使用二甲戊灵封闭除草时，一般分为春季杂草出土前和夏季杂草出土前 2 次用药，每次喷药前最好先将已经出土的杂草清除干净，或使用灭生性除草剂与二甲戊灵混合喷施。一般每亩次使用二甲戊灵 20％悬浮剂 350～500 毫升，或 30％乳油或 30％悬浮剂 250～350 毫升，或 33％乳油或 330 克/升乳油 200～300 毫升，或 35％悬浮剂 200～250 毫升，或 40％悬浮剂 180～250 毫升，或 450 克/升微囊悬浮剂 200～250 毫升，兑水 30～45 千克，均匀向地面定向喷雾。

注意事项　不能与强酸性及碱性药剂混用。用药前果园内土壤应进行整平，且喷药应均匀周到。二甲戊灵防除单子叶杂草比双子叶杂草效果好，在双子叶杂草较多时，注意与其他除草剂混用。土壤沙性重、有机质含量低的果园不宜使用；当土壤黏重或有机质含量超过 1.5％时应使用高剂量。本剂对鱼类及水生生物有毒，避免药液污染水源。用药时注意安全保护，如误服，清醒时可引吐，并送医院对症治疗，无特效解毒药剂。

参 考 文 献

[1] 中国农药信息网 . http：//www. chinapesticide. gov. cn
[2] 王江柱主编 . 农民欢迎的 200 种农药 . 北京：中国农业出版社，2009.
[3] 王险峰主编 . 进口农药应用手册 . 北京：中国农业出版社，2000.

索引 农药中文名称索引

化工版农药、植保类科技图书

分类	书号	书名	定价
农药手册性工具图书	122-22028	农药手册	480.0
	122-22115	新编农药品种手册	288.0
	122-22393	FAO/WHO农药产品标准手册	180.0
	122-18051	植物生长调节剂应用手册	128.0
	122-15528	农药品种手册精编	128.0
	122-13248	世界农药大全——杀虫剂卷	380.0
	122-11319	世界农药大全——植物生长调节剂卷	80.0
	122-11396	抗菌防霉技术手册	80.0
	122-00818	中国农药大辞典	198.0
农药分析与合成专业图书	122-15415	农药分析手册	298.0
	122-11206	现代农药合成技术	268.0
	122-21298	农药合成与分析技术	168.0
	122-16780	农药化学合成基础(第二版)	58.0
	122-21908	农药残留风险评估与毒理学应用基础	78.0
	122-09825	农药质量与残留实用检测技术	48.0
	122-17305	新农药创制与合成	128.0
	122-10705	农药残留分析原理与方法	88.0
农药剂型加工专业图书	122-15164	现代农药剂型加工技术	380.0
	122-23912	农药干悬浮剂	98.0
	122-20103	农药制剂加工实验(第二版)	48.0
	122-22433	农药新剂型加工与应用	88.0
农药专利、贸易与管理专业图书	122-18414	世界重要农药品种与专利分析	198.0
	122-24028	农资经营实用手册	98.0
	122-20582	农药国际贸易与质量管理	80.0
	122-19029	国际农药管理与应用丛书——哥伦比亚农药手册	60.0
	122-21445	专利过期重要农药品种手册(2012-2016)	128.0
	122-21715	吡啶类化合物及其应用	80.0
	122-09494	农药出口登记实用指南	80.0

分类	书号	书名	定价
农药研发、进展与专著	122-16497	现代农药化学	198.0
	122-19573	药用植物九里香研究与利用	68.0
	122-21381	环境友好型烃基膦酸酯类除草剂	280.0
	122-09867	植物杀虫剂苦皮藤素研究与应用	80.0
	122-10467	新杂环农药——除草剂	99.0
	122-03824	新杂环农药——杀菌剂	88.0
	122-06802	新杂环农药——杀虫剂	98.0
	122-09521	螨类控制剂	68.0
	122-18588	世界农药新进展（三）	118.0
	122-08195	世界农药新进展（二）	68.0
	122-04413	农药专业英语	32.0
	122-05509	农药学实验技术与指导	39.0
农药使用类实用图书	122-10134	农药问答（第五版）	68.0
	122-24041	植物生长调节剂科学使用指南（第三版）	48.0
	122-17119	农药科学使用技术	19.8
	122-17227	简明农药问答	39.0
	122-19531	现代农药应用技术丛书——除草剂卷	29.0
	122-18779	现代农药应用技术丛书——植物生长调节剂与杀鼠剂卷	28.0
	122-18891	现代农药应用技术丛书——杀菌剂卷	29.0
	122-19071	现代农药应用技术丛书——杀虫剂卷	28.0
	122-11678	农药施用技术指南（二版）	75.0
	122-21262	农民安全科学使用农药必读（第三版）	18.0
	122-11849	新农药科学使用问答	19.0
	122-21548	蔬菜常用农药 100 种	28.0
	122-19639	除草剂安全使用与药害鉴定技术	38.0
	122-15797	稻田杂草原色图谱与全程防除技术	36.0
	122-14661	南方果园农药应用技术	29.0
	122-13875	冬季瓜菜安全用药技术	23.0
	122-13695	城市绿化病虫害防治	35.0
	122-09034	常用植物生长调节剂应用指南（二版）	24.0

分类	书号	书名	定价
农药使用类实用图书	122-08873	植物生长调节剂在农作物上的应用(二版)	29.0
	122-08589	植物生长调节剂在蔬菜上的应用(二版)	26.0
	122-08496	植物生长调节剂在观赏植物上的应用(二版)	29.0
	122-08280	植物生长调节剂在植物组织培养中的应用(二版)	29.0
	122-12403	植物生长调节剂在果树上的应用(二版)	29.0
	122-09568	生物农药及其使用技术	29.0
	122-08497	热带果树常见病虫害防治	24.0
	122-10636	南方水稻黑条矮缩病防控技术	60.0
	122-07898	无公害果园农药使用指南	19.0
	122-07615	卫生害虫防治技术	28.0
	122-07217	农民安全科学使用农药必读(二版)	14.5
	122-09671	堤坝白蚁防治技术	28.0
	122-18387	杂草化学防除实用技术(第二版)	38.0
	122-05506	农药施用技术问答	19.0
	122-04812	生物农药问答	28.0
	122-03474	城乡白蚁防治实用技术	42.0
	122-03200	无公害农药手册	32.0
	122-02585	常见作物病虫害防治	29.0
	122-01987	新编植物医生手册	128.0

如需相关图书内容简介、详细目录以及更多的科技图书信息,请登录 www.cip.com.cn。

邮购地址:(100011)北京市东城区青年湖南街 13 号 化学工业出版社

服务电话:010-64518888,64518800(销售中心)

如有化学化工、农药、植保类著作出版,请与编辑联系。联系方式:010-64519457,286087775@qq.com。